JN207357

現代モンゴルの牧畜戦略

体制変動と自然災害の比較民族誌

尾崎孝宏

風響社

はじめに

本書は、モンゴル国および内モンゴルにおけるモンゴル牧畜社会で行われている牧畜戦略の多様化が、現在の社会文化的状況に対応していかに変化しているかを検証することを目的としている。それはつまり、モンゴル国と内モンゴルで実施されている牧畜が、牧畜戦略という視点のもとに比較可能であるという目論見に基づいているわけである。

筆者として、この点が説得的に響くかどうかが、皆さんが本書を読み進めてくれるかどうかの分岐点になるだろうことは容易に想像可能である。同じモンゴル族とは言え、長年別の国家に所属し、しかも片やモンゴル国ではマジョリティであり、片や中国ではマイノリティであるが故に、国家政策の方向性も国家政策との距離感も異なる両国の牧畜社会がいかなる意味で比較可能なのか、訝る方もいるだろう。モンゴル族というラベルを重視するあまり、時代的・地域的な差異を過小視しているのではないか、と危惧される方もおられるかも知れない。

結論を先取りしてしまえば、筆者の立ち位置は上述の危惧とは異なる。むしろ現状は、モンゴル国でも内モンゴルでも牧畜戦略が地域的な二極化を起こしているという認識である。その一方は、筆者が「郊外」と呼ぶ、距離的にも収益構造的にも市場経済との関係性が極めて密接な地域であり、もう一方は「遠隔地」すなわち郊外ほど市場経済との関係性が密接ではないものの、基本的には市場経済の中で牧畜を営んでいる地域である。

こうした二極構造の存在自体は、本書で子細に検討するように、モンゴル国にも内モンゴルにも見出せるものである。つまり国内での二極化と、国外との類型の相似化が同時に進行していることになる。

まずは、次の2枚の写真をご覧いただきたい。いずれも筆者の空間分類では郊外に位置づけられる地域であるが、1枚目はモンゴル国、2枚目は内モンゴルに属する。

写真1は、筆者が2007年3月にモンゴル国北部のボルガン県ボガト郡で撮影

写真1　モンゴル国ボガト郡（2007年3月、筆者撮影）

したものである（世帯名NB13：第4章など参照）。これは冬営地であり、右からゲル、木造の家畜囲い、木造の固定家屋が確認できるほか、発電用のソーラーパネル、自家用車なども見受けられる。ソーラーパネルの利用法はテレビの視聴と携帯電話の充電などである。ここはボルガン県中心地から直線距離で15 kmほどの近さであるため、2007年当時より携帯電話のカバレッジがあった。さらに舗装された幹線道路が冬営地の1.5 kmほど離れた場所を通過しているため、写真のような最低地上高の低い乗用車でも冬営地から県中心地まで移動が可能であった。

なお、当家の秋営地は上述の幹線道路から400mほど、冬営地から1.5 kmしか離れていない地点に設営されている。さらに降水状況などによっては、冬営地から5 km東にある夏営地や3 km北西にある春営地は利用せず、冬営地と秋営地を往復する年も存在する。もちろん当地はモンゴル国に属するため、牧地は私有化されてはいない。ただ冬営地に属する固定施設のみが私有化されているだけである。だが、移動の自由はすべての牧民に開かれている事実を考慮すると、逆に彼らが自由な季節移動を行うことは困難となる。というのも、ここは県中心地という都市、つまり市場に近いという意味で有利な牧地であり、ここに居を構える牧民はその存在を移動しないことによってアピールし、また他者の移住を常に監視していることでしか牧地の使用権を保持できないためである。

つまり、制度的に季節移動が可能であるというポテンシャルと、実際に季節移動を行うかという実態はそれほど直結していないことがわかる。こうした市場に近い牧地は、市場への出荷や、市場からの物資調達に関わるコストが安い

写真2　内モンゴルアバガ旗（2015年8月、筆者撮影）

というだけでなく、牧民にとっては販売可能な畜産品のバリエーションでも有利となる。

すなわち、遠隔地でも販売可能な家畜生体やカシミアだけでなく、牛乳や馬乳酒といった乳製品類が販売できるためである。これらは家畜生体ほどの収益は期待できないものの、家畜頭数を減らさずに収入を得られるため、家畜頭数の少ない零細な牧民にとっては有望な収入源となる。さらに携帯電話のカバレッジや自前の移動手段は、都市の消費者や小売店から注文を受けて配達するには不可欠なインフラである。現在モンゴル国の郊外はこうした、比較的零細な牧民を中心に、市場経済へのコミットメントの高い低移動の牧畜を行う空間となっているのである。

写真2は、筆者が2015年8月に内モンゴル中部のアバガ旗で撮影したものである（世帯名SS14：第6章など参照）。ここは夏営地で、冬営地は5 km西に存在する。当地は牧地私有化の際、夏営地と冬営地の2塊が牧民世帯に割り当てられており、さらに当家では妻の父親の牧地を春営地として利用している。つまり、モンゴル国郊外と同程度には季節に応じた畜群の移動が可能となっている。

なお、意外に思われるかも知れないが、第8章で言及するように現在のモンゴル国の平均家畜密度は、内モンゴルのそれと比較可能なレベルにまで上昇している。こうした事実を勘案すれば、モンゴル国と内モンゴルの郊外を比較する限り、後者の方が前者より家畜密度が高く、移動性が低いという1990年代的な常識が通用しない状況が出現している。

無論、写真を比較すれば明らかなように、両者の外観上の違いは多々存在する。内モンゴルの住居はレンガ造りの固定家屋であり、写真に写ってはいないが家畜囲いも堅固なレンガ造りである。写真にはゲルも写っているが、これは馬乳酒製造用の工房として使われており、中には電動の攪拌機が置かれている。家屋には電線が引かれており、攪拌機の動力にも電力が使われている。また牧地には有刺鉄線をめぐらせ、複数の区画に分割してある。つまり、こうした視覚的な差異は、牧畜戦略というレベルで比較した場合には決定的な影響を及ぼさないということになる。

当家はアバガ旗唯一の都市空間である旗中心地から南西に 20 km ほどの場所に位置しており、旗中心地からの道のりの大部分が舗装道路でアクセス可能である。彼ら自身は SUV を所有しているが、筆者は乗用車で当家を訪問した点から考えても、都市へのアクセス環境は良好である。また携帯電話のカバレッジが非常に広い内モンゴルの例にもれず、当家も当然のように携帯電話が利用可能な状況にある。第 6 章で詳述するように、彼らは 2010 年より馬乳酒の生産を開始し、馬乳酒の販売によって大きな収入を得ている。

通信や運搬といった条件の制約により、内モンゴルにおいても馬乳酒の販売は市場に近い郊外で家畜を飼養することが必須である。郊外では一部の地域でツーリストキャンプの経営も見られ、内モンゴルの郊外に居住する牧民は、収入源の多角化によって自らの所有する牧地・家畜から得られる経済的利益を増大させている。つまり市場経済へのコミットメントの高さという意味で、モンゴル国の郊外と同様の牧畜戦略が発動されていると理解しうるのである。

ところで、こうした郊外を成立させる要因としては舗装道路や自家用車所有、携帯電話のカバレッジといった運搬・通信インフラの整備が大きく影響している。モンゴル国・内モンゴルいずれにおいても現地でこうしたインフラの整備が進展したのは 2000 年以降のことであり、その背景には現地で進行したグローバルな大規模資本投下が存在する。その直接的な原因はモンゴル国においては鉱山ブームであり、内モンゴルにおいては中央政府が開始した西部大開発だが、その結果として、地域経済の存立体制に劇的な変化がもたらされた。

客観的な事実として、モンゴル国にせよ内モンゴルにせよ、現在の中心的な産業は牧畜ではなく鉱業であり、おそらくは政府の自己認識レベルにおいてもそうなっているものと思われる。グローバルな大規模資本投下や政府レベルの自己認識といった、より大きな社会的枠組みの類似化の結果として、牧畜戦略におけるモンゴル国と内モンゴルの比較可能性が増大したのだと言うこともできるだろう。

なお、本書では 2000 年代の郊外以外の牧畜地域を遠隔地として記述しているが、遠隔地の析出が郊外の成立に起因していることを考慮すれば、遠隔地もまた間接的にグローバルな大規模資本投下によって出現したエリアであるといえよう。第7章で検討するように、遠隔地もまた市場経済の浸透を免れてはいない一方、遠隔地であっても相対的に多数の家畜を飼養すれば牧畜を継続することが可能であり、また競馬への参加など遠隔地でなければ継続が困難な文化的要因も存在することなどで、遠隔地から郊外への人口流出には一定の歯止めがかかっているのが現状である。

このことは、逆に考えればモンゴル国と内モンゴルの比較可能性は時代的制約を伴うものであることを示している。上述した「1990年代的な常識」という文言に端的に示されているように、1990年代のモンゴル国と内モンゴルの比較可能性は、牧畜戦略に限定しても現状と比較して乏しかったのである。その原因は、1980年代と比較してより自給自足的な方向へシフトしていたモンゴル国と、1980年代の改革開放以後、市場経済が徐々に浸透しつつあった内モンゴルの差異に求めることが可能であろう。

本書では、モンゴル国および内モンゴルにおける1990年代と2000年代の差異、そして2000年代における各地域における郊外と遠隔地の差異を、2時期の多地点における筆者自身による現地調査データを比較することで描き出す。その中でも、1990年代と2000年代の比較が可能な通時的データを有しているモンゴル国スフバートル県および内モンゴル自治区シリンゴル盟の事例が、各地域との比較のベースとなっている。なお、上述の2地域はモンゴル国南東部と内モンゴル中部に位置しており、国境を挟んで隣接しているため、自然環境的にも類似している。

ところで、本書で扱う牧畜戦略に変化をもたらす原動力は何だろうか。先述したように、モンゴル国で2000年以降の運搬・通信インフラの整備をもたらした直接的な原因は鉱山ブームであると述べたが、本来牧民人口が少なかった郊外へ牧民が移住などで集中することで、郊外というエリアを成立させた要因としては1999年から3年連続で発生したゾド（寒雪害）が大きな影響を及ぼしている。ゾドによって家畜の多くを失った牧民は、より少ない家畜頭数で生活可能な郊外へ移住していったのである。

また中国の西部大開発が検討される契機となったのは、同じく1999年に少数民族地域で頻発した環境問題であり、そこには内モンゴルで発生し北京を襲った大規模な黄砂も含まれている。同年、内モンゴルではゾドが発生しなかったものの、大量のダストが風に舞ったのである。

そして1999年に内モンゴルでゾドが回避され、ダストが発生した原因として推測されるのが1990年代における内モンゴルのモンゴル国との差異、つまり内モンゴル全域で牧地が実質的に私有化され、定住的な牧畜が営まれていた点であるが、これも当地で1978年に発生した大規模なゾドを遠因としているのである。つまり大規模な自然災害は、モンゴル国であろうと内モンゴルであろうと、現地の牧畜をめぐる社会環境を一変させる原動力として機能しうるのである。

無論、牧民をめぐる社会環境を変化させる原動力としては、国家レベルでの社会経済体制の変動が第一に挙げられるべきであることは疑いのない事実であろう。モンゴル国において1990年代初頭に発生した社会主義体制の崩壊や、中国における1970年代末の文化大革命の終焉およびそれに続く1980年代の改革開放への政策転換は、言うまでもなく牧民社会に巨大な影響を及ぼしている。だが第3章で詳述するように、1978年の内モンゴルのゾドは改革開放の一環として行われた家畜や牧地の私有化を推進させる前提として機能し、第1章で述べるように、1999/2000年から始まるモンゴル国のゾドは国民経済レベルで牧畜中心から鉱業中心への移行の端緒として機能した。また第5章で述べるように、2010年のモンゴル国のゾドでは、一部の牧民を鉱業セクターとの兼業へと向かわせた。

このように、政治経済体制の変動と自然災害が相互作用して社会環境を変化させている点が、国境を挟んだ2つのモンゴル社会の共通点であると考えることができる。ただし、その相互作用はモンゴル国と内モンゴルで同時に発生するとは限らない。これが、共時的に見た場合の両者の相違性（あるいは類似性）の度合いに影響を与えているのだと理解しうるだろう。こうしたロジックにご賛同いただけるなら、少々長くはあるが、第1章以降の具体的な論述をお目通しいただきたい。

なお、すでに「はじめに」でも適用した方針なのだが、本書では煩雑を避けるため、モンゴル国（1992年に改称）や内モンゴル自治区（1947年に成立）がその名称では存在しなかった時代の各地域の事象についても、現在の地域名称である「モンゴル国」「内モンゴル」を使って言及することがある点はお断りしておく。

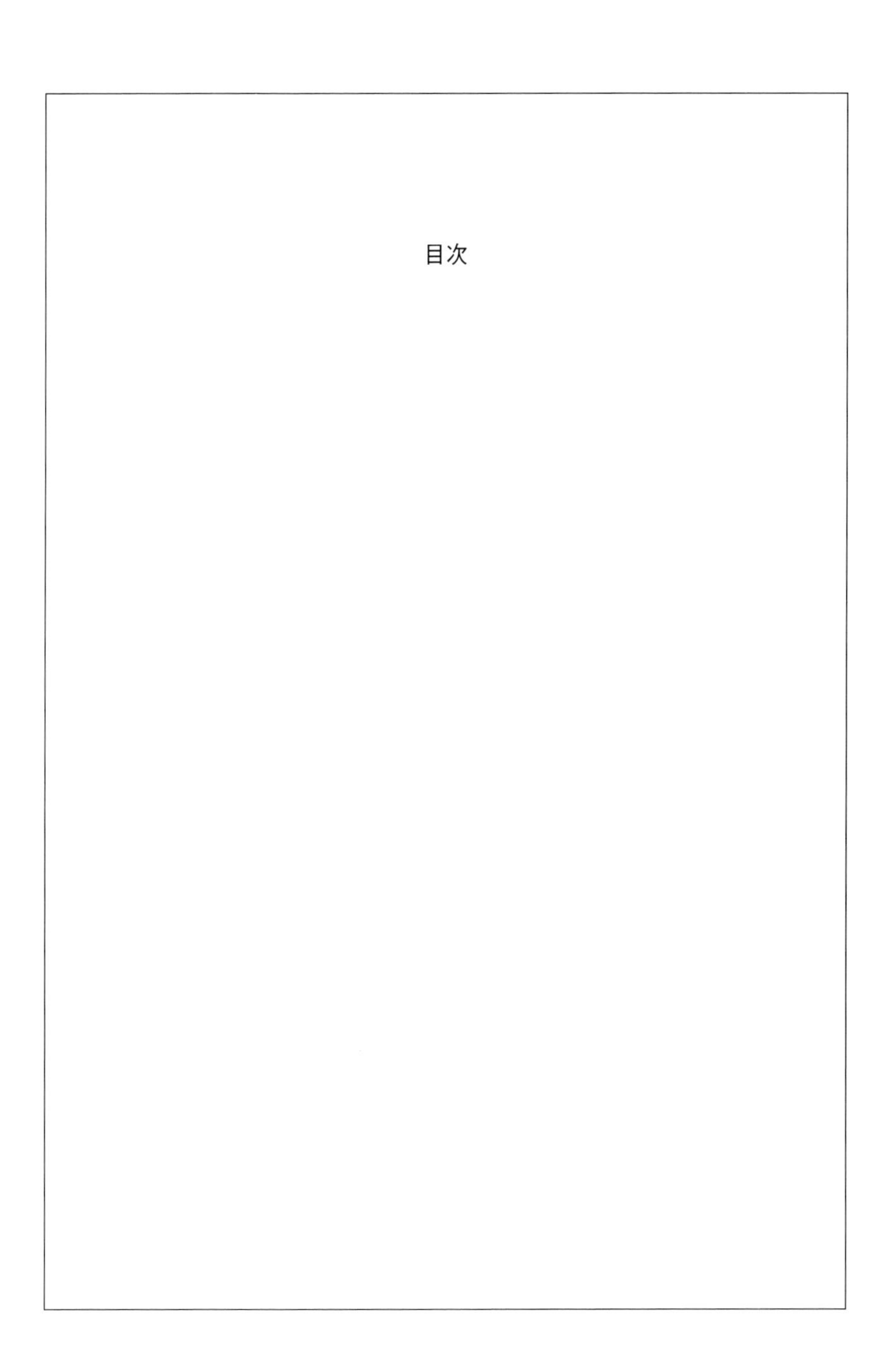
目次

装丁＝オーバードライブ・泉原厚子

現代モンゴルの牧畜戦略
体制変動と自然災害の比較民族誌

第1章　本書のねらいと視野

第1節　モンゴル高原と牧畜をめぐる基本条件

本書の目的は、モンゴル国および中国内モンゴル自治区（以下では、内モンゴルと表記する）におけるモンゴル牧畜社会[1]で行われている牧畜戦略の多様化が、現在の社会文化的状況に対応していかに変化しているかを検証することである。分析の主対象となる時期は1990年代から現在までである。主に市場経済の浸透とそれに対応した多様性の変化を検討するが、現状評価の参照枠として20世紀初頭以降の状況に適宜言及する。検討に用いる資料は主として筆者の1990年代から現在までのフィールド調査資料である。補足的に同時代的な政策等に関する資料、あるいは過去の状況に関する先行研究のデータ等を利用していく。

1. 自然環境

この地域は日本の国土の7倍もの面積を持つ広大な空間である（地図1-1）。その多くの部分をモンゴル高原が占めており、一言で述べるなら、モンゴル高原とその周縁に存在する標高の比較的低い地域、およびモンゴル高原よりも高い山岳地域によって構成されているといえるだろう。

本地域の環境的な特性は低温乾燥である。日本近辺で言えば東北からサハリンに及ぶ緯度帯で、多くが海抜1000 m以上と標高が高いので、低温であることは議論を待たない。たとえば、本地域の北部に位置するモンゴル国の首都ウランバートルの年平均気温は－0.1℃である。一方の乾燥についていえば、ウランバートルの年平均降水量は281 mmであり、この数値は東京の年平均降水量（1529 mm）と比較すれば十分に少ない数値であるが、ウランバートルは本地域の中で

1　事実として、モンゴル国および内モンゴル以外にもモンゴル牧民は存在する。また「モンゴル人」の境界をどこに設定するかも議論となりうるが、本書ではモンゴル族の全体像に関わる議論は行わず、モンゴル国および内モンゴルに居住するモンゴル族の牧民のみを検討対象とする。

地図 1-1　モンゴル国と内モンゴル自治区

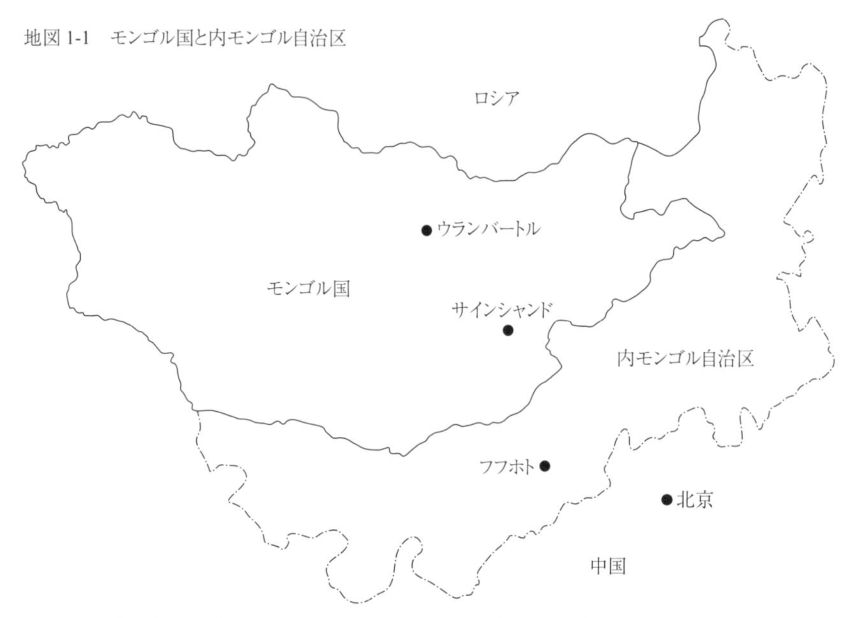

は降水に比較的恵まれているほうである。例えば、乾燥度のより高いゴビ地方に位置するドルノゴビ県サインシャンドでの年平均降水量はわずか 107 mm にすぎない[2]。

低温乾燥という環境的特性は、植物の生育にとって望ましいものではない。本地域では水分の蒸発量が抑制される低温ゆえ、自然状態で砂漠となる地域は広くないものの、背の高くない草本が疎らに生育するステップを中心として、乾燥度のより高い地方ではさらに草本の密度が低い乾燥ステップ（ゴビ）、若干湿潤な地方では水分蒸発量の少ない北斜面にのみ針葉樹が生育する森林ステップ（ハンガイ）が広がっている。

こうした環境は、当然ながら植物を育てることで食料を確保する農業という生業にとって好ましいとは言い難い。特に本地域は乾燥地域の特性として降水量の年間変動が大きいが、これは、天水農耕を行おうとする農耕民にとっては、数年に 1 度確実に干ばつに見舞われることを意味している。これを避けるには灌漑が有力な手段となるが、モンゴル高原において灌漑農耕が実施可能な場所

2　気象データの出所は気象庁ウェブサイト「世界の天候」（http://www.data.jma.go.jp/gmd/cpd/monitor/index.html）（2017 年 6 月 27 日閲覧）

は非常に限られている。

同様に、広々とした大草原に多く生育するハネガヤなどのイネ科植物は人間にとって食べられないので採集生活に適さない。また草原を疾駆するゼール（モウコガゼル）などの野生動物を対象とする狩猟も、捕獲しにくさを考慮すれば安定的な食糧供給をもたらす生業としての選択肢には入りえない。その結果、モンゴル高原の広大な範囲で最も安定的な生業として残る選択肢は後述のような理由から牧畜となってくる。

牧畜は、簡単に言えば家畜を飼養してそこから食料を得る生業形態である。家畜から得られる食料としては肉（内臓や血液なども含む）と乳製品が想定しうるが、モンゴル高原及びその周辺域においては両者が、後述するように、季節によって主役が交代しつつ消費されている。モンゴル語に「マル」という単語があるが、これはヤギ・ヒツジ・ウシ・ウマ・ラクダという5種類の家畜を総称する概念である。牧民の間では番犬としてイヌが広く飼養されている。稀にネコやブタなどを見かけることもあるが、これらは「マル」概念の中に含まれることはない。モンゴル語を話す牧民にとって、あくまでも「マル」は草原で放牧の対象となる家畜のみに限られる。「マル」が共有する特徴は、いずれも草食動物で群居性有蹄類に属することである。

草食動物は、人間がステップで生活しようとするには非常に都合がいい。なぜなら、人間が直接食べられず、また農業をするには心もとない草の海を、草食動物が食べることによって人間の食べられる肉や乳製品に変換してくれるからである。しかも群居性有蹄類には、野生状態でも群れを形成して生活しているという特徴がある。つまり「マル」は、囲いや畜舎などで人間が無理やり障壁を作って移動を制限せずとも、群れを維持してくれる。人間は個体レベルで逐一家畜の移動をコントロールするのではなく、基本的には群れをユニットとして移動をコントロールしてやればいい。これは、広大なステップで柵なども作らずに牧畜を行おうとする場合、必須に近い条件である。

表1-1はモンゴル牧民の家畜分類及び用途を示したものである。5種類の家畜は、小家畜と大家畜というカテゴリーに分かれるが、これは人間との関わりの違いに由来している。すなわち小家畜とは基本的に牧夫が群れを管理して放牧している家畜であり、大家畜は基本的に群れが放し飼いにされており、搾乳や調教、あるいは物資の運搬などといった実際上の必要に応じて捕獲され、連れて来られる家畜である。なおヒツジとヤギは混ぜて群れを構成して放牧されており、モンゴル語では両者を総称して「ホニ」（ヒツジ）と呼ぶこともある。また

表1-1　モンゴル牧民の家畜分類および用途

大分類	家畜名	用途	備考
小家畜	ヒツジ	肉、毛、皮、糞、乳	ホニと総称する
	ヤギ	毛、肉、乳	
大家畜	ウマ	乗用、乳、毛、糞	
	ラクダ	運搬、乗用、毛、乳	
	ウシ	乳、運搬、肉、糞	ヤク・ヤクとの交配種も含まれる

出典：[Vreeland 1953:23] より筆者改変

ウシは、モンゴルウシと呼ばれる日本の短角牛に類似した種類のほか、特に寒冷な地域ではチベット原産の長い毛を持つサルラグ（ヤク）およびハイナク（モンゴルウシとヤクの交配種）も飼養され、両者は総称して「ウフル」(ウシ）と呼ばれている。

2. 農業、都市、交易

ただし、モンゴル高原における安定的な生業が牧畜であると言っても、それは必ずしも同地域内における農業や都市の存在を排除するものではないし、また牧民が自給自足的に生業を行っていることを含意するものでもない。本書が対象とする1990年代から現在までについては、市場経済の浸透が1大テーマとなっている。しかし、それをあたかも「伝統」に対置される「近代」のように、つまり完全に異質な現象として理解することは、少なくともモンゴル牧畜社会に関する限り、大きな問題を含んでいる。また別の問題として、モンゴル国と内モンゴルの牧畜実践の差異を同様に完全に異質な現象として理解することも正当ではないと筆者は考えている。

言い換えれば、牧民は以前から農耕や都市と関係を保ちつつ牧畜を行ってきたし、モンゴル国と内モンゴルの牧畜実践は、現在も比較可能な視点が存在するということである。前者に関しては、少なくとも過去100年に関しては有効な言説であるし、後者については、1990年代には両者に顕著な差異が生じたことがあったのは事実であろう。本章では、本書で論じる問題群の歴史的背景について確認しておきたい。まず、モンゴル国と内モンゴルにおける牧地の土地制度である。というのも、制度による牧畜戦略への影響は無視しえないからである。

現状としてモンゴル高原は、大まかに言えば北西部はモンゴル国に属し、南東部は内モンゴルに属している。そして土地制度面に即して述べるなら、前者では牧地の私的な占有が認められておらず、後者では牧地が実質的に私有化されており、その結果、後者においては牧地が有刺鉄線のフェンスで囲われている。内モンゴルにおける牧地の囲い込みは1990年代を通じて行われたものであり、これはモンゴル国、あるいは1990年代までの内モンゴルにおいて牧畜が牧地の上に人工的かつ可視的な境界線を設定しないで行われている（いた）のに対して、景観上の顕著な差異をもたらしている。

この景観上の差異は、良くも悪くも一見して明らかであるがゆえに、モンゴル国と内モンゴルで実践されている牧畜の違い、あるいは後者における牧畜の変質を、人々（研究者を含む）に強く印象づける結果をもたらしている。そしていわゆる「伝統的」な土地利用形態とは異なる内モンゴルが、モンゴル高原の自然環境、特に牧地における草生量の維持にネガティブな影響を与えるとして往々にして批判の対象となるとともに［例：Humphrey and Sneath 1999］、後者における牧畜の現状分析的な研究を不活発にしており、特に両地域における牧畜を同一の視野に収める比較研究は、わずかに小長谷有紀［2001］などが手掛けているに過ぎないのが現状である。両者を比較できる視点の設定の可能性、あるいは牧畜戦略については本章後半で議論することとして、まずは土地利用及び土地制度の歴史的変遷について検討したい。

モンゴル国では現在も牧地の私的な占有が認められていないことをすでに述べたが、こうした土地制度の背景には、モンゴル高原における土地利用の特性がある。つまり、モンゴル高原の圧倒的な面積が牧地としてのみ利用され、農業社会はもとより、農耕という生業システムとの接点が希薄な、いわば「純牧畜空間」とでも呼びうる広大な空間が広がっている。この点は、ユーラシア全体で牧畜社会を考えた場合、モンゴル高原の非常にユニークな特徴である。つまり、ユーラシアの多くの牧畜民は、農耕社会に隣接する空間に居住していたり、あるいは恒常的に都市空間へアクセスしたりすることで、牧畜以外との生業、言い換えれば牧畜とは異なった土地利用の形態と接点を持ち、彼らとの関係性の中で牧畜を営んでいることになる。

たとえば、西南アジアを主なフィールドとする松井健によれば、西南アジアの牧畜民には牧畜専業的ではないケースが多く、また牧畜専業的であったとしても、その季節移動中において定住民との関わりは少なからず存在している。それに対し、モンゴル高原の牧民はきわめて牧畜専業的であり、そうした牧畜のスタイルは南からの漢族商人によってもたらされる農産物との交換によって成立していることを指摘している［松井 2001: 19-25, 92-94］。つまり、モンゴル牧民がじかに漢族農耕社会と接するのではなく、商人という媒介を通じて間接的に接するがゆえに、またそれを可能とする空間的条件が整っているがゆえに、純牧畜空間が成立しているのである。

なお、ユーラシア大陸全体の多様な牧畜民を概観した場合、特に周囲の農耕民や都市民に対して被支配的な地位に甘んじている弱小集団では、半農半牧など複合的な生業に従事するのが一般的である。つまりモンゴル高原が牧畜専業的な社会を構築しているのは、自らが農耕に従事しなくても農産物を供給してくれるだけの余剰生産のある大規模な農耕社会（中国）に接していることに加え、彼らと交易関係を維持できるだけの生産物および実力を維持できたがゆえの歴史的産物であった。逆に、このパワーバランスの変化が、20 世紀以降のモンゴル高原における大規模開墾の遠因となっている。

無論、モンゴル高原においても農耕は前近代より行われていた。小長谷［2010］が指摘するように、西部では古くから農耕がおこなわれ、また清朝時代以降、北部でも漢族による農耕が実践されていたことは事実だが、逆に言えば、その他の地域では圧倒的に牧地の面積が多かったということになる。農地と牧地の面積比を見れば、その差は歴然としている。

2011 年現在、モンゴル国において牧地面積は 112 万 8927 km^2（国土総面積の 72.2 %）、耕地面積は 613 km^2（同 0.2 %）である［MSOM 2012: 220, 408］。この数値からも、国土の 3 分の 2 以上を占める牧地の圧倒的な広さに対し、耕地はほんの点に過ぎないことが見て取れる。

歴史的な経緯を振り返れば、モンゴル国では大規模な農地の開墾運動が 1959 年以降数回にわたって行われ、途中、1990 年代に社会主義体制崩壊に伴って耕地の減少が見られたものの、基本的には 20 世紀後半以降の農地拡大の結果として上述の耕地面積に達している［小長谷 2010: 45, 53, 61］。こうした開墾運動が行われる前、たとえば 1950 年の耕地面積は 534 km^2 に過ぎない［SSOM 1996: 407］。こうしたデータより、モンゴル高原における生業形態は、前近代より圧倒的な広さの純牧畜空間の中に、わずかな耕地が点在しているに過ぎなかったということが理解できる。

モンゴル高原における牧畜は、前近代より季節移動を伴う移動牧畜、つまりいわゆる遊牧の形態をとるのが一般的であった。そこでの季節移動はある程度のパターンを伴うものではあるが、2 章で議論するように、平時であっても季節営地の場所が毎年完全に一致するものではないし、ひとたびゾド（寒雪害）などの災害に見舞われれば、平時の移動範囲を離れ、その時点での適地を求めて遠距離移動を行うことも稀ではない。そうした緊急避難的な移動は「オトル」と

表 1-2　モンゴル国と内モンゴル自治区における行政単位の対照

モンゴル国	アイマク（県）・市(注1)		ソム（郡）	バグ
内モンゴル自治区	アイマク（盟）・市(注2)	ホショー（旗）	ソム（郡）	ガチャ

（注1）ウランバートル市のみが本階層の「市」に相当する。
（注2）中国の行政階層で「地区級市」と呼ばれる市である。1990 年代以降、内モンゴルの「盟」は多くが行政単位名称を「市」に改定した。

呼ばれ、むしろ彼らの牧畜技術の 1 つとして頻繁に活用される。なお、オトル先には現地の牧民が存在することも珍しくない。第 4 章でみるように、オトルは長期化することもある。

このようなモンゴル高原の純牧畜空間においては、そもそも牧地を個人の排他的な占有物とする発想が希薄であったことは想像に難くないし、事実としてそうであった。あえて例外を挙げるとすれば、上述した耕地や寺院などの固定建築物であるが、それは後述するような例外を除き、空間利用のシステムとしては純牧畜空間に何らかのインパクトを与えるほどの規模ではなかった。それは、モンゴル高原の人口密度の低さと、広大な牧地の広がりが寄与していたものと思われる。後者についてはすでに述べたが、前者に関して言えば、2011 年現在でのモンゴル国の人口密度は 1 km^2 当たり 1.8 人であり、さらに首都ウランバートルの人口だけで総人口の 45.8 % を占めているので、牧地における人口密度はほぼ半減するという低密度である［NSOM 2012: 83, 408］。

ただし、牧地が個人の占有物ではないといっても、それがオープンアクセス、すなわち誰にでもアクセス可能であったということを意味しない。たとえば清朝時代であれば、封建領主やチベット仏教の活仏が治める旗（ホショー）が平時の牧民の移動範囲であったし、モンゴル人民革命後のモンゴル高原北部であれば、一般に清朝時代の旗より狭小化した行政単位のソム（郡）、あるいはその下位単位であるバグが牧民の移動可能な範囲を規定していた（表 1-2）。また次節で触れるように、時期や牧民の立場によっては、季節移動そのものが彼らを管理する政府からコントロールされることもあった。むしろ、モンゴル国において牧民が移動の自由を享受するようになったのは 1990 年代、つまり社会主義崩壊後のことであり、これが 1999 年に始まるゾドを契機とする牧民の「郊外化」、つまり都市的空間の近郊への牧民の集中などを引き起こす原因の 1 つとなっていることは、第 4 章および第 5 章で詳述するとおりである。

一方、モンゴル高原の南部の内モンゴルにおいては、特に近代以降、北部とはかなり異なった歴史的な経緯を歩んできた。具体的には、牧地の大規模な開墾による農業化である。ブレンサインやアラムスが論じているように、モンゴル高原縁辺部のホルチン（大興安嶺東南麓）やトゥメト（陰山南麓）においては、すでに18世紀には開墾と農業化が開始しているが［ブレンサイン 2003: 39、アラムス 2013: 9］、モンゴル高原本体の開墾が大々的に着手されるのは、清朝末期の1901年から実施された「新政」がきっかけとなっている。1901年12月に内モンゴル地域の開墾が「新政」の一環として上奏され、「移民実辺政策」つまり漢族移民による農業開発が推進されることになる［ブレンサイン 2003: 43］。

2006年現在、内モンゴルにおける草原総面積は86万6670 km^2（自治区総面積の73.3%）、耕地面積は7万4800 km^2（同6.3 %）と、耕地は面積比でモンゴル国の30倍以上を占めている［内蒙古自治区統計局 2007: 41］。また歴史的に見ても、内モンゴルでは1950年現在、耕地が4万7260 km^2（同4.0 %）存在し［内蒙古自治区統計局 2007: 289］、20世紀前半までに相当程度の開墾が進んでいたことがうかがえる。なお、1950年代末から1960年代に耕地面積はピークをむかえ、その後1980年代より減少して現在に至るという変遷が一般的である。

たとえば、モンゴル高原の南部に位置するダルハン＝モーミャンガン（達爾罕茂明安）旗では1906年に開墾が開始され、1949年に耕地面積が約500 km^2（旗面積の1.8 %）だったのが、1961年には約900 km^2（同4.7 %）、2006年には約7500 km^2（同4.3 %）と推移している［《達爾罕茂明安連合旗誌》編纂委員会編 1994: 249-251、内蒙古自治区統計局 2007: 612、烏蘭察布盟檔案館・烏盟公路交通史編集室編 1983: 104-108］。

こうした開墾による農耕地拡大のインパクトは、ミクロレベルで見た場合とマクロレベルで見た場合には、かなり異なった像を結ぶことになる。前者の場合、移動牧畜を行う牧民の基本的な行動パターンとしては、自らと異なった土地利用形態を実践する農耕社会とは距離を置く、つまり移動しうる牧民側が逃げる、というものである。この背景には近代以降の両者の力関係や、逃げられる程度に人口密度が低く、かつ牧地が存在するというモンゴル高原特有の事情があることは間違いない。1940年代前半に内モンゴル中部で現地調査を行った梅棹忠夫は、漢族がマジョリティを占める農耕地域とモンゴル族がマジョリティを占める牧畜地域の間にはかなりの幅の無住地帯があり、両者が混住することはありえなかったと述べている［梅棹 1990a: 54］。

ただし、その逃避の過程の中で人口密度が高まった南部のチャハルでは定住化が進み［梅棹 1990a: 54］、さらに逃避先がなくなった東南部のホルチンではモンゴル族自身が農耕村落を形成するようになるのではあるが［ブレンサイン 2003: 157-159］、内モンゴルにも中部のシリンゴル盟や北部のホロンバイル盟など、環境的な制約から現在に至るまでほとんど開墾による農耕地拡大の影響を受けなかった地域も存在し、そこまで逃避すれば従来的な移動牧畜が継続できる可能性が存在する。その意味では、ミクロ的にはモンゴル牧民の住地の縮小あるいは文化変容の問題としてとらえうる。

一方、マクロレベルで見た場合には、土地利用のシステムつまり制度的な変更の可能性が大きな問題として立ち現れる。つまり、そこが農地であるか牧地であるか、あるいは都市であるかにかかわらず、土地に私有権が設定された場合、従来と完全に同様な形で移動牧畜を行うことが困難になるのは、内モンゴルの現在の景観が雄弁に物語っている。特に、領土内に単一の制度体系を実施することを志向する近代国家においては、モンゴル高原における従来的な土地利用をどのように制度化するかというのは、国家全体の制度設計に関する問題となる。

そして、モンゴル族がマジョリティを占めるモンゴル国においては、私有財産を前提とする市場経済化が推進された1990年代以降、牧地に私的な占有権を設定する制度導入が繰り返し議論されているにもかかわらず、牧地は相変わらず公有のままである。現在のモンゴル国へ続く北部モンゴルでは、1911年の辛亥革命後に誕生したボグドハーン政権は基本的に清朝の制度を継続し、1921年の人民革命で社会主義国家となってからは、私有財産を制限するという社会主義テーゼの特性もあり、牧地にあえて私的な占有権を設定してこなかった。移動牧畜を文化的背景として持つ人々の国家が土地制度を策定すると、体制のあり方如何にかかわらず牧地に関する土地制度はこうなる、ということであろう。

一方、内モンゴルは近代国家システムに組み込まれていく直前に、前述のように大規模な開墾が発生した。また、モンゴル族がマジョリティを占め、国家の土地制度を左右することもなかった。1911年の辛亥革命後、内モンゴルは基本的に中華民国の統治すべき領土となっていく。その意味で1911年は、現在のモンゴル国と内モンゴルが国家レベルで分裂していく象徴的な年である。

内モンゴル東部において、近代国家的な土地制度の導入を試み、かつ一定程度の成功をおさめた最初の国家は1930年代の満州国、つまり日本の傀儡政権であった。満州国は地税徴収の強化と、国土の開発・管理と利用を進める前提として地積整理事業を行い、清朝時代的な旗民（旗に所属するモンゴル牧民）による牧地の共同利用という前提が完全に有名無実化していた農耕地域について、単一所有権の確立つまり私有権を設定することで、従来の土地制度を転換させた[広川 2005: 375, 392]。

ただし満州国は同時に、モンゴル族の支持を必要としていたという実際的事情により牧畜地域は特別地域（非開放蒙地）として、その土地制度には事実上、手をつけなかった［竹村 1940: 6-11］。従って、1930年代の時点においては移動牧畜と異なる文化的背景を持つ近代国家の制度がモンゴル高原の牧地に大々的に導入されるという事態は回避された。1949年に中華人民共和国が建国されると、北のモンゴル人民共和国同様の社会主義テーゼの特性ゆえ、牧地に私的な占有権を設定するという試みがなされることはなかった。つまり、内モンゴルにおける牧畜地域の土地制度は、歴史的な偶然により従来のまま保持されてきた。

こうした土地制度に変更が加えられるきっかけは、1978年の文化大革命の収束後、実質的に社会主義的経済政策を放棄していく「改革開放政策」が推進されたことであった。農村部において、この政策変更は農地の請負制度、つまり世帯単位での実質的な私有化をもたらしたが、中国はこの土地制度を牧地にも等しく適用し、牧地も世帯単位に分与されることになった。分与されたのは、厳密には牧地の有期（30年など）での利用権であったが、実質的には私有権に等しく、モンゴル高原の牧地としては土地制度の全面的な変更であった。そして1980年代から1990年代にかけて、第2章で述べるように、牧地を有刺鉄線の柵で囲う「囲いこみ」が、近隣に農耕地域があるかないかに関係なく内モンゴルの牧畜地域ほぼ全域で広まり、現在に至っている。

第2節　モンゴル（人民共和）国における社会主義化と民主化

本書での中心的な議論の対象は、次節で議論するように牧畜戦略である。ただし、牧畜戦略に関する諸アイディアは、主にモンゴル（人民共和）国における社会主義化と民主化という変遷と社会経済制度、それに伴う国家側のインパクトの履歴、そしてそれに対する牧畜社会側の応答の分析から析出してきたものである。そこで、本節では社会主義と民主化がモンゴル国、つまりモンゴル高原北部の牧畜社会にいかなる影響を与えてきたかを概観する。

すでに触れたように、モンゴル牧民は草原で主として牧畜を行って生きてきた。それは間違いのないことであるし、現在においても基本的に変わりのないことである。だがそれは、草原で自給自足を行っていたことを意味しない。また、物質獲得の方法も、移動牧畜（いわゆる遊牧）に限定されるわけではない。さらに、こうした状況はここ数十年間、つまり近代化のプロセスの中で発生したわけでもない。

たとえば、モンゴル高原北部では1921年のモンゴル人民革命以前、牧民の属する地域社会レベルでは、その多くの地域が旗や寺領といった、聖俗の小規模封建領主がそれぞれ内政権を行使しうる統治システムであった。この統治層は、遅くとも19世紀までには、中国の貿易商に借金を負うに至っていた。彼らは絹の着物を着用し、陶器の器を使用し、中国産のタバコや茶を嗜み、その対価として家畜や畜産物を充当した。こうした状況を文化人類学者のデビット・スニースは、彼らが「商人への借金を媒介として中国市場を指向していた」[Humphrey and Sneath 1999: 226] と表現しているが、それは、前近代のモンゴル草原世界が自給自足ではなかったことを示している。

このデータだけでは、一般民衆レベルではやはり自給自足的だったのではないか、という疑念を払拭できないかもしれない。そこで、同時代的な記録である1919年刊行の『蒙古地誌』に注目しよう。すると、その一節に、「茶は、蒙古人貴賤を問はず、一般を通じ、日常欠くべからざる必要品に属し（中略）其飲用は一日数回に亘り……」[柏原・濱田 1919: 288] とあり、現在の牧民にとって必要不可欠な食品である茶が、20世紀初期に広く民衆レベルで日常的に飲用されていたことがわかる。低温乾燥なモンゴル草原世界で茶を自給することは不可能なので、茶を日常の食生活に組み込む限り、モンゴル草原世界の牧民は自給自足ではありえない。さらに、革命前のモンゴル草原地域には、寺院や王府（領主の政庁）の付近など草原の要地に店舗を構えていた「坐荘」（華北出身の漢族商人）が存在し、茶、タバコ、マッチ、石鹸、ろうそく、木椀などを物々交換で商っていたという［後藤 1968: 372-377］。これらの日用品はことごとくモンゴル草原世界の外部から持ち込まれた物資であった。こうした状況は内モンゴルでも同様であり、地域によっては王侯自身が商人に出資する事例も存在した［後藤 1942: 263-264］。

本節は議論の対象をモンゴル高原北部、つまり現在のモンゴル国の領域に絞り、1921年の社会主義革命を直接的な契機とする社会主義化と、1991年のソ連崩壊を契機に発生した民主化によってもたらされた変化を、草原の利用目的、利用主体、利用方法の変化に着目して検討するが、変化を語るためには、比較対象として「それ以前の状態」を確認しておく必要があろう。20世紀初期のモンゴル草原世界に住む牧民の非自給性についてはすでに述べた通りだが、引き続き現地の人民革命以前の状態について、上述したスニース［Humphrey and Sneath 1999: 219-232］の研究を手がかりとして、特に物資獲得手段すなわち草原の利用方法を中心として確認していく。

スニースの研究は、1930年代前半にロシアの民族誌学者アンドレイ・D・シ

地図1-2　エルデネ・バンディッダ・ホトクトのシャビ領

ムコフ［Симуков 1934; 1936］がモンゴル各地で行った調査データを批判的に検討し、再理論化したものである。本節で検討する元データとなるシムコフの調査は、1935年にバヤンズルフ・オール旗（当時）のうち、革命前に「エルデネ・バンディッダ・ホトクトのシャビ領」［モンゴル科学アカデミー歴史研究所 1988a: 地図2］、つまりチベット仏教の活仏が統治していた寺領を対象として行われたものである［Humphrey and Sneath 1999: 222, 324］（地図1-2）。

当時、現地の土地利用の状況は、その地名と同様、寺領であったころの名残を多くとどめていた。寺院は牧畜と農業を経営していた。1921年の人民革命以前、旗人口の70％が寺の家畜を放牧しており、畜種ごとにいくつかの専門的牧民グループに分けられていた。そして、寺から任命された役人が彼らの移動を管理し、牧地と仕事を割り当てた。牧民世帯は、毎年寺から割り当てられた分量の畜産品を役人に納め、超過分は手元に残すことが許された。

一方貧困世帯は、裕福な世帯や寺の家畜を放牧している人々の労働を手伝う見返りに、畜産品を得ていた。裕福な人々は寺の家畜を放牧しないのが普通だったが、しばしば寺の小麦畑の耕作を命じられることがあり、その際には貧困者を雇用したという［Humphrey and Sneath 1999: 222-226］。寺が閉鎖されたのは1929年であるが、その後の耕地の利用状況に関しては言及がない。筆者は、2003年にゴビアルタイ県で現地調査を行った際、旧ナルバンチン・ホトクトのシャビ領時代より耕作が続けられているという大麦畑（面積45ha：調査当時）を実見したことがある。GPS計測値とGoogle Earth™の衛星写真から判読できる寺と畑の位置

地図1-3　エルデネ・バンディッダ・ホトクトのシャビ領における季節移動パターン

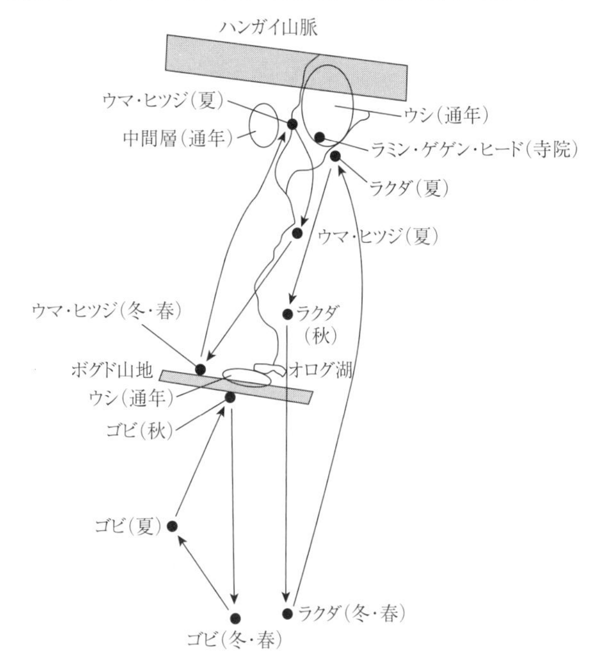

※季節営地の地点は一部省略してある。[Humphrey and Sneath 1999]より筆者作成

関係や現地で観察した地形等から判断して、これは、1949年にアメリカへ移住した旧ナルバンチン寺領の活仏ディルブ・ホトクトが1950年に描いた地図に示されている耕地と同一のものと思われる［Vreeland 1953: Plan 1］。そのため、エルデネ・バンディッダ・ホトクトのシャビ領など、他の寺領などで人民革命以前に存在した耕作地が、その後も何らかの形で継続的に使用されていた可能性は十分に想定しうるだろう。

シムコフおよびスニースが最も着目したのは、牧畜における季節移動のパターンであった。その概要は以下のようになる。(地図1-3)

まず、寺の家畜を預かるラクダ専門グループは、南のゴビにある冬営地から、寺に近いハンガイ山脈の夏営地まで、最も長い距離を移動していた。次に長い距離の年間移動を行っていたのは寺の家畜を預かるウマとヒツジの専門グループである。「ヌーデグ」(移動する)と呼ばれていた通り、年間200 kmもの移動を行っていた。一方、専門グループでもウシの担当はハンガイ山脈地域か、ボグド山地近辺に1年中いた［Humphrey and Sneath 1999: 223］。

それに対し、寺の家畜を多く放牧しない世帯では、長距離移動と短距離移動が混在していた。例えば「ゴビ」と呼ばれた人々は1年中ボグド山地の南を移動しており、比較的長距離であった。一方「中間層」と呼ばれた人々は寺の近くのハンガイ山麓を通年移動していた。さらに寺の閉鎖後、多くの牧民は短距離移動しかせず、たとえばオログ湖といった1つの地域で1年中過ごすようになっていったという。こうした変化傾向を捉えてシムコフは、封建関係の撤廃が移動距離の短縮をもたらすと結論した［Humphrey and Sneath 1999: 223-225］。

しかしスニースは、シムコフの説明では、一時的に同じ草地を共有する隣人たちが、一方は年20 km移動し、他方は200 km移動する、しかもいずれもが、自らの移動システムがベストであると考えていた点を合理的に説明できないと指摘する。もとより、かつては寺院側も長距離移動が望ましいと考えていたからこそ、家畜を委託した専門グループには長距離移動をさせたはずであるし、現地の季節移動状況は周辺地域と比べても例外的ではなかったという。

そこでスニースは、利益中心的（あるいは専門家的）モードと生業的モードを両極とする、幅のある牧民の生産活動像を提唱する。前者は貴族、宗教施設、地方政府、そして豊かな平民などによる大規模家畜所有を基盤にしており、その特徴は大規模群の専門家的牧畜であり、時には単一家畜群を構成するという。また目的論的には、財産としての家畜群から最大の利益を得るための草原利用形態である。長距離移動による広範囲の土地利用は、より生存率の高い家畜を牧民にもたらすが、他方、それは広範囲な土地へのアクセスを許す政治的組織と、移動手段が必要であり、また牧民の生活様式から見れば大規模群を頻繁に移動させるがゆえに労働集約的な牧畜の形態となる。

後者の生業的モードは、家庭内の需要を満たすことを指向する。これは各種家畜を少数ずつ所有し放牧する世帯に特徴的な様式であり、ヒツジとヤギは肉と冬の衣類、ウシは乳、ウマは乗用、ラクダは運搬と、それぞれ異なった目的のために活用される。無論、全ての世帯は労働力再生産のために多かれ少なかれ生業的生産に携わっており、また外部からの物資の購入のためには家畜売却などで得られる利益も完全には無視しえない。しかし、大規模牧畜に携わらない人々はより生業的モードを指向し、草がなくなった場合など不可避的な場合に限って移動を行う傾向があったという［Humphrey and Sneath 1999: 225-228］。これは、草原の利用主体としての牧民個人の立場としては、労働投下に対する生産性を向上させようとする活動として理解することができよう。

つまり1921年の人民革命以前、モンゴル高原北部には封建領主を中心とする大規模家畜所有組織と、小規模家畜所有者という2種類の利用主体が存在し、両者が異なった利用目的を追求していたと言えるだろう。前者は、自らの支出の多さゆえの最大利益の追求であり、後者はより生業的な需要の充足である。そして広域的な土地利用の可能な前者は長距離移動を伴う大規模牧畜と、可能性に応じていくばくかの農耕を組み合わせ、後者は可能な限り最低限の移動で済ませる牧畜という、異なった利用方法が混在する状況にあった。この両者の比率について、絶対的数値を挙げることは現状では困難であるが、後で見るように、少なくとも変化は、相対的な比率の変動として明確に認識できる形で確実に進行していくのである。

次に、社会主義化について検討しよう。本節でいう社会主義化とは、広い意味では1921年のモンゴル人民革命から1992年の集団化体制の崩壊までに発生した一連の変化を指すが、その中にはいくつかの画期がある。モンゴル草原世界で、最大のイベントは1950年代後半に急速に進行する社会主義的集団化（ネグデル化）であろう。これが現在、少なくとも牧畜経営に関する限り、我々が社会主義のステレオタイプ的イメージとして想起する姿であるが、それは実際には社会主義時代約70年間の後半にしか実施されていなかったことになる。

もちろん、例外は存在する。1929～1931年の時期、モンゴル人民共和国では急進的な政策が取られ、封建領主から財産を没収すると同時に、細分化した小規模な牧民経営の集団化が試みられた。しかし、1931年末までに半ば強制的にコルホーズを全国に752カ所建設し、しかも定住化までさせようとする試みは、あまりに性急かつ教条主義的であったがゆえに、1932年には全国各地で反乱が勃発し頓挫するに至る［モンゴル科学アカデミー歴史研究所 1988a: 299-317］。

結局のところ、こうした騒動を経て、モンゴル高原北部では牧畜面に関する限り、1950年代末までその利用主体は小規模な牧民経営が多数派を占めることになった。ただし、この1930年前後の試みが、完全に水泡に帰したのかというと、否である。封建領主層の弱体化に伴う大家畜所有者の没落はすでに指摘したとおりだが、その他に漢族商人を中心とする外国資本が1930年までにほぼ完全に排除されたほか、1931年には現在に至るまで地方行政の基本単位となる郡が、従来の行政単位である旗を分割・再編する形で設置されている［モンゴル科学アカデミー歴史研究所 1988a: 278, 288］。そして、これら一連の出来事が、社会主義化に伴うモンゴル草原世界の変化を引き起こす第1のインパクトであった。

これらのうち、大家畜所有者の没落と外国資本の排除、小規模牧民経営の多数派化に関連する事項として、スニースはすべての家畜種、特にヒツジにおける数の顕著な増加を指摘する。確かに、1924年から1930年までの間にヒツジは倍増し、1930年の家畜総頭数は2368万頭と、1980年代に匹敵する水準にまで達している。この原因として彼は、大規模家畜所有者の家畜が牧民世帯に再分配される過程で牧畜経済における生業指向が高まった結果、輸出が減少し牧民たちの飼養する群れの規模が年々増加したのだろうと推測している。その傍証として、革命前の19世紀後半から20世紀初頭にかけ、現在のモンゴル国に相当するモンゴル高原北部地域全体で年々、総家畜頭数の約5％を輸出に回していたという試算を示す［Humphrey and Sneath 1999: 231-232; State Statistical Office of Mongolia 1996: 26］。

つまり、1930年代の一連の社会変化はモンゴル草原世界における利用目的を、こと牧畜に関する限り、生業指向へシフトさせたと言えよう。行政区画の細分化も、生業指向の高まりとともに長距離移動へのモティベーションを失いつつあった牧畜社会の状況とは矛盾の小さいものであった、と想像される。もちろん、政権側の究極的意図はマルクス主義的社会発展観に基づいた定住化や集団化であり、現場の牧民の当時のライフモデルとは異なっていた。それゆえ、実現不可能な事項は1932年の反乱でとりあえず棚上げされ、行政単位の変更という比較的穏やかな「封建色の一掃」のみが、その後の変化の伏線として定着するにとどまった。

もう1つ、この時期からの草原利用方法の変化の一端として、国営農場の設立による農地拡大が開始された点が指摘できる。これはソ連から導入したコンバインなど近代的な機械を利用したものであり、技術的には従来型の農業生産とはかなりの断絶がある。しかし、例えば1939年段階の代表的な国営農場として挙げられている5カ所のうち［モンゴル科学アカデミー歴史研究所 1988a: 363］、バローントーロンおよびタリアラン（いずれもオブス県）については、筆者が2005年に現地で聞き取り調査を行う機会があったが、少なくともタリアランについては人民革命以前からの農耕の存在が確認できた。というのも、タリアランの旧国営農場のすぐ近くにはモンゴル国の少数民族ホトン族の集落があり、彼らは300年前の来住時より農業に従事してきたという。つまり、少なくとも初期の国営農場に関する限り、既存の農地をベースに農場が設立されたという推測が成り立つ。

社会主義時代末期に山から水路を引き、スプリンクラーで2000 haを灌漑したというタリアランや、4万haの小麦畑を擁したというバローントーロンの状況

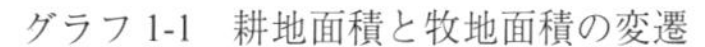

グラフ 1-1　耕地面積と牧地面積の変遷

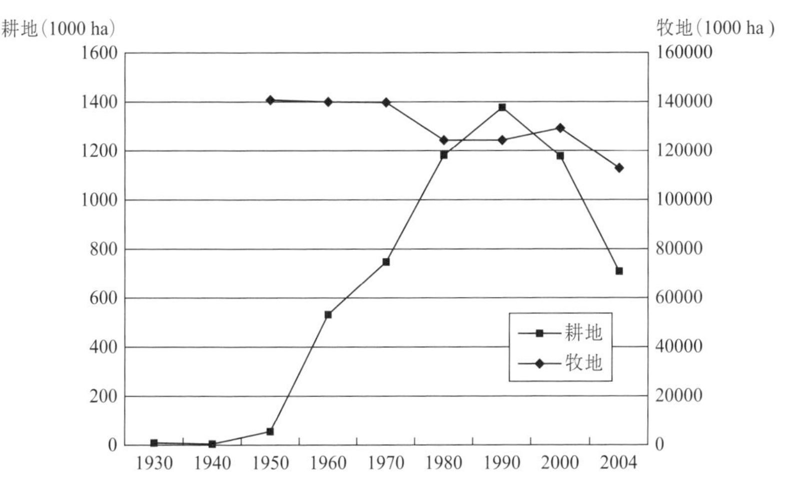

注）1930 年と 1940 年のデータは国営農場の耕地面積のみ
［NSOM 2003:155, NSOM 2005:213, SSOM 1998:407, モンゴル科学アカデミー歴史研究所 1988a:363,294］より作成

は、社会主義の 70 年間に整備されてきた結果であることは疑いない。だが、社会主義政権が行ったのはモンゴル草原世界における農耕そのものの開始ではなく、大型機械を利用した大規模農耕の開始であり、そこで利用された農地の 1 部は、確実に人民革命以前にルーツをたどりうるものであった。その上で、その量的拡大がいかなるものであったか、先取りになるが、民主化以降のデータも含め耕地面積と牧地面積の変遷をグラフ 1-1 に示しておく。

これを見て明らかなことは、耕地面積が 1960 年になると激増している点である。つまり、牧畜における集団化と農耕地の拡大が同時並行的現象であったことである。これは 1947 年に開始される第 1 次 5 カ年計画（1947 ～ 1952 年）、つまりソ連を盟主とする社会主義陣営の中で、自らの役割に応じて各種経済目標を設定し、それをクリアしていくという開発モデルの導入がきっかけとなる。なおモンゴルに与えられた役割は、農牧業産品を各国に供給することであった。その中で国営農場は、第 1 次 5 カ年計画では目標値を超過する伸びを見せ、3 カ年計画（1958 ～ 1960 年）では未耕地を開拓することで大幅な面積拡大を行った。

しかし一方で、牧畜は第 1 次 5 カ年計画からつまずきを見せた。家畜数 2200 万頭を 3200 万頭に増加させる計画は完全に失敗し、そこから目標達成のためには牧畜の集団化が必要であるという目標が設定され、牧民のネグデル（農牧業協同組合）への編成が実行されていく。この集団化は、1959年の第1四半期に組織率が全牧民の97.7%に達し、同年に集団化が達成されたとされる［モンゴル科学アカデミー歴史研究所 1988b: 90, 96, 123-126, 141、安田 1996: 41, 44-46］。そしてこの集団化が、モンゴル草原世界に対する社会主義化の第2のインパクトとなる。これは農牧業全体の文脈において、草原の利用目的・主体・方法のいずれもが転換した契機であったと言えるだろう。

しかし、この集団化にも2種類の含意がありえた。政策立案側としては、集団化が社会主義化のメルクマールであるから、集団化は不可避のプロセスである。しかし、現実の牧畜社会の集団化において援用されたテクノロジーは、皮肉にも人民革命前、漢族商人への借金を抱えた封建領主たちが用いたテクノロジーと奇妙な一致を見せる。ネグデルはかつての封建領主や寺院と同様、移動を管理し、単一種の群れを作り、牧地を割り当てた。しかもその組織率の高さにおいて、利益中心的モードがすべての牧民と大半の家畜を含むほどに極大化した。スニースは、ネグデルが成員の移動を管理し、強化した点を指摘し、家畜の移動性は高まったと述べ、その結果、1980年代半ばには革命前に匹敵する総家畜頭数の4.7％を輸出していた、と推計している［Sneath 1999: 230-232］。

もちろん、ネグデルの牧畜形態は単純な過去の復元ないしは強化ではなかった。例えば当時の季節移動の範囲は、基本的に郡の下部単位バグのエリア内に限定されていた。通常、郡は2～5程度の牧民バグ[3]を含んでいるので、移動の頻度はともかく、距離に関してはかなり小規模であった。

また、社会主義化のインパクトはこの2つに止まらなかった。第3のインパクトは、1970年に始まる第5次5カ年計画に端を発する、モンゴルの工業化政策の比重を鉱業重視へと転換させる政策であった。そして1973年にエルデネトで銅・モリブデン鉱の採掘・選鉱を開始するに及んで、現在に連なるモンゴルの鉱業立国化が開始されることになる［安田 1996: 48, 55-57］。またこの事実はグラフ1-1において1970年代に牧地は減少しているが、耕地は1950年代とほぼ同じペースで増加しているという事実とも符合する可能性がある。国土総面積が増減したわけではない以上、その1因として農牧地の鉱業用地への転化が推測される。このインパクトもまた、草原の利用方法という面においては大きな転換期を形成したといえよう。

3　バグには牧民バグのほかに、郡中心地や鉱山町の定住民から構成されるバグもある。ただし牧地を有するのは牧民バグに限られる［尾崎 2006: 211］。

1991年末に発生したソ連崩壊は、政治・経済的にソ連に追従していたモンゴルの草原世界にも即座に大きな影響を与えた。すなわち民主化の開始である。

まず、1992年にネグデルと国営農場の解体が実施された。解体は、両者の資産を個人に分配することと、経済活動における指導体制の消滅であった。牧民にとって意味ある資産分配は、家畜および冬営地などに設置されている家畜囲いであった。一方、牧地は現在まで分配の対象とはなっていない。行政区画についても、ネグデルや国営農場が再び郡と呼ばれるようになっただけに過ぎず、その意味では1931年の枠組みが基本的には維持されている。

指導体制の消滅は、牧民に家畜の移動および処分に関する自由化をもたらした。そもそも集団化の目的が、より多くの農牧産品をソ連をはじめとする社会主義陣営への輸出に回すというものであったので、ソ連崩壊は直接的に目的の消失を意味した。また、農牧産品を輸出する見返りとして石油や機械などを入手するという貿易形態も不可能となり、結果的にモンゴル国内の流通体系は大きく阻害されるに至った。

つまり、牧民たちは民主化を契機に、自分の持ちたい家畜を好きなだけ持て、自由に移動できるようになった。また、既存の流通機構からも「自由」、すなわち農牧産品をノルマ達成のために大量に生産し、国家へ供出する必要もなくなった。一方で農牧産品を移出するための回路もなくなり、他方で外部の物資は購入したくともやってこない、という状況に陥ったのである。

こうした状況の対応策として、少数の世帯から構成される牧畜ユニット「ホトアイル」を単位とする、生業的モードに近い牧畜が1990年代を通じて展開されることになった。ただし、筆者が1990年代末に中国国境に隣接するスフバートル県オンゴン郡で現地調査したデータに照らす限り、ホトアイルの構成原理や季節移動の範囲およびパターンについては、基本的にネグデル期（集団化時代）の牧畜にそのモデルを見出すことが可能であった。例えば2章で言及するように、ネグデル期にも大規模移動を行っていたバグの牧民は移動性が高く、逆にかつてより移動性が高くなかったバグの牧民は、裕福な牧民の代名詞「1000頭牧民」であっても移動性は低かった。

その結果、国全体の家畜頭数は増加に転じ、1999年に3357万頭に達する。この未曽有の家畜頭数は、逆に1999/2000年に始まる全国規模のゾドにより2002年には1989年と同水準まで激減する。これにより、家畜つまり生活基盤を失った牧民を中心に、ウランバートルなど都市部への人口流入が加速することになる。

第3節　牧畜戦略と郊外化の概念

以上が、本書の主たる議論の対象となる1990年代以降の牧畜へと至る、モンゴル国側での100年ほどの歴史プロセスである。一方、内モンゴル側で同様の事象を見出そうとすれば、1949年の中華人民共和国成立と1983年に開始する改革開放、つまり社会主義経済の実質的な放棄であろう。むろん、内モンゴル側においても出発点となる前近代の社会構造はモンゴル国と大差ないものであり、それが多かれ少なかれ中華人民共和国成立まで継続したことを示唆する研究は少なくない［例：Sneath 2000、後藤 1942］。

国境線を挟んでの社会主義化は、基本理念的には類似しつつ、ただし農耕化や都市化、あるいは人口流動などの表現型においては相違しつつ推移したと言えよう。社会主義経済が放棄されてから、両者の間には視覚上の大きな差異が出現したことはすでに述べたとおりである。だが、その視覚上の差異は、牧民の実践する牧畜戦略にどの程度対応しているのだろうか。これが本書の問題意識の1つであるが、個別事例の分析に入る前に、この牧畜戦略という概念について先行研究を参照しつつ検討したい。

言うまでもないことだが、モンゴル高原における牧畜は、牧民が自らの生活を維持するために行っている行為である。つまり牧畜戦略とは、牧畜でどのような生活を実現しようとするのか、というモデルのことになる。こうしたモデルはそのままの形で可視的であるわけではなく、筆者のように質的社会調査によって牧畜戦略にアプローチする場合、先に個別の牧民の牧畜実践の事例があり、それらの事例から彼らの牧畜戦略を演繹的に推測することになる。その意味で、牧畜戦略は牧民それぞれによって多かれ少なかれ異なっている、個人的なものであるといえる。

牧畜でどのような生活を実現しようとするかは、牧民により一様ではないものの、さりとて個人が完全に自由に選びとれるものでもない。その不自由さは牧畜や環境に関する知識・技術に由来する制限であったり、彼らのおかれた社会的状況による制限であったりする。いずれにせよ、ある時代の、あるいはある地域の牧畜戦略は、いくつかの類型に収斂すると推測することは可能であろう。

これは筆者の単なる思い付きで述べているのではない。モンゴル高原における牧畜戦略についてはすでにいくつかの先行研究が存在する。その中でも、ある地域の中で共時的に複数の牧畜戦略が存在しうることを指摘したという点で、前節で紹介したスニースの研究［Humphrey and Sneath 1999］は画期的であった。逆に言えば、モンゴルの牧畜戦略に関する研究は、現在に至るまで多くが単数モデルに依拠しており、スニースのような複数モデルを提示する研究は珍しいということでもある。

単数モデルの利点は、シンプルである点にある。また、「モンゴルの牧畜は～である」と言い切るスタイルは、第2章などでも検討するが、ナショナリズムとも親和性が高い。その一方で、内部の多様性を説明するのは非常に苦手である。こうした単数モデルの1例として、近年出版されたモンゴル牧畜に関する民族誌の1つである風戸真理［2009］の論理構造を検討したい。

風戸［2009］は1994年から2004年まで、モンゴル国各地で断続的に実施した現地調査のデータを中心的素材として編まれたものである。主たる調査地はアルハンガイ県チョロート郡（以下「A地区」と表記）、ドンドゴビ県デレン郡とその周辺（以下「B地区」と表記）、ドルノド県バヤンドン郡とその周辺（以下「C地区」と表記）、ザブハン県テルメン郡とその周辺（以下「D地区」と表記）の4地点である。最も東に位置するC地区と最も西に位置するD地区では地理的に最大1000 km以上の隔たりがあり、自然環境面でも、エスニックな面でも相違が存在する。

こうした背景を持つ諸論考を「モンゴルの民族誌」として成立さるための論理的枠組みは、地域を越えたモンゴル国における牧畜の共通性であるとする［風戸2009: 75］。つまり風戸［2009］においては、民族誌としての統一性を担保するための論理的要請として、単数モデルが必須であった。その背景として、上述の各地点ではそれぞれ調査テーマと手法が異なるため、あるテーマに関して複数地点における調査データを対照しえなかったという技術的な事情がある。

こうした単数モデルは、他の研究者が他の地域で行った調査事例と対照して相違点が存在する場合、どちらかが否定されなければならないという論理的必然を内包してしまう。例えば本書の第2章などで述べる牧畜ユニット（居住集団）について、先行研究が貧富の差に基づく経済的従属や親族のモラルに基づく若年層の労働奉仕の側面を指摘していたのに対し、A地区の事例では、「原則として家畜頭数がほぼ均等であるという経済的土台のうえに成り立つ対等性」を基盤としていると指摘する［風戸2009: 266］。なお、ここで挙げられている先行研究の中には、筆者が本書で言及するスフバートル県の事例研究も含まれている[4]。筆

4　他に言及されているのは、トゥブ県で日野千草［2001］が行った調査事例などであ

者の立場（複数モデル）から述べるなら、個人の置かれた諸条件の地域的偏差に起因する結果にすぎないのだが、1地点の事例でモンゴルを代表させる必要がある風戸の立場からすれば、異種の見解は例外でなければなるまい。風戸自身はこの点について明言は避けているが、単数モデルの内包する問題点を露呈した結果となっていると理解できよう。

一方、複数モデルもスニースの発明物ではない。例えば梅棹は1940年代に自身が実施した内モンゴルでの調査データに基づき、冬季の草の確保法についてチャハル南部（重草原）とシリンゴル北部（軽草原）で異なった類型が存在することを指摘しており、その意味で複数モデルの存在を示唆している［梅棹 1990f: 506-508］。ただし、こうしたモデルは一種の環境決定論的な議論の帰結として提示されている傾向は否定できず、自然環境以外の要因は考慮の対象外となっていると言わざるを得ない。それに対し、スニースの複数モデルは、牧民の志向性から議論が出発している点に特徴がある。

すでに述べたように、スニースは利益中心的（yield-focused）モードと生業的（subsistence）モードを両極とする、幅のある牧畜戦略を提唱した。前者は大規模家畜所有を基盤にしており、長距離移動による広範囲の土地を利用する。こうした牧畜は生存率がより高く、結果として利益の増大を牧民にもたらすが、他方、それは広範囲な土地へのアクセスを許す政治的組織と移動手段が必要であり、また牧民の生活様式から見れば、大規模群を頻繁に移動させるがゆえに労働集約的な牧畜戦略となる。

一方の生業的モードは、家庭内の需要を満たすことを指向する。これは各種家畜を少数ずつ所有し放牧する世帯に特徴的な様式であり、ヒツジとヤギは肉と冬の衣類、ウシは乳、ウマは乗用、ラクダは運搬と、それぞれ異なった目的のために活用される。無論、茶などの物資を外部から購入するのためには家畜売却なども必要である。それゆえ、往々にして自給自足的という意味合いから免れにくい「生業的」という表現には多少の留保が必要であろうと思われる[5]。いずれにせよ、大規模牧畜に携わらない人々はより生業的モードを指向し、草がなくなった場合など不可避的な状況に限って移動を行う傾向があったという。

る。なお風戸の調査地と日野の調査地は400 km以上、風戸の調査地と尾崎の調査地は1000 km以上の距離がある。

5 梅棹は、生業的モードに近い意味合いでモンゴルの牧畜を「しもたや」、つまり資産で食べていて商売をしていない家と表現しており、利益中心的モードに近い意味合いを持つ「産業としての牧畜」と対置している［梅棹 1990b: 144］。

これは牧民個人の立場としては、労働投下に対する生産性を向上させようとする牧畜戦略として理解できよう。

さらにスニースは、人民革命後の変化や1950年代末から30年間続いたネグデル体制の集団化も、2つのモードの比率の変動として理解可能であるとする。つまり人民革命後には大家畜所有者が消滅することで生業的モードの比率が増加し、移動性が低下した。前述したように、ネグデル期には利益中心的モードが極大化した。[Sneath 1999: 225-232]。

つまりスニースは、複数の牧畜戦略をモデル化するにあたって、それぞれの主体が置かれた条件の持つ影響の大きさを考慮に入れた、と言えるだろう。すべての牧民が、どうすれば速やかに家畜を殖やすことができるか、という民俗知識については多かれ少なかれ同質のものを共有していても、置かれた条件によってそれを最大限発動するかどうかは異なる。それゆえ、多くの家畜を有してはいたが、同時に出費が多い寺院も、旧ソ連圏に供給すべき家畜の増加を希求していたネグデルも、家畜増加のために動員する技術は酷似している一方で、家畜頭数の多くない牧民は、季節移動という労働投下を増やす方が家畜は増えると知っていても、むしろ少ない労働投下で得られる分で生活することを選択しがちなのである。

ただし、スニースの描く牧畜戦略に限界があることもまた事実である。第1に、彼はモンゴル国が1990年代に体制転換した後、そこでの牧畜がどのような牧畜戦略に基づいているかを言及しない。2つのモード論はそのままの形で有効なのか、あるいは多少の修正が必要なのかについても言及されない。そして第2に、モンゴル国とは異なった土地制度が施行されている内モンゴルについては、牧畜戦略が検討されてはいない。要するに、スニースは20世紀初頭から1980年代までのモンゴル高原北部に限定された形での牧畜戦略を描いたのである。

これに対して、社会主義崩壊後のモンゴル国における牧畜戦略について具体的に言及したのがマリア・フェルナンデス＝ヒメネスである。フェルナンデス＝ヒメネスは、1994～1995年にバヤンホンゴル県で現地調査を行った結果として、道路と町の近くに家畜が集中していること、他者の使用する牧地への侵入が頻発していること、移動性が低下していることを指摘している。その背景として、公的な土地利用への規制が存在しなくなったことや、慣習的権利の弱体化を挙げている［Fernandez-Gimenez 1999a: 322, 335］。別の論文では、富裕な牧民が定住地域に居住する不在畜主の家畜を委託されて放牧するようになっている傾向も指摘している［Fernandez-Gimenez 1999b: 17］。

こうした指摘はいずれも社会主義崩壊後の変化傾向を指摘しただけであり、その時代の牧畜戦略が有する振れ幅を明示するものではないという点で、スニースの議論に直接接続することは困難であるが、他方で、土地利用の規制が法的・慣習的のいかなるレベルでも弱体化しているという社会状況の変化が牧畜戦略を変化させているというレベルにおいては、スニースとの連続性を有している。むしろこうした、政策や経済体制といった制度的な変更が牧畜戦略に大きな影響を与えているという視点は、スニースより明示的であると言えよう。

一方、小長谷有紀は、スニースやフェルナンデス＝ヒメネスの議論を踏まえたうえで、1990年代の内モンゴルにおける牧畜戦略について検討している。小長谷は、牧地と家畜との間における生態学的なバランスと、家畜と労働力との間における社会的なバランスとを、同時に解決するための伝統的牧畜戦略という位置づけで、家畜を他者に預託するスルグ戦略と、他者と共同放牧を行うホトアイル戦略の2類型を提示し、利益中心的モードや家畜を預託されるタイプの牧民を前者、生業的モードや家畜を預託されないタイプの牧民を後者に分類した［小長谷 2001: 21-24］。さらに、内モンゴルのシリンホト市における事例調査から、内モンゴルにはスルグ戦略は存在しうる一方で、ホトアイル戦略は維持困難となっており、労働力と牧地の組み合わせとしては「労働力を雇用する・しない」「牧地を借りる・借りない」の4通りに多様化しているという［小長谷 2001: 39-41］。

小長谷の着目点は、究極的にはモンゴル高原においていかに生態学的安定性を維持しながら牧畜を行うか、という点にある［小長谷 2001: 42］。そのため、基本的な牧畜戦略の類型は通時代的なものとなり、内モンゴルにおける牧地の分割も所有地と放牧地の分割という、従来から存在する要素の組み合わせの多様化として理解されることになる。こうしたアプローチは、内モンゴルの現状をも含めた形でモンゴル高原の牧畜戦略というパースペクティブから概観しうるという点で大きく評価できる。

ただしその一方で、牧民は果たして生態学的安定性を保持した牧畜を常に目指すのか、という疑問や、たとえば「スルグ戦略」という民俗知識は皆が持っているとして、そうした牧畜戦略を具体的に選択するに至るプロセスにはどのような回路が想定しうるのか、といった疑問が生じる。特に前者に関しては、モンゴル高原における牧畜は第一義的に生活を維持するために行うものである以上、場合によっては長期的な持続性よりも短期的な生活の維持を優先することがありうる。その意味では、ある時期に生活している牧民全体に影響する制度や、個人の置かれた諸条件というファクターが過小評価されているという印象は否めない。

以上、スニースをはじめとする先行研究を子細に検討してきた。牧畜戦略に大きな影響を与える要素として、筆者が着目するのは以下の3点、すなわち民俗知識、制度、個人の置かれた諸条件である。民俗知識は、モンゴル高原で牧畜を行う上で必要な、環境や牧畜技術に関する知識であり、すでに先行研究で示されている通り、共時的に見れば比較的成員間でのばらつきが少なく、また通時的に見ても変化しづらい性質を持っていると思われる。ただし、筆者が再三述べているように、個別の牧民は、あるいはある時代のある地域の牧民社会は、その民俗知識をマニュアルどおりに実践しているわけではない。あるいは民俗知識の中に、すでに相反する行動様式のセットが組み込まれていると理解する方が正確かもしれない。

制度は、本書で焦点をあてる土地制度などのように、ある時代を生きる人々に比較的均等に影響を与える社会的な与件である。そして、個人の置かれた諸条件の中には、個人が暮らす場所の自然環境および制度の枠組内という制限つきではあるが、所有家畜頭数やライフサイクル、社会的ネットワークや歴史的経緯といった社会条件が想定しうる。これらの3要素が組み合わさって、個人の牧畜戦略が選び取られるということになる。

1. ポスト社会主義をめぐって

以上、牧畜戦略についての先行研究のレビューを行ったが、本書の主対象である1990年代以降の状況、つまりモンゴル国においては社会主義崩壊後、内モンゴルにおいては牧地の分配以降については明確になっていないことが明らかになった。では、1990年代から現在までに至る時期を、どのように解釈すべきだろうか。ここでは、モンゴル国を含む旧ソ連圏に関する人類学研究および地域研究で一時期注目を浴びたポスト社会主義という概念を検討し、本研究の時代区分認識との対照を行いたい。

1990年代前半、モンゴル国で起こった社会主義の崩壊は、現地の牧民社会に対して2つの意味で大きなインパクトを引き起こした。1つは、家畜の集団所有制度の崩壊にともなう家畜所有の自由であり、基本的に誰でも、持ちたいだけの家畜を所有することが可能となった。もう1つは、ネグデルによる指導体制の崩壊に起因する季節移動ルート・居住地選択の自由度の大幅な拡大である。個々の牧民がどこで、どのように牧畜を行うかは、基本的に個人の裁量に委ねられるようになった。

こうした現象は、社会主義崩壊後に発生した現象という意味で「ポスト社会主義」的であると形容することが可能である。しかし近年、ポスト社会主義という概念設定に疑義が呈される事態が生じ、何らかの注釈なしには使用し難い客観的状況が生じつつある。そこでまずは「ポスト社会主義」という概念をめぐる近年の議論を概観した上で、筆者自身のポジションを示す必要があろう。

「ポスト社会主義」は、1991年暮れのソ連崩壊に端を発し、「人類の壮大な歴史的実験であったソ連の社会主義体制の評価と、社会主義体制崩壊後の旧社会主義国家の行方」[佐々木 1998: 6]を見定めようとする研究テーマとして出現した、多様な研究分野に関わる問題関心を指し示す用語であったと思われる。しかし、ソ連崩壊から10年以上を経て、ポスト社会主義という概念の新鮮さが失われつつあったと思われる2000年代前半に入り、その概念設定に対する違和感が表明され始めた。

例えば佐原徹哉は、2004年に刊行された論文「ポスト『ポスト社会主義』への視座」で、「ポスト社会主義」という枠組みの限界性、つまり多様な地域の多様な現象を「ポスト社会主義」という概念で括ることで理解したつもりになってしまえる危険性を指摘している[佐原 2004: 19]。またモンゴル国の宗教状況を研究する滝沢克彦は、この佐原の議論を引用し、「各地域を個別に見ていくと『ポスト社会主義』とは、もはや地域ごとの個別の歴史における単なる時代区分に過ぎないようにも思われる」と述べつつ、宗教研究における「ポスト社会主義」という視座の意義を最終的に指摘する[滝沢 2006: 112-113, 279]。

つまり、通文化的概念として「ポスト社会主義」という用語を使用する場合、現状では何らかの限定やエクスキューズなしには使いにくくなっている。もちろん、ウランバートル市の「起源」に関する歴史叙述について社会主義時代とポスト社会主義時代の比較を行った西垣有[2005]の研究のように、個別の歴史における単なる時代区分として「ポスト社会主義」を使用することは、いかに通文化的な枠組みとしての問題点が指摘されようとも現在なお有効な用法であろう。

ただし、時代区分としての「ポスト社会主義」の使用についても、現地の状況変化は激しく、いつまでも1990年代と同様の状況が継続しているわけではない。そうすると、概念としての斬新性とは別に、一体いつまでポスト社会主義時代という時代区分が持続しているのか、つまり現在の現象にも「ポスト社会主義時代の」というラベルを貼ることが有効なのか、という次元での「有効期限」

を検討する必要が出てくる。これは、地域や対象ごとに一様である必要はない。それでは、筆者がこれから議論するモンゴルにおける牧畜の文脈ではどのように考えられるだろうか。

モンゴル国における社会主義崩壊は、ほぼネグデルの解体を意味した。社会主義時代、モンゴル人民共和国には国営農場とネグデルが存在した。国営農場が農業を中心としていたのに対し、多くのネグデルは牧畜、しかも集団化以前の面影を色濃く残した移動牧畜を主たる産業としていた。1990年代前半に行われたネグデルの解体に際し、かつての構成員には家畜が分与され、また失業の危機に瀕した定住地域の住民も何らかの方法で家畜を入手することによって、自営牧民の集合体としてのモンゴル牧畜社会が出現することとなった。

ネグデルの解体後、1990年代のモンゴル牧畜社会は、第5章で言及するグラフ5-1でも明らかなように国全体の顕著な家畜頭数増加を経験すると同時に、現場レベルでは社会主義時代に存在した物資やサービス、流通網やインフラなどが軒並み消失するという、国全体での経済混乱の影響をまともに受けた生活の困窮化が見出された。つまり、国全体での家畜頭数増加は、単に家畜私有化というインセンティブによって牧民の意欲が高まった結果というだけでなく、社会主義時代のように年々大量の家畜をロシアに輸出しなくなった、あるいは輸出できなくなった結果でもあると理解することが可能な現象であった。

第2章で指摘するように、当時の牧民の生活は物々交換的な交易によって必要な物資を入手し、家畜はインフレに強いので手放すことを望まず、また入手可能な物のバリエーションも物不足に喘いでいたウランバートル以上に乏しかった。そのため、彼らの生活は自らの所有する家畜から肉や乳製品を得て食糧とする度合いの高い、自給自足傾向の強いものであった。

ただし、この1990年代的な牧民社会の自給自足的傾向は、そのままの形で現在に至るわけではない。それは、佐々木史郎［1998: 14-15］がシベリア、サハ共和国北部の先住民の狩猟に関して1990年代半ばに見出した、「生活のための自給的な狩猟の比重の高まり」を、「完全な自給化をめざしているのではなく、1種の緊急避難的な状況である」と評した状況と軌を一にする。モンゴルにおける変化のきっかけの1つは、1999/2000年に始まる全国規模のゾドである。このゾドにより、モンゴル国の家畜頭数は2002年には1989年と同じ水準まで激減し、このあおりを受けて、家畜を失った牧民を中心とした人々の、ウランバートルへの人口流入が加速する。なお、ゾドが牧畜社会にもたらした影響については第5章で検討する。

一方、ゾドとほぼ同時期、つまり21世紀初頭より顕著となる現象として、モンゴルにおける鉱山開発ブームがある。もちろん、鉱山開発自体は牧民社会と直接的なつながりを有さない。だが第4章で述べるように、鉱山町の整備や鉱山関係の投資増大による都市部の経済的繁栄は、牧民の中でもそれを享受できる人々、具体的には学齢期の子女や高齢者を都市部に住まわせるための住居が購入可能な程度の家畜数を有する階層にとっては、社会主義の崩壊にともなって希薄化した都市空間とのつながりを強化する契機として機能した。

ただし、余剰人口のウランバートルへの集中、鉱山開発、非労働人口の定住地域への居住といったファクターは、完全に同一ではないといえ、社会主義時代の開発政策と同一の方向性であり、むしろある種の連続性の回復として理解すべき現象であろう。単に家畜数が多いだけでない、経済的に「裕福な」牧民層の出現は、自らの家畜や畜産品を換金するルート、つまり流通システムの再構築が進行しつつある状況の結果である。

無論、少なくともモンゴル国に関する限り、再構築されつつある流通システムは社会主義時代ほど末端まで行き届いておらず、またきめ細かく社会的弱者への配慮がなされているわけでもない。だが、21世紀に入ってからのモンゴル牧民社会の状況を、1990年代と同一の「ポスト社会主義」という用語で括ってしまうと、それは、社会主義体制崩壊の前と後の差異が、1990年代と2000年代の差異よりも質的に異なり、前者が圧倒的に大きな断絶だという認識の表明に他ならない。

その認識では、確かにモンゴル牧民社会に住む人々が、ネグデル期以前から存在する牧畜知識といったリソースを社会主義体制崩壊後現在に至るまで、より積極的に活用するようになっていると言えるかもしれない。しかし、その一方で直近の過去である社会主義時代の各種の「遺産」に縛られつつも、あるいは時にそれを利用して生きているという、ごく当たり前の事実を隠蔽してしまうという問題をはらんでいる。

そもそも「ポスト社会主義」なる用語は、渡辺裕〔2005: 23, 26〕が「ポスト社会主義経済下のトナカイ飼育産業」と題する論文で、ペレストロイカ以後、カムチャツカの先住民が「トナカイ肉の販売システム、輸送システムをうまくはたらかせることができなかった」故に「トナカイ肉から収入を得られない状況」に陥り、「トナカイ肉の販路や輸送、加工を含めた流通システムを構築」することが課題であると指摘しているように、少なくとも生業関連の研究においては元来、社会主義つまりネグデル体制の崩壊に続く一連の経済混乱やそれに起因する自給自足性の高い生活形態への「撤退」というニュアンスを元来有していたように思われる。また、それが、通文化的な共通経験であったと言えよう。

だとすれば、モンゴル牧畜社会にとってのポスト社会主義的状況は2000年頃を境に、一応の終焉を迎えたと理解することができる。即ち現在は、ある部分においては確実に別の段階に突入しているのだ、と。こうした時代観は、ロシアにおけるエリツィン時代とプーチン時代の直感的な対比でも想像可能なように、他の旧ソ連圏地域との比較可能性も有するアイディアであると思われる。

本書では、1990年代の牧畜と2000年代の牧畜の違いは、旧ソ連圏地域とは別の歴史的過程をたどった社会主義国家である中華人民共和国に属する内モンゴルでも見出しうるというのが重要な論点となる。その場合、ポスト社会主義という名称も問題となる。

1980年代前半の改革開放以来、中国は計画経済を放棄し、その意味でモンゴル国におけるネグデル体制に相当する人民公社体制は過去のものとなった。一方、1993年改正の憲法では「社会主義市場経済」なる語が謳われ、現在に至るまで「社会主義国家」という自己規定は揺るがない。

現在の中国に存在する社会主義的な要素は共産党による指導と民主集中制という政治体制部分に限られており、ポスト社会主義論のように専ら経済体制的な意味で社会主義の語を用いている議論と中国の1980年代以降の状況には親和性が存在することも否定できない。また社会主義の特徴である公有制については、牧地に関する限り、社会主義を完全に放棄したはずのモンゴル国が私有を認めていないのに対し、中国では建前上「集団所有制」ではあるが、第3章で述べるように、占有権や利用権の私有化はすでに実施済みであり、実質的には私有化されていると理解して差支えない状況である。

このように状況は複雑であるが、社会主義的経済政策という別の意味での類似性を有していた時代からモンゴル国と内モンゴルの牧畜戦略の類似性が1990年代より高まった現状への過渡期という意味で、本書ではモンゴル国でポスト社会主義と呼んだ時期と内モンゴルにおける類似の時期を総称して移行期と呼びたい。つまりモンゴル国においてはネグデル体制から現状への移行期（ほぼ1990年代に相当）であり、内モンゴルにおいては人民公社体制から現状への移行期（ほぼ1980～1990年代に相当）となる。なお後述するように、モンゴル国における1990年代を移行期と呼ぶ研究者は既に存在し、その意味でも移行期という用語法はすでにある程度の一般性を獲得した名称である。

ただし、モンゴル国に関して使われている「移行」には、経済における社会主義から市場主義への移行および政治における社会主義から民主主義への移行が区別されることなく含まれている。つまり、移行期の先に想定されていたものは市場主義経済と民主主義的政治体制がセットとなったような社会である。そして、その過程の中でグローバル化を経験してきた［ロッサビ 2007: 25-26, 242］。

一方、内モンゴルはすでに述べたように、そのような意味での移行は発生していない。しかし中国の国際経済における現在の存在感の大きさは改めて論じるまでもなく、先進国の自由市場経済に対抗する国家資本主義、つまり国家が主体的に運営する資本主義を推進する中心的国家の1つとして位置づけられることもある［ブレマー 2011: 34］。その意味で内モンゴルもこのようなグローバル化した、自由という語は冠されないにせよ市場主義経済の1バリエーションである経済体制の只中にあると言えよう。

では、このような現在の段階にどのような名称を与えるべきであろうか。モンゴル国と内モンゴルの牧畜社会に2000年以降、類似性をもたらした本質は「市場経済」なのか、「グローバル化」なのか、あるいは別の要素なのだろうか。この問題をさらに考えるために、2000年以降のモンゴル国における牧畜戦略面における最も象徴的な現象であり、本書のキータームの1つを構成する「郊外化現象」を取り上げたい。

モンゴル牧民社会の「郊外化現象」という用語は筆者のオリジナルである。これは、都市周辺や幹線道路沿いなど、都市部へのアクセスが良い場所、すなわち筆者の呼ぶところの「郊外」に牧民が集中していく現象である。郊外化の具体的なプロセスについては第4章で詳述するが、郊外化現象が発生した歴史的背景等について簡単にまとめると以下のようになる。

なぜ郊外という場所が牧民の居住地として選択されるのか。その理由は、第一義的には郊外は畜産品の消費地である都市への利便性が高いせいである。牧民たちは、自らの生活に必要な物資を入手するために、畜産品を売却して現金化[6]することが必要である。現在、そうした物資の中には、モンゴル牧民が伝統

6　牧民たちの現実の行動では、購入する物品に必要なだけの現金を入手するために畜産品を換金し、余計な現金を手元に残すことは稀である。言説レベルにおいては、「この軽トラックはヒツジ30頭で買った」などと物々交換を髣髴とさせる表現を用いる場合が少なくないが、厳密には、いったん現金を介して購入しているので、本論では家畜を現金化して物資を購入しているというスタンスを採用している。筆者が1990年代に現地調査を行っている際に現金を多く持たない理由を牧民に尋ねたところ、「家畜は現金より信頼できる」との回答であった。当時はインフレ率が高く、現金を持つことの

的に外部社会に供給を仰いでいた小麦や茶、ゲルの備品や服飾といったものだけでなく、発電機やテレビ、携帯電話、トラックなども含まれている。また、子供や孫が大学生にでもなれば、彼らを、あるいは年老いた両親を住まわせるために首都ウランバートルに住宅を確保する必要もある。むろん家畜は、牧民自らが消費する肉や乳製品、獣毛などの供給源でもあり、またウマなどの大型家畜は移動・運搬手段という性格も有しているが、現在の牧民にとって、家畜は自家用というよりは商品という性格の強い存在である。

家畜が商品という性格を帯びるのは決して近年のことではない。社会主義時代、コメコン体制でモンゴル人民共和国に与えられた役割は農牧業産品を各国に供給することであったから、そこでの家畜は明らかに商品であった。例えば風戸は、ネグデル期（集団化時代）および現在の家畜について、私有家畜の中には特別な個体性を帯びてしまう可能性が排除できないものの、基本的に数や重量として把握されていた商品であると述べている［風戸 2009: 231-232］。

さらに前述したとおり、1921年の人民革命前にさかのぼっても、モンゴル高原には華北出身の漢族商人が浸透しており、茶、タバコなどの日用品を家畜との物々交換で商っていた［後藤 1968: 372-377］。こうした行動も現金を介さないとはいえ、家畜が決済手段として機能しているという点では現状と同様の商品性を有していたと言えるだろうし、当時は家畜が通貨そのものであったという表現も可能であろう。

今日の家畜の商品性のあり方に目を転じると、少なくとも革命前の状況とはいくつかの変化が見られる。具体的には、何が商品たりうるか、という点である。現状で商品たりうるのは、家畜の生体、毛皮、カシミアに加え、牛乳や馬乳酒などの乳製品[7]である。そのうち牛乳や馬乳酒など液状の乳製品は、保存性に優れなかったり、重量がかさんだりするなどの理由で遠方に運ぶことは容易

デメリットが大きいため家畜を選択するという解釈もあり得たが、インフレが収束した現在も、牧民が現金をあまり手元に持たないという行動様式は変わっていない点から判断すると、むしろ家畜の収益性を積極的に評価しているためであると理解すべきである。ただし、家畜は自然災害などで激減する懸念もあり、また家畜が現金よりも現実に大きな収益をもたらしている確証はないので、これは、「客観的事実」のレベルというよりは「文化的嗜好性」のレベルで解釈すべき事象であろう。

7　その他の乳製品として、ボルガン県オルホン郡ではウシの乳からつくった乳製品（自家製ヨーグルト、バター、酒）やヤギの乳を売却している事例が冨田敬大により報告されている［冨田 2012: 396］。筆者は2009年、南部のウムヌゴビ県ハンボグド郡でラクダの乳からつくった乳製品を販売している事例を実見している。

ではない。また、こうした乳製品を購入するのは家畜を持たない定住者に限られる。しかも、モンゴルでは冷蔵車などの設備は未発達である。となると、消費者へのアクセスが良い場所に住んでいる牧民のみがこうした乳製品を販売できることになる。そして、都市周辺や幹線道路沿いといった郊外こそが、こうした条件を満たす場所なのである。つまり、郊外に居住するかそれ以外の場所に居住するかは、現在のモンゴル国牧民にとってまず売れるものの違いとなって立ち現れる。

社会主義時代、ことに1950年代末からのネグデル期においては、「フェルム」と呼ばれる搾乳場が主として郊外に作られ、都市居住者への乳製品供給を担当していた。言うまでもなく、流通は全てネグデル経由である。逆に、こうした乳製品供給と無関係の牧民は、ほとんど郊外には存在しなかった。そもそも、牧民の季節移動はネグデルが管理しているうえ、個人が畜産品の流通に直接かかわることはなかったので、個人が経済的に有利な場所を選択して牧畜を行うことは不可能であった。さらに社会主義時代には、畜産品も牧民が購入する日用品も統制価格だったため「有利な売却地」「有利な購入地」という概念が存在しなかった。また、ネグデルの中心地やその下部組織であるブリガード（大隊）まで物資を供給する輸送網も社会主義時代には維持されていた。こうした諸々の条件の結果として、ネグデル期の郊外は牧地としては周縁的な空間であり、牧畜は都市とは切り離された空間で営まれていた。例外的な存在として、社会主義時代末期にも、都市の年金生活者が都市郊外で牧民化する事例は少数ながら存在した。

それが社会主義体制崩壊以降、牧民が何かを販売したり、購入したりする際の輸送コストは、基本的に牧民側の負担となった。つまり郊外に居住することは、上で述べたように単に売れる畜産品の種類が多いだけでなく、畜産品の売却価格においても、そして物品を購入する際の購入価格においても有利となる。しかも、郊外にはネグデル期以来の牧民はほとんど存在しなかったので、誰かがここに移住したとしても、先住者との牧地を巡る紛争が発生する可能性は低かった。こうして、都市から、そして遠隔地から牧民が移住し、郊外は牧民密度の高い空間へと変貌していった。

また、社会主義体制崩壊のあおりで国内の流通網が切断され、買える物資が首都ウランバートルにおいてさえ乏しかった1990年代に顕著であった、移行期（ポスト社会主義）の特徴としての「牧民生活の自給自足的傾向への回帰」とでも呼ぶべき状況はすでに過去のものとなっている。前述したとおり、移行期には、生活困難から牧民へと転業した都市などの定住地域居住者は、むしろ遠隔地での牧畜を選択していたのである。

2. グローバル資本投下期の学問的意義

現在、モンゴル国では海外からの物資の輸入は盛況であり、首都や県中心地、鉱山都市や国境町といった都市的空間においては物資に不自由することはなくなった。また、発電機、携帯電話、テレビ、自動車、あるいは都市での住宅など、牧民の必需品が社会主義時代と比較して激増しているのが現在の牧民生活の特徴である。牧民はこうした物品を基本的には畜産品の売却で購入することになるのだが、携帯電話網やインターネット、舗装道路や都市の建築物といった諸インフラは、牧畜経済とは無関係の文脈で整備されていったものである。2000年以降、国際的な鉱産物価格の上昇に伴い、モンゴルのGDPが上昇するとともに、GDPにおいて鉱業が占める割合は増大している。グラフ1-2はモンゴル国の名目GPDの推移を、グラフ1-3はモンゴル国のGDPに占める牧畜業と鉱業の割合の推移を示したものである。

この2つのグラフからわかることは、2003年以降に名目GDPの伸び率が増大していることと、GDPに占める牧畜業の割合が1999年以降低下していることである。そして、それに代わって比率を増加させているのが鉱業である。ネグデル期より、モンゴルでは蛍石、銅鉱石、石炭などの採掘が行われてきたが、2000年以降はそれに加えて金の採掘が大々的に行われるようになり、また銅鉱石、石炭、石油などの新規採掘が盛んに行われるようになった。新規採掘鉱山の代表例としてはオユトルゴイ（銅鉱石）、タバントルゴイ（石炭）、タムサグ（石油）などが挙げられ、いずれも中国の国境近くに位置し、中国へ直接輸出されるのみならず、採掘資金も海外から投資されるケースも多い。例えばオユトルゴイ鉱山（2013年採掘開始）はリオ・ティント（イギリス・オーストラリア）から莫大な出資を受け、同社が株式の66％を所有しており、ボロー金山（2004年採掘開始）はセンテラ（カナダ）が投資・採掘し、同社が100％所有している。またタムサグの採掘会社は中国石油（中国）の子会社である。

モンゴル国全体の貿易収支を見た場合、鉱産物の占める存在はさらに顕著である。グラフ1-4はモンゴル国の輸出総額に占める鉱産物・貴金属、家畜・肉類、織物・織物原料の割合の変遷を示したものである。モンゴル国の統計では鉱産物と貴金属（おもに金）は別々に計上されているため、ここでは両者を合計している。また織物・織物原料は主にカシミア・羊毛・ラクダの毛およびそれらを

グラフ 1-2　モンゴル国の名目 GDP の推移
（1992 ～ 2013 年、単位 10 億トゥグルク）

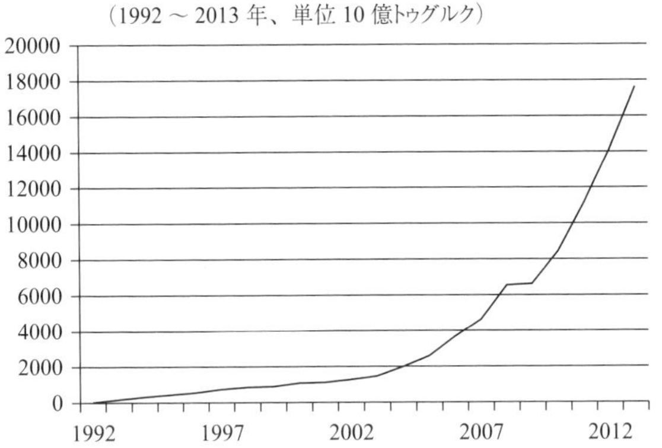

グラフ 1-3　モンゴル国の GDP に占める牧畜業と鉱業の割合

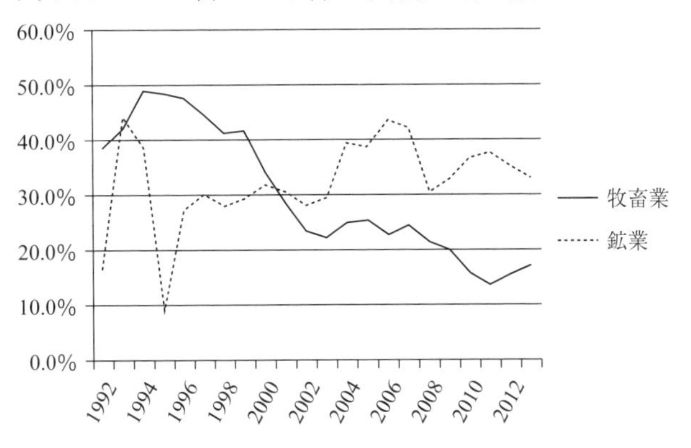

使った製品であるが、いずれも獣毛であることは共通している上、カシミアのみの統計値は存在しないためこちらの数値を示した。

これを見ると、元々鉱産物が外貨獲得の手段として機能していたことがわかるとともに、2000 年までは比率を増していた獣毛が減少に転じ、それと同時に鉱産物が比率をさらに増加させ、今や貿易収支の 9 割前後を鉱産物が稼ぐという構図になっている。これらのデータからわかることは、2000 年以降のモンゴル国は鉱山立国に転じ、資源探査[8]や採掘に伴う投資、鉱産物の輸出によって外

8　鈴木由紀夫によれば、2007 年 9 月現在、モンゴル国全土の 48 % に探鉱権が設定されており、その割合は増加傾向にあるという［鈴木 2008: 58］。

グラフ1-4　モンゴル国の輸出総額に占める各産品の比率(%)

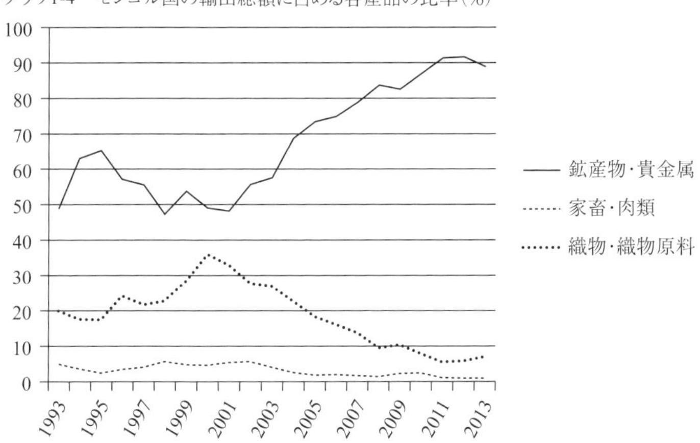

貨を獲得し、国民経済を好転させていったことである。なお、グラフ1-2に見られる2008年の停滞はリーマンショックに起因するものであり、またその後の速やかな立て直しは、モンゴル国の輸出先として中国が圧倒的な存在（輸出総額の86.8％：2013年現在）であることを示唆している[9]。

前述した諸インフラの整備はこうした資金流入の結果として行われた。それゆえ、行政的中心地や鉱山町といった都市空間では、それらを結ぶ舗装道路や通信網という形で道路やインターネット、携帯電話の利用可能エリアが拡大していったものの、逆にそうしたインフラが未整備の地域とはコントラストが大きくなったと言える。例えば流通網に関する限り、21世紀以降にモンゴル全土で整備された舗装道路網で都市間の利便性は向上したが、ネグデル期のように国家が国土の隅々まで安価な流通を保証した時代とは異なり、都市間を結ぶ「点と線」の流通網から外れた遠隔地においては、未舗装路に起因する輸送時間の長さやコストの高さという相対的に不利な条件が顕在化している。

こうした時代状況は、直接的には国境を越えた資本投下によってもたらされたという意味で、2000年以降の状況を「グローバル資本投下期」と呼ぶことができるだろう。まず、外からやってきた資本が投下されることで各種インフラが整備され、それを使って商品が輸出され、国民経済が好転していくという構

9　リーマンショック後、中国政府は経済成長を維持するために4兆元の国内投資を実施し、それによって経済回復を達成した［津上 2015: 35］。

図は、資本主義経済への移行を模索していた移行期の、資本も商品も不十分であるという現実とは好対照をなす。そして国民経済の好転とともに、市場である都市が復興し、肉や乳製品など輸出に振り向けられない畜産品が商品として移行期よりも積極的に持ちこまれ、購入されるようになるのである。

2000年以降の状況をグローバル資本投下期という用語で表現することは、内モンゴルにも適合的であると思われる。中国はモンゴルより約10年早く計画経済の放棄を実施し、市場経済の導入を進めようとした。だが一方で、こうした改革路線が中国の体制維持を危うくするとする保守派の反発も強く、結果として1989年6月に天安門事件が勃発し、これに反発した欧米を中心とする外資が中国への資本投下を見合わせるうちに、1998年のアジア通貨危機が発生した。こうした経済の危機的状況を回避するために中国はWTOに加盟し（2001年に加入資格が発効）、中国の輸出が激増するとともに資本の流動性が増大し、中国内外からの資本が中国全土に投下され、第6章で述べる西部大開発政策と相まって全国的にインフラ整備が行われた［津上 2015: 32-34］。

その結果、内モンゴルにも第6章で検討するようなツーリストキャンプの経営や馬乳酒の販売を開始し、収入源を多様化させる郊外的な牧民が出現することとなるが、これもグローバル資本投下期に出現した現象であると述べることは妥当であると思われる。彼らもまた、郊外に特有なインフラを活用することで、家畜や獣毛などの伝統的な畜産品の販売のみに依存する遠隔地とは異なった牧畜戦略を構築しているのである。

市場化は移行期にも見られる現象である。少なくとも家畜や獣毛などを市場で販売し、市場から生活必需品を買うという行為は、移行期にも存在した。一方で、モンゴル国における牧地の国有制度や内モンゴルにおける政府による牧畜への様々な介入のように、2000年代以降も牧畜をめぐる領域には市場化されない要素が少なからず残されており、単純に市場化の進行や完成を2000年代以降に見いだせるという構図にはなっていない。

グローバル化についても、モンゴル国における獣毛の輸出増加や、内モンゴルから中東へ家畜が輸出されていた[10]ことから、畜産品が国外へ流通するという意味では移行期にも牧畜をめぐるグローバル化は進行していた。むしろ、2000年以降はグローバルに流通する主たる物資が畜産品ではなく鉱産物であったり、あるいは資本や観光客であったりと、牧畜を行う主体としての牧民からは離れ

10　シリンゴル盟の牧民SS08による（第3章）。

ていく傾向が見いだされる。少なくとも、牧畜経済のグローバル化が進行した先に 2000 年以降の状況が存在するわけではない。その意味で、現状はやはりグローバル資本投下期と呼ぶのが最も適切であろう。グローバルな資本投下が引き金となって牧畜地域に郊外を出現させ、また遠隔地にも移行期的な牧畜のあり方を多少なりとも変化させたのである。なお遠隔地の牧畜における移行期とグローバル資本投下期の差異は、その蓋然性は予測されるものの、むしろ本書で検証されるべき課題である

ところで、筆者がいうグローバル資本投下期のような時代を、従来の人類学的研究ではどのように捉えてきたか、あるいは捉えてこなかったかを、本節の最後に議論したい。

高倉浩樹はポスト社会主義人類学のアプローチとして、「伝統・社会主義・現在」という 3 つの時間的位相を、同時代を理解する分析枠組みとして想定していることを指摘する［高倉 2008: 6］。おそらくこうした視座から捉えると、伝統と社会主義が現在になんらかの影響を及ぼす限り、現在はポスト社会主義という括りで理解されるべきであるということになろう。

一方、歴史学や政治学、経済学が掲げる「ポスト社会主義」や「体制移行研究」という枠組みは、「ポスト社会主義」を時代区分と理解するがゆえに 21 世紀的状況をもはや「ポスト」ではないと認識している。つまり、ひとり人類学だけが独自のポスト社会主義理解、つまり互換性のない概念を使用しようとしている［高倉 2008: 6］。これは人類学というディシプリンの内部でポスト社会主義研究を糾合していこうとする目的には適っているだろうが、多分野による共同研究が大勢になりつつある地域研究の傾向においては、効果的な用法であるとは考えにくい。ゆえに筆者は、「ポスト社会主義」と呼んでも差支えない可能性が高い 1990 年代的状況にも、あえて移行期という用語を選択したのである。

モンゴル国を研究対象とする人類学者においても、ポスト社会主義をどう扱うかについては多様である。たとえば風戸の『現代モンゴル遊牧民の民族誌——ポスト社会主義を生きる』［風戸 2009］には、1990 年代半ばから 2004 年に行われた調査データが含まれており、移行期のみならずグローバル資本投下期をポスト社会主義と一括して議論している。冨田の「体制転換期モンゴルの家畜生産をめぐる変化と持続——都市周辺地域における牧畜定着化と農牧業政策の関係を中心に」［冨田 2012］には、21 世紀になってからの状況も若干言及されるが、叙述の中心は 1990 年代であり、主としてそこを「体制転換期」と呼んでいると理解できる。つまり、移行期に限定した研究であると言えよう。また小長谷は

2010年の時点で、現状は「ポスト移行期」であるという認識を示しており、用語法こそ違うものの、筆者と類似した認識を示している［小長谷 2010: 66］。ただし、移行期の先に何があるのかは明示されていない。このように、2000年以降の状況を1990年代の状況とは質的に異なると理解する立場と連続で捉える立場が並立しているものの、後者を代表する風戸の研究が2004年までの調査資料に立脚していることを考慮すれば、近年の研究ほど両者の差異を認識する傾向が出現しつつあると捉えることが可能であろう。

ところで、日本の人類学的牧畜研究においてモンゴルより長い研究史を持つ、アフリカを調査地とする研究者は、移行期あるいはグローバル資本投下期についてどのような認識を持っているのだろうか。佐藤俊は、アフリカの遊牧民の在り方として牧畜専業、あるいは牧畜と他の生業要素（漁労、採集、狩猟、農耕）を組み合わせた生活形態を「生業遊牧」、遊牧と商業を組み合わせた生活形態を「商業遊牧」と呼んだ［佐藤 2002: 6-8］。後者も基本的には家畜の売買あるいは家畜を利用したキャラバンが想定されており、その意味で牧畜の派生形態と理解してよい。また、それぞれの生活形態を例示する際に、「レンディーレ」「ドドス」「ソマリ」などのように、民族名で示されている点も示唆的である。つまり、同一民族内部での生活形態の分化は問題にならないレベルであったことが理解できる。佐藤は、2000年前後のアフリカの牧民が「外発的な開発政策と近代化政策との調整に直面し、新たな対応を迫られている」［佐藤 2002: 12］という認識をしており、ある種の移行期的な状況に置かれていることを示唆しているものの、それに対する明確な回答は用意されていない。逆に言えば、それが当時の最新状況であったと理解できよう。

一方、アフリカのみならず南アジアの牧畜も視野に入れた研究を行ってきた池谷和信は、「生業牧畜民」と家畜や畜産物を商業的に取り扱う「商業牧畜民」を措定し、生業牧畜民についても佐藤などの研究を引きつつ商品経済への対応が研究対象となりつつあることや、商業牧畜民については家畜や乳の販売を通じて国民経済の一部として取り込まれていることを指摘する［池谷 2006: 22］。ただし、池谷のいう商業牧畜民の国民経済への取り込まれ方は、あくまでも家畜や畜産品の販売など、牧畜の延長線上が中心となっている。また、おそらくグロール化に対応する現象と思われる、国際的流通ネットワークへの言及もあるが、流通対象はラクダであり、やはり牧畜の延長線上にある［池谷 2006: 128-138］。都市スラムへの牧畜民の移住事例に関しては、家畜市場での雇用例だけでなくサービス業への就業例が取り上げられており、その意味ではグローバル資

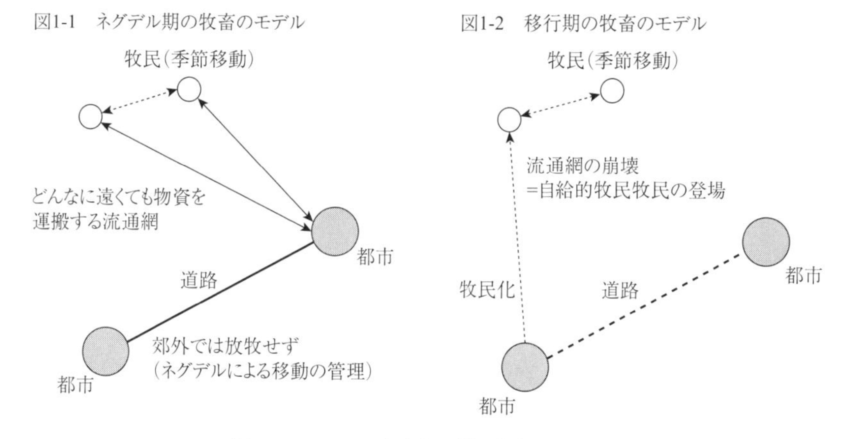

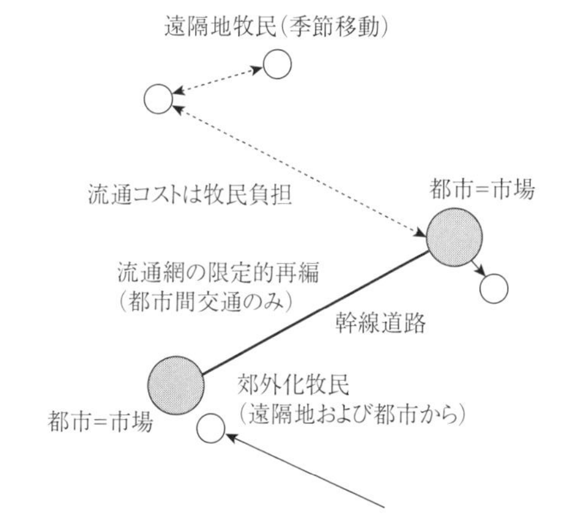

図1-3　グローバル資本投下期の牧畜のモデル

本投下期にみられる収入源の多角化の萌芽は確認される［池谷 2006: 141-145］。しかし、「生業牧畜民」と「商業牧畜民」の線引きは依然として民族単位であり、市場からの遠近に応じた同一民族の牧畜活動の空間的分化という現象は見られないように判断される。

また、湖中真哉は、アフリカの生業経済が「グローバルな市場経済の比較的周辺部に位置している」との認識を示したうえで、事例として取り上げる牧畜民サンプルが、1991 年に家畜の定期市が開設されることでグローバルな市場経済との関係構築を迫られ、その結果、生業経済と市場経済が併存的に複合化した現象である牧畜二重経済をもたらしたと指摘する［湖中 2006: 1-2］。つまり「地域住民の側の自己創出的な対応」により、経済の伝統的な側面と近代的な側面を組み合わせることに成功している、という議論である［湖中 2006: 21］。

その一方、湖中は牧畜二重経済の将来について、「市場経済化がさらに進んで、牧畜二重経済が消滅してしまう可能性も全くないとは言い切れない」と、望まない結末の可能性も示唆している［湖中 2006: 277］。湖中の研究が 1990 年代に行われたものであることを想起すれば、本書が示す時代区分とは、牧畜二重経済的な状況が移行期に対応し、グローバル資本投下期は「将来」の状況に近いと思われる。松井健の表現を借りれば、文化性をスケールとする生業と経済性をスケールとする生産が、グローバル化の進展によって「なしくずし的に液状化」する傾向が進行した状況である［松井 2011: 5-6］。少なくとも、生業的な次元が独立した領域として存在していた状況を措定しがちな生業論からすると、グローバル資本投下期は生業的な要素が消滅しているわけではないにせよ、その領域が縮小ないし生産との混交した状況であると理解できよう。本書は、二重経済の存立しうるマージンが極小化した現状において、牧民がいかに自らの牧畜実践をマネージしようとしているのかを示そうとする試みである。そして、これが本書の人類学における意義であると言えよう。

本節の最後に、本書の想定するモンゴル（人民共和）国における 3 つの時期すなわちネグデル期、移行期、グローバル資本投下期の牧畜のモデルを 3 枚の図（図 1-1 ～図 1-3）に示しておく。これら 3 時期の境界は一応 1992 年と 2000 年を想定しているが、この境界は厳密なものではなく、現実には多少の時間幅を伴って次の段階へ移行していったものと考えられる。

第 4 節　本書のもくろみと学問的意義

前節まで、モンゴル国におけるネグデル期からグローバル資本投下期に至る牧畜モデルの変遷についての仮説的なストーリーおよび「郊外」と「遠隔地」の混在状況を示した。次章以降では、まずモンゴル国に関して、具体的なデータに基づいて、こうした仮説的なストーリーを実証していく。現在の内モンゴルに関しても、同様な牧畜戦略の空間配置の存在を明らかにするとともに、そこへ至るストーリーを検証していきたい。モンゴル国のストーリーとは経過のプロセスも時間配分も異なるだろうが、現状として共通しているのはグローバル化した市場経済の牧畜社会への浸透である。

再三指摘しているように、モンゴルにおける牧畜実践は清朝時代へ遡っても外部社会との関係性の中で営まれてきたことは疑いがない。ただし、モンゴル国に関しては社会主義時代、そして社会主義崩壊後に外来物資の量的増加傾向が堀田あゆみ［2016］によって明らかにされており、同様の傾向は内モンゴルに関しても見出しうる。その結果、現在の牧民の生活において、自らの飼養する家畜による自給的な供給物は、食料、日用品、そして移動手段のいずれに関しても占める割合は小さくなっており、スニースの言うような自給自足的な牧畜の実践は、もはや不可能となっている。

つまりかなりの部分において、家畜は何らかの畜産物として外部へ販売するべき存在となっており、牧畜戦略もこの点から出発している。その点において、モンゴル国と内モンゴルの差異は従来よりも縮小しており、逆にそれぞれの域内において、立地の差が販売可能品の差となって現れる傾向が顕著となっているのである。それが「郊外」と「遠隔地」の差異を生み出す主要因である。この点においては、表現型の差こそあれ、第6章や第7章で検討するように内モンゴルにおいても同様の傾向を見出せる。

モンゴル国におけるネグデル期からグローバル資本投下期への移行プロセスに関して触れたように、牧畜戦略そのもの、あるいは牧畜戦略の構成比を転換するきっかけは、1つには社会主義革命、集団化、あるいは社会主義崩壊といった政治経済体制の激変があるが、モンゴル牧畜社会で同様に契機となりうるのがゾドをはじめとする自然災害である。モンゴル国における1999/2000年[11]に始まるゾドの影響についてはすでに触れたとおりだが、内モンゴルにおいても自然災害は牧畜戦略に大きな影響を与える契機となっている。

例えば、第3章で述べるように、内モンゴル中部で最後に大規模なゾドに見舞われたのは1977/78年のことであった。1977年は文化大革命の終結年であり、中国における社会主義政策放棄へ至る大きな契機であったが、内モンゴルにおいてはこのゾドをきっかけとして、政府がより定着的な牧畜を目指すようになるターニングポイントとなった。第7章で述べるように、内モンゴルにおける市場経済の浸透強化に大きな影響を与えた西部大開発を中央政府が決断するきっかけとなったのは、1999年に北京を襲った大規模な黄砂である。黄砂の直接的な原因は乾燥地における風による土壌侵食であり［黒崎・恒川 2016: 5-6］、その発生源の1つとして、中国では内モンゴルや新疆などの牧畜地域が目されて

11　一般にゾドは11月頃から翌年の4月頃にかけて被害をもたらすので、本書では発生年についてこの表記方法を採用する。

いる。この黄砂が自然災害という文脈で語られたのは発生地の内モンゴルなどではなく、北京であったのだが、これが、開発政策という形で内モンゴルにおける牧畜戦略を変動させる要因として機能したのである。

干ばつは土壌水分の減少から植生の悪化を引き起こすことでゾドの遠因となることが知られており［篠田・森永 2005: 944-945］、その意味においてモンゴル国でゾドが発生する直前に中国で大規模な黄砂が発生したことは偶然ではない。先述した牧畜戦略を構成する要素を踏まえて述べるなら、社会経済体制の変化は直接に制度に影響を与え、そして、自然災害はモンゴル国においては所有家畜の激減を通じて個人の置かれた諸条件に、内モンゴルにおいては政策の発動を通じて制度に影響を与えたと言えるだろう。

次章以降の議論の流れは、以下の通りである。第2章では2000年以降「遠隔地」となっていくモンゴル国スフバートル県の調査事例を題材として、主に21世紀初頭までの本地域の立地の特徴、牧畜ユニット（ホトアイル）の構成や季節移動などの変動について論じる。同地は筆者が1997年、1998年、1999年、2001年および2008年に現地調査を実施しており、聞き取りデータ、旧ソ連製地図、筆者のGPS計測値およびGoogle Earth™の衛星写真などの相互参照を通じて、とくに営地の立地や季節移動のパターンについて詳細な分析を行った。これらは牧畜戦略の決定要素における民俗知識および個人の置かれた諸条件と深く関わる領域であり、こうした分析によって「郊外」と「遠隔地」の分化以前の、1990年代的な牧畜の在り方を明確にできる。

第3章では、内モンゴル自治区シリンゴル盟の調査事例を題材として、主に1990年代後半に進行していた牧地の分割および定住化、それに対応した牧畜ユニットの編成、そして家畜の季節的流動性の保持などについて検討した後、第2章で述べたモンゴル国の1990年代末頃の状況との比較を行う。内モンゴルを対象とした分析では、牧地の分割という制度の変更に対する牧民側の牧畜戦略の組み替えが主たる対象となるが、ここでは1990年代に至るまでの季節移動の変化、および第1章で触れた1977/78年のゾドがシリンゴル盟における牧地の分割や定住化に間接的に及ぼした影響について検討する。同地は筆者が1996年、1999年、2001年、2004年、2010年および2015年に現地調査を実施しているが、第3章で検討するのは第2章と同様、主として2001年までの調査データであり、比較対象として適宜それ以前の調査報告で示されたデータを参照する。

なお、モンゴル国と内モンゴル自治区の行政単位に関する名称は異なっているが、それぞれの階層構造と面積におけるおよその対応関係は前掲の表1-2のとおりである。カッコ内の日本語表記は、それぞれの行政単位に対する日本での一般的な漢字表記となっている[12]。また先述したように、現在のモンゴル国の領域内に関しても1931年の行政単位の再編まではホショーが行政単位として存在しており、当時のホショーに関して言及する際にも「旗」と表記する。

第4章では、第1章で簡単に概略を説明した郊外化の実態について、モンゴル国ボルガン県およびヘンティ県における調査事例データを参照しつつ検討する。本章で郊外化について検討するのは、ネグデル期より1万人を超える人口を保持していたボルガン県中心地と、移行期になって人口が増加し、1万人近い人口規模へと拡大した鉱山都市のヘンティ県ボルウンドゥル、そしてネグデル期より5000人程度の人口規模で推移している鉱山都市のヘンティ県ベルフの3カ所である。郊外化の牧畜戦略が市場としての都市に大きく依存している点や、郊外化を発生させた牧民はどこから来たのかを検討する際、これら3地点の比較が有益であり、全地点に共通する要素が郊外化の最大公約数的な要素であるといえる。

本章は牧畜戦略の決定要素における個人の置かれた状況および、制度と深い関係を有する領域である。また、ベルフの事例については、同地が筆者の調査直前に未曽有の吹雪（ツァサン＝ショールガ）に見舞われ、甚大な被害を出したために、主に第5章で扱う、個人の置かれた諸条件を大きく変動させる自然災害にも関連する言及を行っている。

第5章では、牧畜戦略の転換点たりうるゾド（寒雪害）が牧民社会、特に牧畜ユニットや地域社会などの末端レベルに及ぼす影響を検討する。まずモンゴル国で1999/2000年および2000/01年に発生したゾドについて、第2章で取り上げたスフバートル県の2001年の調査データを使って牧畜ユニット単位での検証を行う。ここでは往々にして統計処理され、大きな空間ユニットを単位として表象されがちなゾドが、実は個人的経験と呼びうるほどに大きな偏差を持ち、それゆえに多様な形で個人の置かれた諸条件を変化させる（あるいはさせない）ことで牧畜戦略に影響を与えることを示す。

さらに、モンゴル国では2009/10年にも大規模なゾドに見舞われている。このゾドについては、前回のゾドを教訓として国連が迅速な報告書を作成しており、また統計類の整備も進んでいた。本書ではこうした統計類と現地調査デー

12　中国語の文献では現在のモンゴル国におけるアイマク（県）を「省」、ソム（郡）を「県」と訳すことが多い。日本での漢字表記は、研究者間で必ずしも一致しない。

タを対照し、国家・県・郡・牧畜ユニットといった描写単位の空間スケール設定によって同じゾドでも結ぶ像が異なることを示す。これは牧畜戦略の空間分布を検討する際には必須の作業となる。というのも、焦点をあてる空間スケールの規模を大きくしていくためには、人類学者が得意とする現地調査に基づくデータと広域的に入手可能な統計データなどを対照したうえで、研究者自らが実見していない地域に関しても何らかの解釈を加えていく必要があるからである。

さらに、2009/10年のゾドによって家畜を大量に失った牧民が生計を営む手段として鉱山で個人採掘を選択する事例についても触れたい。こうした傾向は、第4章で触れた、ベルフにおける吹雪の後にも小規模ながら見出された現象であり、遠隔地牧民の緊急避難地的な移動先として郊外と類似した機能を果たしているといえる。

第6章では、内モンゴルで2000年以降実施された西部大開発がインフラ整備と市場経済の浸透をもたらした経緯を検討する。内モンゴルでは1999/2000年、あるいは2000/01年に大規模なゾドは被らなかった。皮肉なことに、この事実が政府の新たな牧畜政策発動の一因となった可能性がある点を指摘する。つまりゾドによる個人の置かれた諸条件の突発的な変更を回避しえたことが、制度の変更をもたらし、別の回路から牧畜戦略の変更が迫られるようになった、というストーリーになる。

また、行政機構の末端レベルで定められた制度が、どのように生態移民や放牧頭数制限といった牧畜介入政策と関連しているのかを明らかにする。さらに、2009年および2011年に筆者がウランチャブ市の農牧境界地域で実施した調査事例に基づいて、こうした制度的な制限と牧民側の牧地の分割相続などといった個人の置かれた諸条件が複合して牧畜のみでは生計を立てづらい状況を招来し、その結果、牧地の貸借にとどまらず、ツーリストキャンプの経営などといった牧畜以外の収入源の模索をもたらしていることを指摘する。つまり、都市に近く、従来からの畜産品による収入とは別の収入源が確保でき、牧地面積から飼養できる家畜頭数が制限されるという状況下で、制度と個人の置かれた諸条件という、モンゴル国とは別の経路で郊外的な牧畜戦略が成立したのである。

さらに本章では、シリンゴル盟における郊外の牧畜で見られる馬乳酒の販売についても言及する。従来、馬乳酒は広域的に移動するものでも、交易の対象として販売されるものでもなかった。特に内モンゴルでは馬乳酒の生産地域は狭く、シリンホト市およびアバガ旗に限られている。馬乳酒の流通は人民公社期から開始されたと思われるが、2010年以降、近年の市場経済の浸透あるいは輸送・通信テクノロジーの発達を背景として、郊外に居住する一部の牧民が馬乳酒の販売を大々的に行うようになった。

このように、内モンゴルの郊外では、マーケットの近さを利用してなんらかの形で現金収入源と結びつけば、牧民としての存続可能性を高めることができる。逆に、そうした収入源を持たない牧民にとっては、牧地面積が牧畜戦略を大きく規定すると思われる。この点が、第7章で比較検討するように内モンゴルの遠隔地における牧畜を特徴づける。

第7章では、両地域における遠隔地の牧畜戦略の実践について取り上げる。

21世紀に入って「遠隔地」となったモンゴル国スフバートル県の調査事例について、2008年の状況を1998年および2001年の状況と対比し、遠隔地となったことで現地の牧畜戦略がいかに変化したかを検討する。

さらに郊外との比較として、主としてボルガン県の調査事例との比較を行う。そこから、郊外の牧畜がより少ない数の家畜から多種の商品としての畜産物を売却しようとするのに対し、遠隔地の牧畜は広大な牧地を活用して、多くの頭数を維持することで収入の確保を図っていることを明らかにする。

またモンゴル国において遠隔地への居住を志向させる一要因としてのナーダム、特に競馬に対する愛着も本章で検討する。なお、ナーダムは第2章で指摘した、郡を単位とする地方社会を可視化する機会を与えることで、地方社会への帰属意識を強化していることも指摘する。モンゴル国遠隔地における馬乳酒生産についても取り上げ、ネグデル期における馬乳酒の長距離運搬の開始プロセス及び社会主義崩壊後の馬乳酒販売の担い手の変化について述べ、そのあと現在の遠隔地の馬乳酒生産者の動向について検討する。その結果として、遠隔地の馬乳酒生産者は郊外と異なって、市場への志向性は高くなく、むしろ自給自足優先で生産していることが明らかになる。

つまり、競馬に使うにせよ馬乳酒を作るにせよ、遠隔地ではウマは専ら現金収入という経済的な目的以外のために飼養されるのである。この事実は、逆にモンゴル国遠隔地の人口移動を抑制する効果がありうる。つまりウマを飼養するために牧民を続ける人々が一定数存在することが示唆される。また第6章で検討した内モンゴルの状況と本節で検討したモンゴル国での現状は、馬乳酒が旧来からの生産地域という民俗知識の分布状況と郊外という空間特性の重なる地域でのみ商品化されているという点で類似性を示している。

さらに本章では、内モンゴルにおける遠隔地、つまり従来からの畜産品の売却のみに依存して生計を立てている牧民の牧畜戦略について、シリンゴル盟における1990年代と2010年の調査データの比較、およびウランチャブ市およびシリンゴル盟における2013年、2014年の調査データの分析から考察する。

その結果として、人口密度が低く相対的に広い牧地を有する、モンゴル国の遠隔地における牧畜戦略と類似する地域が存在する一方で、市場経済との接続に不便な遠隔地に位置するにもかかわらず、牧地が小さい、あるいは禁牧政策ゆえに多数の家畜を飼養できないといった、制度が個人の置かれた諸条件に影響を与える回路を通じて、郊外的なあり方へと誘導されようとしている地域が存在することを示す。また遠隔地・郊外を問わず、現状では補助金の占める比重が大きいこと、また牧畜労働者の雇用が1990年代ほど一般的ではない状況から、牧畜という生業が以前ほど高収益ではなくなりつつあるにもかかわらず、モンゴル族にとっては収入面でも、また一部の牧民にとっては文化的にも一定の魅力を保持している現状を明らかにする。

第8章は、第7章までの議論のまとめ、および補足的な考察を行う。補足的な考察で取り上げるのは将来的な展望であり、モンゴル国及び内モンゴルにおける現行システムの脆弱性に関連した牧畜労働力および肉の国際商品化の影響、および両者の牧畜戦略における統合化の可能性について検討したい。過去100年、両地域は政治的には断絶しつつも、時にパラレルとも言える変化をたどってきた。ただし、そこにはタイムラグ等の存在があり、同時代的な現象とは言えなかったが、今後は市場経済というグローバルな潮流に巻き込まれることによって、制度面と民俗知識面での差異の縮小により両地域の牧畜戦略がタイムラグの少ない変化をたどる可能性がある。

両者の牧畜戦略に突発的な影響を及ぼす可能性の高い現象として、モンゴル国における自然災害と内モンゴルにおける土地収用の問題に言及する。前者はモンゴル国から肉を輸出することが困難であるという国際的な検疫制度に由来する問題であり、後者は内モンゴル牧民の牧地は私有化されている一方で、私有権はしばしば地方政府との関係において脅かされうるという国内的な問題である。

本章の締めくくりとして、本書の意義について、地域研究と人類学の文脈から簡単に述べたい。本書の意義は第一に、郊外化というアイディアで、モンゴル高原における現在の牧畜戦略の多様性とその空間的分布状況を説明したことにある。地域研究の文脈では、牧畜戦略という視点から国家の枠組みを超えた比較可能性を提示したこと、人類学の文脈においては、もはや生業的とは言い難い現在のモンゴル牧畜について、生業的な牧畜との連続性において牧畜戦略を論じうる点を示したことで生業論研究の進展に貢献した点に意義があると言えるだろう。

第2章　モンゴル国遠隔地における牧畜ユニットの構成と季節移動

第1節　オンゴン郡における牧畜ユニット

本章では、2000年以降「遠隔地」となっていくモンゴル国スフバートル県の南部に位置するオンゴン郡の調査事例を題材として、主に21世紀初頭までの本地域の立地の特徴、牧畜ユニット（ホトアイル）の構成や季節移動などの変動について論じる。同地は筆者が1997年、1998年、1999年、2001年および2008年に現地調査を実施しているが、まずは1990年代後半、つまり「プレ遠隔地」としてのオンゴン郡がいかなる場所であるか、その特性について述べたい。

オンゴン郡はモンゴル国全体から見れば南東部に位置し、中国内モンゴル自治区と国境を接している。オンゴン郡の中心地（郡政府所在地）である定住集落のハビルガは首都ウランバートルから南東方向に直線距離で550 kmほど離れている。北京からハビルガまでは北西方向に650 kmなので、北京とウランバートルのほぼ中間地点に位置していると言える。

21世紀に入りモンゴル国における舗装道路の総延長が劇的に伸びると、ウランバートルからハビルガまで1日で走破できるようになったが、1990年代には道中の大半が未舗装路であり、四輪駆動車を使って最速でも1泊2日、道や車の状態によっては1週間近くかかる場合もあった。一般にモンゴル国南東部の道は平坦であり未舗装路でも走りやすいが、春の雪どけ時には道が泥濘化し、直線距離で140 kmほどのスフバートル県中心地バローンオルトからオンゴン郡まで2泊3日かかることも珍しくないほどであった。

一方、仮に北京からハビルガへ向かうことを考える時、現在では道路は国境の郡中心地まで舗装されているので、日本から行く場合は、実際にかかる時間の短さと快適さの点から内モンゴル側から入る方が合理的であるように思われる。だが現在、オンゴン郡と中国の間には国境を合法的に通過できる地点は存在しない。ハビルガから国境線までは60 kmしかないのに対し、ハビルガから最も近い通過可能な国境のポイントであるエルデネツァガーン郡ビチグトまで

地図 2-1　モンゴル国におけるスフバートル県オンゴン郡の位置

は約 200 km 離れている。20 世紀初頭には現在のオンゴン郡の領域内に税関が存在したという。すなわち当地域を通過する隊商路が存在したのであり、実際、オンゴン郡周辺の国境には中国側との交流を遮る自然障壁など全くない。

しかし、現状としては、中国側からオンゴン郡へ直接アプローチすることは不可能である。また、通過可能な国境へ直接出向く交通手段が貧弱なため、物資の多くはウランバートルから運ばれている。その結果、中国国境近くのオンゴン郡で中国製品がウランバートルよりも高値で売られる、という奇妙な現象を目にすることになる。これはモンゴル国内の、かなりの部分の地方に当てはまる事実である。いずれにせよ、1990 年代後半のオンゴン郡は、モンゴル国の南東隅にある辺境地帯で、ウランバートルから遠く離れた場所にあり、ウランバートル以外の地方とはつながりがさらに希薄である、というのが社会的文脈における現実であった。

当時、ウランバートルからオンゴン郡へ向かう場合、2 つの方法があった。それは、ウランバートルで車をチャーターするか、バスないしは飛行機という公共交通手段でスフバートル県中心地のバローンオルトへ向かい、そこからオンゴン郡へ出向く手段を調達するか、である。

ウランバートルからバローンオルトまで、国内線の小型プロペラ機なら約 90 分、自動車なら 1 泊 2 日であった。バローンオルトは東部平原の西端に位置し、非常に平らである。また、ゴビと比べると草生は豊かであるが、樹木を見かけることはない。バローンオルトの西方に平原と山地の境界があり、上空からのみならず、車に乗っていても違いが認識できるほど、明確な境界をなしている。

1990年代後半、バローンオルトからハビルガまでは、自動車以外の交通手段は存在しなかった。週に１度か２度、郵便の車がハビルガまで走っており、これが一応、唯一の公共交通機関であるが、実際にバローンオルト〜ハビルガ間を移動する人々は、郵便の車を利用するのも、誰かの車に便乗するのも、全く区別していなかった。筆者がウランバートルから車をチャーターしてくれば、これにも誰かが便乗していくし、逆に筆者が他人の車に便乗したこともあった。バローンオルトからハビルガまで、道と車の状態さえ良ければ５時間の道のりであるが、大抵はさまざまな理由で１日がかりであった。

バローンオルトからオンゴン郡へ入る場合、それが調査であっても牧民相手のビジネスであっても、最初に立ち寄るのはおそらく郡中心地のハビルガである。というのも、ハビルガで目的の牧民の居場所を確認する方が確実であるし、地元在住の案内人がいないと牧民の住居（ゲル）を探し出すのは困難である、というモンゴルの草原一般に当てはまる理由がある。

ハビルガには、２種類の住居がある。１つがゲルであり、もう１つが固定家屋である。ゲルは牧民が使用しているのと形・大きさともに同じであるが、移動はしない。ウランバートルなど都市の周縁部にあるゲル集落と同様で、通年でゲルに居住する人の場合、ゲルの周りを板塀で囲んでいることが多い。またナーダム前後の客人の多い時期にのみ客間として固定家屋の前にゲルを設置するケースもある。

一方の固定家屋であるが、固定家屋とはいってもウランバートルに建っているようなコンクリート造りの中層アパートではない。そもそも、ハビルガにある２階建ての建築物は政府庁舎、郵便電話局、中学校だけであり、それ以外はすべて平屋である。材質はレンガか木造に漆喰を塗った１戸建てであり、部屋数は通常１〜２つ、部屋の大きさは４m × ５m程度である。

住居の中には当然、住民がいる。一般的にモンゴルでは、世帯は１組の夫婦とその未婚の子女よりなる核家族の形態をとることが多いが、ハビルガでもその例外ではない。子供たちは、結婚と同時に自分の家屋を持つのが自然であると考えられている。このことは、モンゴル語で「結婚する」と言う場合、「家」を意味する単語「ゲル」から派生した動詞「ゲルレフ」と表現する点からもうかがえる。また、親子・兄弟姉妹の世帯が近隣に集住しなくていはいけないという規範は存在しないが、子供のうち誰か1人が両親の面倒を見るために同居する、あるいは近隣に居住する、という場合はある。

モンゴル人は、末子が両親と同居する、ということをしばしば口にするが、筆者の見る限り、現実レベルでは末子にこだわることはないようである。例えば、筆者がハビルガで泊まらせてもらっていた世帯では、下から2番目の子供（男）が両親の固定家屋の隣に、父親から譲り受けたゲルに住んでおり、末子（男）の方はウランバートル市のバガノールに住んでいるのだが、それが規範から逸脱しているという認識はなく、「一緒に住める者が住めば良い」とのことであった。

次に、ハビルガのインフラストラクチャー（以下ではインフラと略す）について触れたい。ハビルガも、レンガ造りの政府庁舎、郡に唯一の郵便電話局・中学校・病院・ガソリンスタンドなど、基本的な町の景観としては他の郡中心地と大差ない。中心部には公共建築物や売店、その周りに固定家屋があり、周縁部にゲル集落が配置されている。1990年代後半には、燃料不足のあおりを受け、電気があるのは土日の夜だけであった。水道はなく、北東の町外れにある泉が生活全般の水の供給源である点は、モンゴル国中央部の郡中心地より条件が悪い。ただし、この泉の水質は極めて良好で、オンゴン郡住民の自慢の種であった。

ハビルガの東の町外れには国境警備隊の駐屯地がある。ここに住んでいる職業軍人とその家族もハビルガの住民と見なされている。1998年現在、オンゴン郡の全人口3800人のうち約2000人がハビルガ在住であった。なお、オンゴン郡の総面積は約6000 km^2 であり、当該エリア内で固定家屋が存在するのは、ハビルガと郡北部にある第2バグの中心地シャルブルドのみである。シャルブルドは後述する旧オンゴン郡の中心地であり、現在も小学校がある。

ハビルガの町の景観およびインフラの整備状況は、筆者の知る限り他の郡中心地と大差ないものである。その理由は、郡中心地の建設がネグデル期の初頭に全国規模で一斉に行われたからである。すでに述べたように、1950年代の後半より牧畜業の社会主義的集団化が全国規模で進められ、モンゴル人民共和国の国土はネグデルと国営農場で埋めつくされることになった。その際、ネグデルや国営農場の中心地、つまり現在の郡中心地の建設も全国規模で実施された。多くの郡中心地は、かつて集落など存在しなかった場所である。そこに、同じようなプランと資材、工法を用いて一から集落を建設したのだから、似ていて当然である。

ハビルガには1959年にイフボラグ郡（当時）の中心地となるまで、固定施設は存在しなかった。学校の状況を例に挙げると、オンゴン郡では学校は1925年に

地図2-2　清朝時代（点線）とモンゴル（人民共和）国（破線）の行政区画の対応関係

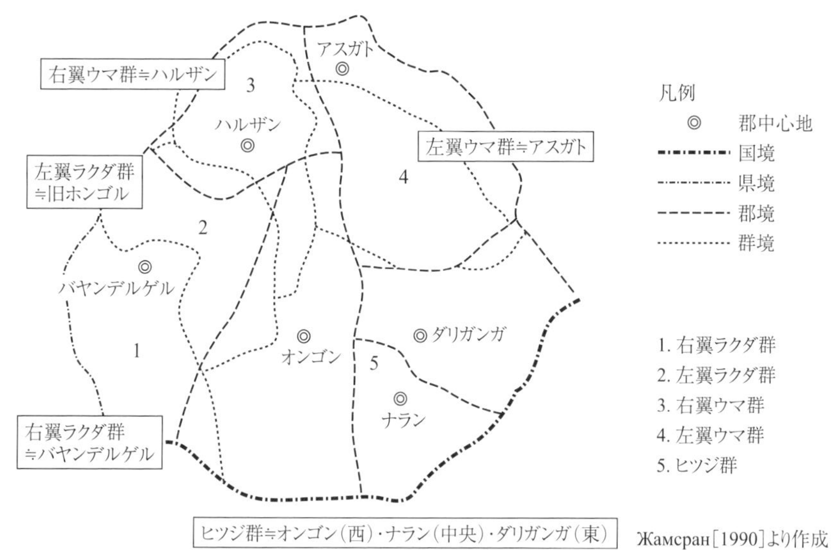

Жамсран［1990］より作成

設立されているが、1961年にハビルガに平屋の校舎が作られるまではゲルを教室として利用していたという。ただし、それ以前にも調査地域には、ほぼ唯一の固定施設として寺院は存在していた。例えばハビルガの南西9 km（ドゥルブンホタグ）と北東15 km（イフボラグ：現第1バグ中心地）には1930年代まで固定建築物を伴う寺院が存在した。寺院の担っていた社会的機能に関しては省略するが、かつて寺院が存在していたにせよ、1950年代末以降の固定建築物の増加は質量ともに顕著であることは否定しえない。なお、ドゥルブンホタグの寺院は1990年代に入ってから政府の補助や募金によって郡中心地に再建された。

調査地は、清朝時代「ダリガンガ牧厰」と呼ばれた地域で、清朝直轄地であった。地域的にはほぼ現在のオンゴン・ダリガンガ・ナラン・アスガト・ハルザン・バヤンデルゲルの6郡に相当し、制度的にはその中に「ウマ群」「ラクダ群」などが存在していた（地図2-2）。さらに、例えば各ウマ群は200～500頭、1ウマ群に牧丁7人という規定がなされており、ホトアイルへの家畜預託の形式で実際の放牧が行われていたものと想像される。

なお、人民革命後もしばらくは「ダリガンガ旗」という行政単位が保持された。本地域の国境線が内モンゴル側へ食い込む形をしているのも、こうした歴史的背景に由来している。現地が人民革命後も特別地域扱いされた理由は、旧帝室牧場であったがゆえ、現地の生活状況が周囲と比較して著しく恵まれていたからである。現地は1923/24年のゾドで大打撃を受け、特に大家畜については壊滅的であった［カザケーヴィチ 1939: 109］。その結果、地図2-2に示した5群は他地域の地方行政システムに合わせて18郡に再編成され、その後1929年にはダリガンガ旗は中央政府直轄から地方政府の所轄へ変更された［Жамсран 1990: 17］。こうしたプロセスを経て、ダリガンガ地域の牧畜に関する社会的条件は周辺諸地域と平準化されていったものと想像される。

現在のオンゴン郡の原型ができるのは1931年といわれている。当時はエルステイ郡と呼ばれていた。郡中心地は現在の第2バグ中心地（シャルブルド）であり、領域的には現ナラン郡の西半分を有し、北側は旧ホンゴル郡（現在のオンゴン郡北部とバヤンデルゲル郡北部に存在した郡）の領域だった。その後ナラン郡が独立（1955年）、南半分がイフボラグ郡として独立（1959年）、イフボラグ郡との再合併、郡中心地の南下（現中心地ハビルガ、1961年）、及び北に隣接していたホンゴル郡の撤廃（1968年）というプロセスを経て現在の領域へ至る。

つまり1968年に現在の領域が確定してから、郡の領域変更は行われていない。この事実は、同じ場所に郡中心地が存在し、領域内のほとんど全ての子供が郡唯一の中学校へ通い、第7章で詳述するように毎年同じ領域の人々を集めて郡の人民革命記念ナーダムが行われてきたことを意味している。なお、清朝時代の行政区画とモンゴル国の行政区画との対応関係は地図2-2のようになっており、両者の大まかな対応関係が見出せる一方で、厳密には近代国家としてのモンゴル国はそれ以前の行政区画をそのまま継承しているわけではないことが看取できる。

フィールドにおける筆者の実感として、現在オンゴン郡に居住する人々が「地域の歴史」を語るとき、それは「オンゴン郡（設立当初の名称はエルステイ郡）」の歴史ではあるが、かつての境界変遷に関する言及が欠如している、という点が指摘できる。これは単に一般牧民の言説レベルの現象にとどまらない。例えば、郡政府に掲げられている地図は1990年代の状況を描いているが、歴史に関しては、郡の境界および領域の変更には言及せず、「わが郡の過去」として書き並べてある、といった具合である。すなわち、公的なディスプレイにまで同様の特徴が見出せるのである。この記憶と忘却の混在は、現地の人々の変化と連続性に対する認識、つまり歴史意識のあり方と表裏一体をなすものである。現在、「ダリガンガ」という名称は、旧ダリガンガ地域東部の一部分を占めるダリガンガ郡という行政単位とダリガンガ族というエスニックグループ名に名残をとどめるのみである。

すでに述べたように、ネグデル期以前のオンゴン郡中心地には固定建築物は存在しなかった。つまり、ゲル集落があったに過ぎない。かつての郡中心地は、固定建築物の不在と呼応するように、しばしば移動していた。1998 年当時の郡長によれば、エルステイ郡の最初の郡中心地からハビルガに至るまで、郡中心地の場所は 5 回も変更されたという。つまり、ほぼ 7 年に 1 度の割合である。1998 年当時の郡長によれば、2 回目に郡中心地が置かれた場所では、水質悪化から伝染病が発生したために放棄されたとのことであり、他の郡中心地に関しても、水の確保という観点から選定されたという。

しかし、郡中心地を選定する条件を明らかにしただけでは、頻繁に郡中心地が移動した事実の説明にはならない。現在のハビルガに移って固定建築物の建設が進められてから郡中心地が変更されていない点から判断して、かつての郡中心地はゲルだけなので移動させやすかったことは事実だが、これも条件の問題でしかない。その背後に、行政上、あるいはもっと率直に言えば統治上の要請が存在したのだと考える方が無難であろう。

ハビルガにイフボラグ郡が作られ、またイフボラグ郡が廃止された後も国境に近いハビルガが郡中心地であり続けたのは、中ソ対立による国境防衛上の必要からであると現地の人々は認識している。行政単位の変更に関連して、廃止されたホンゴル郡は国境から離れており、新設されたナラン郡は国境に隣接している。またエルステイ郡の「エルス」(沙漠）はシャルブルドの西にある沙漠に由来しており、かつての郡中心地は北部に分布していたことが示唆される。ただし 1998 年当時の郡長が、ハビルガ以前の郡中心地の移動理由をほとんど知らないと筆者に述べていたように、古いことであると同時に国家レベルの決定なので、地元の人間は理由を知らされていなかったようである。

ただし、社会主義時代の人民革命党政権が過去の行政区画および行政単位を継承しなかった、という傾向は、ダリガンガ地域に限ったことではない。むしろ、地方の状況と比較すると、首都が「ウランバートル」という名称以外は人民革命以前から変化していない、という方が奇異にすら感じられる。恐らくこの差は、定住地域と非定住地域における地理感覚の違いに対応しているのであろう。それゆえ、今や定住地域となった郡中心地は、移動しなくなった、あるいは移動しえなくなったのではなかろうか。

オンゴン郡の領域最終確定後、現在に至るまで、郡内部には 5 つのバグ（社会主義時代の旧名称ブリガード）という下位単位が設定されている。バグには第 1 か

地図2-3　バグ構成および1998年8月10日の事例が発生した地点

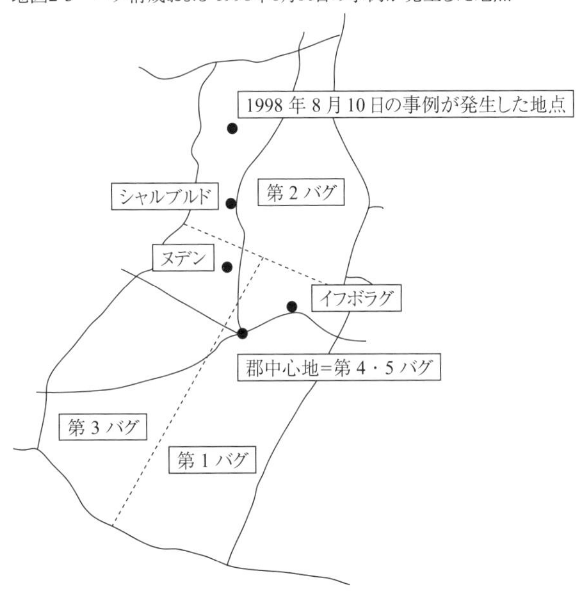

ら第5までの番号で呼ばれ、第1バグは南東部の草原住民（中心地イフボラグ：かつてのイフボラグ郡中心地）、第2バグは北部（中心地シャルブルド：かつてのオンゴン郡中心地）の草原住民、第3バグは南西部（中心地ヌデン）の草原住民、第4バグは郡中心地に隣接する国境警備隊駐屯地在住の軍人、第5バグは郡中心地在住の民間人より構成されている。バグには若干の文化施設が存在する以外、行政的な施設は存在しないが住民管理の基層単位となっており、バグ長はバグ住民の世帯構成、現在の営地の場所、所有家畜などに関する情報を把握している。

第1バグから第3バグまでは「牧民バグ」と呼ばれており、個々の面的領域を持ち、現在に至るまでほぼ全ての住民はゲル住まいである。ネグデル期より現在に至るまで、基本的にこの領域内で牧畜を行う規定になっており、その意味でバグは牧民の移動可能範囲となっている。現在のモンゴル国憲法は移動と居住の自由を保障しているが、こと牧畜に関する限り、他所の住民が自分のバグ内で家畜を放牧することに対してバグ長などの当局者は明確な拒絶反応を示すケースがある。筆者の調査上の印象としては、オンゴン郡においては後述するボルガン郡などと比較して、そうした意識が濃厚であった（地図2-3）。

事例：1998年8月10日に筆者が第2バグ長の同行のもとで調査中、見知らぬ

表2-1　アハラクチの年齢分布（1997年および1998年調査、サンプル数＝19）

年齢	20～29	30～39	40～49	50～59	60～69	70～79	合計
人数	2	3	1	5	7	1	19

ゲルを発見したバグ長が当該ゲルを訪れ、住人に対し他所者がなぜ許可なくここに住んでいるのか、と問いただした。彼らが隣接するバヤンデルゲル郡から親戚の看病のために来た者であり、夏と秋のみ滞在し、畜群は連れて来ていないという事実が明らかになったのでバグ長は納得して立ち去った。

オンゴン郡における牧民の最小居住単位は「ホトアイル」と呼ばれる集団（牧畜ユニット）である。モンゴル語で「ホト」は宿営地を意味するので、直訳すれば「宿営地世帯」となる。意訳すれば、1つの宿営地を共有する世帯が形成する集団、ということである。すなわち、草原において最も目につきやすい社会集団はホトアイルであり、世帯はその構成要素をなしている。1世帯で放牧をするケースも存在しないわけではないが、筆者の1997年および1998年の調査データでは、1世帯で放牧をするケースが3例なのに対し、ホトアイルを構成していたケースが16例であり、オンゴン郡においては一般に複数世帯でホトアイルを構成すると言っても差し支えない状況であった。なお、ホトアイルの構成世帯数は2世帯から5世帯であり、1世帯での放牧者を含む全牧畜ユニットの平均世帯数は2.58であった。

牧民の生業は牧畜である。そして、各世帯が家畜保有の単位である一方、ホトアイルが、モンゴル牧民における牧畜の基本単位となっている。つまり、ホトアイルは、居住の単位にとどまらず、労働の単位でもある。ホトアイルには、「アハラクチ」と呼ばれるリーダー格の人物がいる。アハラクチは常に男性であり、外部の人があるホトアイルに言及する場合には、アハラクチの名前を取って「誰某のホトアイル」と呼ばれる。彼は営地の場所、放牧地点、季節移動の時期など、牧畜一切の事項を決定する。通常、アハラクチは年長で牧民としての経験が豊かな人物が当たるが、例外もある。例えば、従来アハラクチだった人物が死亡した場合、彼の息子が他の年長者を押さえてアハラクチとなる場合がある。ただし、アハラクチが若年者の場合、年長のアハラクチと比較して、そのリーダーシップは若干弱くなる傾向がある（表2-1）。

日常的な牧畜労働で、最も手のかかるのはヒツジおよびヤギの放牧である。モンゴルでは、ヒツジとヤギは一群として放牧するが、これには最低1人の労働力が必要である。それ以外の家畜、つまりウマ・ウシ・ラクダは放し飼いなので、恒常的な労働力は必要としない。そのため、牧畜ユニットにおける牧畜

表 2-2　同居世帯主とアハラクチの関係

親族		姻族		合計
父系	母系	世帯内に親族を含む	世帯内に親族を含まない	
19	2	8	1	30
21		9		

労働といった場合、第一義的にはヒツジとヤギの牧畜を意味している。複数の世帯からなるホトアイルの場合、各世帯が 1 日交代でヒツジとヤギの放牧を担当するのが通例である。この際、ホトアイル内の各世帯が所有するヒツジとヤギは、種オスなどを除いて一群にまとめられる。ヒツジとヤギの放牧には、群れの大小にかかわらず 1 人は必要なので、各世帯が個別に放牧するよりは、数世帯でホトアイルを形成して放牧した方が効率的である。また、オンゴン郡では、夏から秋にかけての約 1 カ月、子ヒツジ・子ヤギに乳を飲ませない方が母畜を太らせることができるという理由から、子畜と母畜を別の群れに分けて放牧する習慣がある。この場合、牧畜ユニットに 2 人以上の労働力がいなければ、群れの分割は不可能である。

しかし、このような「集積の利益」には限界がある。放牧地の疲弊や群れの管理の問題から、オンゴン郡の牧民は、ヒツジとヤギの群れは 1000 頭が上限であると認識している。だが、後述するように現実には 1000 頭以上、1500 頭程度までのヒツジとヤギを所有するホトアイルの事例が存在するが、その場合、家畜管理が難しい冬・春期は群れを 2 分割することで対応している。これは一見して、牧畜における効率化とは相容れない。筆者の 1997 年および 1998 年の調査では、全 19 事例のうち、ヒツジとヤギを合計 1000 頭以上有するホトアイルは 3 事例あり、構成世帯数はそれぞれ 5 世帯、5 世帯、4 世帯であり、19 事例の平均値 2.58 を大きく上回る、現地では最大級のホトアイルであった。こうした事例でも、さらに家畜が増加すればホトアイルの分割が必要であるというのが一致した見解である。しかし、少なくとも現段階においては、単に牧畜の効率化以外の要素でホトアイルが維持されているということになろう。そこで次に、ホトアイルを構成する世帯間の関係について検討してみたい。

表 2-2 は、上述のホトアイル 19 事例における、アハラクチ以外の世帯（以下「同居世帯」と表記）主とアハラクチの関係を示している。なお、世帯内に親族を含む姻族とは、具体的にはアハラクチの娘や姉妹の夫が同居世帯主となっている場合である。

現地の牧民の説明によれば、親族や姻族でない「他人」(友人）とホトアイルを構成しても問題はないし、現にそういうホトアイルは郡内に存在するとのことであった。しかし、筆者の調査した範囲では、親族・姻族以外の他人を牧畜労働者以外の形で含むホトアイルは1999年の調査データ（18事例）に3事例を見出しうるのみであり[13]、当時のオンゴン郡の状況としては、友人とホトアイルを構成するのは一般的でないといえよう。

一方、親族における父系と母系の別についてであるが、この点に関しては、確かに息子や兄弟などの父系親族の同居世帯が19例と、最も数が多い。しかし、母系親族が同居世帯主となっているケース（2例）と、アハラクチの娘や姉妹の夫が同居世帯主となっているケース（8例）の合計、つまり母系親族のいる同居世帯も10例あり、父系親族が卓越しているとは言い難い状況である。また、ホトアイル内部の立場においても、例えばアハラクチと父系でつながっている息子の世帯と、母系でつながっている婿の世帯との間に、系譜的な理由に基づく差異は見出せなかった。むしろ、アハラクチと同居世帯との関係とは対照的に、同居世帯同士の関係はほぼ平等である。

1997年および1998年の調査時点という一瞬においては前述のような様相を示すホトアイルであるが、長期的にはどのように変化するだろうか。ここでは、おおむね社会主義崩壊後から筆者の調査開始時点までの間に焦点を絞り、ホトアイルの流動性を検討したい。

ホトアイルの構成世帯に変化をもたらす第1の原因は、世帯主の死亡である。この場合、老人の単身世帯であれば世帯そのものが消滅するが、妻や子供などの同居者がいれば、残った者の誰かが世帯主となり、世帯としては継続する。こうしたケースでの世帯の変化とは多分に名義的なレベルにおいてであり、ホトアイルの構成上は大きな変化ではない。

一方、既に述べたように、モンゴルにおける世帯は核家族の形態をとるのが普通である。従って、子供は結婚にともなって、新しい世帯として独立することになる。この場合、彼らが牧民を生業とするとなると、どのホトアイルに居住するかが問題となる。可能性としては、⑴ 夫方、⑵ 妻方、⑶ それ以外のホトアイル、⑷ 1世帯で独立、という4つの選択肢が考えられる。筆者の1997年および1998年の調査データでは、社会主義崩壊に伴う家畜私有化以降に結婚した世帯に関する限り、⑶に分類される「弟の妻方のホトアイル」が1例ある以外、

13　これら18事例は全て1998年にも調査していたが、1998年の段階ではホトアイルに友人を含んでおらず、1世帯で放牧するか、親族・姻族とホトアイルを構成していた。

すべて(1)か(2)であった。その中では、前節で挙げたホトアイルの同居世帯主の割合から判断して、夫方に同居する確率が高いとはいえるが、それ以外の選択を拒むものではないことも、妻方に同居する世帯数が少なくない点からわかる。

その他、ホトアイル構成世帯の流動の可能性としては、既婚世帯の移動もありうる。筆者の1997年および1998年の調査データでは、ホトアイル間での世帯移動および定住世帯の牧民への「転職」という2パターンが見出せたが、前者の事例は1例のみである。後者に関しては、後で詳述するが、調査した49世帯のうち、6世帯がこれに該当した。なお、家畜私有化より後では、既婚世帯が新規ホトアイルへ転出した事例は存在しない。

ここでネグデル期における牧民生活と、家畜私有化に伴う社会変化について述べておく必要があろう。当時は、「ソーリ」と呼ばれる牧畜ユニットが生産の末端機構であったが、これは現在のホトアイルに相当するような集住集団である。ただし、各ソーリには「専門」があり、集団化された家畜を畜種ごとに分割し、そのうちの1種類を担当した。特に専門性の強いのは「ウマ飼い」と「ラクダ飼い」であり、現在のバグに相当する行政単位「ブリガード(大隊)」に各1群ずつ配置されたウマ群とラクダ群をそれぞれ2〜3世帯よりなるソーリが放牧を担当していた。「ヒツジ飼い」はそれ以外の牧民であり、ネグデルより割り当てられたヒツジの多寡により1〜2世帯でソーリを構成していた。ソーリの構成はネグデルに決定権があったが、筆者の調査した範囲では、基本的にヒツジ飼いの場合は親族と、ウマ飼い・ラクダ飼いの場合は他人とソーリを構成していたようである。

1991年に行われた家畜の私有化は、オンゴン郡の牧畜の形に少なからぬ影響を与えた。オンゴン郡では、ネグデルに属した家畜をすべて私有化の対象とした。私有化の際には、ネグデルへの勤続年数、家族数などで、分配される家畜数に差があったようであるが、基本的に、郡の全住民が分配の対象となった。一例として、当時26歳だった若い牧民の世帯(3人)が、私有化に際して入手した家畜の種類と数を表2-3に示しておく。

家畜私有化後、ネグデル期にはブリガードごとに一群にまとめられていたウマとラクダが個々の牧民世帯へ分配された。その結果、ウマ飼い・ラクダ飼いのソーリは解体を余儀なくされ、筆者が1997年および1998年に調査した事例のうち、ネグデル期末年にウマ飼いであった2世帯とラクダ飼いであった4世帯はすべて家畜私有化後、ネグデル期のソーリとは世帯構成の異なるホトアイ

表 2-3　家畜私有化の分配例 (注1)

	世帯主（26歳）		妻（24歳）		娘（2歳）		合計
畜種	オス	メス	オス	メス	オス	メス	
ラクダ	0	1	1	0	0	0	2
ウマ	2	1	2	1	1	0	7
ウシ	0	3	2	1	1	0	7
ヒツジ	8	16	12	17	4	5	62
ヤギ	0	6	0	6	1	0	13
合計	10	27	17	25	7	5	91

(注1) 本表の元となった書類には、畜種・年齢・性別ごとに分配頭数が記載されていたが、煩雑を避けるため、本表では家畜の年齢に関するデータは省略した。

ルを新たに形成している。

ヒツジ飼いの場合は、ソーリからホトアイルへの移行はより連続的であった。オンゴン郡において、ヒツジ飼いのソーリは構成世帯数が最大でも2世帯で、その場合も例外なく親子であり、他人とソーリを組む事例はなかったという。そのため、家畜私有化に際しても既存のソーリを解体することはなく、変化があるとすれば、今まで別々に独立したソーリを構えていた親族が一緒になり、また以前なら結婚した子供はほどなく独立したソーリをネグデルより任されていたのが、親と一緒のホトアイルにとどまるようになった点においてである。筆者の調査データより具体的な数字を挙げれば、ネグデル期末年のヒツジ飼いのソーリが平均世帯数1.4であったのに対し、彼らの1998年現在の牧畜ユニットは平均世帯数2.9と倍増している。

要するに、1991年の家畜私有化に伴う牧畜ユニットの構造上の変化として最も顕著な点は、親族中心の構成原理による牧畜ユニットの再編成と、構成世帯数の増加であった。また先述した、定住世帯が牧民に転職するケースも、こうした時代的背景と密接な関係を持っている。筆者の調査では、このような世帯は6事例、つまり調査世帯の約8分の1を占めていたのだが、すべて家畜私有化直後の事例であった。この6事例の世帯主はすべてオンゴン郡の出身者であるが、彼らが挙げた転職の理由は、失業が3事例、生活の困難が1事例など、経済体制の変化に伴う混乱を色濃く反映している。

また、このうち2事例は1世帯で放牧しているが、それ以外の4事例は、親族がアハラクチのホトアイルに同居世帯として参加している。オンゴン郡のような地方では、仮に郡中心地で生まれたとしても、子供の頃になんらかの形で牧畜に携わっているのが普通であるが、それでも経験の差という点、さらに私有化の際に得た家畜が少ないという点で、転職組は不利である。現に、1世帯で牧畜ユニットを構成している2事例は第6章で詳述する通り、いずれも家畜数が最少レベルの世帯であった。その意味で、頼れる親族のホトアイルに参加しやすい当時の状況は、牧民へ転職する者にとって有利な条件であると言えよう。逆に、ネグデル期に牧民だった者が定住地域へ転職したケースは1998年の調査時点でわずか1事例であり、明らかに少数派であった。

かつて、ソーリは計画経済の末端組織であり、それゆえに行政による介入は避けられなかった。ソーリの構成や担当家畜の種類・数、また増加させるべきノルマ、放牧地など、あらゆる事項をネグデルは決定していた。また、牧民たちは給与所得者であり、世帯ごとに数十頭規模の私有家畜を保有していたが、基本的に食料はすべて購入するものであった。

当時、牧民たちは、みずからの所有物である家畜を放牧し、それを直接食糧とし、あるいは現金化することで生活をしていた。その意味で、かつてのネグデルとの関係に比べると、牧民と行政単位との関係は薄くなり、牧民が自由になったことは事実である。しかし、20世紀末という時代を生きるモンゴル国の牧民たちは、国家あるいは政府と無関係には生活していないし、またそうすることは不可能であった。実際、牧畜ユニットは、特に移動に関しては、現在も行政の管理下に置かれている。本節では、牧畜ユニットの季節移動を題材にして、牧民と政府との関係について考えたい。

モンゴル牧民の季節移動は、少なくとも理念レベルにおいては年4回、春夏秋冬それぞれの季節に応じて営地を変更するのに伴い行われる。ただし、現実には、年に4カ所の営地を移動している事例は1997年および1998年に筆者が調査した19例のうち4例に過ぎず､3カ所が14例､2カ所が1例であった。また、年4回の移動を行わない事例のうち、春営地と夏営地が同一という事例が6例、夏営地と秋営地が同一という事例が7例であり、大半はいずれかの事例に属することになる。つまり、逆に言えば、秋営地から冬営地および冬営地から春営地へは、ほとんどの事例において移動を行っているわけである。なお、夏場の営地選択における年変動の具体的な検討は本章第2節で行う。

こうした季節移動の範囲として、バグという行政単位がある。先述したように牧民たちはバグがブリガードだった頃、すなわちネグデル期より、この最末端の行政単位が移動の範囲であった。牧民の移動範囲はバグの内部に限られている。干ばつやゾドの時などはバグ外、あるいは郡外で放牧することになるが、その場合、前者であれば所属先と移動先のバグ長の認可、後者であれば所属先のバグ長および所属先と移動先の郡長の認可が必要となる。

上述した季節移動の規則性も、ネグデル期に家畜囲いなどの家畜用の固定施設が出現したことと関連がある。ネグデル期以前には、現在冬・春営地における必須の構成要素となっている固定的な屋根つきの家畜囲いは存在せず、畜糞を固めて造った屋根なしの囲いが存在しただけであった。これは、自然災害に見舞われない平年には確実に同一地点に営地を構える可能性がネグデル期以降、過去と比較して増大していることを意味する。

バグ内であっても、牧民は全く好き勝手に放牧を行っているわけではない。現在、営地選定は、基本的に牧畜ユニットのアハラクチがみずからの判断で行っているが、冬営地・春営地は、バグ長が認可した一定の場所があり、ゾドなどの事情がない限り、制度的には他の場所で放牧することはできない。一方、夏営地・秋営地は場所的にはバグ内であればどこでも自由であり、営地の場所をバグ長に申告するだけで構わない。また、冬営地へは、根雪になるまで移動してはいけない、というルールがあるといい、こうした外的要因が、先に述べた季節移動の有無と相関性を持っているように思われる。つまり、秋営地から冬営地および冬営地から春営地への移動は、牧畜ユニットの外部、具体的には行政サイドからも要請される事項なのである。

各バグには郡から冬営地・春営地の適地が数カ所割り当てられているため、それぞれのバグの牧民の移動パターンは少なからず似かよってくる傾向がある。詳しくは本章第3節で検討するが、特にオンゴン郡南部の第1バグ、第3バグにおいてこの傾向が顕著である。オンゴン郡の牧民バグの分布は、南東部が第1バグ、北部が第2バグ、南西部が第3バグの管轄範囲となっているが、現地の牧民の説明によれば、第1バグと第3バグは第2バグに比べて草生が悪く、季節ごとに限られた放牧適地を求めて長距離移動する必要があるので、このような事態が生じているそうである。

だが、こうした牧民との密接な関係とは裏腹に、牧民にとってのバグは、放牧の範囲を規定する単位という以上の存在ではなさそうに思われる。かつてオンゴン郡の郡中心地であった第2バグ中心地のシャルブルドには、小学校など若干の社会的インフラが存在するが、第1バグと第3バグではほとんどの社会的インフラを郡中心地に仰いでおり、バグ中心地には会議用のスペースとして小さい固定家屋が建っているにすぎない。またバグ長に用事がある場合も、バグ長自身、頻繁に郡中心地を訪れるので、そちらで面会することも可能である。こうした理由から、モンゴルの地域社会を考える時、基本的な単位は郡である、と言えるだろう。

郡の地域社会における統合を論じる前に、確認しておきたいことがある。それは、牧民であれば牧畜ユニット、郡中心地の住民であれば世帯を越えた社会関係が、行政機関を媒介とした、言い換えれば公的な関係に限られるわけではないという点である。筆者はオンゴン郡で1990年代に調査を行った際、友人の父親である元中学校教師のD氏を案内人に頼んで牧民世帯を訪問していた。D氏は郡中心地在住の元中学校教師なので、学校教育という公的な関係によっても牧民の世帯と繋がっているが、単にそれだけではなく、彼はある牧民にとっては親族として、また郡内では有名なウマの調教師としても、牧民と私的な関係を保っている。D氏によれば、郡内の住民は、彼のような特殊な立場の人間でなくても、大概はみな互いに顔見知りであるという。つまりそれだけ、郡内の住民の間には緊密な情報のネットワークが存在するということになる。

ある牧畜ユニットにとって、近辺に宿営している牧畜ユニットを指す「サーハルタ・アイル」という概念がある。ただし「近辺」といっても、牧畜ユニットが比較的密集する夏でも最低500 m、冬だと1 km以上は離れている。そして、大体3 kmまでの範囲内がサーハルタ・アイルであるという。インフォーマントの1人によれば、同じ井戸の水を使用する範囲であるという。また季節にもよるが、日帰り放牧の範囲は居住地から3 kmほどであるので、日帰り放牧圏の内側に位置する牧畜ユニットであるとも言える。

あるインフォーマントによると、かつてヒツジの搾乳を行っていた頃は、夏の搾乳期になると放牧中に子ヒツジが乳を飲んでしまわないよう、朝の搾乳の後、サーハルタ・アイルと子ヒツジを交換して放牧していたという。こうすると、母ヒツジは自分の子供にしか乳を飲ませないため、乳を飲まれることはないのである。「サーハルタ」という語自体、「搾乳する」という意味の「サーフ」という語から派生したものであると主張するインフォーマントもおり、サーハルタ・アイルの本来的な重要性はこの点にあったものと思われる。なお実際に子ヒツジを交換する世帯は、いくつか存在するサーハルタ・アイルの中から諸条件を勘案して決定していたので、変更も起こりえた。

しかし、ネグデル期より、ヒツジを温存して太らせることが最重要課題となった結果、オンゴン郡ではヒツジの搾乳は行われなくなった。また別のインフォーマントによれば、彼のホトアイルではネグデル期以前にはヒツジの搾乳をしていたが、その場合でも、サーハルタ・アイルに子ヒツジを預けることはせず、牧畜ユニット内部で群れを2分割していたという。つまり、サーハルタ・アイルとの牧畜における協力は、少なくともオンゴン郡に関する限り、かなり昔のことに属すると考えた方がよさそうである。

それでは、牧畜に関する労働は完全に牧畜ユニットの内部で完結しているのかというと、そうでもない。例えば、秋のフェルト作りや、冬・春営地に風除けとして用いるフルズン（レンガ状の畜糞塊）を切り出す作業など、短期間に大量の労働力が必要な作業に際しては、サーハルタ・アイルの者が互いに手伝うという。

一方、なんらかの事情により、比較的長期にわたって労働力が必要な場合など、第1に頼りにされるのはやはり親族や姻族であるが、その際には、筆者の知る限り、他の牧畜ユニットに住んでいる牧民の親族より、郡中心地在住の親族や姻族が出向く傾向が強かった。恐らくこれは、郡中心地在住者の方が圧倒的に暇である、つまり仕事のない者が多い、という当時の状況を反映していたものと思われる。

牧民と郡中心地在住者との関係は、このような非日常的な機会のみにとどまらず、より日常的なレベルでも存在する。郡中心地在住者も、多かれ少なかれ家畜を所有している。しかし郡中心地で家畜を飼うわけにもいかないので、彼らは、必要な時以外は、牧民をしている親族や姻族の牧畜ユニットに家畜を預けている。逆に、牧民にとっては、彼らの家畜の面倒を見る代りに、郡中心地での気の置けない滞在場所が確保でき、お土産として小麦粉や衣料品などの援助が期待できる。また、郡外からの情報や物品、あるいは商人などの人物が最初に到着する場所も、一般的には郡中心地であるから、そうした事物に対する接触のルートとしても、牧民にとって郡中心地在住者は大きな意味を持っている。なお、牧民が郡中心地へ出向く頻度は差が大きいが、郡中心地から15 km程度の場所に宿営している牧民だと、週2回くらいのペースで郡中心地へ行く者すらいる。

このように、郡中心地在住者と牧民とは、親族や姻族、あるいは友人や知人といった個人的な関係で密接に結びつけられ、その関係に沿って物や情報が個々人へもたらされている。日本からやってきた調査者、すなわち筆者もその例外ではなく、このルートに乗ってウランバートルからオンゴン郡の牧民までたどり着き、再びウランバートルへ帰っていった「物」の1つだったと言えよう。

第1章でも述べたように、移行期である1990年代の特徴として既存の流通経路が崩壊し、その結果として牧民が生業的な牧畜へのシフトを余儀なくされたという事実があり、こうした傾向は筆者の1990年代のオンゴン郡における調査でも確認できた。しかし、これを「過去への回帰」と単純に呼ぶにはいくつか

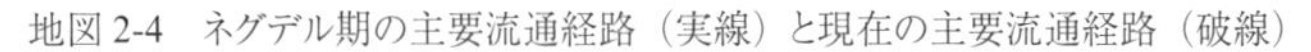
地図 2-4　ネグデル期の主要流通経路（実線）と現在の主要流通経路（破線）

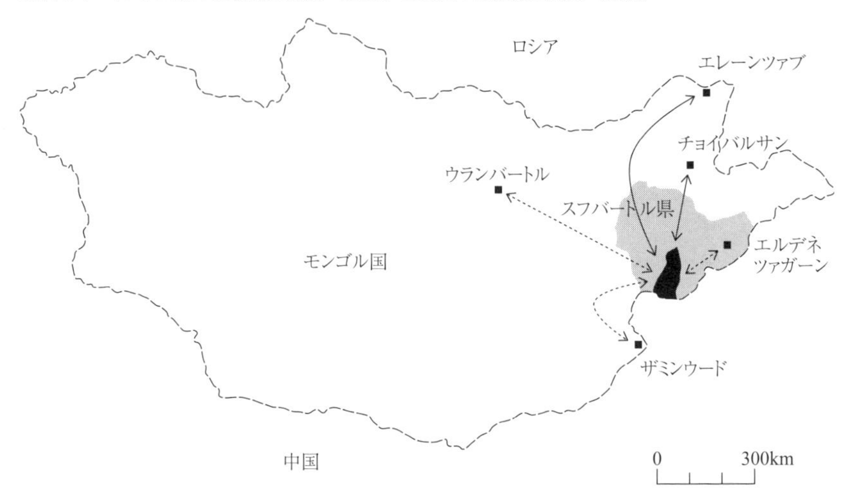

の問題がある。まず、流通経路に対する国家的介入はモンゴル人民共和国期全てを通じて行われていたこと、そしてそれ以前についても、素朴に「生業的」と断じうるか明確ではないからである。

筆者の 1990 年代後半の調査時点で、人民革命以前の 1910 年代の社会状況を直接的な経験として語れるインフォーマントは存在しなかった。辛うじて老人たちが、父親から聞いた話などとして中国からのナイマーチン（行商人）の記憶を語るに過ぎない。一方､1921 年の人民革命以降、各郡に作られたホルショー（協同組合）については、「毛を首都や東部ドルノド県の加工工場へ、夏と秋にラクダ車で持っていき、必需品（小麦、米、茶など）を持ちかえる。それを協同組合に渡して小売する。他にも、羊毛、カシミア、牛革を売った」というような、具体的かつ詳細な記憶として語られていた。

さらに、ネグデル期の流通の状況に関しては、もっと鮮明な記憶として保持されている。例えば、オンゴン郡で飼養した家畜を旧ソ連との国家間貿易のために放牧しつつ国境へアクセスしうる地点まで輸送するトーバルという行為については、その任務についていた人物より、1969 年までは東部ドルノド県のソ連国境に位置する町であるエレーンツァブまで、その後はエレーンツァブを経由しソ連に至る鉄道の終点となったチョイバルサンまで輸送していたこと、任務の具体的内容についてはヒツジ 1350 頭を 3 人で輸送していたという詳細な数字まで挙げて説明を受けた。逆に生活必需品は全てソ連からの輸入である。茶・

小麦粉などの食品から食器・ラジオなどの日用品、機械類に至るまで、現在とは比較にならないほど安価かつ滞りなく供給されていたことが昔話として語られる。

一方、1990年代後半のオンゴン郡の流通経路については、細々とではあるが、首都ウランバートル、対中国貿易の最大の窓口であるザミンウード、地方的な国境貿易地点のあるエルデネツァガーンへのルートが存在する。そして、ロシアから供給される燃料（ガソリン・軽油）を除く大半の物資が中国から輸入され、オンゴン郡におけるほぼ唯一の売却品である畜産物はウランバートルないし中国へ搬出されている。流通経路における中国の占める割合が増大したという意味で、1990年代後半の状況はある種の「伝統への回帰」であると言えよう。彼らの生活実感において集団化以前の状況と1990年代後半の状況が「似ている」とするならば、それはネグデル期よりも不便である、という点においてであり、そこに肯定的な含意はない。

本節の最後に、郡の地域社会としての統合性について、郡中心地の統合機能を手がかりとして考えたい。こうした統合機能は、特に遠隔地において、牧畜戦略の地域的偏差のあり方に影響を与えている可能性が高いと想像される。

郡中心地には、さまざまな社会的インフラが揃っていることは既に述べた。その中で郵便電話局は、外部との通信の門戸であると同時に、郵便の車がバスを兼ねているという点で、交通の要衝でもある。また、バスを使わなくても、ガソリンスタンドは郡中心地にしかないので、車やバイクを使う者はここを避けて通ることはできない。それゆえ、例えば牧民が家畜や畜産物を売りに郡外へ出ようとしたら、まず車と燃料を郡中心地で確保するのが一般的であった。その他、テレビが受信できるのも郡中心地だけであったなど、郡中心地は物質面においても情報面においても、地域社会と外部世界とを結ぶ結節点としての役割を果たしている。

また、上述のようなコミュニケーション手段としての社会インフラと同時に、注目すべき存在は学校である。学校は、各世帯の子供が、「オンゴン郡の子供」として、一堂に会する機会である。5年生より上の学年になると、郡内のすべての子供は郡中心地の中学校に通うことになる。1学年の人数は100人少々にすぎず、また社会主義時代は義務教育の就学率は100％近かったので、少なくとも現在の40代以上の人々に関する限り、郡中心地の中学に同時期に通った者であれば皆知り合いである。このような「同年組」に属する者は、学校卒業後も、親しい友人としての付き合いが続いている。世代間の序列が厳しいモンゴル、特に地方部では、同年代との関係が最も気の置けない関係である。そうした社会的背景のもとで、学校は、親族・姻族以外の知人・友人や配偶者を得る具体的な場を提供しているのである。

郡中心地はまた、「郡のナーダム」が行われる場所でもある。ここで言う「郡のナーダム」とは、7月11～12日にかけて行われる革命記念日のナーダムであり、この日には、首都から各郡中心地まで、あらゆるレベルの行政単位の中心地で同一趣旨のナーダムが一斉に行われる。オンゴン郡において、郡内で行われるナーダムはこれ以外にも存在するが、住民にとって「郡のナーダム」は、その中で最も重要なナーダムであると認識されている。本ナーダムの詳細については第6章で述べるが、郡中心地の住民、草原の牧民、帰省中の都市居住者が参加する、まさに郡の人的構成を一望にできる機会である。あるいは、地域社会を可視化するイベントと言っても良いだろう。また、このナーダムは、テレビ中継されるウランバートルのナーダムと同時に行われるがゆえに、郡の先にあるモンゴル国という共同体の存在を確認する行為でもある。その末端の場として、他ならぬ郡中心地が選ばれているのは示唆的である。

このように、現在の状況を見ると、郡中心地の場所が固定化し、社会的インフラが整備された過去半世紀で、恐らく本質的にはなんの根拠もない「オンゴン郡」という行政単位は、今や住民の意識において、あるレベルのアイデンティティをも担う「地域社会」へと成熟している。それは無論、行政という公的な権力の存在が大きいことは確かではあるが、それと同時に、個人レベルでの私的な社会関係という側面においても、郡中心地が求心力を発揮している点は見逃せない。

社会関係の構築に際して、コミュニケーションを行いうる場が必要であることは言うまでもない。しかし、人口希薄なモンゴル国の地方部において、そうした場は何処にでも、また何時でも存在するわけではない。その点、郡中心地は、日常的にも非日常的にもコミュニケーションの場として機能しているがゆえに、地域社会の統合の中心たりうる。一方、バグ中心地にはそうした機能がないわけであるが、両者の決定的な差は、定住集落の有無である。つまり、少なくとも共時的に解釈する限りにおいて、郡中心地は恒常的に人や物が集合しているという理由によって、郡という地域社会において求心力を保ちうる、言い換えれば地域社会を成立させうるのである。

第2節　夏季の営地選択の年変動

前節ではスフバートル県オンゴン郡を例として、1990年代後半における郡という社会空間の意味、住民構成、そして牧畜ユニットとしてのホトアイルに関する概観を行った。以下では牧畜ユニットが実践している季節移動を取り上げる。本節では年ごとの気象条件などによって振幅の比較的大きい夏季の営地選択の年変動を、次節では牧畜ユニットの年間移動ルートが所属するバグによってどのようにパターン化できるかを検討する。本章で検討する調査データは一貫して、筆者がオンゴン郡において実施した1997年から2008年までの調査データであるが、1999年までのデータと2001年以降のデータの間には決定的な差異がある。すなわち1999年までは地名および郡中心地などからの方角と距離のみが聞き取りデータに基づいて記録されているのに対し、2001年以降のデータには地名と調査地点のGPSデータが記録されている点である。ただし、2001年以降のデータに関しても、冬営地や春営地で筆者が実際に訪問していない地点のGPSデータは存在しない。

こうした技術的制約下で、牧畜ユニットの季節移動をより精密に分析するために、本書では以下のような手法を用いて各地点の位置情報を推測している。

1.　GPSデータが存在する場合は、GPSデータを援用する。

2001年以降の訪問箇所では地名とGPSデータを記録しているため、もし同じ地名が1999年以前の調査でも言及されていれば、当該データを流用して位置情報を確定した。

2.　旧ソ連製20万分の1地形図に存在する地点名は、地形図の位置情報を利用する

旧ソ連は軍事目的からモンゴル全土について20万分の1地形図および10万分の1地形図を作成した。日本国内では岐阜県立図書館に旧ソ連製地図のコレクションがあり、1970年代から1980年代にかけて作成された地形図が入手できる。ただし10万分の1地形図に記載されている地名情報は20万分の1地形図に記載されているものと同一であり、図幅数が膨大となり、かえって使いにくい。本書ではオンゴン郡全域について記載されている地名をピックアップし、聞き取り調査で言及された地名と対照した。その結果、旧ソ連製20万分の1地形図に記載されていることが判明した地点については、地形図から位置情報を

推測した。

3.　Google Earth™ の衛星写真を判読する

本書執筆時点で、モンゴル国をカバーしている Google Earth™ の衛星写真は高解像度のものが多い。オンゴン郡に関しては第3バグ北部、第2バグ中西部で解像度の低い写真が使われているが、それ以外ではゲルや家畜囲いが目視で確認できるほどの解像度である。また低解像度の地域においても、撮影条件によって全てとは言えないものの、家畜囲いについては目視で確認できるものが多い。筆者はオンゴン郡全域内で家畜囲いもしくはゲルの存在で営地と確認できる地点を114カ所特定した。これらの地点と地形図の位置情報、また聞き取りデータに含まれている郡中心地などからの方角と距離のデータを総合的に判断し、本節以降で詳細に検討する18の牧畜ユニットに関して、季節移動と宿営地点の分析を行った。

前述のとおり、本節の目的は、モンゴル牧民の季節移動のルートが年によってどの程度変動するかを、モンゴル国スフバートル県オンゴン郡における夏営地を例として、実証的に検討することにある。本題に入る前に、この問題に関する、現在までの研究状況について述べておきたい。

モンゴル牧民の季節移動、特に営地の場所の長期的な（＝年単位の）変動に関しては、研究者の間で著しい見解の相違が見られる。つまり、一方には、例年、基本的に営地の場所は変動しないとする「営地固定論」とでも呼ぶべき見解が存在し、他方には、それとは正反対に、年々の営地選定には全く規則性は見られず、不規則な彷徨に近いとする「営地ランダム論」とでも呼ぶべき見解が存在するのである。現在なお、この問題に根本的な決着はついていない。むしろ、この問題を正面から扱うのを避け、あまり明確に述べないでおくのが現在の趨勢となっているように思われる。例えば、1990年代後半のデータに基づいて書かれたモンゴル概説書『モンゴルを知るための60章』には、以下のような記述が見られる。

> 季節ごとに移り住んですごす牧営地は、春営地・夏営地・秋営地・冬営地と名づけられている。春夏秋の牧営地は必ずしも一定しないが、冬は寒さをよける家畜の囲いを例年利用するので、毎年同じ所に戻ってくるのが普通である［金岡 2000: 60］。

この記述で明記されているのは、冬以外の営地が「必ずしも一定しない」ことであるが、これは、「基本的には一定であるべきなのだが」という意味を言外に含んでいる。

また、データソース的には社会主義時代末期の状況に依拠して、記述の対象をモンゴル国に限定した概説書『モンゴル入門』では、三秋尚が次のように述べている。

> 四季の牧地は地形・水源・植生、気象の諸条件を考慮して決められる。冬営地は地形的に北西風を防ぎうる、雪の少ない、暖かい南向きの斜面である。春営地もほぼ同じ条件であるが、越冬した家畜の体力を早く回復させるため、萌芽の早い牧草地が適する。夏営地は川筋・湖・泉の周辺が選ばれる。家畜用飲み水のくみあげに人力のかかる井戸を避けるためである。秋営地は越冬のためのエネルギーを蓄え、肥育の仕上げを行うから、牧草の質と量の良いことが特に条件となる。
>
> 営地間の移動は、平原では冬が暖かく、夏は涼しい場所を求めた水平移動である。一方、高海抜山岳地では垂直移動である。夏は涼しくて蚊や蝿の少ない高所、冬は気温の下がらない中腹部、春と秋は山岳底部である［三秋 1993: 81-82］。

これを読む限り、各季節の営地の場所は年によらず一定しているような印象を強く受けるが、「一定である」という直接的な言及は見られない。地形が年により変化することは我々の常識から考えられないので、読者には一定であるかのように理解される、という微妙な構成の文章になっている。

上記2例から、どちらかといえば「営地固定論」に近いものの、完全に一定であると断言することは避ける、というのが現在、営地の変動に関する一般的な論調であることが確認できる。この論調の問題点は後で検討するが、他の論客、特に内モンゴルをベースとした研究者の主張も踏まえておきたい。

まず、「営地ランダム論」の急先鋒とも言える梅棹の主張は、以下の通りである。1940年代に内モンゴルで現地調査を行った梅棹は、従来のモンゴル遊牧の研究では、「かれらの遊牧移動は、規則ただしい季節移動であって、むかしの漢民族がかんがえた『水草を追うて遷徙す』ということばがしめすような、でたらめの方向ではない」［梅棹 1990a: 46］とされてきた、という認識を示した上で、「どうもモンゴルの遊牧移動は、そんな規則ただしいものではないのである。わたしはたくさんのアイル（世帯：引用者注）についてこの数年間の遊牧移動のあとをたどり、地図上にプロットしてみたが、そういう規則性はほとんどない」[梅棹 1990a: 46] と論断している。ただし梅棹が言及している、遊牧移動のあとをプロットした地図は、現在に至るまで公表されておらず、個々の世帯、つまり梅棹の言うアイルの具体例も紹介されていない。

梅棹は四季の営地に関しても、「冬営地ということばがある。しかしそれは、ことしはどこで冬をすごした、ということをいっているのであって、そのアイルにとって、毎年決まった冬営地があるのではない。夏営地も、『ことしは、どこそこが夏営地になった』ということを意味するので、きまった夏営地があるわけではない」[梅棹 1990a: 46-47] という、独自の見解を示している。梅棹は、自身の論拠としては、「こんな大平原で、多少の南北移動を行ったとしても、それが冬あたたかく夏すずしい場所をもとめることにならないのは、あきらかなことである。数十キロを移動したところで、気候がかわるわけでもないし、季節移動の意味をなさない」[梅棹 1990a: 47] 点を指摘している。

しかし、梅棹の先行研究に対する認識が、やや一面的に過ぎる点は否めない。確かに、梅棹が実名を挙げて批判している後藤冨男は、彼のモンゴル研究の集大成である『内陸アジア遊牧民社会の研究』において、以下のように、梅棹が批判した通りの「規則ただしい季節移動」的な認識を示している。

> 農耕社会の人々の目に、家畜を伴侶として草原を移ろい歩く遊牧民の生活が、あたかも胡砂吹く風のままにころがる根なしのマリヨモギのごとく、あてもない漂白と映じたのは、むしろ当然というべきであった [後藤 1968: 19]。

> 遊牧が夏営地と冬営地とのバランスの上に成り立つことは、すべてに共通している。遊牧的移動とは、要するにこの間を往復する振り子運動にも譬えられよう。いつごろ、どんな牧草を与えねばならぬかというような放牧場の必要をみたすことは、十分に知悉した土地でなければこれをなしがたい。したがって、その経路もまた大体慣習的に決まっており、特別の理由がない限り年々踏襲されるのである [後藤 1968: 27]。

このほかにも、1945 年以前の日本人による現地調査報告の類では、特に古いものになるほど「営地固定論」に近い論調が大勢を占めることは否めない。古い例では、『東蒙古』(1915 年発行) に「移住の区域は略ほ一定しありて随所に転居するものにあらず」[関東都督府陸軍部 1915: 53] という記述が見られる。また、この書より20年ほど時代が下った、内モンゴル北部のホロンバイル地方に関する調査報告書『呼倫貝爾畜産事情』(1938年発行) では、夏期放牧地と冬期放牧地の条件を列挙した上で「以上の諸条件に基いて蒙古人は春夏秋冬家畜を放牧し、遊牧生活を営むものであって、毎年特殊事情の起こらない限り或る一定圏内を一定期間内に移動する」[満鉄鉄道総局 1938: 27] と結論づけ、前年の営地と同じ場所に移動せざるをえない根拠として、「万一遊牧圏内に於て例年の遊牧コースを変更する時は、直接彼等の燃料問題の解決に非常な困難を招来せしめる」[満鉄鉄道総局 1938: 27] と、牧民が燃料として家畜の糞を利用する点を指摘している。

しかし、当時の日本人によるモンゴル研究において、すべての論調が上述のような典型的「営地固定論」であったわけではない。例えば、『呼倫貝爾畜産事情』の言及範囲であるホロンバイル新バルガ右翼旗で現地調査を行った竹村茂昭は「夏は河の近く、冬は雪の少ない所と云ふ様な大体の区域はあるが、其の中のコースは必ずしも一定しない」[竹村 1940: 13] と、厳密な「営地固定論」の立場に立つことは避けているし、梅棹と同じくシリンゴルの現地調査に基づいて書かれた『蒙疆牧野調査報告』では、次のように、明確に従来の「営地固定論」が批判されている。

> 蒙古人は意識的に同一経路を取るものではなく、唯草生と水並に曹達湖の状態によって、その良好なる地方を選び随意に移動するのであるから、草生の如何、水及雪の状態によっては年により必ずしも同一地方を選ぶとは限らないのである。亦燃料に就いても新鮮なるものは使用できないが、前々年或それ以前のものを使用できるから、路を毎年一定にするとは限らないと云ってゐる [満鉄北支経済調査所 1940: 39]。

ここでは積極的な「営地ランダム論」が展開されているわけではない。むしろ、現在の論調に通じる「営地固定論」の弱いバージョンとでも呼ぶべき位置づけが妥当であろうが、年々の自然条件の変動如何によっては、限りなく「営地ランダム論」に近づきうる。特に、小長谷が述べるように、モンゴルを「夏営地と冬営地を交換することもできるほど、両者の差異が微妙である」[小長谷 1996: 11]、すなわち、一定地域内の自然条件が均質とは言わないまでも、差異の微小な空間として想定するならば、上の論を「営地ランダム論」の弱いバージョンと言ってもあながち的外れではあるまい。

一方モンゴル国に関する研究に目を転じると、こちらは現在に至るまで「営地固定論」が基本的に卓越している。まず、社会主義時代に出版された民族学の概説書『モンゴル人民共和国の民族学 1』では、モンゴル国の多数派を占めるハルハ族牧民の革命前（19～20世紀）の移動状況について、「牧民には冬営地・夏営地は一定の地点があるのに対し、春営地・秋営地に一定の場所がなかった」。［Бадамхатан 1987: 69］と述べている。夏冬の2季節にせよ、営地が一定であれば、季節移動が「不規則な彷徨」にはなりえないため、これも一種の「営地固定論」と言えよう。

さらに、上述のような概況の説明ではなく、ハルハ族居住地域の中央部に位置するウブルハンガイ県での現地調査に基づいて言及する小貫雅男の場合、その論調はより強いバージョンの「営地固定論」へとシフトする。彼は、「数名の年寄りたちの回想をもとにして、できるだけ個別的なものは避け、共通する属性に留意して、一般的な概念に抽象するよう心がけたつもりである」［小貫 1985: 47］と断った上で、次のようなモデルを提示している。

> 森林におおわれた山岳地帯（ハンガイ山脈：引用者注）があって、その南麓からは広々とした半砂漠性の草原が広がっていて、その10～20キロ南には、川が流れているといった地形を想定していただきたい。
>
> このような地形は、遊牧が行われる土地としては、モンゴルでは典型的なものとみてよいであろう［小貫 1985: 48］。

> 山中の南斜面に冬営地が選定される。（中略）ここを起点に、半砂漠性の草原を南に向かっていどうしながら、10～20キロのところにある川筋の草地に、夏営地をおくのが普通である。この冬営地と夏営地の途中の南麓に春営地を選び、夏営地から再び冬営地にもどる途中に、秋営地を選ぶことになる。
>
> 天候の一大異変がない限り、このような冬営地→春営地→夏営地→秋営地の遊牧循環を毎年くりかえすことになる［小貫 1985: 48-49］。

ここで展開される「営地固定論」は、まず前提となるモンゴルの地形に対する認識から、梅棹の「数十キロを移動したところで、気候がかわるわけでもない大平原」という認識とは大きく異なっている。むしろ、山岳地帯や川など、地域内の自然条件の差異を利用し、季節ごとの適地を定期的に巡回している牧民像が、この描写からは立ち現れてくる。

同じハルハ地域でも、西部に位置する旧ナルバンチン寺領に関する、亡命活仏ディルブ＝ホトクトからの聞き取り調査に基づくヴリーランドの報告は、弱いバージョンの「営地固定論」に近い。なお、自然条件としては小貫の調査地と同様、北に山岳地帯（ハンガイ山脈）があり、南に川（ザブハン川）が流れている。ただし、旧ナルバンチン寺領の方が、山岳が圧倒的に急峻であり、低地と高地の標高差が大きい。

> 冬営地の最低必要条件は、家畜囲い、草、そして水である。これらの必要条件は、高い山の南麓と川沿いの低地の近辺が最も満たしていたようである。（中略）ホトアイルは普通、そのような冬営地を幾つか持っており、それぞれに石囲いと糞の堆積がある。例えば、インフォーマントの家族は寺の周り、0.5～3マイルの距離に4～5カ所の冬営地を持っていた。同じ年に全ての営地が使用されるわけではないが、適当なものを選んで2つ使うことはしばしばある。
>
> 夏営地の必要条件も草と水であるが、家畜囲いは重要でない。夏の草原は泉や融雪のような水源の近くに位置している。一般的に夏の放牧に冬営地を使用するのは好まれず、ほとんどの家族はこれを行わない。夏の移動パターンは個々のホトアイルが所有する家畜の種類や量、年々の雨量に影響される。雨量が豊富な年は分散する傾向があり、豊かな家族は井戸や泉があってしかも涼しい高原に上り、貧しい家族はザブハン川の近くに留まる。乾燥した年には、山地は非常に乾燥するため、全ての家族が富に関係なく川へ下りてこなければならない［Vreeland 1954: 42-43］。

ヴリーランドの場合、アメリカで聞き取り調査を行った関係上、インフォーマントの選定には選択の余地がなかった。当時は冷戦の時代であり、モンゴル族居住地域はソビエト連邦（ブリヤート共和国）、モンゴル人民共和国、中華人民共和国（内モンゴル自治区）と、全て社会主義陣営の内部にあった。ヴリーランドのインフォーマント3人は、いずれも徳王政権関係者で、蒋介石とともに台湾へ逃れた人々であった。従って、ディルブ＝ホトクトも「ハルハに典型的な自然環境を持つ地域」の出身者だったから選ばれたわけではないのだが、彼の証言は、図らずも小貫が言うような「典型的地形」の1バリエーションにおける移動状況を示している。ただし、季節移動の詳細に関しては、乾燥した年のみ小貫のモデルに一致するようである。

なお、先述の『モンゴル人民共和国の民族学 1』には、ハンガイ（森林ステップ）においては、夏に山麓や川沿いへ下り、冬には山中へ上がるという記述につづき、平原地帯の移動では、夏は涼しいハンガイに上がり、冬になると暖かい平原地帯やゴビへ移動したという記述も見られる［Бадамхатан 1987: 69-70］。ただし、この記述は、前者がより山深いハンガイ山脈を、後者は小規模なハンガイあるいはハンガイ山脈の周縁部に隣接する平原地帯を想定しているものと想像されるが、そのように明言しているわけではないので、原文のままでは論理的整合性に欠けている。しかし、この点を上述のように補足することが許されるなら、モンゴル国の研究者たちは、ヴリーランドの挙げている両パターンを、ありうる移動として認めているのだと解釈できよう。

ここで、梅棹の論考へと話を戻そう。梅棹は、「営地固定論」を「遊牧についてのヨーロッパ人の認識」と位置づけており、その上で、この認識の由来について、以下のように推測している。

> 西からきて、アジアの遊牧社会に接したヨーロッパ人が、最初にみたのは、西南アジア、たとえばイランのカシュガイやバクチアリの遊牧ではなかったかとおもわれる。（中略）かれらは、夏はすずしい高地に家畜を放牧し、冬は山をおりて、あたたかい平地に家畜を放牧する。（中略）そのために、遊牧といえば、このような規則ただしい季節的上下移動だというおもいこみができてしまったのではないだろうか［梅棹 1990a: 47］。

これもやや勇み足の感がある。少なくとも現在、誰もが文句なく「モンゴル」であると認めるモンゴル国のハルハ地域においては、どこまで規則的であるかはさておき、高度差を利用した移動が行われてきたことは、上述の引用などから見ても疑いないようである。梅棹の時代、日本人がモンゴル人民共和国で現地調査を行うことは望むべくもなかったから、梅棹にとってのモンゴルが「大平原」であったことは、ある意味でやむをえない。また、ロシアの研究者はハルハ地域をメインに研究していたので、欧米で読まれるモンゴル関係の文献は、アクセスの問題からハルハに関するロシア人研究者の著作が必然的に多くなることも事実であり、この傾向は前述の、3 人のインフォーマントのうち 2 人が内モンゴル出身者であったヴリーランドの研究で挙げられている文献リストからも看取できる［Vreeland 1954: 321］。それゆえに、ヨーロッパ人のモンゴル認識がハンガイを前提とした「営地固定論」へと傾斜しがちであることもありえよう。

さらに、「自分の観察よりも、文献の方が尊重され」[梅棹 1990d: 187] ていた1945年以前の日本人による南モンゴル研究が、ヨーロッパの文献からの影響を受けている、とする梅棹の位置づけは、本来内モンゴルにおける実証的研究から出発したはずの後藤冨男が、多くの欧米人研究者の文献を参照している点から判断しても、ゆえなしとは言えない。だが、ひとたび「モンゴル」という語で総括しようとするや否や、梅棹の主張には、現在の見地からすると、無理が生じてしまうのもまた事実である。

ハンガイと大平原の、いずれがモンゴルに典型的な景観なのかという問いは、モンゴルという地域をどこからどこまでに設定するか、という問題と密接な関係を有している。というのも、前者はモンゴル高原北部、特にモンゴル国の首都ウランバートルを含むハルハ族居住地域における典型的景観であり、後者はむしろモンゴル高原南部、特に現在もなお内モンゴルの牧畜の中心地であるシリンゴル盟やホロンバイル盟における典型的景観だからである。それゆえ、この種の問題は、純粋に学問的な問題というよりは、むしろ政治的な問題、つまりいずれが「正統なモンゴル」であるか、として立ち現れがちである。本書では、南北モンゴルのヘゲモニー争いに荷担するつもりはないので、いずれが「真の典型」であるかは論じない。確実に言えることは、ハンガイと大平原ではそれぞれ異なった原理に基づいて移動が行われており、この差異は、さしあたり「モンゴル」牧民の季節移動のパターンを一般化する試みは放棄したほうが無難であると思えるほど大きい、ということである。

しかし、これでは問題が残っている。梅棹の「営地ランダム説」の論拠となっていた「モンゴルは大平原である」という論断は、モンゴル一般に必ずしも該当しないものであるにしても、平原地帯においては「営地ランダム論」が妥当なのか、という点である。現在のところ、「営地ランダム論」を積極的に支持する論客は見られない。この理由はいくつか考えられるが、まず梅棹自身が具体的なデータを提示していないために、彼の主張の妥当性が確認できない上、彼の「営地ランダム説」が初めて文章化されたのが『梅棹忠夫著作集』においてであり、彼の調査から50年以上を経た1990年であったことが一因となっている。後者に関しては、単にタイムラグの問題ではなく、1990年代に内モンゴルでは牧地の世帯単位での分割が行われた結果として、季節移動が行われなくなりつつあり、もはやこの論点に関する追加調査が実行不可能になってしまっている、という現状が我々の前に立ちはだかるのである。

また、筆者自身もフィールドでしばしばインフォーマントから耳にするのだが、当のモンゴル人が「営地の場所は大体一定である」(1998年、NS11の所属するホトアイルのアハラクチ）という自己認識を持っているので、そうしたインフォーマントの発言を聞いた調査者が「営地固定論」を受け入れやすい、ということもまた事実である。梅棹が調査した頃のシリンゴル盟の牧民が季節移動についてどのような自己認識を持っていたか、現在となっては知る由もない。そのため、シリンゴル盟の大平原の延長上に位置する筆者のフィールド、ダリガンガの牧民が今日「営地の場所は大体一定である」と述べるのは、あるいはハルハ族を中心とするモンゴル国の長年にわたる教育の成果であろうか、という疑念を完全には払拭しえない。少なくとも、現在得られるデータからは、平原地帯の牧民からでさえ「営地ランダム論」を支持するような発言は聞かれない。

それゆえ、梅棹の「営地ランダム論」は、現代のモンゴル研究者にとって言及するに値しないと見なされているようであり、放置つまり無視されているのが現状で、賛意はもとより、反対意見すら呈されていない。ただし平原地帯までを視野に入れると、ハンガイを想定した「営地固定論」の「例外的」事例が、より簡単に見出しうることも事実であるし、現地の牧民にも、現状にそぐわないそのような「教科書的」な説明をする者はさすがにいない。

ここで最初の引用文献に戻ろう。三秋の記述は、平原への言及があることから、モンゴル国南東部の平原地帯に配慮したものであることは明らかである。内モンゴルをも含む「モンゴル一般」の記述である金岡秀郎もまた然りであろう。概説書におけるこうした記述は、弱いバージョンの「営地固定論」にせよ、あるいは営地固定論を想起させる曖昧な記述にせよ、「モンゴル」という単一の名称とは裏腹の、多様な季節移動の現状を表現するための窮余の一策として選択されたものである、と言える。要するに、具体例は「いろいろあるのだ」と述べることで、多様な可能性に備えているわけである。

だが、そこまでして行う概括は、一見した情報量の多さとは裏腹に、極めて無責任な記述なのではないだろうか。確かに、モンゴルの多様な現実と照らし合わせて、反例の出ない記述を極力目指せば、上述のようにまとめざるをえないことは事実である。しかし、仮に「営地固定論」や「営地ランダム論」というような、定性的な議論だけでは説明しきれない多様な現実がモンゴル牧民の季節移動にあるとしても、それは多様な現実が等価で並列され、どれが選択されるかは全くのランダムである、ということにはならないであろう。ある移動パターンを選択する牧民の側には、それなりの動機や理由づけが存在するであろうし、地域的な環境も彼らの選択の背景として少なからぬ影響力を持っていることが予想される。

だとすると、ある地域を区切って考えれば、そこでは決してあらゆる可能性に対して等しく開かれているわけではなく、確率論的には起こりやすい現象を見出すことができるのではないだろうか。ただし、それを明らかにするには定量的な分析が不可欠だろう。

ところが、営地の変動に関する議論で、実例などの具体的なデータを挙げているものは皆無なのである。これは、各論客が自然環境などの諸条件から演繹的に営地の変動の可能性を論じていることを意味するわけではない。恐らく、論客は皆、梅棹のように自身は何らかのデータを持っており、それに基づいて結論を出しているのだろう。ただ、それが全く公にされず、読者には結論のみが当てがわれるので、定量的な再検討の余地がないのである。これは決して看過できない問題である。

かつて梅棹は、「内蒙古牧畜調査批判」という文章の中で、1945年以前に日本人によって行われた、南モンゴルにおける牧畜に関する調査・研究の「科学的精神の欠如」[梅棹 1990c: 169] を痛烈に批判した。また、「乳をめぐるモンゴルの生態　I」という論文では、乳および乳製品に関する過去の研究に共通する「科学的な研究としては致命的な」欠点として、第1に「事実の観察と記載が不足である」ことを挙げている［梅棹 1990d: 186-187)。ところが本節で扱う問題に関する限り、他の論客と同じく梅棹までもが「事実の記載不足」のそしりを免れえないのが実情である。

そこで本節では、筆者自身がモンゴル国スフバートル県オンゴン郡で1997年7月、1998年8月、1999年7～8月に行った現地調査の資料を中心として、夏営地の場所に関する具体的なデータに基づいて、いわば実証的な営地論の構築を試みる。上述したように、スフバートル県オンゴン郡における移動状況に関する現地の牧民の自己認識は「営地の場所は大体一定である」というものである。従って本節の力点は、この言説を出発点として、「大体」の内実を明らかにするとともに、その背後にある論理を考察することに置くことにする。

中心となるデータは、1998年に訪問調査を行った19の牧畜ユニットのうち、1999年にも訪問ないし所在確認のできた17ユニット、および後述するように既存のユニットから夏季のみ独立性を強めつつあった1ユニットを加えた合計18ユニットである。このうちの2ユニットは、1997年にも訪問調査を行っているので、3年分の夏営地の所在地が確認できている。各事例の牧民が所属するバグは、牧民のバグである第1～第3バグがそれぞれ5事例、5事例、6事例とその大半を占め、それ以外に郡中心地住民のバグである第5バグが1事例あり、職業軍人のバグである第4バグの事例は存在しない。

また同じ夏といっても、年によって気象条件が大幅に異なっていたことは特筆に価するので、ここで簡単に紹介しておきたい。1997年は非常に高温・乾燥した年であった。例年であれば夏でも最高気温が27度を上回ることは滅多にない、と現地のインフォーマントが言うオンゴン郡で連日30度以上の日が続き、雨の少ない、干ばつ状態であった。現地の牧民の中には、干ばつで牧草の状態が良くないので、家畜のみを連れて営地を離れる緊急避難的な移動（オトル）に出る者もいた。

1998年は一転して低温・湿潤な年であった。この年は、6月のヒツジの毛刈り直後に冷たい雨が2日間降り続いた。牧民はすでに夏営地に移動していたが、夏営地には簡単な家畜囲いがあるだけで屋根がなかったので、毛刈り直後の家畜が大量に死亡した。オンゴン郡の第1バグ長によれば、被害の激しかったのはオンゴン郡と南東に隣接するナラン郡であり、オンゴン郡で約8000頭、ナラン郡でも数千頭の家畜が死亡し、スフバートル県全体での被害頭数は2万頭に上ったという。具体的な事例を挙げると、後述するNS12のユニットでは、6月に夏営地で雨に遭ったが、夏営地には本格的な家畜小屋は存在せず、ユニットで所有するヒツジ・ヤギの約4分の1に相当する380頭が死亡した。

また、県中心地と各郡を結ぶ道路は全て未舗装であるため、降り続く雨で泥濘化した。筆者の調査中、軸重の重いタンクローリーがスタックして立ち往生した結果、オンゴン郡および隣接するナラン郡の両郡でガソリンが枯渇するという事態に見舞われていた。ただし牧民は、雨が多ければ草生が良く、家畜に飲ませる水源となる湖が増えるため、前年と比較してはるかに「良い夏」であるという認識を持っていた。

1999年は1年前とは打って変わり、再び乾燥した年であった。筆者がオンゴン郡へ到着した時、すでに30日間降雨がない、と郡中心地在住のインフォーマントが語っていた。ただし気温は1997年ほど高温ではなく、現地の人々は、本年の夏はやや干ばつ気味である、あるいは7月11～12日に行われた郡のナーダム後から干ばつになりつつある、と認識していた。なお第1章で述べたとおり、モンゴル国の移行期的状況に大きな転換をもたらす嚆矢となった1999/2000年のゾドはこの干ばつに引き続いて発生したのである。

本節では引き続いて牧畜ユニットの具体的事例について記載するが、牧畜ユニットを地域間で比較する際の判りやすさを考慮し、以下のように地域を越えて統一した命名法を採用して「2つのアルファベット文字＋数字2桁」で記載する。

アルファベット1：事例が所属する地域の大分類（モンゴル国N、内モンゴルS）
アルファベット2：事例が所属する地域の小分類（スフバートル県NS、ボルガン県NB、ヘンティ県NK、シリンゴル盟SS、ウランチャブ市SU）
数字2桁：事例の地域内での通し番号

この命名原理に従い、本節で取り上げる事例は「NS01」から「NS18」までであり、この事例名称は第6章などでも同様に利用する。本名称は牧畜ユニットとアハラクチ（男性）の両方を示すために用いる（次ページからの表参照）。

すでに述べたように、本節では、基本的には1998年と1999年の夏営地の情報をベースに考察を行う。行政側より比較的厳しく管理されている冬・春営地に対し、夏・秋営地は、バグ内であれば場所は自由であり、毎年、バグ長に営地の場所を申告するだけで構わない制度になっているので、夏営地は、牧民の主体的な判断によって、毎年の営地の場所を簡単に変更しうる社会的条件が整っている種類の営地である、と言えるだろう。

こうした夏営地の変動であるが、厳密な意味で、前年と全く同じ場所に営地を構える事例は皆無である。少なくとも、100 m（NS09）から1 km程度（NS03、NS06）のずれは存在するが、こうした事例では、インフォーマント自身「同じ場所」と認識しているので、これらは営地の変動とは見なしえないだろう。なお、こうした微小な移動の理由については「前年と全く同じ場所には設営しないものだ」（NS05）というレベルの回答しか得られなかったが、最小で100 m程度である点から考えて、草原の劣化や害虫の発生という環境的な理由よりは、文化的・心理的な理由、例えば不浄感などを想定した方が無難であろう。

一方、こうした微小な移動を除いた、インフォーマント自身が認める営地の変更は、17事例中7事例について見られた。変更前と変更後の営地間の距離は3 km強（NS11）から約20 km（NS07、NS17）までと様々であり、ここから一般的な傾向を見出すことは不可能であるが、確かなことは、最低でも3～4kmは離れないと、別の場所、すなわち営地を変更したとは見なさない空間認識を牧民が持っていることである。ただし、NS14の2008年の夏営地に関する説明や、NS17の2001年と2008年の夏営地（同一地点）に関して親子が別の地名を答えた

表 2-4　夏営地の変動

	年	地名	備考
NS01（第 5 バグ）	1998 年	ハルデルス	郡中心地の北 6 km 程度、県中心地へ向かう道沿い。NS01 の妻は郡中心部にある中学校の教師のため、夏は草原にいるが、その他の季節は郡中心地の固定家屋に居住。NS01 も冬は郡中心地で過ごし、2 人の息子が家畜を放牧
	1999 年	不明	昨年 NS01 が夏営地を構えた場所には、他のホトアイルが宿営。そのホトアイルの主人によれば、NS01 は郡中心地の北東数 km の地点に行っている、とのことであった。現地は未見であるが、当地は本来第 1 バグの牧地であると思われる
NS02（第 3 バグ）	1997 年	ツァガーン＝シャンド	郡中心地から北東方向 11 km。当地は本来第 1 バグの牧地であるが、干ばつで牧草の状態が良くないため、7 月中旬から家畜を連れてオトルに来ていた
	1998 年	ハルガイト＝ゴー	郡中心地から北北西 9 km、バヤンデルゲル郡に向かう道から北に 300 m ほど入った場所。筆者の実見では、ハルガイト＝ゴーの北は低くなっている。低地にはいくつかの湖が存在することが、衛星写真および旧ソ連製地形図からうかがえる。湖のサイズは年間変動が激しいようである
	1999 年	ツァガーン＝シャンド	1997 年と同様、郡中心地の北東 11 km の場所。NS02 によれば、営地の場所は水の状態によって変化し、今年はハルガイト＝ゴーの「水が悪い」、つまり家畜用の水の確保が難しいという
	2001 年	ハルガイト＝ゴー＝バローン＝デール	ナーダムの前はツァガーン＝シャンドの南側、ナーダムの直前に郡中心地の西北 6～7 km のボランギーン＝オルト＝デール（2001 年の NS05 の夏営地）に移動し、ナーダム後に現在の場所へ
NS03（第 3 バグ）	1998 年	ボランギーン＝ホル	NS02 から北へ 4 km、北方に湖が見える場所。ボランは低地にある湖の 1 つ。同地は 2001 年に NS06 がオトルで来ており、第 3 バグ牧民の夏営地の選択肢の 1 つであると思われる
	1999 年	ボランギーン＝ホル	去年の営地より 1 km東に行っただけであり、「同じ場所」と認識している。昨年 NO03 と同じ場所に滞在していた 2 世帯（次男と三男）は、北 2 kmの場所にいる。冬営地では、4 世帯が再び集結の予定
	2001 年	ボランギーン＝ウンドゥル＝ドゥブ	干ばつなので湖は小さい。飲料水はツァガーン＝シャンドから得る
NS04（第 3 バグ）	1998 年	デルセン＝ホタグ	NS03 から北へ約 5 km の丘の上。訪問したのは秋営地だが、夏営地もすぐ近くにあったという
	1999 年	デルセン＝ホタグ	昨年の訪問場所と 1 km と離れていない場所に滞在。雨が少ないため、去年一緒だった弟と長男の世帯は東約 2 km の地点に滞在。冬になれば再び一緒に放牧する
NS05（第 3 バグ）	1998 年	ドゥルブン＝ホタグ	郡中心地から西南西 6 km、ドルノゴビ県へ向かう道から遠くない場所。秋営地も同じ場所で移動しない。7 ユニットが同地に夏営地を構えているが、数は年によって変動する。ドゥルブン＝ホタグの寺院跡が旧ソ連地形図に掲載されており、その近辺がドゥルブン＝ホタグと推測される
	1999 年	ドゥルブン＝ホタグ	昨年の訪問地点と数 100 m しか離れていない場所。NS05 いわく、前年と全く同じ場所には設営しないものだ、と
	2001 年	ボランギーン＝オルト＝デール	ドゥルブン＝ホタグは水が少ないので、ボランギーン＝オルト＝デールまで北上した

NS06（第3バグ）	1998年	ドゥルブン＝ホタグ	NS05の西南西約2 km
	1999年	ドゥルブン＝ホタグ	昨年の位置より西に1 km弱の地点。彼ら自身は、同じ場所に営地を構えている、という認識。昨年ドゥルブン＝ホタグに滞在していたユニットのうち、本年も同地に滞在しているのはNS05とNS06のみ。なお、昨年は別の場所にいたユニットが2つ、本年はドゥルブン＝ホタグに来ている
	2001年	ドゥルブン＝ホタグ	ドゥルブン＝ホタグにはNS06を含め4ユニットしかいない。半分は移動した（例：NS05）。NS06も息子が北のボランギーン＝ホルヘヒツジを連れてオトルへ行った
NS07（第3バグ）	1998年	ドゥルブン＝ホタグ	NS06の南西1 kmほど。NS07は24歳だが、2年前に父親が死亡したため、ホトアイル（3世帯）の代表者となっている
	1999年	ホラール	郡中心地から30 km北西。ここは家畜に飲ませる水が得られる湖・池が多く、草の状態も良いために来た。なお、昨年一緒だった母親の弟は、このユニットから別れていた
	2001年	シャルティン＝ハド	郡中心地から西南西40 kmほどの場所。この近辺は父方オジの息子2人が冬・春・夏の営地としている場所であり、NS07は彼らのユニットに加入した
NS08（第1バグ）	1998年	イフボラギン＝ズーンシレー	第1バグ中心地イフボラグから東北東へ2 kmの地点。イフボラグの南には同名の泉があり、この付近に住んでいる牧民の水源となっている
	1999年	イヘル＝ツェンゲレグ	郡中心地から北東へ5 km。ここは、多くのユニットが集中するイフボラギン＝ズーンシレーとは対照的に、周囲にユニットが見当たらない。1999年3月より知人および彼の息子の世帯を加えた4世帯となっている。来年の春営地に入る際には、家畜が多くて牧地を痛める恐れがあるため、別れる予定
	2001年	ダムチーン＝ウブルジュー	郡中心地の東北東6 km
	2008年	フル	郡中心地の南20 km。ここは秋営地の場所だが、本年は水の状態が良かったので夏もここにおり、秋まで過ごす予定
NS09（第1バグ）	1998年	イフボラギン＝ズーンシレー	NS08から北東へ1 km弱
	1999年	イフボラギン＝ズーンシレー	昨年の営地から100 m南へずらした
NS10（第1バグ）	1998年	イフボラギン＝ズーンシレー	NS09から東へ約2 km
	1999年	イフボラギン＝ズーンシレー	昨年と同じだが、少しだけ場所をずらしてあり、本年もNS09からの距離は約1 km
	2001年	イフボラギン＝ズーンシレー	

NS11（第1バグ）	1998年	フルデン＝デルス	バグ中心地（イフボラグ）の南南東約4 km。ユニット構成は1世帯のみ
	1999年	イフボラグ	泉のイフボラグのすぐ北。去年の営地は湖の近くにあり、ハエ・蚊が多いため、今年はここに移動。ユニット構成世帯は3世帯に増加。NS11は極貧である上に目も悪く、この調査に同行した第1バグ長も、NS11を助けるために残りの2世帯とホトアイルを組ませた、という内容の発言をしているため、本年のNS11はアハラクチではない
	2001年	イフボラギン＝フル	ユニット構成世帯（3世帯）は完全に変わっていたが、本年もNS11がアハラクチではない点は変わっていない。
NS12（第1バグ）	1997年	エンゲルブルド	郡中心地から東に13 km。ウィゼンギーン＝ツァガーン＝ノールという、比較的大きな湖の北岸にある。ホトアイルは5世帯から構成されているが、この場所にいるのはNS12の長男と次女の婿で、母子群の放牧を担当している。2 kmほど北側の丘の上には、NS12の長女の婿（NS18）がゲルを2つ構えて、こちらで不妊・去勢畜の群れを放牧し、NS12本人は郡中心地から南へ27 kmの春営地、次男は春営地の北東4 kmにある冬営地にいる。夏営地付近での畜群分割は干ばつのためであり、冬営地・春営地に人が残るのは、燃料や家畜の防寒用に使用する畜糞の泥棒対策である。そのため、家畜の大半は夏営地2カ所に連れてきている
	1998年	エンゲルブルド	昨年と同じ場所。ただし、本年は草の状態が良いため、NS12の長男、次男、長女の婿（NS18）の3世帯が1カ所で放牧している。NS12本人は春営地、次女の婿は冬営地に残留
	1999年	エンゲルブルド	本年も同じ場所。水も草も良いとのことであったが、本年は1998年より湖（ウィゼンギーン＝ツァガーン＝ノール）が小さくなっている。NS12の長男、次男、長女の婿（NS18）が1カ所で放牧している。昨年同様、NS12本人は春営地、次女の婿は冬営地に残留
NS13（第2バグ）	1998年	バローンサラー	第2バグ中心地（シャルブルド）から40 km北、ハルザン郡との境界近くにある
	1999年	バローンサラー	第2バグ中心地でバグ長より、NS13はバローンサラーにいると聞いたが、遠方であるため、時間の都合により訪問は割愛した
	2001年	バローンサラー	10年間、ここに夏営地を構えている
NS14（第2バグ）	1998年	ソブラガ	シャルブルドから北に15 km。年によって違うが、普通の年はNS14のユニットだけがここに夏営地を置く。調査に同行した第2バグ長によれば、家畜というのは慣れた土地の草を食べたがるものなので、ここの家は干ばつのときでもここに来る、とのことであった
	1999年	ソブラガ	昨年の場所より東に数100 mずれただけである
	2001年	ソブラガ	地名はソブラガン＝オハー（ソブラガの丘）であるとの返答であったが、景観から判断して1999年と同地点であり、本人も夏営地は変動していないという認識であった
	2008年	ソブラガ	たまたま来訪していた次男に地名を尋ねると、ムリーだ、との答えだったが、筆者がソブラガとは違うのかと質問すると、「同じ場所と言える」と返答した
NS15（第2バグ）	1998年	ピンティ	シャルブルドから北に32 km、県中心地へ向かう道から200 mほど西に入った場所にある
	1999年	ピンティ	昨年の営地と同じ。県中心地へ向かう道の傍にある

NS16 （第2バグ）	1998年	チャバンシャンド	シャルブルドの北東25 km。牧畜ユニットは1世帯
	1999年	トージョーギーン＝ゴビ	昨年より7 km北西へ移動。昨年同様、1世帯で放牧
	2001年	ボンボン＝セトレフ	1999年の夏営地の南3 km
	2008年	ボンボン＝セトレフ	毎年少しずつ違う場所に夏営地を構える
NS17 （第2バグ）	1998年	ハルタリン＝ホタグ	シャルブルドの北東20 kmの地点
	1999年	ツァガーン＝ホショーニィ＝アル	シャルブルドの北西3 kmの地点。NS17には小学校2年生の子供がいて、バグの小学校に通っているので、バグ中心地の近くへ来たという
	2001年	ボンボン＝セトレフ	同年のNS16の南西3 km
	2008年	ハルタリン＝ホタグ	2001年の夏営地と同一地点でNS17の息子が家畜を放牧していたが、地名はハルタリン＝ホタグとの説明であった

ように、モンゴルの地名というものが多分に流動性を含んでいると考えると、必ずしも別の地名が空間的に別の場所を示しているとも言えない。そもそも、3～4 kmという距離は日帰り放牧圏の最大値に等しい。

こうした点を考慮すると、やはり、「夏営地の場所というのは大体決まっており、慣れた場所からあまり遠くへは出かけないもの」(1998年、NS11の所属するホトアイルのアハラクチ）であり、それは「家畜というのは慣れた土地の草を食べたがるもの」(1998年、第2バグ長）だからである、という論理が卓越しているのだ、と言える。

それでは、営地を変更する理由は、どうであろうか。今回の調査結果からは、「子供がバグの小学校に通っているので、バグ中心地の近くへ来た」(NS17）という教育上の理由を挙げている1例を除いて、「家畜用の水の確保の問題」(NS02)、「家畜に飲ませる水が得られる湖・池が多く、草の状態も良い」(NS07)、「ハエ・蚊が多い」(NS11）と、営地の自然環境、特に牧畜と密接にかかわる部分での理由づけによることがわかる。

1998年に比べて1999年および1997年が乾燥した年で、水の確保が困難であり、草の生育が悪かったことはすでに述べたとおりであり、また事例データ中のウィゼンギーン＝ツァガーン＝ノールの大きさの変化（NS12）の様子からも明らかである。さらにホトアイルの分割も、「雨が少ない」(NS04)、「干ばつ」(1997年、NS12）という牧畜の便宜によって発生している。こうした点から、モンゴルの牧畜という生業が、自然環境に臨機応変に対応しうる、あるいは対応せざるをえない性質のものであることが確認できる。
ただし、彼らの営地の変動を、単に水の確保や草生という生態的な要素に還元してしまうだけでは、問題が残る。この点については、梅棹も、他人が移動した跡地に別の牧民が移動してくる例を挙げ、移動と「草の経済」を結びつけて理解することに疑問を呈しているが［梅棹 1990a: 47-48］、本節が挙げた事例中にも、1998年には7ユニットが夏営地を構えたドゥルブン＝ホタグは、1999年にはNS07など5ユニットが別の場所に夏営地を変更した一方で、新たに2ユニットが夏営地として使用するなど、ある地点の水や草生の条件が悪化したために営地の変更を行った、というインフォーマントの言説だけでは納得しがたい、つまり水や草生の条件が悪いはずの場所になぜ移動してくるのか、という素朴な疑問を禁じえないケースが存在する。
こうした現象を解釈するためのヒントとなりうる事例はNS08の営地変更であろう。彼の場合、夏営地の場所を、常に数ユニットが目に入るほど密集した1998年のイフボラギン＝ズーンシレーから、1999年には周囲にユニットが見当たらないイヘル＝ツェンゲレグへ移動している。彼自身が、この事実を移動の動機として明言したわけではないのだが、上述のドゥルブン＝ホタグの例を見ても、1998年には多くのユニットが集中した地点を、自然環境の条件が悪い1999年には避ける、という営地選択の嗜好が働くことを想定することは可能であろう。
逆に、こうした観点から考えると、恐らく本来的には良好な夏営地たりうるドゥルブン＝ホタグなどの地点について、上述の営地選択の嗜好により「過疎」になると判断した他のユニットが、そうした間隙を狙って移動してくる、いわば「逆張り」の行動を取ることは十分論理的なのではなかろうか。
また、NS14の行動も示唆的である。彼の夏営地は通常、彼のユニットのみで使用している場所である。そういう場所で放牧を行っている彼だからこそ、干ばつの年にも家畜に慣れた土地の草を食べさせることを優先して、同一地点で夏営地を構えうるのだと言えよう。NS14は、家畜私有化以後に家畜を増やし、今や第2バグで最多、郡でも有数となる1000頭あまりの家畜を保有し、農牧省の大臣から表彰状をもらうほどの優秀な牧民である。この事実は、1999年程度の気候ならば、単純に乾燥が原因で牧地を放棄せざるをえないほど水や草生の状態が悪化しているわけではない、ということを示している。少なくともNS14は、干ばつだからといって営地を変更する必要はない、と判断しているのである。
問題は単なる水や草生の良否ではなく、むしろそうした資源と、それを利用する家畜数とのバランスなのである。もちろん資源が十分豊富にあるときは、イフボラギン＝ズーンシレーやドゥルブン＝ホタグなど、家畜用の水の確保や交通アクセスなどの点で魅力的な場所にユニットが集中しても、そのバランスに破綻を来たさない。ところが、一定以上の乾燥に見舞われたとき、牧民はその破綻の前兆を感じ取り、それを考慮に入れた行動に出るのだろう。ここでいう「一定」とは、多分に主観的な基準である可能性が高そうに思われる。また、ホトアイルの分割も同様に、干ばつ時の集中回避行動の 1 バリエーションとして理解できるだろう。

干ばつになると戦略的行動の必要性が高まる、という事実を考慮に入れたとき、現地の牧民が、雨が原因で大量の家畜を失うリスクがあると知りつつも、雨が多く草生の良い冷涼な夏が「良い夏」であるとする認識に対して、より深い理解が得られるだろう。つまりオンゴン郡のような、干ばつがむしろ「平年」であるような地方においては、第 1 に水と草生が豊富で放牧が楽で、他のユニットの動向に気を使う必要がなく、心理的に安楽でいられることが「良い夏」の内実なのである。むろん 1999 年の干ばつに関しては、来るべきゾドのリスクを予感していただろう点も忘れてはならないだろうが。

本節の最後に、オンゴン郡の事例から再び、営地固定論と営地ランダム論について考えてみたい。いくつかの事例で見たように、牧民自身は、自らの言説のレベルにおいて営地固定論を支持するようであるし、行動レベルにおいてもイフボラギン＝ズーンシレーやドゥルブン＝ホタグのように、条件さえ許せば行きたい「意中の場所」が存在するように思われる。平原地帯といっても、微視的に見れば、気候はともかく、水や草生などについては生態環境の差異を小さいながらも見出しうる。「慣れた土地」という発想は、仮に平原地帯が生態環境の均質な空間であるとしても、それを分節化するものである。何より交通アクセスなどの社会環境まで視野を広げれば、平原地帯は牧民にとって決して均質な空間ではないので、平原地帯といえども「意中の場所」が存在することは奇異ではない。次節で詳細に検討するように、これらの場所は郡中心地から 10 ～ 20 km の距離にあり、彼らの感覚では郡中心地に近く、また交通量の多い道路から遠く離れていないという点でも便利な場所である。

それゆえ、もし彼らの考える「良い夏」が毎年続くなら、恐らく行動レベルでも営地固定論が成立するだろう。本節では一部の事例に関して 2001 年および 2008 年のデータも示したが、これらのデータも環境、牧畜ユニットの継続性など一定の条件つきではあるが、大幅な営地の変動は示していない。営地固定論は、オンゴン郡の牧民にとって、理想レベルに属する営地論であると言えよう。干ばつなどの環境面での圧力がなく、草が豊富であるがゆえに家畜頭数など個人の置かれた諸条件による制約が少ない場合、主に民俗知識によって導かれる営地の選択である。

しかし現実には、オンゴン郡は、3年のうち2年も干ばつ、つまり環境面での圧力に見舞われる地域である。その際には家畜頭数にもよるが、草の不足という諸条件の制約を解決するために、他の牧民と距離を置くという民俗知識が発動されるのだと理解できよう。その結果が、本節でみた営地の変動につながる。同様に、ランダム論が成立しないことも既に述べたとおりである。NS02の事例でみられるように、干ばつで所属バグ外へ移動する際においてすら、営地を構える蓋然性の高い場所が決まっているのではないかとも推測できる。その意味では、「営地オプション論」とでも呼ぶべきであろう。

オンゴン郡の牧民の営地選択には、変更を阻害する要因と変更を促進する要因という、相反する方向性の力学が存在する。前者は理想レベルにおける「意中の場所」への固執であり、後者は現実レベルにおける水や草生などの資源と家畜数とのアンバランスである。両者はいずれも究極的には牧民の主観的認識であり、ある牧畜ユニットの代表者が、前者を後者が上回ったと判断したとき、営地変更が発生するのである。そして、この営地の変更先は、個々の牧畜ユニットの戦略的判断に基づくものである。さらに、牧畜ユニットに属する個々の世帯レベルでは、別の牧畜ユニットへの参加という選択も開かれているわけであり、こうした多様な集団レベルにおける力学の総和によって、モンゴル牧民社会の流動性が生み出されていると言えるだろう。

第3節　年間移動ルートのパターン

前節では主として1990年代後半の夏営地の流動性を取り上げたが、本節では主としてバグごとの四季の季節移動に関するパターンを分析する。オンゴン郡の牧民においては環境面での圧力が低い場合には相当程度、季節移動のルートが固定しており、同一バグの牧民の移動パターンは少なからず似かよってくる傾向がある。この傾向について、具体的な事例データを対照しつつ詳細に検討したい。

ところで、移動パターンに影響を及ぼしうる要素としては家畜構成や家畜数も考えられる。表2-5は、オンゴン郡におけるバグ別のユニットあたり平均家畜

表 2-5　オンゴン郡におけるバグ別のユニットあたり平均家畜頭数（1998 年調査）

バグ	事例数	ラクダ	ウマ	ウシ	小家畜
第 1	5	6.0	66.6	82.8	743.0
第 2	5	4.8	65.4	74.0	407.2
第 3	6	6.2	60.5	81.2	709.2
第 5	1	1.0	10.0	22.0	50.0

※平均値に含まれる NS02（第 3 バグ）および NS12（第 1 バグ）は 1997 年調査値
※第 4 バグ（駐屯地）は調査事例なし

頭数（1998 年調査）である。前節で述べたように、第 5 バグに属する事例数は 1 つなので平均値を言う場合には意味はないが、それ以外の第 1 バグ、第 2 バグ、第 3 バグで大きな差があると思われるのは、第 2 バグでラクダと小家畜の数が少ない点であろう。一般に、家畜数が少なければ牧地に対する負荷が少ないので、季節移動に対する必要性は減少する。後述するように、第 2 バグは第 1・第 3 バグと比較して季節移動の距離が顕著に短い。

第 2 バグ所属の牧民には、小家畜を 750 頭以上所有する NS14 やウマを 200 頭以上所有する NS13 が含まれているが、特に NS14 の移動距離は短い。一方で、第 5 バグに属する NS01 の移動パターンは第 1 バグの牧民のうち長距離移動を行うグループと同一であるが、NS01 の所有家畜は全事例中でも極めて少ない方である。これらの事実は、季節移動の距離は単なる所有家畜数の関数から導かれるわけではないことを示唆している。

一方、ウマやウシの頭数に関しては第 1・第 3 バグと第 2 バグの間には差は見られない。むしろ奇妙なほど一致している。これらのデータが示しているのは、ネグデル解体時に分配された家畜種や頭数にはバグごとの顕著な差は存在せず、ウシ・ウマについてはその後の増加速度に大差はなかったという事実であろう。大家畜の中で唯一差が見られるラクダについては、現地でのラクダの主用途が季節移動における車の牽引であるので、季節移動の短い第 2 バグでは積極的に持つ必要がない、という需要の問題から説明可能であろう。

第 2 バグ所属者の小家畜数の少なさは、地域的な傾向である可能性もうかがわれる。ただし、NS14 は前節でも述べたように、郡でも有数の家畜数を誇る牧民であり、小家畜数は第 1 バグ・第 3 バグの平均値を上回っている。このように所有家畜数や家畜構成比に関してはユニットごとの偏差が大きく、単純な一般化は困難である。なお、ユニットごとの具体的な家畜頭数に関しては、第 5 章および第 7 章で取り上げる。

以上の検討から、バグごとの四季の季節移動に関するパターンの差異は、単なる所有家畜数や家畜構成比から導かれるものではなく、別種の環境的・社会的要因によるものであることが想像される。そこで本節では、第2節と同様にNS01からNS17までの季節移動について、主に1998年の聞き取りから得たデータを記したうえで、2001年および2008年調査時のハンディGPSデータ、旧ソ

表2-6　17事例の季節移動ルート

	聞き取り年	夏	秋	冬
NS01（第5バグ）	1998年	ハルデルス（郡中心地の北6km）	ゴルバンホンゴル（郡中心地の南14～15km、旧ソ連製地形図に記載あり）	バーブハイン＝ゴビ（郡中心地の南60km、旧ソ連製地形図に記載あり）
NS02（第3バグ）	2001年	ハルガイト＝ゴー（GPSデータあり）		タバントルゴイン＝エンゲリーン＝トイロム（旧ソ連製地形図に記載あり：タバントルゴイ）
NS03（第3バグ）	1998年	ボランギーン＝ホル		ボダリン＝チョロー（夏営地から50～60km、距離・衛星写真から推定）
NS04（第3バグ）	1998年	デルセン＝ホタグ（旧ソ連製地形図に記載あり）		タバントルゴイ（夏営地から南西50km）
NS05（3バグ）	1998年	ドゥルブン＝ホタグ（郡中心地から6km、旧ソ連製地形図に記載あり）		ボダリン＝ツァガーンデルス（郡中心地から南西60km、国境から6～7km、旧ソ連製地形図に記載あり：ツァガーンデルス）
NS06（第3バグ）	1998年	ドゥルブン＝ホタグ		ボダリン＝ツァガーンデルス
NS07（第3バグ）	1998年	ドゥルブン＝ホタグ	エールトホショー（郡中心地から西29km、旧ソ連製地形図に記載あり）	
NS08（第1バグ）		イフボラギン＝ズーンシレー（1998年）	フル（2008年）	ホショーン＝トイロム（フルの南10km）（2008年）
NS09（第1バグ）	1998年	イフボラギン＝ズーンシレー		ハイルハン＝オール（夏営地から東へ10km、距離と衛星写真から推定）
NS10（第1バグ）	1998年	イフボラギン＝ズーンシレー		オラーン＝ホタグ（国境近く、郡中心地から南西に50km、距離と衛星写真から推定）
NS11（第1バグ）	1998年	フルデン＝デルス（イフボラグの南南東約4km、距離と衛星写真から推定）		ハイルハン＝オールでNS09のサーハルタである
NS12（第1バグ）		エンゲルブルド（1997年から1999年）	ガルダー（2008年のGPSデータあり）	トホイ（2001年のGPSデータあり）

連製地形図データ、Google Earth™ の衛星写真などの相互参照を通じて季節移動の図化を試みる。1990 年代と 2000 年代とで営地、特に一般に固定性が高い冬春営地が変化している場合は両者を記載する（表 2-6 参照）。

そして各事例での季節移動パターンを明らかにし、バグごとの傾向について確認した後、差異をもたらした要因について考察を行う。

春	備考
ハルデルス（郡中心地の北 6 km）	冬営地はナラン郡の西、国境から 6 km ほどの地点
バローン＝ハブツガイ（旧ソ連製地形図に記載あり：ハブツガイ）	
ハブツガイ（冬営地から 7 km）	秋営地は一定の場所なし
デルセンホタグ（夏営地と同じ）	
シャンダン＝トホイ（郡中心地から西 50 km、旧ソ連製地形図に記載あり：シャンド）	2001 年の聞き取りでは春営地もツァガーンデルスとの回答であった
ドゥルブン＝ホタグ	ネグデル期の春営地はハブツガイ、冬営地はボダリン＝チョロー。私有化以後、ボダリン＝ツァガーンデルスは雪も少なく、草が良いので冬営地にした
ドゥルブン＝ホタグ	2001 年の夏営地で言及のあるシャルティン＝ハド（旧ソ連製地形図に記載あり）はエールトホショーの南西にある
	春営地は一定した場所はなく、移動式の小屋（ヌーデリン＝プンズ）を持っている
オスト＝ゴー（夏営地から南へ 5 km、旧ソ連製地形図に記載あり）	このバグで冬営地・春営地が夏営地から一番近くにあり、10 km 圏内で年間移動をしている、とのことであった
オラーン＝ホタグ（冬営地とは 3 ～ 4 km 離れている）	2000/01 年のゾドでは国境から 500 m、エレギン＝トルゴイ（旧ソ連製地形図に記載あり）へ国境警備隊の許可をもらってオトルに出た。普段は入れない場所だという
フルデン＝デルス（夏営地と同じ）	
地名未確認（2001 年の GPS データあり）	2001 年はエンゲルブルドに夏営地を構えていたのは NS18 ともう 1 人の娘婿のみで、NS12 の息子たちはエンゲルブルドまで北上せず、湖の南西エベル＝オボーニィ＝ズーン＝ドル（GPS データあり）にいた。2008 年もエンゲルブルドに夏営地を構えていたのは NS18 のみで、NS12 の息子たちはガルダーに夏営地を構えていた

NS13（第2バグ）	2001年	バローンサラー（GPSデータあり）	オラーンオボー（夏営地の西10 km、距離と衛星写真から推定）	ワンチギーン＝トホイ（夏営地の北10 km、距離と衛星写真から推定）
NS14（第2バグ）	1998年	ソブラガ（GPSデータあり）		フルズント（夏営地の西14 kmの砂丘、距離と衛星写真から推定）
NS15（第2バグ）	1998年	ピンティ（2001年のGPSデータあり）	エンゲリーン＝ホブ（夏営地の西、旧ソ連地形図に記載あり）	ホビルガーン＝ウブルジュー（夏営地の西5 km、距離と衛星写真から推定）
NS16（第2バグ）	1998年	チャバンシャンド（シャルブルドの北東25 km、2001年の夏営地ボンボン＝セトレフのGPSデータおよび両者の距離と衛星写真から推定）	オラーンオボー（夏営地の南東6 km、距離と衛星写真から推定）	ショローンオボー（夏営地の南東12 km、距離と衛星写真から推定）
NS17（第2バグ）	1998年	ハルタリン＝ホタグ（シャルブルドの北東20 km、距離と衛星写真から推定）	ボンボン＝セトレフ（夏営地の南東6km、2001年のGPSデータあり）	

以上、17事例について季節移動のルートを確認した。次に、各バグについて移動パターンを分析したい（地図2-5参照）。まずは第1バグ。冬営地はバグ南部および北東部が割り当てられている。また、バグ南部に冬営地を構える事例では多くが春営地も同様の地域に存在する。衛星写真と調査データを対照すると、バグ南部の冬営地はNS12の冬営地がほぼ最北端に位置するようである。以南には固定的な家畜囲いが道沿いに点在しているのに対し、以北では家畜囲いがほとんど見られない。また第5バグに所属するNS01も、冬営地は第1バグ南部を利用している。第5バグは牧地を持たないので、何らかの方法で冬営地を確保しているものと思われる。

一方、北東部に冬営地を構えている牧民においては、春になると早々にイフボラグのバグ中心付近、つまりウィゼンギーン＝ツァガーンノールの近辺に移動してくる。そもそもこのエリアは、第1バグ所属の牧民の多くが夏営地を構え、干ばつ時には第3バグ所属の牧民も放牧に来る。郡中心地からも近く、水へのアクセスも良い、望ましい草原である。衛星写真を見る限り、北東部の冬営地では石積みの家畜囲いは見当たらず、むしろウィゼンギーン＝ツァガーンノールの近辺にある春営地と思われる場所に石積みの家畜囲いが点在している。彼らはここをベースとして、短距離移動を行って春から秋まで過ごしている。

なお、バグ南部に冬春営地を構えている牧民は、2008年のように草の状況が良ければ、ウィゼンギーン＝ツァガーンノールまで北上せず、郡中心部の南側、

バローンサラー（夏営地と同じ）	冬営地はハルザン郡との境界であるという
メンド（夏営地の南10 km、GPSデータあり）	2001年の調査時には、メンドは去勢オス・不妊メス群を放牧する息子の夏営地となっており、春営地はフーブル（夏営地の東3 km、旧ソ連地形図に記載あり）へ変更していた
ピンティ（夏営地と同じ）	
トージョーギーン＝ゴビ（夏営地の北西7 km、距離と衛星写真から推定）	トージョーギーン＝ゴビは1999年の夏営地の地点。2001年になると春営地はトージョーギーン＝ゴビ、夏営地はボンボン＝セトレフと大きな違いはないが、冬営地はズーン＝トゴー（夏営地の南西12 km）に変更した
ハルタリン＝ホタグ（夏営地と同じ）	2001年には夏営地・秋営地はボンボン＝セトレフ、冬営地はズーン＝ソーリン＝アルト（ボンボン＝セトレフの南10 km）に変更した。

例年であれば秋営地を構える場所に夏も滞在している。彼らは南北方向の長距離移動が特徴的であるが、必要がなければ移動距離を短縮する可能性もある、と解釈すべき事例である。1998年の調査でも、NS12の冬営地から南6kmに春営地を構える牧民が、すぐ近くで夏を過ごしているという話を耳にした。筆者自身は現場を実見していないものの、その牧民は1世帯でユニットを構成し家畜数も少ないということだった。貧困層は移動手段にもこと欠くため移動も困難であり、また家畜数が少ないので食草量も少ないという理由で1バグ南部牧民の秋営地で夏を過ごしたものと想像される。

第3バグは第1バグ同様に長距離移動が特徴的であるが、その移動方向は南西＝北東と呼ぶべきである。バグ南西の国境に近いエリアには、ツァガーンデルス、ハブツガイ、ボダリン＝チョロー、タバントルゴイといった、多くの人々が冬春営地として挙げる地名が点在している。また衛星写真からも、このエリアには多くの家畜囲い、特に石積みのものが多く確認できる。

一方で夏営地は、郡中心地の西（ドゥルブン＝ホタグ）から北西（デルセン＝ホタグ）にかけての草原まで移動するのが一般的である。ここは年にもよるが湖などができ、水の比較的豊富な、郡中心地にも近い場所である。ここでの滞在時間は春から秋まで、あるいは夏のみと多様であるが、冬になれば長距離移動を行って南西部へ戻っていくことだけは共通している。

ただし、それ以外の移動パターンの存在を示唆しているのがNS07である。彼らは一貫して、多くの牧民が冬春営地を構えるエリアより北側に秋冬営地を構

地図 2-5　季節移動ルート図

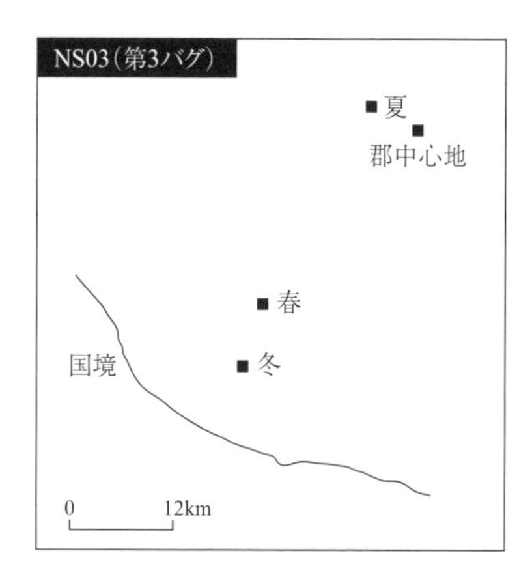

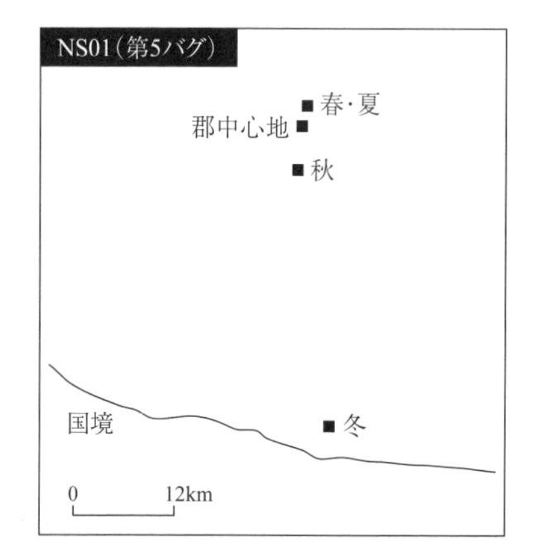

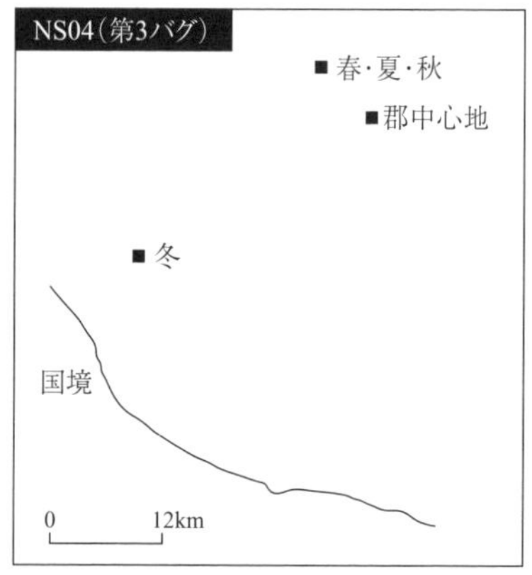

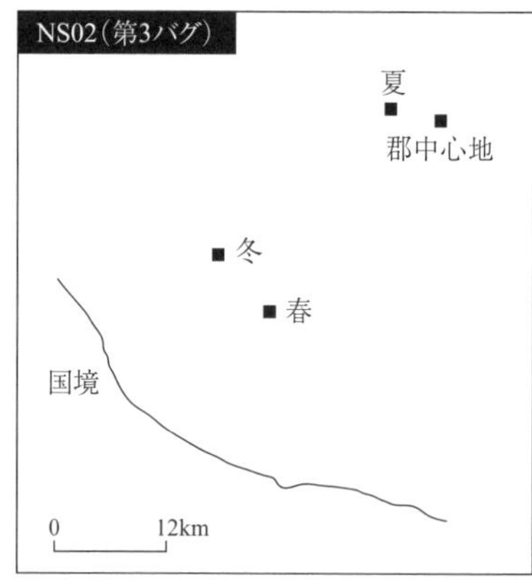

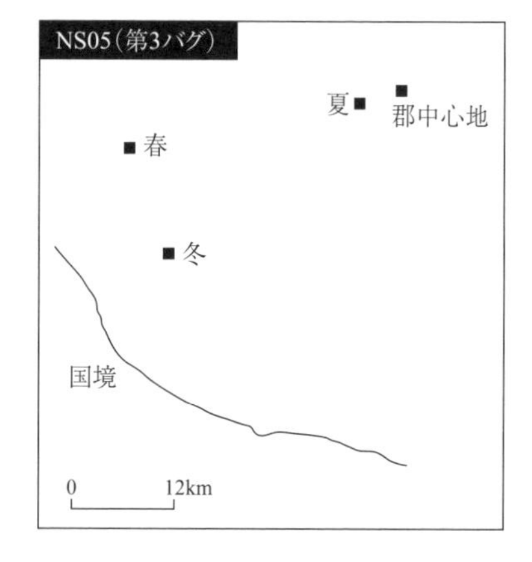

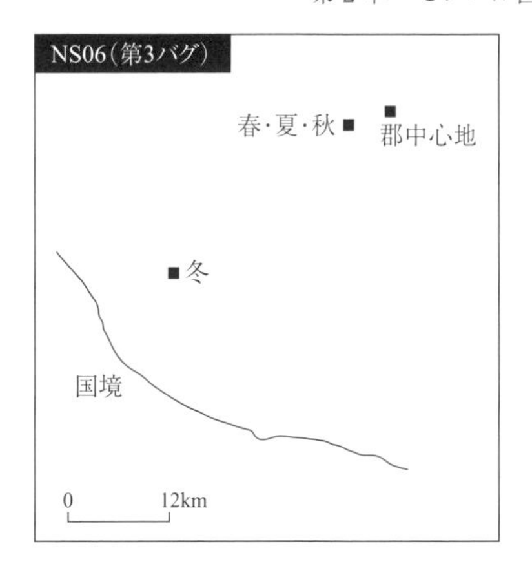
NS06（第3バグ）
春・夏・秋
郡中心地
冬
国境
0
12km

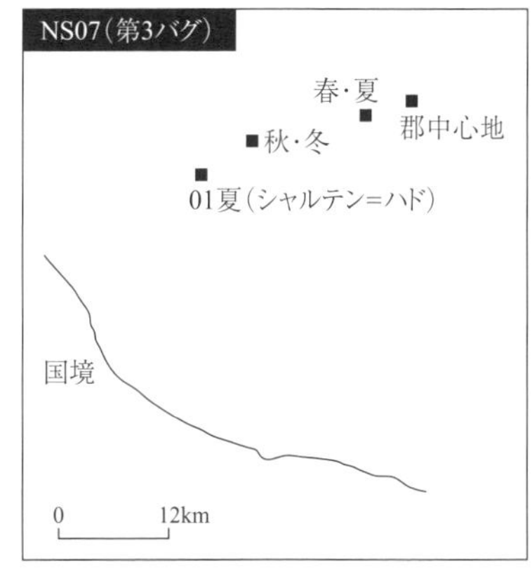
NS07（第3バグ）
春・夏
郡中心地
秋・冬
01夏（シャルテン=ハド）
国境
0
12km

NS08（第1バグ）
郡中心地
夏
秋
冬
国境
0
12km

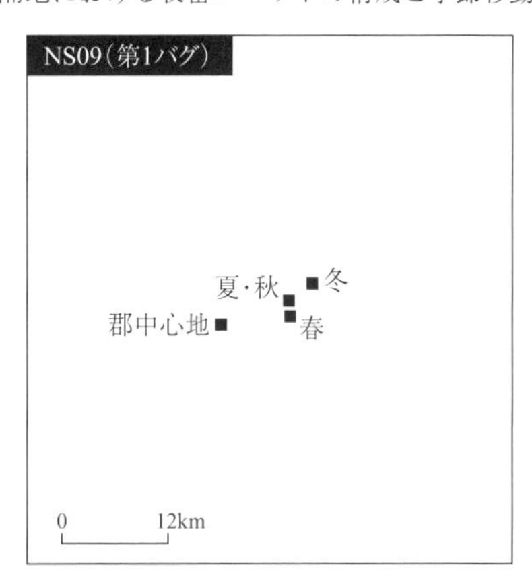
NS09（第1バグ）
夏・秋
冬
郡中心地
春
0
12km

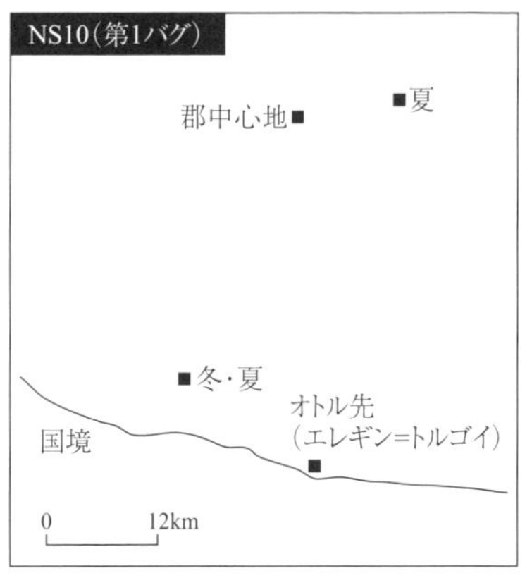
NS10（第1バグ）
郡中心地
夏
冬・夏
オトル先
（エレギン=トルゴイ）
国境
0
12km

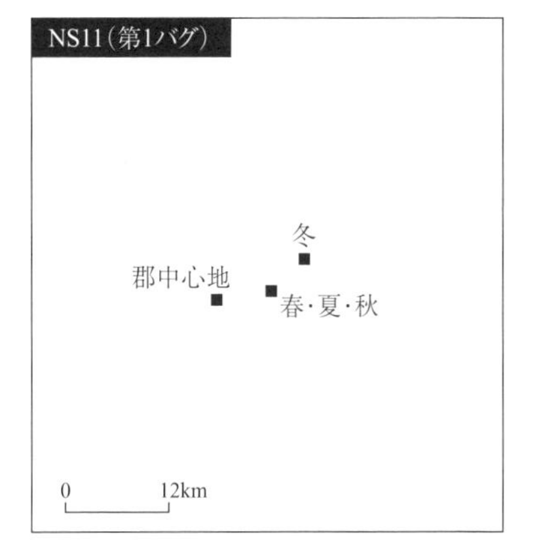
NS11（第1バグ）
冬
郡中心地
春・夏・秋
0
12km

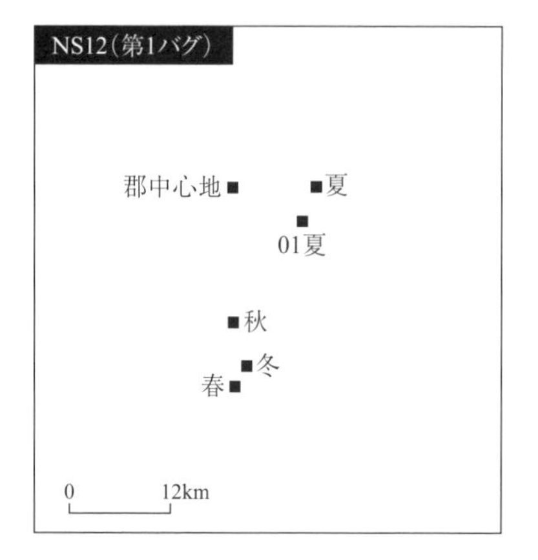
NS12(第1バグ)
郡中心地
夏
01夏
秋
冬
春
0
12km

NS13(第2バグ)
冬
秋
春・夏
シャルブルド
0
12km

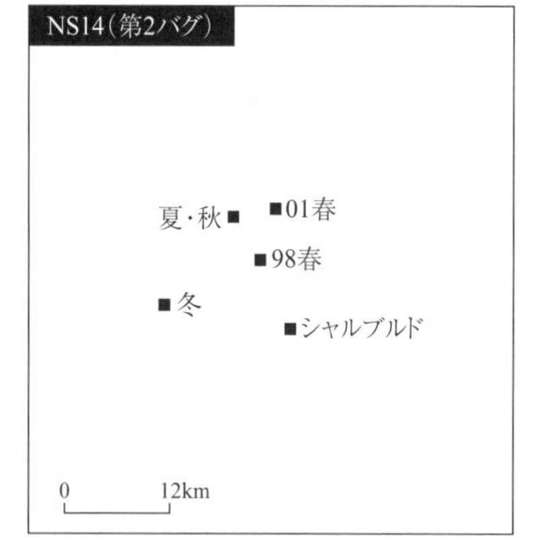
NS14(第2バグ)
夏・秋
01春
98春
冬
シャルブルド
0
12km

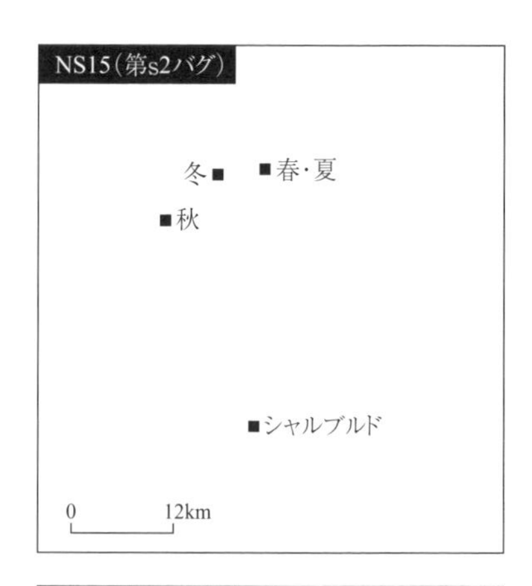
NS15(第s2バグ)
冬
春・夏
秋
シャルブルド
0
12km

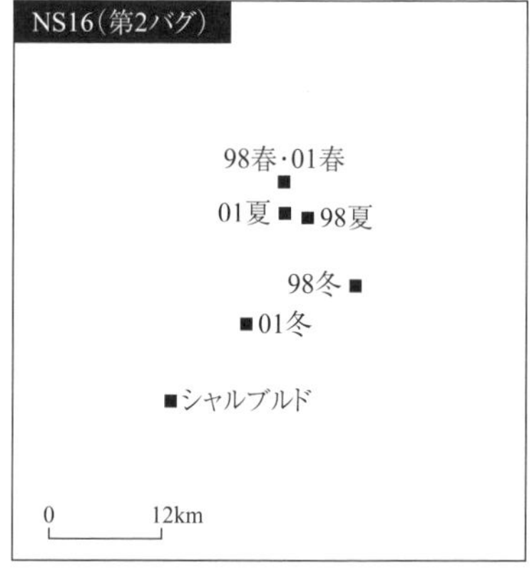
NS16(第2バグ)
98春・01春
01夏
98夏
98冬
01冬
シャルブルド
0
12km

NS17(第2バグ)
98春夏・01春
98秋冬・01夏秋
01冬
シャルブルド
0
12km

地図2-6　バグ別の移動パターン概念図

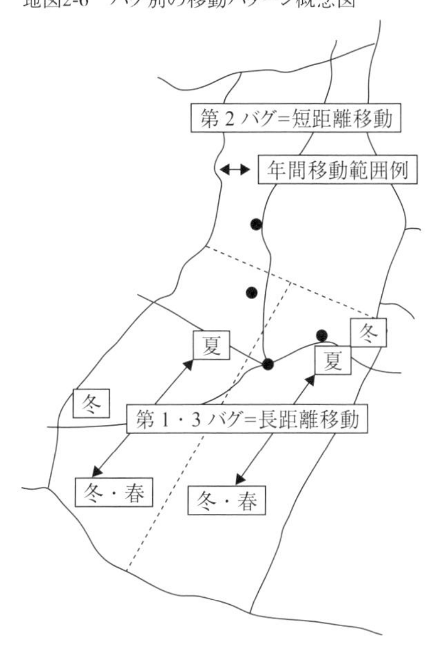

えている。2001年には他のホトアイルに合流した結果、秋冬営地に近いエリアで郡中心地とは逆方向に夏営地を構えている。このように、第３バグの住民もすべてが同一の移動パターンを示すわけではない点は注意すべきであろう。

それと対照的なのが第２バグである。移動距離は総じて短く、年間20～30 km程度である。なお第１バグ南部在住者や第３バグ在住者では年間50 kmは下らない。また冬営地の場所も様々であり、他郡との境界近くであったり、1990年代と2000年以降で冬営地の場所が違ったりと、バグ内で冬営地の地点が明確に決められていないという印象を受ける。むしろ前節でも触れたように、夏営地の場所が安定している点も第１・第３バグと好対照をなす。なお、いずれのバグでも牧地の季節利用に関しては、基本的にネグデル期のものを踏襲している、と多くのインフォーマントが口をそろえて語っている（地図2-6）。

第２バグと第１・第３バグの季節移動パターンの違いについては、以下のような原因が考えられる。

1　清朝以来の「伝統的」牧畜のあり方が違う――地図2-2からも明らかなように、従来第２バグのかなりの部分が第１・第３バグとは別の群に属していたと思われる。別個の畜群に特化していた結果として、当時より牧畜のスタイルが異なっていた可能性があり、異なった群の子孫が構成するバグであるがゆえに現在も牧畜のスタイルが異なるという解釈が考えられる

2 ホンゴル郡という別の行政単位に組み込まれていたために南部とは異なった集団化体験を経ている――ホンゴル郡はゾドにより家畜が激減したので解散したというが、第5章で述べるように2000/01年冬のゾドに対する対応でも、第1・第3バグでは移動によってゾドを避けようとしたのに対し、第2バグの牧民は積極的な移動を行わず、結果として大きな被害を蒙った。これは旧ホンゴル郡以来の移動パターンである可能性も考えられる

3 南北のエコロジカルな差異がもたらした結果である――第2バグ住民のインフォーマントは、第2バグが第1・第3バグよりも草生が良いと主張している。草生が良いため、長距離移動の必要がないという可能性が考えられる

現状ではそれぞれのファクターがどの程度の影響を及ぼしているのか明確にしえていないが、いずれにせよ、この極端な対照は興味深い現象である。少なくとも、こうした差異がネグデル期の移動パターンを踏襲していることは現地の牧民も認めているので、ネグデルという近代国家の牧民に対する移動管理機構による既存の移動パターンの是認、もしくはネグデル自身による新たな移動パターンの創造という経緯を経ての現状であることは間違いない。とすると、季節移動に関する限りオンゴン郡には近代国家の介入を前提とするネグデル期の影響が強く残っており、その意味でグローバル資本投下期における遠隔地の季節移動パターンは、ネグデル期の連続として理解すべきであろう。

第3章　内モンゴルにおける
牧畜ユニットの構成と季節移動

第1節　内モンゴルにおける定住化プロセスとゾドの影響

本章では、内モンゴル自治区シリンゴル盟の調査事例を題材として、主に1990年代後半に進行していた牧地の分割と牧民の定住化、それに対応した牧畜ユニットの編成、そして家畜の季節的流動性の保持などについて検討した後、第2章で述べたモンゴル国の1990年代末頃の状況との比較を行う。内モンゴルを対象とした分析では、牧地の分割という制度の変更に対する牧民側の牧畜戦略の組み替えが主たる対象となるが、本節ではまず1990年代に至るまでの季節移動の変化、および第1章で触れた1977/78年のゾドがシリンゴル盟における牧地の分割や牧民の定住化に間接的に及ぼした影響について検討したい。

1950年代、内モンゴルにおける中華人民共和国の行政単位の変更は従来行われていた季節移動の範囲を狭小化させたと言われている。以下では、李らが報告したシリンゴル盟東ウジュムチン旗シャーマイ郡の事例［Li, Ma and Simpson 1993］に依拠して、季節移動の範囲の変化を確認したい。

東ウジュムチン旗はシリンゴル盟の北東部に位置し、シャーマイ郡は、モンゴル国スフバートル県エルデネツァガーン郡との間に開かれたビチグトの国境ポイントの北東にある国境近くの郡である。報告の対象となっているのはホルチグ＝ガチャという末端の行政単位であり、1992年末このガチャには71世帯、407人が居住しており、全てモンゴル族牧民であった[14]。彼らの季節移動パターンの変遷を総括すると、彼らは従来は郡の境界を越える長距離移動を行っていたが、1956年にガチャが成立し、その境界が画定されると、ガチャ域内での短距離の季節移動へと変化し、1985年に牧地の利用権が分配されたことを画期とし

14　李らによると、登録人口のうち20世帯109人はガチャに住んでいなかった。彼らは1950年代から1960年代に移住してきたモンゴル族および漢族で、1983年の家畜私有化後に彼らに分配された家畜が地元民より少なかったことを不満としてガチャを離れた［Li, Ma and Simpson 1993: 64］。

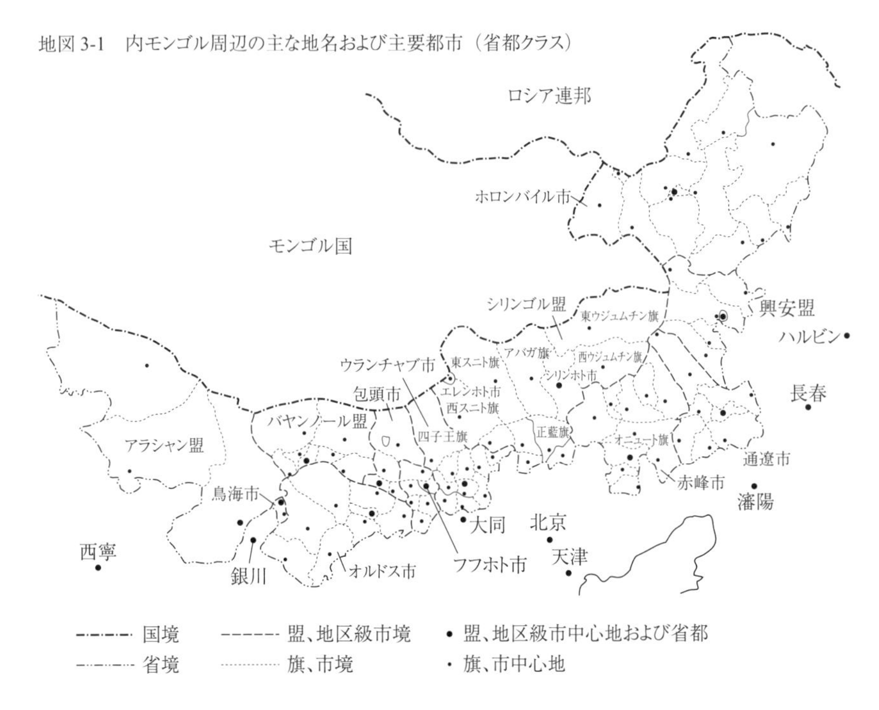

地図 3-1　内モンゴル周辺の主な地名および主要都市（省都クラス）

て、半遊牧（semi-nomadic）パターンに移行した［Li, Ma and Simpson 1993: 64-65, 68］。

1956 年以前、季節移動の範囲に制限がなかった頃、ホルチグ＝ガチャの牧民の移動パターンは以下の通りであったという。まず春（3 月中旬～ 5 月末）、ホルチグ河谷の春営地で出産を迎えた後、20 ～ 30 km 南東に移動（バヤンタラ～バヤンオボー盆地）し、夏と秋を過ごしていた。ここでは夏にヒツジの毛刈りとカシミアとり、秋に家畜の種つけを行っていた。そして冬になる前（11 月頃）、西に 150 ～ 200 km 移動し、東ウジュムチン旗の西北隅アルタンヒル郡まで移動して冬営地を構えた。ホルチグは雪が多いので、家畜の越冬が容易な、雪の少ない地域を冬営地としていたからである。場合によっては、旗境を越えてアバガ旗や東スニト旗まで移動することもあったという。なお冬営地とホルチグの融雪状況により、ホルチグ河谷の春営地へ戻る時期は様々であり、晩春に戻る年にはその途上で出産シーズンを迎えることもあった［Li, Ma and Simpson 1993: 65-66］。

一方、1947 年[15]の内モンゴル自治区成立後、彼らの所属する末端レベルの行政

15　内モンゴル自治区は中華人民共和国の建国前に成立している。

組織は以下のようになった。1952年に工作組が派遣され、社会改革が着手された。1954～1955年の間に東ウジュムチン旗内に11個のバグが作られ、今のホルチグ＝ガチャと南隣のマンダルト＝ガチャが第7バグとして編成された。バグの規模は約40世帯、家畜頭数は1万頭以下であった。さらに現地の社会主義的改革の一環として、1956年に6つの互助組（それぞれ8世帯で構成）がバグに作られた。同年の冬、ガチャの境界が画定され、それに伴って季節移動が短距離化した。1957年に合作社が設立され、1958年には家畜が集団所有化されて合作社のものとなった。1961年にはシャーマイ人民公社が設立され、ハンオーラ、ホルチグ、マンダルト生産大隊によって構成され、現在にいたる地方行政システム[16]の原型が完成した［Li, Ma and Simpson 1993: 66-67］。

1956年から1985年までの季節移動のパターンは以下の通りであった。春営地は従来通りホルチグ河谷で過ごし、出産を迎える。その後、南東のバヤンタラ盆地もしくは南西のシャーマイ谷へ行き夏営地を構え、初秋まで過ごす。10月末の前に、種つけのために水のない草原へ行き、雪を食べさせながら晩秋を過ごし、12月末までに、中・モ国境沿いの冬の牧地へ向かう。冬の牧地は雪の量が比較的少なく越冬しやすい地点を選んでおり、10年のうち6～8年は、ガチャ内の新しい冬営地で過ごしていたという［Li, Ma and Simpson 1993: 67］。

日々の放牧はホト[17]と呼ばれる、生産大隊がアレンジした組織によって行われており、3～5ホトで編成されるドゴイラン（小隊）と呼ばれるグループが7つ、生産大隊の下にあった。ホトは全ての季節で、互いに1～3 km離れていたという。また人民公社期には季節移動の頻度も低下した。1960年代には季節移動は頻繁に行われ、各季節の牧地内での2～4 kmの短距離移動も行っており、毎年6～8回もしくはそれ以上の移動をしていた。1カ所の営地には2カ月以上滞在しなかったという。しかし、文化大革命中の収入分配における平等主義や緩い管理により移動の回数は減っていき、1970年代には4～5回まで減少した［Li, Ma and Simpson 1993: 68］。

牧畜戦略に関する限り、文革中は家畜をスニースのいう生業的モードに近い。つまり家畜は集団所有であり、人民公社が牧民の季節移動を管理したが、家畜増産やそれを目的とする頻繁な季節移動を督励しない状態で飼育していたと理

16　おおむね人民公社期の公社が現在の郡に、生産大隊がガチャに相当する。

17　原文では「gaote」［Li, Ma and Simpson 1993: 68］と記載されているが、これはモンゴル語で営地を意味する「ホト」の漢語訳として一般的に使われる「浩特」をローマナイズ（ピンイン化）した「haote」の誤植と思われる。

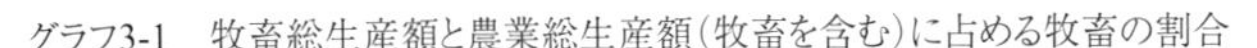

グラフ3-1　牧畜総生産額と農業総生産額(牧畜を含む)に占める牧畜の割合

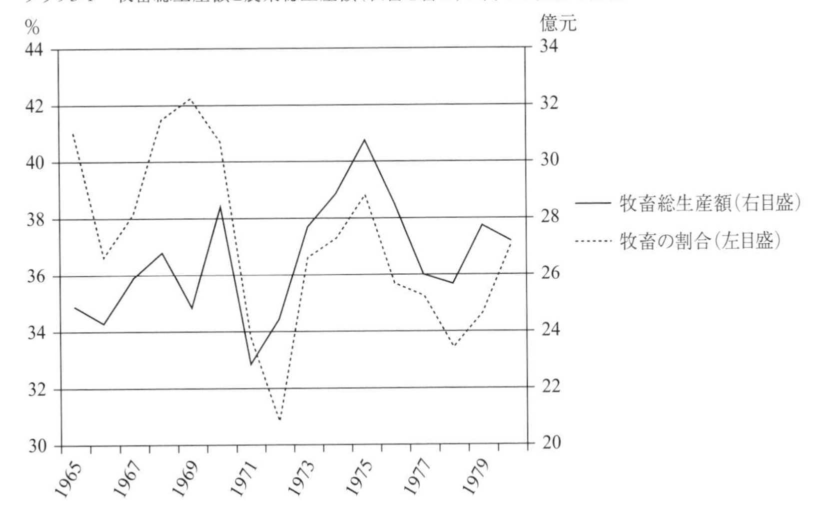

解できよう。1968年から4年間、下放青年として東ウジュムチン旗の牧畜人民公社で過ごした張承志は、生産大隊が得た最大の収入はカシミアなどの獣毛からもたらされ、家畜そのものは相対的に価格が安かった[18]と述懐している。牧民側の購入品も穀物や茶、衣料品などの日用品に限られ、モンゴル人民共和国とは対照的に自給自足的な傾向の強い牧畜が実施されていたことがうかがわれる。また牧民は個人的収入が認められるキノコの採集やタルバガン（プレーリードッグ）の狩猟に注力していたという［張 1986: 30-31］。

これは、計画経済における牧畜の位置づけの違い、あるいは牧畜セクターにどのような近代性を導入するかというビジョンの差に由来するものと思われる。文革期の内モンゴルでは「牧民は後ろめたい穀物は食べない」(牧民不吃亏心粮)［内蒙古自治区畜牧庁修誌編史委員会編 1999: 83］、つまり牧民は農耕地域から移入された穀物に頼ってはいけないというスローガンに代表されるように、牧畜よりも農業開発に重点が置かれ、牧畜の増産を図るインセンティブは働かなかった。

グラフ3-1は、内モンゴル自治区における1965年から1980年までの牧畜総生産額および農業総生産額（牧畜を含む）に占める牧畜の割合を示したものである。

18　1970年ころ、カシミアは1 kg 8元で取引されていたのに対し、ヒツジは1頭10元であったという［張 1986: 30-31］。

これを見れば、文革中の牧畜総生産額は一応の増加傾向を示しているものの、その増減の傾向とは別に1970年代に入ると農業全体に占める割合が低下していることが看取できる。

一方、「定居分季移場放牧」［内蒙古自治区畜牧庁修誌編史委員会編 1999: 105］つまり固定家屋に居住して季節ごとに最低限の移動を行って牧畜を行うというスタイルは、1950年代より牧畜の「科学化」「現代化」という文脈で提起されており、旧ソ連もブリヤート族などに対して実施している［Humphrey and Sneath 1999: 78-83］。第2章で言及した、1930年代のモンゴル人民共和国における郡の狭小化も同一の文脈で理解するべき現象であり、むしろネグデル期のモンゴル人民共和国が、ソ連からの輸入を増大させるために古い牧畜テクノロジーを復活させて動員したと理解することもできるだろう。

文革末期の1977/78年冬に大規模なゾドが発生するのだが、このゾドは単に大雪という極端な自然現象のみならず、家畜管理上の問題と相まって発生したことを上述の「平等主義や緩い管理」という表現は示唆していると理解できる。1977/78年のゾドの一因には家畜数の増加が挙げられる。1977年が文革末期の混乱期であることを想起すれば、1990年代のモンゴル国と同様に、流通の混乱が家畜の移出を妨げ、家畜数を増加させたことがうかがわれる。

なお、第2章でホトアイルと記述したユニットと、ここでホトと表記されているユニットは基本的に同じものである。ただし筆者の調査経験では、内モンゴルでは李らの報告のようにホトと言及されることが多いため[19]、本書では内モンゴルの牧畜ユニットに関してはホトと表記する。

文革終結後、社会主義的政策の実質的な放棄を意味する改革開放政策が開始されると、家畜および牧地の世帯への分配が開始される。次節で述べるように、このプロセスには少なからぬ地域差が存在したが、ホルチグ＝ガチャにおいては以下のように進行した。まず1983年に人民公社が解体されると、家畜が私有化され、1985年に牧民世帯へ牧地の利用権が分配された。なお、利用権の証書には面積と境界が明記されていたという。そして、これをきっかけとして李らのいう「半遊牧」に移行していくのだが、ホルチグ＝ガチャで起こった現象は、春夏営地の固定家屋化と秋冬営地におけるこれまでの牧畜の継続であった。彼らは1987年より、固定家屋・家畜小屋・家畜囲い・干し草貯蔵庫を作り始め、1992年末までに牧民世帯はこうした施設を建設し終わるとともに、春営地とし

19　ホトアイルとホトの関係についての詳細は尾崎［1997: 83-84］を参照。

て分配された35～200 haの草原を有刺鉄線で囲った。1993年の調査時点で90%以上の牧民が固定家屋（主にレンガ造りの瓦葺）を建設しており、固定家屋の間隔は0.5～1.5 kmであったという［Li, Ma and Simpson 1993: 68］。

季節移動のパターンは複雑である。牧民は3月中旬より8月末まで固定家屋をベースに放牧し、その後、家族のうち男性や若い夫婦がヒツジ・ヤギを連れていったん冬営地へオトルに行き、10～20日過ごして太らせる一方、ウシは固定家屋に残す。オトルから戻った後、固定家屋から2～4 km離れた草原に行くが、水資源から遠く離れてしまわないようにそれ以上は行かない。10月下旬、雪が水資源として使えるようになると秋の牧地へ移動して12月末まで滞在する。12月末になると、秋営地では積雪が深くなりすぎて家畜が草を食えなくなるので、冬の牧地へ移動する。ドゴイランは牧民の家屋の分布によって再編成される。グループ内で毛刈り、家畜洗い、人工授精が組織されている一方、ホトは経営単位として以前より重要な役割を担うようになり、構成する2世帯は通常兄弟か、父子関係となっていたという［Li, Ma and Simpson 1993: 68-69］。

また李らの報告書では、災害への脆弱性の変化に関する言及もある。彼らの立場は、一般に牧民の固定家屋化によって家畜の災害耐性が低下しているという指摘が多いと述べた上で、ホルチグ＝ガチャの事例においてはそのような傾向はみられず、逆に定住生活が家畜生産の安定性を増進しているというものである。そこで言及されている事例が、ゾドの発生した1977/78年冬と、同じくゾドの兆候が見られた1992/93年の比較である。現地の牧民によれば、両年とも以下のような状況であった。

> 10月下旬と早くに降雪が始まり、どんどん積もっていった。最初は暖かかったので少し融けたが、その後凍結した。厚く硬い積雪は、ヒツジの草の採食を困難とした。雪を掘れないウシにおいては、より困難であった。状況は冬営地を含め、どこでもひどかった［Li, Ma and Simpson 1993: 70］。

しかし、結果は対照的であった。1977/78年冬においてはホルチグ＝ガチャの30%の小家畜と50%のウシが死亡したのに対し、1992/93年冬においては小家畜の死亡数は1977/78年冬のゾドを下回り、ウシでは1%（36頭）しか死亡しなかった。しかもそのうち18頭は1世帯で発生しており、個別的な管理の悪さに起因したという。損失が減少した理由としては、ウシの大半が恒久的な施設に収容され、数年前から蓄積され始めていた干し草を与えられ、放牧時にも草丈が高く雪も柔らかく、有刺鉄線で囲われた草原の草を食べたからであり、また家畜が私有化されたことにより、インセンティブが異なっていたからであると分析している［Li, Ma and Simpson 1993: 70］。

このように、李らの報告書は基本的に家畜と牧地の分配、およびそれに伴う半遊牧化に対して総じてポジティブな評価を下しているものの、判断を留保している箇所もある。例えば上述したゾドへの脆弱性の変化に加え、定住とその他のインフラ面での向上により、特に女性にとって生活・労働環境が大幅に向上したことはポジティブな評価が与えられているが、ウシの私有化と品種改良（子牛がより多くの乳を必要とする）により搾乳量が減少したことや、牧民は新たな牧地の分配はないと考えていること、自分たちの牧地を保護する行動に出た結果、1988 ～ 1993 年の間、牧民は牧地の囲い込み、家畜小屋と家屋の建設、井戸掘りに年間支出の 15 ～ 25 ％を使っている点などは特にコメントなく記されている［Li, Ma and Simpson 1993: 70］。

李らの報告は 1993 年時点のものであり、特に牧地の私有化や囲い込み、またその結果としての季節移動パターンの変化については 1990 年代を通じて進行中の現象であるので、本節では彼らの評価に関する検討は行わない。ここで確認すべき事項は、社会主義的な政策が実行された時期に季節移動の範囲が縮小している点と、大きなゾドが発生した 1977/78 年冬がその後の類似の天候を示した年と比較され、定住化のメリットが強調されている点である。なお牧地の私有化は 1980 年代と 1990 年代の 2 段階で実施されており、シリンゴル盟においては一般に両者の間隔は 10 年である。つまり、李らの調査では、第 2 段階の私有化が実施されていなかったか、仮に実施されていたとしても実施直後であり、その効果が出ていなかった時点のものである可能性が高い。

李らの報告では 1977/78 年冬のゾドがその後の定住化を招来したとは明記されていないが、両者の間には因果関係が認められる。例えば、1988 年にアバハナル旗（現シリンホト市）で現地調査[20]を行った小長谷は、1977/78 年冬のゾドがシリンゴル盟全域を襲い、調査地のガチャではゾドで生き残った家畜は 2 割足らずで、2 万頭の小家畜のうち 3000 頭、2000 頭のウマのうち 80 頭、4000 頭のウシのうち 50 頭、130 頭のラクダのうち 110 頭しか残らなかったと述べている。またゾドの後 10 年間インフォーマントの一家はほとんど移動せずにいること、冬の準備として人々が畜糞を春のうちから収集するようになったこと、乾草も

20　調査地点はシリンホト市の西、ヤラルト郡のバヤンノール＝ガチャである。

用意し、自分で草を刈ることができなければ購入するようになったことなどを変化として挙げている。なお、1977/78年冬のゾドにおいてはヘリコプターを使った大規模な救援活動や国家からの家畜の再分配があり、それによってゾドからの回復が可能であった点も述べられている［小長谷 1991: 31-33］。

また家畜を完全に失った牧民には公社から固定施設建設の仕事が与えられた一方、上述のインフォーマントに関しては、旧来の春営地に居住し、夏営地はわずかに3 km離れた高台、秋営地はオトルで対応するようになったという。なお移動性の低下については固定施設の建設が原因ではなく、周辺に他の牧民がいなくなったため自在にどこでも放牧できたので移動しなかったのだ、というインフォーマントの言葉が引用されている［小長谷 2003: 86］。

さらに別のデータとしては、筆者が1996年6月にアバガ旗人民政府で聞き取り調査を行った際に、政府の牧畜セクションの幹部が、1977/78年冬以前は遊牧、その後は定住と時期区分し、1996年を集約化[21]への過渡期と位置づけていた。ここでいう定住とは後述するように、季節移動の消滅ないしは極小化という程度の意味で、固定家屋への居住を必ずしも意味してはいない。また、定住化には牧地の私有化という制度的変更が決定的な作用を果たしていることも事実である。だが、一部の人たちの間に定住の必要性を認識させ、定住化の素地を提供したという意味で、1977/78年冬のゾドは内モンゴルにおいて1つの転機となったと言えるだろう。そしてゾドが現地の牧畜戦略を変化させる転機になるというストーリーは、20年後のモンゴル国における牧畜戦略の転換、つまり第4章や第5章で検討する郊外化と類似している。

本節では1977/78年冬のゾドについて、その被害状況および原因についてさらに検討していきたい。前述した筆者のアバガ旗における聞き取り調査においては、SS01がゾドについて言及している。彼によれば、1977年夏に干ばつが発生し、それがゾドの遠因になったという。SS01の所属するアバガ旗ボグドオーラ郡サロールタラ＝ガチャにおいては、1977年6月30日の時点では、2万7000頭の小家畜および牛がいた。それが夏の干ばつと冬のゾドの結果、全ガチャで残った家畜は小家畜が100頭、ウシ200頭、ウマ200頭、ラクダ100頭という壊滅的な被害であったと述べている。

実際、孟淑紅が示す資料によれば、ボグドオーラ郡は当時アバガ旗に所属し

21　ただし調査時点での集約化は、春・夏は屋外で放牧を行い、秋・冬は舎飼いを行うという意味であり、通年の舎飼いを念頭に置く2000年以降の集約化概念とは異なっている。

ていた国営牧場および郡の中で４番目のひどさ（被害率 91.95％）[22] を示している。なお被害率の下位４郡はツェンゲルボラグ（被害率 51.91％）、ナランボラグ（被害率 37.52%）、ジャルガラント（被害率 25.94％）、バヤントグ（被害率 23.39％）と、いずれも国境沿いの郡である［孟淑紅編著 2011: 81］。

孟は 1977/78 年のゾドについて、アバガ旗全体で「1977 年冬季に大雪が降り、当時は冬に入ってから草が少なく飼料も不足し、多くの家畜が飢餓の中で凍死した。全旗の家畜数は 100.5 万頭から 26.3 万頭に減少した」［孟淑紅編著 2011: 9］と述べており、その原因は、「1980 年以前のアバガ旗では出欄率（出荷率）が低く、11.9 ～ 13.2 ％しかなかったので、冬季に牧養力を超過する現象が起きていた」［孟淑紅編著 2011: 9］、つまり秋に家畜を出荷しなかったので冬は過放牧状態に陥っていたとする。なお、このゾドでアバガ旗では回復に 11 年かかるほどの被害を受け、その結果、1970 年代末から 80 年代初めにかけてアバガ旗の草原の植生は明らかに自然回復した、と述べている［孟淑紅編著 2011: 9, 181］。第１章で社会主義崩壊後のモンゴル国に関して指摘したように、家畜頭数の増加は牧民側のモティベーションの高さのみならず、単に家畜の売却をしないだけでも発生する。1977/78 年冬のゾドの遠因も後者であり、詳細は不明であるものの、文革末期の社会的状況が家畜の出荷を妨げたか、あるいは 1950 年代末の大躍進から文革期までの食料自給重視の傾向がアバガ旗などでも農地の開墾へと向かわせ、結果として穀物との交換物としての家畜の出荷を低調にしたことが推測される [23]。

なお孟によれば、シリンゴル盟では 1949 年以降、3 回の大雪が発生したという。1 回目は 1954/55 年冬で、当時の家畜数は 36 万頭（ヒツジ単位で 69.5 万頭）であった。当時の草原の状況は非常によく、牧養力の超過もなかったため冬春の枯草の保存率が高く、家畜総頭数は 34.1 ％増加し、18.9 ％の純増だった、つまりゾドにはならなかった。2 回目は 1957/58 年冬で、家畜総頭数は 21.5 ％増加し、純増 1.5 ％であった。3 回目は上述の 1977/78 年冬で、家畜頭数は 74.83 ％減少した。1977/78 年冬のゾドの背景としては、人口と家畜数の増加、および乾草の不足が挙げられている。前者の根拠としては、損失が最も大きかったのが国営牧場と

22　被害率の上位２位は家畜規模の小さい国営牧場であり、それを除けば、旗中心地の周辺を領域としていたバヤンチャガーン郡（被害率 92.55％）に次ぐ被害の大きさである。

23　例えば旗中心地の南東 65km に位置するフンディー＝オス郡では 1959 年に国営バヤンタラ農場が作られ、草原を開墾し大型機械を使った農業が 1978 年まで行われていた［呉・趙 2006: 21-22］。なお、当地は 1977/78 年冬のゾドの被害率が旗内で最悪の（94.82％）行政単位であった［孟淑紅編著 2011: 81］。

旗所在地から比較的近い人民公社であり、これらはみな草原の家畜密度が高く草原荒廃がひどかった、と述べている。後者に関しては、1977年時の乾草貯蔵量は1.75万トンで、冬春の総需要の2.65％しか貯蔵していなかった、と指摘している［孟淑紅編著 2011: 81, 151］。つまり家畜の頭数増加と、それに見合った草の供給がなかったためにゾドが発生したことになる。

孟はさらに、伝統的な災害の回避手法であるオトルも限界があると論じている。シリンゴル盟内各旗[24]の中では、古くから相互にオトルに出ており、1957年の大雪の際も、アバガ旗の家畜33.2万頭のうち、大家畜5.8万頭、小家畜27.1万頭が別の旗や旗内でオトルに出たという。つまり99％の家畜がオトルに出ており、オトルはシリンゴル盟の牧民に多用されてきた技術であることが推測される。事実、1977/78年冬のゾドの他に、大雪と干ばつに見舞われた1985/86年、1986/87年にもオトルが行われたという［孟淑紅編著 2011: 172-182］。

一方、1999年夏から2001年夏に至る3年間は、アバガ旗での降水量が連続で年200mmを下回る干ばつであり、この時も近隣の旗にオトルへ出たが、結果はどちらも被害を受けただけであったと述べ、オトルは草原の退化がなく、牧養力を超えていない状況で行わなければならないという前提があると結論づけている。その原因として孟が挙げているのは、人口・家畜数の増加および牧地の連続使用であり、アバガ旗では1950～1960年代は四季の移動を行っていたが、人口・家畜数の増加により1970年代は3カ所ないし2カ所の牧地のみを使用するようになり、1980年代になると牧地の請負により、多くの牧民は夏営地と冬営地だけになり、はなはだしくは1年中同じ牧地を使い続け、草は食べつくされたと述べている［孟淑紅編著 2011: 147, 157］。

ただし、本章後半および第7章などで述べるように、牧地の連続使用を引き起こす人口・家畜数の増加はガチャ単位、あるいはそれ以下の小規模な空間レベルにおける多様な現象に起因する人口・家畜数の増加でも発生しうるので、必ずしも郡単位のような大規模な空間レベルでの密度増加とは関係しない可能性はある。また孟が示す旗レベルでの牧養力に関わる言説は、さらに大きな空

24　原文では、相互にオトルが行われていたのは「アバガ旗、東西スニト旗、東西ウジュムチン旗、正藍旗、鑲黄旗、正鑲白旗」［孟淑紅編著 2011:1 72］であるとされているが、上述の各旗の中間に位置するシリンホト市は言及されていない。これが意図的であるかは不明である。一方、最南部のタイブス旗・ドローン県に言及していないのは意図的であると思われる。梅棹は、タイブス旗では1940年代においても全く季節移動を行わなかったと述べている［梅棹 1990f: 462-463］。

間レベルを想定しているが、そもそも降水量の変動が大きい非均衡系の生態を持つモンゴル高原に対して、平衡系の生態を前提とした牧養力という概念を適用することの問題性は、複数の論者がすでに指摘している通りである［児玉 2013: 356-358］。本書ではモンゴル高原、特に大きな空間レベルに対して牧養力という概念を適用することの当否については論じないが、実際に放牧が牧地にどの程度の負荷を与えているかを判断する目安として、牧地面積と家畜頭数の関係については適宜言及していく。

さて、牧地の私有化と固定家屋の建築に象徴される定住化について、さらに詳細に検討を加えていこう。これらの現象はある時点で突如として出現したものでもなく、またシリンゴル盟のみを取り上げても全ての場所で一律のプロセスで進行したわけでもない。これらは人口密度その他の要因により、地方政府が多様な方法を導入した結果、きわめて大きな地方的偏差を生じさせたのである。その証左として、筆者の調査事例データからいくつかを取り上げて検討したい。

まずは1977/78年冬のゾドに関して言及したSS01の事例について詳しく見ていこう。1996年の現地調査は旗幹部、郡幹部など各レベルの政府幹部が同行する形で行うオフィシャルな調査であったので[25]、SS01個人に関する調査に先立ってガチャ長のSS01からサロールタラ＝ガチャの現況に関するブリーフィングがなされた。それによると、ガチャの人口は270人余り（うち漢族約50人）、全て牧民であり、ホトは24、世帯数は72で、そのうち60世帯あまり（22～23ホト）が定住戸つまり固定家屋と、ゲルの両方を所有する世帯であった。

同行した郡長によれば、郡全体での定住戸の比率は7割少々であり、サロールタラ＝ガチャは郡内で定住率の高い地域であるとのことであった。定住戸とは、厳密には冬場の固定家屋を持っている世帯のことであり、夏や秋は草の状態に応じて移動生活を行うとの説明であったが、後述するように、SS01は春営地に固定家屋を建設している。ゲルでの移動生活を行うのは若者のような労働力のみで、家族の一部（老人、子供）は固定家屋に残留するという。また非定住戸でも、冬場の家畜囲いを持っているとの説明であった。

1996年の調査当時、SS01は移動生活時の牧畜ユニットであるホトの残像を色濃く反映した居住形態で春営地を構えていた。地図3-2は調査当時のホトの家屋配置図であり、地図上の円形はゲル、四角形は固定家屋、破線は世帯ごとの所

25　調査の詳細は稲村・尾崎［1996］を参照。

地図3-2　SS01の春営地（1996年調査当時）

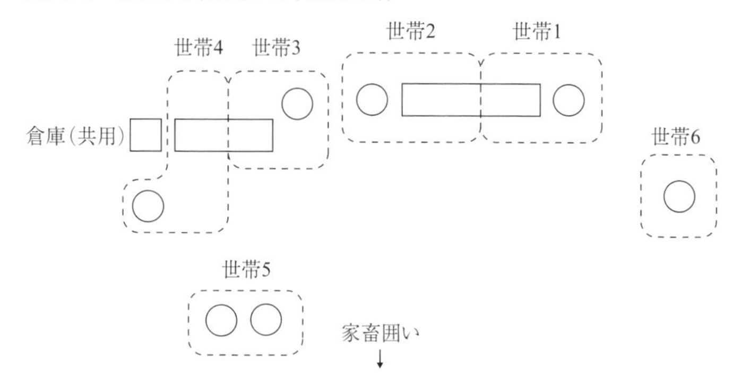

有関係を示している。ホトにはSS01が居住する新築（1995年建築）のレンガ造りの固定家屋[26]と1978年に造られた泥壁の固定家屋、同様の建築による倉庫、7つのゲルが配置され、合計6世帯が居住していた。居住世帯は以下の通りである。親族名称は全てSS01から見た関係を示しており、年齢は1996年の調査時のものである。

世帯1：弟1（31歳）、弟1の妻（26歳）、弟1の息子1（4歳）、弟1の息子2（2カ月）、妹2（25歳）、弟2*（21歳）、父の弟（67歳）、父の弟の妻（57歳）

世帯2：SS01（36歳）、妻（30歳）、息子1（11歳）、息子2（4歳）

世帯3：兄（42歳）、兄の妻（38歳）、兄の息子1（18歳）、兄の息子2（13歳）、兄の娘（12歳）

世帯4：妹1（27歳）、妹1の夫（24歳）、妹1の息子（3歳）

世帯5：牧畜労働者1*（38歳）、牧畜労働者1の妻（37歳）、牧畜労働者1の息子1（14歳）、牧畜労働者1の息子2（11歳）、牧畜労働者1の娘（10歳）

世帯6：牧畜労働者2*（38歳）、牧畜労働者2の母（75歳）、牧畜労働者2の妻（31歳）、牧畜労働者2の娘（10歳）

* 弟2は大学在学中で不在。

* 牧畜労働者1は本人の牧畜労働者。

* 牧畜労働者2は弟1の牧畜労働者。

26　内モンゴルの牧民が居住する固定家屋は、基本的は漢族農民が居住するものと同一である。壁がレンガ造りの建物は「磚房」、泥造りの建物は「土房」と漢語で呼ばれることもあり、建築に携わるのも漢族の職人である。

調査当時の放牧形態は以下の通りであった。まず、種オス以外の小家畜は群れを2つに分割している。具体的にはSS01と兄の2世帯が所有するヒツジ1321頭、ヤギ93頭を一群、弟1と妹1の2世帯が所有するヒツジ1300頭、ヤギ220頭を一群としており、放牧する牧地も別々である。それ以外の家畜と種オスは、それぞれホトの所有分を一括して放牧している。季節移動に関しては、7月末に調査地点（春営地）から西5 kmにある夏・秋営地に移動する。ここではゲル住まいで、雨天時に使用する鉄製の家畜囲いを持参する。営地は夏と秋で同一であるが、牧地は別の地点で、夏は標高の高いところ、秋は標高の低いところに放牧する。冬季の牧地は春営地の南西5 kmで、冬季にのみ使用するために草場を有刺鉄線で囲い、石造りの家畜囲いがあるが、ここには牧畜労働者の世帯のみが行き、彼らが家畜の番をするという。つまり、ホトの主要な成員は夏・秋営地と春営地の2地点を移動するのみである。なお、家畜は旧正月頃、つまり出産期に春営地へ戻される。

世帯構成および放牧形態でも明らかなとおり、このホトはSS01と弟1が中心となって結成したユニットである。こうしたユニットが出現するに至った経緯は、上述の固定家屋が1978年に建築されたことからも窺い知ることができるように、1977/78年冬のゾドと関係が深い。1978年以前、冬営地は現在と変わらないものの、夏営地は春営地の北西8～9 km、秋営地は春営地の北西10 km余りの地点であり、現在の移動範囲よりも広範であった。1977/78年のゾドをきっかけとして家畜囲いや固定家屋が造られ、これによって春営地が固定化し、移動性が低下した。ただし人民公社期には生産大隊がホトの編成を決めており、SS01は親族関係のない他人とホトを編成していた。

次の変化のきっかけは1983年の人民公社の解体であった。これによって家畜が分配された。SS01の生産大隊では家畜の全頭数を人口で割り、1人当たり何頭、という平均値を出して分配した。これによって小家畜は12頭／人、ウシは2.5頭／人、ウマは1.5頭／人、ラクダは2頭／世帯という比率で分配された他、メスの家畜数に基づいて世帯単位に種オスが分配された。人民公社の解体により牧民が自由にホトを編成できるようになり、親族・姻族関係を中心にしてホトが再編成された。SS01も例外ではなく、SS01と兄弟たちという調査時の編成がなされた。なお上記の数字で計算すると、1983年当時SS01のホトには小家畜168頭、ウシ35頭、ウマ22頭、ラクダ8頭、それに種オスが少々分配された計算になる。1996年にはSS01のホトにはヒツジ2664頭、ヤギ291頭、ウシ146頭、ウマ140頭、ラクダ2頭（牧畜労働者の家畜を除く）がいたので、家畜頭数は12年で13倍に増加したことになる。これは彼らの家畜が年平均23.8％増加したことを意味している。一方で、SS01は1995年に小家畜の30％、大家畜の15％を売却したと述べている。2001年に筆者がSS01を再訪した際、彼の家畜数は1999年段階と比較して大きな変化がなかった点から判断して、1995年の売却数は増加家畜をほぼ売却に回していたと想定される。

前述のとおり、1977/78年冬のゾドでアバガ旗の家畜数は100.5万頭から26.3万頭に減少し、回復に11年を要したという［孟淑紅編著 2011: 9, 181］。回復した数を100.5万頭と解釈すると、年平均増加率は13.0%となる。一般に、牧民は貧富を問わず生活を維持するために年間最低限の家畜を処分（自家消費ないしは売却）する必要があり、また富裕者の方が牧畜技術に優れる[27]ため、家畜の増加率は富裕者の方が大きくなる傾向が推測されるが、SS01の増加率の大きさはその雄弁な傍証となっている。

ところで、人民公社解体時の家畜分配方法については、アバガ旗においては基本的に1人何頭という計算で公平に分配されたようである。例えば筆者が1996年に調査を行った北部のナランボラグ郡ドゥシンゴビ＝ガチャにおいては、小家畜15頭／人、ウシ2.5頭／人、ウマ1.5頭／人、ラクダ1頭／戸の計算で各世帯に分配された。また、県中心地に近い中部のバヤンチャガーン郡バヤンオーラ＝ガチャにおいては、ヒツジ7頭／人、ヤギ4頭／人、ウシ1頭／人、ウマ0.5頭／人で均等分したという［孟淑紅編著 2011: 186-187］。このように、ガチャが集団所有していた家畜頭数の多寡に応じて差が出ているものの、分配方法は同一であったことが想像される。また後述するシリンホト市のSS06も同様の分配方法であったと述べており、均等分が最も基本的な分配方法であったと想像される。

ただし、地域によっては均等分以外の要素が存在したことも知られている。シリンゴル盟南部の正藍旗の事例として、1983年にある10人家族の世帯が分配された家畜として、均等分によって小家畜55頭、ウシ20頭とウマ2頭を得たほか、「両定一奨」（ノルマ超過分に対して奨励金を与える人民公社の政策）分として小家畜100頭とウシ8頭、「額外補充」として小家畜8頭、ウシ2頭、ウマ3頭を得たという報告がある［孟琳琳 2011: 283］。額外補充とは、1958年に人民公社が設立された際、集団所有に入れた私有家畜は時価計算して毎年3％の比率で分割払いをしており、1983年の段階でも残価が存在したので、家畜分配時に生産大隊

27　モンゴル国オンゴン郡では、牧民が富裕であることは、その人物の牧畜技術の優秀さを示していると考えられていた。多数の家畜を擁する牧民が「優秀牧民」などの表彰を受けるのも、そうした価値観の表明であると理解できよう。

は残りの未支払い分を家畜に換算して各戸に分配したことを指している。この事例では、均等分以外の方法で分配された家畜が無視しえない割合を占めており、少なくともアバガ旗以外の事例に関しては確認すべき要素であろう。

話をサロールタラ＝ガチャに戻そう。当地では、1985年にホトを単位として牧地が分配された。SS01のホトでは合計4万ムー（2667 ha）であった。なお、当時の説明では「土地は一塊である」とのことであったが、衛星写真と対照するとSS01の春営地の西1 kmの地点に他家のホトが確認できること、また冬営地は後述するSS10と同じく「アル・ウブルジュー」(p.146）と思われることから、3カ所の営地でホトのレベルでそれぞれ一塊の牧地があるものと理解すべきであろう。牧地分配の際、SS01の春営地の牧地内に存在した固定家屋1棟と畑が彼らの所有物となった。前者は生産大隊が1978年に建築したものであるが、SS01の春営地に建てられている点から判断して、分配以前から用益権はSS01にあったと思われる。一方、後者も元々は生産大隊の畑であり、広さは5ha程度で、移住してきた漢族に野菜を栽培させていた[28]。調査当時は河北省の農民を雇って、冬と春に使用する飼料用のトウモロコシを栽培させていた。なお、冬の牧地を有刺鉄線で囲うようになったのも1985年からである。

なお、ガチャの面積は510 km^2で、1996年当時の人口は270人余りであった。仮にガチャの総面積と牧地面積が等しく、1985年当時の人口を270人と仮定すると、1人当たりの平均牧地面積は189 ha、すなわち2833ムーとなる。また、SS01の1985年当時の家族数を現員数から推定すると、11歳以下[29]の子どもと姉の夫を除いた14人となる。この数字を単純に掛け合わせると計算結果は3万9662ムーとなり、SS01の述べる4万ムーと非常に近い数値となる。

1990年に世帯を単位として牧地を再分配した。その際、人口（1990年現在）と家畜数（1983年現在）を勘案して面積の調整が行われたという。SS01によれば、これでホト間の牧地の境界が確定し、その後このような調整は行われていないとのことであった。勘案された要素を見る限り、調整は人口増減に対して行われたと想像される。後述するSS05（アバガ旗デルゲル郡）でも同様の調整法が確

28　漢族がこのガチャへ移住してきたのは1960年から1961年にかけてである。大躍進政策の失敗に伴う食糧不足を解消するための手段としてモンゴル牧畜地域への移住および開墾がなされたことが想像されるが、1996年当時、ガチャにおける漢族（50人ほど）はすべて牧民化していた。

29　モンゴル人は数え年で年齢を答えることが一般的なのでやや厳密さは欠けるが1996年時点の11歳は1986年に出生した子どもである可能性が高い。

認できるので、アバガ旗ではこうした方法が一般的であったと思われる。これが実質的な牧地の私有化を意味しており、調査時点では6年ほどの時間が経過していたことになる。また上記の計算が正しいとして、SS01での人口増加分はSS01の息子のみであり、2833ムーを加えても4万2495ムーとなるので、概数として4万ムーという数字の範囲内に収まる。後述するSS04（西ウジュムチン旗）のように、1990年代の調整の形跡がない地域も存在することから、この調整でどの程度の牧地の増減があったかは地域差が存在するようである。

SS01のホトの家畜が13年間で激増したことはすでに述べたが、牧地の私有化とホトの固定化は以下のような問題を引き起こした。第1に、SS01のような裕福な世帯では、労働力不足が顕著になる。一方で、様々な原因から貧困に陥る世帯が出現していた。

SS01は貧困をもたらす一般的な原因として、牧畜経営上の失敗、家族の病気、労働力が少なく扶養人口が多い家族構成などを挙げていた。こうした世帯は従来であれば、第2章で挙げたいくつかの事例のようにホトの再編成で吸収されていたと想像される。しかし前述したように、サロールタラ＝ガチャでは世帯構成員と家畜の移動を伴うホトの再編成は困難になっていた。そこで富裕者の労働力不足を解消し、貧困者を救済するためのシステムとして牧畜労働者が採用されるようになった。

1996年の調査当時、SS01のホトに起居していた2世帯の牧畜労働者は前年の1995年に雇われた人々であった。牧畜労働者1はサロールタラ＝ガチャ出身であり、雇用時の家畜頭数は、ヒツジ25頭、ヤギ25頭、ウマ2頭、メスウシ1頭に過ぎなかったという。現在、世帯5の所有家畜はヒツジ45頭、ヤギ45頭、ウマ4頭、ウシ6頭であり、SS01の家畜と一緒に放牧している。世帯5が本来居住していたホトには母親と兄弟が現在も居住しており、世帯5に属する牧地も使用して牧畜を行っている。

牧畜労働者2は、ボグドオーラ郡の別のガチャの出身である。1985年に、当時郡の幹部であった弟の妻の弟を頼ってサロールタラ＝ガチャへ移住し、昨年まではそちらのホトに居住していたという。そして1995年、知人であったSS01のホトへ来住し、SS01の弟の牧畜労働者として働いている。給与は2人とも250元／月である。世帯6の所有家畜であるヒツジ16頭、ヤギ14頭、ウシ7頭、ウマ7頭は現在も弟の妻の弟のホトに残してある。

後述するように牧畜労働者は単身で雇用先に居住することも可能であるが、少なくとも筆者が1990年代に見聞した事例に限れば、世帯ごと雇用者のホトに住み込んでいる事例ばかりであった。そして、登記上の牧地の変更はできないものの、本来彼らの牧地でない場所で家畜が放牧されている[30]。もちろん、当事者たちの認識の問題は別に存在するだろうが、現象的には、牧畜労働者の来住はホトの再編成に近いと言えるだろう。SS01によれば、サロールタラ＝ガチャでは当時1割ほどの人が牧畜労働者として雇用されており、他のガチャでの状況も同程度であるとのことであった。つまり牧畜労働者によってホトの流動性がある程度確保されていたと言えるだろう。ただし、SS01と弟1のように大規模な家畜群を所有する世帯が隣接することによる牧地の不足については、別の解決方法が必要となるが、当時、シリンゴル盟においては一般的に牧地の不足は問題化されておらず、SS01においても例外ではなかった。

SS01は兄弟で4万ムーという、アバガ旗の文脈においても広大な牧地を擁するホトだったが、1996年の調査当時、「ここは広いので、細分化の弊害はない」と述べていた。この見解には1990年の再分配を契機として、世帯ごとの独立性が高くなっていくだろうという見通しが込められていたと考えられる。そして事実、筆者が2001年8月にSS01を再訪すると、ホトには以下のような変化が発生していた。

ホトを構成している主要世帯（SS01、弟1、兄、妹1）に変化はなかったが、SS01、弟1、兄と妹1の3群が別々に放牧されていた。つまり群の構成が変化し、より世帯単位に近い細分化が起こっていた。またそれに対応し、1996年時点には2つしか存在しなかった家畜囲いが3つに増えた。SS01が利用する新築の家畜囲いは1996年には存在した畑の跡地に造られていた。

ゲルは日常的には利用されなくなり、固定家屋のみの構成となっていた。固定家屋の前にゲルの骨組みが置かれてあり、オトルの時には使うとのことであった。

牧畜労働者は2人とも入れ替わっており、SS01の牧畜労働者は漢族であった。SS01の牧畜労働者は、新築の家畜囲いに併設した小屋に起居していた。

春営地近辺の牧地も有刺鉄線で囲っていた。囲いは2つに分かれており、1つは固定家屋の東にある新築の家畜囲いの北東側を、もう1つは固定家屋の南側にある2つの家畜囲いを含む形で、広く南西側を囲っていた。

SS01の弟1によると、2001年は干ばつなので、彼の群れは西10 kmの場所（知

30　牧畜労働者2に関しても、1985年の移住時もしくは1990年の再分配時にサロールタラ＝ガチャから牧地を分配された可能性は低いと思われる。

人の牧地）にオトルに出す予定であるとのことであった。
これらの事実から窺い知ることができるのは、牧畜ユニットを構成する世帯数が減少していき、最終的には1世帯で経営がなされる傾向があること、固定家屋への居住傾向が強まること、牧畜労働者の流動性が高いこと、牧地の囲い込みが進行していること、他人の牧地を借用してのオトルがなされていることである。こうした点は、1990年代末頃の内モンゴルにおける牧畜を考える際には無視できない点ばかりである。なお、最初に挙げた世帯数の減少は、家畜数の増加と対応するものと思われる。そこで次節では、これらの諸点について、SS01以外のシリンゴル盟各地での調査事例データも加えつつさらに検討したい。

第2節　固定家屋化と牧畜ユニットの変動

本節ではまず、事例データに基づいて固定家屋への居住傾向および当時の家畜数および家畜の移動性などについて確認した後、牧地の囲い込み事例やオトル、牧畜労働者の雇用といった経済および環境面に関わる諸問題について検討したい。このうちSS10とSS11は2001年の調査データであり、厳密には1990年代末のデータとは言えないが、この2例は他の事例（SS10）および21世紀の状況（SS11）との比較において重要なデータを含むので、あえて取り上げることとした。
筆者の知る限り、牧地の分配や囲い込みといった1990年代を通じて内モンゴル中部で発生する諸現象は、東部や南部の農牧境界地域においてより早く発生している。こうした事例について最初に報告したのは楊海英［1991］である。彼の調査地は内モンゴル南西部、イフジョー盟（現オルドス市）ウシン旗のスミン＝ホト地域であり、ここでは1950年代まではフェルト製のゲルとレンガ造りの固定家屋が混在していたが、1980年代にはすでに全世帯が固定家屋に居住していた。住民構成はモンゴル族694人、漢族420人であるが、集住した集落は存在せず、各世帯は1 km以上の距離を置いて分散している。
楊によると、スミン＝ホトのモンゴル族が当地へ移動してきたのは1920年代のことであり、当時の彼らの生活スタイルは季節移動をせず、また畑作農業も行う、というものであった。漢族が南の陝西省から移住してきたのはそれ以後であり、彼らはモンゴル族に雇われた労働者であり、畑の耕作と牧畜を行っていた。
現地で世帯に家畜が分配されたのは1981年で、同時に牧地も分配された。現地での「囲い込み」に関する問題は、1982年に漢族世帯による優良な草刈り地の囲い込みとそれに対するモンゴル族の反発という、民族間トラブルの形で発生したという［楊 1991: 466-467］。

一方D. M. ウィリアムズの論文は、牧地の分配と「囲い込み」現象について、内モンゴル東部での現地調査に基づいて報告したものである［Williams 1996a, 1996b］。彼の記述は改革開放以降、中国の中央政府が考える近代化モデルが、牧畜地域においては囲い込まれた牧場における集約的生産への転換を志向しており、その第1歩が人民公社の解体、つまり共同的土地所有の終焉であった、というところから始まる。

内モンゴル東部の赤峰市オニュート旗アシハン[31]郡のウランオド＝ガチャは砂漠化の激しい地域であり、それゆえに現在なお中国の中で最貧レベルに位置づけられている。しかし、1958年に同地域が国家レベルのモデル牧畜公社に指定されると[32]、本来は冬の牧草地を保護する目的で用いられていた有刺鉄線が、安価に購入できた。そして人民公社解体直後から、主にエリート層の世帯による草地の「囲い込み」が開始され、その草生の悪さと相俟って中国国内でも「囲い込み」の度合いが高い地域となっているという。なお住民構成は98 %がモンゴル族であるが、彼らは数世代前よりすでにゲル居住から泥造りの固定家屋へと居住形態が変化しており、同様に粗放な農耕も行うようになっている。

ウィリアムズの観察によれば、人々は牧地を、自らの家畜の非常用の牧草として確保するために囲い込んではいるが、日常的な放牧はむしろ囲いの外で行われ、それゆえに囲われていない部分（有刺鉄線を購入するだけの資力のない者に割り当てられた牧地）では、ますます砂漠化が進んでいるという。それゆえ、草原の保護のためには、中央政府の進める牧地の分配はむしろ不適当であると彼は主張するのであるが、こうした事態を引き起こした原因として、中央政府の漢族、即ち政策決定者の空間認識のあり方と、現地のモンゴル族の空間認識のあり方の相違を指摘している。なお中央政府は「コモンズの悲劇」論[33]の支持者であった。

31　原文では「ナシハン」であるが、手元の『赤峰市地図』には「阿什罕（アシハン）」と表記されているので、本論では後者を用いた［内蒙古測絵局総合隊 nd: 南部］。

32　ガチャ名の「ウランオド」は、モンゴル語で「赤い星」を意味する。この名称は、1958年に毛沢東が演説で当ガチャを賞賛したことを記念して与えられた［Williams 1996a: 667］。

33　多数者が利用できるオープンアクセスの共有資源が乱獲されることによって資源の枯渇を招くことを指摘した理論で、ギャレット・ハーディンが1968年に『サイエンス』

現地のモンゴル族にとっては、牧地の囲いにしろ、彼ら自身が定住的に居住している泥壁造りの固定家屋（耐用年数は10年ほどで、しばしば元の建物とは別の場所に建て替えられる）にしろ、永続的なものではない。本来的に移動的な人々であった一般のモンゴル族は、世帯単位に牧地が分配されたからといって、それを、慌てて大金を出してまで有刺鉄線で囲うべき問題とは理解しなかった。こうした事態は、漢族の官僚には理解不可能な出来事であり、自らの権利を放棄していると解釈された。そして、「囲い込み」を済ませた人々が、他人に割り当てられている牧地で放牧することを黙認する社会的雰囲気を作り出した、とウィリアムズは論じている［Williams 1996a: 667-669, 1996b: 307］。

上述の「囲い込み」に関する事例報告は、いずれも農業地域および漢族と隣接する地方に関するものである。そして、囲い込みをめぐる原因の1つに、何らかの形で漢族移民の関わる、すなわちウシン旗の場合は直接的に牧草地の分配をめぐる、オニュート旗の場合は間接的に砂漠化を進行させた[34]ことによる土地の狭小化があげられており、さらにこれは、上述の農地の拡大とも密接な関係がある。農地が拡大するとともに、牧地が縮小していくという歴史的経緯が存在することは第1章で述べたとおりである。

一方、本節で取り上げるシリンゴル盟北部に関しては、囲いこみの直接的な原因は改革開放以後の家畜頭数の増加に伴う相対的な牧地の狭小化や、国家の発展プランに沿った牧地の分配など、牧畜社会という文脈の内部での変化である点、および、固定家屋への移行と同時並行的に起こっているという点で、先行研究で取り上げられている地域とは異なると考えられる[35]。また、本節で取り上げる事例は、人や家畜の移動性という点からも独自性を有している。こうした違いは、両者の土地利用およびそれに付随する制度に関する歴史的変遷の差に由来するものと思われる。

本節で示す調査データは、筆者が1999年と2001年に行った現地調査で得た

誌で発表した論文「The Tragedy of the Commons」で有名になった。

34　オニュート旗は、特に中華人民共和国成立以後に漢族の人口流入が顕著な地域である。旗の総人口は1949年には20万人以下だったのが、1996年には46万人にまで増加しており、1985年現在では、漢族人口が約88％を占めている。そして、彼らが木を薪に利用したために森林が減少し、土地の砂漠化が進行した［稲村・尾崎　1996: 66］。

35　小長谷は、西ウジュムチン旗アルタンゴル郡において、1960年代末から牧民が定着的に集住するようになった地点が存在すると述べているが、これは集落的な空間の発生というべき事例であり、本書で論じる囲い込み、あるいは郊外化とは別の現象であると思われる［小長谷 1994: 74-77］。

地図3-3　インフォーマントの分布

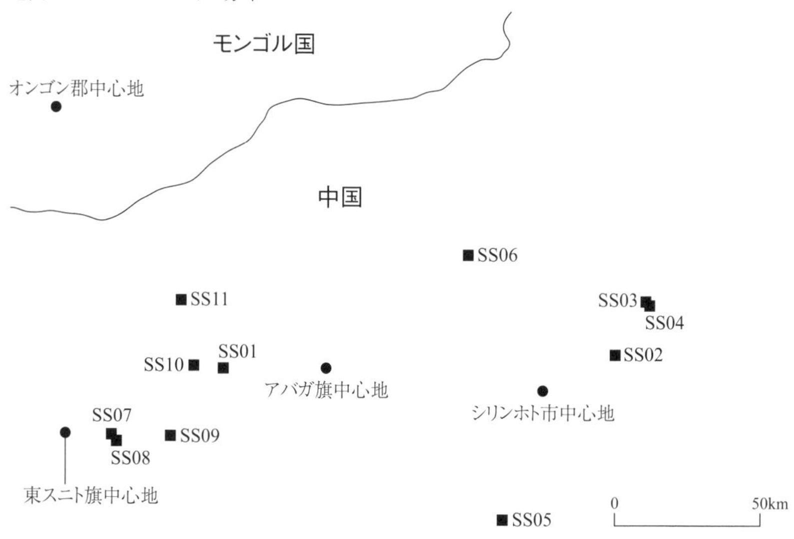

ものであり、年齢は調査当時のものを記している。またインフォーマントの分布は地図 3-3 の通りである。

SS02（1999 年 3 月調査）

調査地点：シリンホト市ヤラルト郡ハンオーラ＝ガチャ

ホトの建築物：ゲル ×2、家畜囲い

ホトの世帯数：1

世帯 1 の構成：SS02（54 歳）、妻（54 歳）

牧地の分配、住居：

1996 年から 1998 年にかけて牧地を分割した。分配された土地は一塊であり、広さは 1 世帯あたり 1200 ムー（80 ha）。近辺では牧地の分配以後、固定家屋を建設する世帯が増えているが、この世帯ではゲル居住を続けている。ただし、季節移動は全く行わない。夏にはゲルをもう 1 つ建て、台所として使用する。合計 3 つのゲルを所有しているのは、SS02 が外国人観光客のゲル＝ステイ受け入れ世帯として市旅遊局に指定されているからである。

家畜、放牧：

SS02 の私有家畜はヒツジ 200 頭、ヤギ 20 頭、ウマ 10 頭、ウシ 20 頭程度。そのほか、夏季には民政局所有のヒツジ200頭も放牧する。草地面積が少ないので、冬季は別の世帯に預託する。SS02の場合、毎月600～800元ほどの給料を民政局から受け取っていた。家畜税についても、民政局が肩代わりして納付しているという。

放牧は遠くへは行かず、住居の周りを巡るようにして放牧させている。

この世帯には息子が3人、娘が1人いるが、いずれもシリンホト市中心部に居住している。1昨年、1番下の息子が結婚した際に大量のヒツジを売却して現金化したので、昨年は100頭程度の仔ヒツジしか生まれなかったが、それ以前は200頭程度の仔ヒツジが生まれていたという。なお、息子たちのうちの1人は100頭近くの家畜を所有しているが、両親の世帯ではなく、広い土地のあるアバガ旗に居住する友人の世帯に放牧を預託している。

その他の生活状況について：

SS02は赤峰市バーリン左翼旗の出身である。原住地は半農半牧地域で、SS02は人民公社期には放牧担当の牧民だったが、向こうでは牧民が余り気味だったので、1979年にシリンホト市へ移住してきた。

SS03（1999年3月、9月調査）

調査地点：西ウジュムチン旗ジャラン郡ザガスタイ＝ガチャ

ホトの建物構成：固定家屋×2、倉庫、家畜囲い

ホトの世帯数：2

世帯1の構成：SS03（56歳）、妻（58歳）、息子（25歳）

世帯2の構成：牧畜労働者[36]、牧畜労働者の妻、牧畜労働者の息子2人

牧地の分配、住居：

1983年に分配された牧地は1人1080ムー、4人分で4320ムー（288 ha）だった。1995年に牧地を完全に分割した際、SS03と弟のSS04の牧地の周囲に有刺鉄線を設けた。移動はしないので、ゲルは持っていない。SS03の居住している家屋はレンガ造りで石炭暖房の設備あり。牧畜労働者に貸し与えている固定家屋、および倉庫は泥壁造り。SS03の居住している家屋の入り口には「ザガスタイ＝ガチャ1-9」という住居表示の札が打ち付けてある。

調査地の周辺は、他の世帯も有刺鉄線で牧地を囲っている。ただし、自動車

36　現地では一般にホニチン（モンゴル語でヒツジ飼い）あるいはヤングワー（漢語の羊倌児に由来する）と呼ばれる。

の通る道を有刺鉄線が横断していることはない。世帯は密集しており、1〜2 km おきに１戸程度の割合で散在している。分配された牧地は一塊であり、その中で草刈りを行い、干草を作る。

家畜、放牧：

SS03の私有家畜はヒツジ400頭、ヤギ10頭、ウマ7頭（うちメス2頭）、ウシ30頭（うちメス2頭）。ラクダは飼っていない。SS03にはヤギが少ないが、地域的傾向ではない。この地域では搾乳対象はウシのみ。

ヒツジの放牧は牧畜労働者が担当する。シリンゴル盟南部正藍旗の人物で、1998年11月から雇っている。元々は知りあいではない。2年契約で、毎月200元とヒツジ2頭をSS03が払っている。なお、牧畜労働者の息子のうち1人は、ジャラン郡の学校に通っている。

その他の生活状況について：

SS03は調査当時、風力発電機、衛星放送用のパラボラアンテナおよびテレビを所有していた。なお、こうした耐久消費財は他の調査世帯でも見られ、珍しいものではなかった。またSS03とSS04の兄弟はジャラン郡の出身者である。

SS04（1999年3月、9月調査）

調査地点：西ウジュムチン旗ジャラン郡ザガスタイ＝ガチャ、SS03から東へ1.5 km

ホトの建物構成：固定家屋、ゲル、家畜囲い

ホトの世帯数：2

世帯1の構成：SS04（40歳）、妻（41歳）、娘（16歳）、娘（14歳）

世帯2の構成：牧畜労働者（30代）、牧畜労働者の妻、牧畜労働者の娘3人、牧畜労働者の息子1人

牧地の分配、住居：

SS04はSS03の弟。1983年の牧地分配時には、大人・子供の別なく1人当たり1080ムー（72 ha）の牧地が分配されたという。娘は分配時に出生していなかったので牧地をもらえず、その後も牧地が追加されることはなかった。SS04の牧地は元々草刈り場だった場所（丘の上）である。隣接するSS03の牧地とSS04の牧地を区切る有刺鉄線は存在しないが、放牧は個別に行っている。

牧畜労働者が居住しているゲルはSS04の所有物であり、彼らが1997年に正藍旗から来た際には、布団のみ持参してきた。SS03の牧畜労働者も正藍旗出身であるが、当地では土地が少ない上、砂丘が多いため、西ウジュムチン旗やア

バガ旗に出稼ぎに来る者が多い。牧畜労働者は人づてに探して呼んでくる。

SS04の居住する家屋はレンガ造りの暖房設備付きで、1993年夏に建設した。住居表示は「ザガスタイ＝ガチャ1-10」。それ以前はゲルを4つ所有していたが、ゲルは3～4年に1度はフェルトを交換する必要があり、移動をしない分にはメンテナンスが面倒すぎる、とのことであった。牧地分配直後の1985～1986年の段階では、西ウジュムチン旗にはほとんど固定家屋が存在しなかった。

レンガ造りの家畜囲いは1996年に建設した。これは主に雪害などの悪天候対策であり、草のある時は家畜を外に出しておく。

家畜、放牧：

SS04の家畜数は、ヒツジ400頭、ヤギ200頭、ウシ25頭、ウマ25頭程度。1999年3月から9月にかけての小家畜数の変遷は、600頭（調査当時）～900頭（出産後）～700頭（売却後）。売却対象となるのは、主に仔ヒツジ、オス、老畜である。

ヒツジの放牧は牧畜労働者の担当であり、冬季は自分の土地の内部で放牧するが、夏季は他人の土地を越えて西2.5kmほど離れた河原まで行き、放牧する。冬季には干し草も飼料として与えている。

ウマ群は半径約15kmの範囲を勝手に移動している。家畜泥棒は少なく、牧民は皆、噂によって自らの群の位置を把握している。

その他の生活状況について：

SS04は衛星放送用のパラボラアンテナおよびテレビ、風力発電機に加え、当時普及し始めていたソーラーパネルを所有していた。

娘たちは中学生のため、旗中心地にある妻の弟の家に住んでおり、旧正月や夏休み以外には戻らない。郡には5年制の小学校はあるが、中学校は旗中心地にしか存在しない。

ザガスタイ＝ガチャは40世帯強（200人程度）。この数字には他所出身の牧畜労働者（1999年当時10世帯程度）も含まれている。彼らの出身地はシリンゴル盟南部のチャハル、自治区東部の赤峰市バーリンなどである。

ジャラン郡（人口3000人ほど）には4つのガチャが存在する。ザガスタイ＝ガチャは人民公社期の名称である「2隊」と言及されることが多い。モンゴル語の会話の中でも、「アルトゥイ」と漢語のまま用いられている。なお、街道近くの「3隊」（ドゥルブルジン＝ガチャ）には漢族牧民も多く、「4隊」に至っては全員漢族である。彼らは農業開発のために移住してきたが、1999年現在では皆、牧民化した。彼らは文化大革命の前から住んでおり、改革開放以降の新来ではない

SS05（1999年3月調査）

調査地点：アバガ旗デルゲル郡イフボラグ＝ガチャ

ホトの建物構成：固定家屋（2世帯分の住居が連続）、ゲル、家畜囲い×2

ホトの世帯数：2

世帯1の構成：SS05（34歳）、妻、子供2人（小学生）、牧畜労働者1

世帯2の構成：SS05の姉（39歳）、SS05の姉の夫（アバガ旗中心地在住）、SS05の姉の長女（フホホト市在住）、SS05の姉の次女（旗中心地の中学校）、SS05の姉の3女（シリンホト市の中学校）、牧畜労働者2（40歳）

牧地の分配、住居：

牧地の分配は2回あった。1983年に所有家畜数で分配された後、1990年に世帯の人口で再分配された。このホトの牧地は2世帯合計で5000ムー（333 ha）であり、一塊となっている。牧地とは別に草刈り地がある（広さは未確認）。アバガ旗では2～3世帯、あるいはそれ以上の世帯が1ヵ所に固まって住む傾向が高い、との話であり、これは筆者の別地点での調査データとも整合的である。

このホトでは牧畜労働者は単身で雇用され、雇用主の固定家屋に寝泊りしている。ゲルはオトルの際に、牧畜労働者の宿泊用として使用されている。

デルゲル郡では、牧地は完全に有刺鉄線で囲まれている。自動車の通る道も、牧地の境界を横切る場合には扉で寸断されており、いったん車から降りて開閉する必要がある。

固定家屋は1986年に建設されたものであり、1998年に改修された。東西に長いレンガ造りの建物であり、西側が世帯1、東側が世帯2で、内部は完全に分かれている。1986年以前に固定家屋は存在しなかった。世帯2は、夫が旗の幹部であるので、旗の中心地（シンホト鎮：当時）にも家屋を持っている。

家畜、放牧：

世帯1の家畜は小家畜が計1000頭、ウシは100頭、ウマが数頭。世帯2の家畜もほぼ同様で、小家畜が計1000頭、ウシ100頭、ウマ2頭である。ウマは牧畜労働者が放牧に使用する。家畜頭数が多いため、各世帯が家畜囲いを所有しており、放牧も別々に行っているが、家畜頭数の多くないホトでは群れをまとめて放牧するのが一般的である。

小家畜の放牧は牧畜労働者が1人で行う。ウシは、冬と春は牧夫がつくが、夏季は放し飼いである。ウシの搾乳は夏季のみ行い、それ以外の季節は郡中心地で粉ミルクを購入している。

オスは全て売却してしまうため、1000頭の小家畜から800頭の仔畜が生まれる。冬季は夜間、家畜囲いに家畜を収容するために固定家屋の周辺で放牧するが、夏季は丘の上にオトルに出す。ただし、場所的には固定家屋から遠くはなく、このホトの土地の範囲内で行われる。

その他の生活状況について：

所有関係は不明であるが、調査ホトにはガソリン発電機、トラクター、トラック、バイクが見られた。なお、SS05の姉の夫は元々木匠であり、郡幹部を13年間勤め、旗の幹部となった。それゆえ、この2世帯はかなり生活レベルが高い方である。

牧畜労働者2はデルゲル郡出身者であり、以前は郡政府で働いていたが、現在は辞職してここで働いている。妻とは離婚して現在は独身であるという。

SS06（1999年9月調査）

調査地点：シリンホト市アラシャンボラグ郡セルゲレン＝ガチャ

ホトの建物構成：固定家屋、ゲル×2、家畜囲い

ホトの世帯数：2

世帯1の構成：SS06（46歳）、妻（42歳）、娘（22歳）、息子（19歳）

世帯2の構成：牧畜労働者、牧畜労働者の妻、牧畜労働者の子供3人

牧地の分配、住居：

1983年に家畜を分けた。ガチャから1人あたり何頭という要領で分配され、SS06は世帯で100頭の小家畜（ヒツジ・ヤギ）をもらった。

1991年に牧地を分けた。1人あたり約2900ムーという分け方であり、SS06の世帯は1万4490ムー（966 ha）の土地を得た。土地は2塊に分かれており、固定家屋の建てられている調査地点は春～秋の営地である[37]。冬営地（3000ムー）は10 kmほど南の山中にあり、石造りの家畜囲いがあって、11月から旧正月までを過ごす。放牧はゲル住まいの牧畜労働者が担当し、SS06は固定家屋から日帰りで放牧地まで通い、群れをチェックしている。冬営地への家畜の移動は3時間くらいで終わる。牧畜労働者はウマで移動する。

1991年に、シリンホト市街地居住の漢族に依頼して泥壁造りの固定家屋（幅

37　アラシャンボラグ郡については、高明潔が1990年代前半の調査に基づいた論文を発表している。冬営地には固定家屋があるが、夏はホトを形成し、ゲルで移動生活を行っていると報告している［高 1996: 304, 321-322］。本論の報告例では夏営地に固定家屋が建設されているが、この理由としては、調査ホトに関しては夏営地が春営地を兼ねており、しかも道路に近く便利である、という点が考えられる。

10 m くらい、3 部屋）を建てた。それ以前はゲル住いだった。現在、大きいほうのゲル（元々は居住用）[38] は客人用、小さいほうのゲル（元々はオトル用）は牧畜労働者の住まいとして利用されている。固定家屋の前にある家畜囲いも 1991 年に建てた。

家畜、放牧：

小家畜 700 頭、ウシ 50 頭。他にウマが少数いるが、親しい友人の世帯に預けてある。この辺では、近くの場所であればウマで行くが、現在、ウマを飼育する人は少なくなった。また筆者の観察では、SS06 自身、ウマ群を追うのにバイクを使用していた。

アラシャンボラグ郡では、家畜 700 頭程度では中程度で、年収が 3 ～ 4 万元になる。最も多くの家畜を有する世帯では 2000 頭だという。1999 年当時の販売価格は、ヒツジ（3 歳）は 300 元くらい、ウシは 1000 元くらい。SS06 によれば、家畜の頭数が多いため、この近辺には複数世帯が構成するホトは存在しないとのことであった。

牧畜労働者（ホニチン）は、このホトへ来てから半年少々経つ。バーリンの出身。旧正月頃から雇っていて、1 年契約で月 300 元の報酬を支払っている。彼らを雇う以前は SS06 が自分で放牧していたが、子供も全員出ており、本人も体調がよくないので雇用した。牧畜労働者は、ゲルも家畜も持たずにやってきた。彼らの子供は、上は 12 歳くらいから 3 人いるが、学校には行かせていない。

SS06 によると、餌を全て飼料（テジェール）にしたら年収 5 万元に達するだろうが、牧地に生えている草（ベルチェール）だけでは無理だという。

その他：娘は 1999 年夏に大学を卒業したが、仕事がないので家にいる。息子は中等専門学校卒業後、シリンホトの自動車関係の学校で勉強しているため不在。

ホトの西南西 1.5 km に、木が生えている場所がある。人民公社期には生産大隊の畑があって、かぶ（マンジン）を植えていたという。

SS06 は、草地の劣化を非常に気にしており、5 年後はどうなるかわからない、

38　筆者の観察では、このゲルは現地としてはかなり大きなサイズで、モンゴル国で一般的な 5 ハナ（おりたたみ式の壁）のゲルに匹敵する大きさであったが、柱（バガナ）のない内モンゴル式である。カマド（ゾーホ）はレンガと泥で作ってある。内部は、地面が剝き出しの部分と、コの字形に、ベッド風の床が作ってある構造となっている。また、入り口の両側にガラス窓がはまっているが、ハルハ式とは違い、天井（トーノ）にはガラスは入っていない。

と述べていた。固定家屋の北東200 mくらいに有刺鉄線による囲い込まれた牧地があり、SS06の説明によれば2000ムーの広さで、草を守るために囲いこんでいるという。実際、囲いの中の草は周囲（10 cm以下）に比べて、明らかに丈が高かった（30 cm弱）。またSS06に見せてもらった1970年代の写真では、草が膝の高さまで生えており、当時は現在より草の状態が良かったことが窺える。対照的に、現在、夜間にヒツジやウシを休ませている場所にはほとんど植生がない。

SS07（1999年10月調査）

調査地点：東スニト旗チャントシル郡ダルハンシレー＝ガチャ

ホトの建物構成：固定家屋（レンガ1、泥1）、家畜囲い（泥造りの居住スペース有り）

ホトの世帯数：2

世帯1の構成：SS07（31歳）、妻、娘（9歳）、妻の母、妻の弟

世帯2の構成：S氏（60代後半）

来歴、牧地の分配、住居：

S氏は漢族で、ウランチャブ盟集寧市の出身。1960年代に現地へ移住してきた。S氏の妻は3 km離れた郡中心地に住んでおり、S氏は郡中心地とここを往復して生活している。牧地はS氏に対し、1991年に分配されたもの。面積は6200ムー（413 ha）で、固定家屋から北西方向に広がる一塊の土地である。牧地内部に私有の井戸がある。

SS07はもともと内モンゴル東部（ホルチン）の出身で、10年前に結婚して妻の家があるチャハル正鑲白旗に住んでいた。このホトへ移住してきたのは1996年で、SS07の世帯はS氏の牧畜労働者として来住した。

SS07が1996年に来住した際は、S氏は泥壁造りの家畜囲いに併設された居住スペース、SS07は泥壁造りの固定家屋（ゲルの形状をしている）に居住していた。1997年春にレンガ造りの固定家屋を建築した。これは1棟であるが、内部は完全に2分されており、東側3分の1程度がS氏の住居（1組44号）で内部は未見、西側3分の2程度がSS07の住居（1組45号）で内部は台所を含めて5部屋を擁する。なお、新しい固定家屋の建築はSS07のイニシアティブによる。

SS07によると、彼らはチャハルにも土地があったが、3年間不在にしていると土地を没収されるという規定のせいで、現在はチャハルの土地は失っているという。なお、現在のホトの土地に関しては、SS07はS氏より貰った。その理由は「S氏には労働力がなかったため」と語っていた。

家畜、放牧：

表 3-1　S 氏の家畜（1999 年 7 月 11 日現在）

	ヒツジ	同 2 歳	同 1 歳	種オス	ヤギ	同 2 歳	同 1 歳	種オス
オス	3	5	25	3	6	0	4	1
メス	60	21	30	−	18	2	6	−
小計	63	26	55	3	24	2	10	1
合計	147				37			

表 3-2　東スニト旗科学委員会の家畜（1999 年 6 月 16 日現在）

	ヒツジ	同 2 歳	同 1 歳	種オス	ヤギ	同 2 歳	同 1 歳	種オス
オス	0	14	18	0	16	15	17	0
メス	55	15	18	−	63	15	17	−
小計	55	29	36	0	79	30	34	0
合計	120				143			

S 氏の家畜は、彼のメモによると 1999 年 7 月 11 日現在、ヒツジ 147 頭、ヤギ 37 頭（表 3-1 を参照）。SS07 の家畜は、本人談によれば小家畜 150 頭、大家畜 30 頭とのこと。そのほかに東スニト旗科学委員会の家畜を預託されており、その数は 1999 年 6 月 16 日現在、ヒツジ 120 頭、ヤギ 143 頭である（表 3-2 を参照）。なお、SS07 は来住時にチャハルで放牧していた家畜を連れてきたが、家畜小屋や囲いの必要な「新疆羊」(改良種のヒツジ) ばかりだったので、仔畜が生まれなかったという。現在は、ヤギのほうがヒツジより多い。放牧については、全ての群れを一緒にして SS07 が放牧している。放牧には、自転車やバイクを利用していた。

現在、家畜囲いは泥造りの部分と、それの東側に接する石造りの増築部分よりなる。増築部分は 1998 年に造ったもので、SS07 の囲いである。以前よりある泥造りの囲いは S 氏のものである。

特筆すべき点として、通常は漢族の家畜と見なされているロバ 1 頭とニワトリ 2 羽もここでは飼われていた。また、ヒツジの所有者表示のマーキングとしては旧来の耳印ではなく、青色のペンキが用いられていた。

その他：

SS07 によると、このホトより西は漢族ばかりが住んでいる地域であるという。なお、景観上は西方も東方も同様な草原であるが、西は旗中心地に近く、東は道路沿いに進むと大規模なセンターピボット灌漑の耕地が点在している。

SS08（1999 年 10 月調査）

調査地点：東スニト旗チャントシル郡バヤンノール＝ガチャ（SS07 の南東 4

km、牧地の境界は接している）

ホトの建物構成：固定家屋、家畜囲い、ポンプ小屋（井戸）

ホトの世帯数：1

世帯1の構成：SS08（40歳）、妻（40歳）、娘1（16歳）、娘2（14歳）

来歴、牧地の分配、住居：

SS08は当地の出身だが、軍人となり、1980年に退役した後、東スニト旗南部のバヤンボルド郡で党書記まで務めた。バヤンボルド郡は沙漠地帯で水がないため、1991年に国からこの土地を貰って移住してきた。移住後にレンガ造りの固定家屋、家畜囲い、機械式の井戸を作った。

牧地は、チャントシル郡では1984年頃に一応分けることになったが、1998年に正式に分配した。彼は牧地1万6500ムーのうち、北側と西側の1万ムーを有刺鉄線で囲った。有刺鉄線の設置には6万元かかった。SS08の土地には現在、当郡出身の他の牧民世帯も居住しているが、来年には立ち退く予定である。

土地は、30年間このままの契約となっている。全て分け与えたので、余分な土地はもうない。SS08自身は、新たに結婚した世帯に分け与える土地がないため、牧地の不足を心配しているとのことであった。

SS08によると、近年はインフレがひどく、家畜100頭くらいでは、ほかの仕事をしなければ生活ができない。この点に関しては、SS07の世帯の人々も、SS08を訪ねてきた複数の客人も、同様の見解を示していた。

家畜、放牧：

家畜数は秋の売却後の状態で、小家畜が700頭程度。大家畜は、ラクダ3頭、ウマ40頭、ウシ140頭。全て私有家畜である。

ヒツジは、他の世帯（ホニニィ＝アイル）に預託し金を払って放牧させている。このホトの牧地にいる60～70頭（うちヒツジが20頭くらい、残りはヤギ）は、近々売る。SS08が言うには、「ホニニィ＝アイル」をおく前は非常に忙しく、昼間に来ても、誰もいないことが多かった。現在は、彼らのおかげで少し暇ができたという。

ウシは、去年は他の世帯に預けた。報酬は月400元。親しい友人の所なので、これでも安いほうだという。高いと700～800元というケースもあるらしい。SS08は、家畜頭数が多いが牧地の不足している豊かな世帯が、広い牧地を持っているが家畜頭数の少ない貧しい世帯に自らの家畜を預ければ、前者にとっては牧地にかかる負担が減り、後者にとっては家畜預託の手数料で収入が得られるため、双方にとって利益があり、牧畜労働者を雇用するよりも合理的である、と認識している。

チャントシル郡では、1世帯＝1ホトが普通であるが、彼が書記をしていたバヤンボルド郡では、複数の世帯が一緒に住んでいる。

SS08の家畜囲いは屋根が温室風のガラス張りになっている。これは近年改造したものであるが、暖かいので春の出産シーズンには効果があるという。また、固定家屋南側には55 m × 110 mほどの長方形をした有刺鉄線の囲いがあり、飼料用の大豆（ボルトール）を植えている。固定家屋近くの機械式井戸から、用水路として細い溝が掘ってある。この機械式井戸の近くには、ヒツジを洗う場所も掘ってある。2000年からは、現在他家が住んでいる東の機械式井戸の近くでもボルトールを栽培する。SS08によると、ここは草生が良くないので、5〜10年後には飼料が必須になるだろう、とのことであった。

筆者の観察する限り、ここは気候的にも他の調査地より乾燥しているので、草生はシリンホト市や西ウジュムチン旗には及ばない。ただし、運転手のB氏が言うには、10年前には、草生は現在よりだいぶ良かった。

調査中、旗中心地に住んでいる若いモンゴル族の家畜仲買人が「集寧市」（ナンバーは蒙J＝ウランチャブ）と書いてある大型トラックでSS08の家を訪れ、ウシを買いつけていった。売却価格はウシ16頭で2万元、支払いは現金であった。秋にはこうした家畜の買付人が多数やってきて、牧畜地域で買い集めた家畜を都市で転売する。こうした家畜のうち一部は秦皇島（河北省）から中東へ輸出されているという。SS08の妻とSS07との会話によると、仔ヤギは100元程度で売れ、質が良ければ160元程度になるとのことであった。

その他：

SS08は四輪駆動車1台、バイク2台を所有し、現地でも裕福な階層に属する。SS08本人はここ数年間、家畜には騎乗しておらず、バイクで移動していた。現在は、大きな道を行かないと有刺鉄線のせいで通行不能の個所が多々あるという。実際、このホトの南側も牧地を囲いこんだ有刺鉄線がダート道を横断しており、一応扉が付けられて通行可能にはなっているが、南端に扉は付けられておらず通り抜けはできなくなっていた。

SS08の関心事は電気であった。郡中心地から引くと20万元必要だが、電気を引けば機械式井戸が常に回せるようになり、牧草の栽培面積が広げられる、とのことであった。SS08自身は牧草栽培の必要性を主張しており、近隣でも牧草栽培を目的として機械式井戸を造る世帯が増えているという。

SS09（1999年10月調査）

調査地点：東スニト旗チャントシル郡バヤンノール＝ガチャ（SS08から東に22 km）

ホトの建物構成：固定家屋×2、家畜囲い

ホトの世帯数：2

世帯1の構成：SS09（45歳）、妻、三男（20歳）、三男の婚約者

世帯2の構成：長男（26歳）、長男の妻、長男の娘（1歳1カ月）

来歴、牧地の分配、住居：

SS09は、ここのガチャで生まれた生粋の地元民。また、彼の妻もチャントシル郡の出身で、彼女の兄はSS08の妻の姉と結婚している。

ホトの有する土地は1万8000ムー（1200 ha）で、北半分（固定家屋以北の1万ムー）を有刺鉄線で囲った。土地利用においても、放牧においても、SS09と長男は全て共同である。

1989年にSS09が現在住んでいるレンガ造りの固定家屋を建築した。それ以前はゲル住まいで、2～3世帯で1つのホトを構成して移動生活を行っていた。1989年以前、ガチャに所属していた40世帯ほどのうち固定家屋を所有していたのは1～2世帯だったが、それ以降毎年10世帯程度が固定家屋を建てていき、調査当時ゲル住まいは皆無であった。

長男はSS09の固定家屋の東側に、レンガ造りだが円形でゲルのような外観を持つ固定家屋を建てて住んでいる。屋根が泥で、ゲル風に盛り上げてあり、レンガ造りの煙突もゲルの煙突を意識して造られている。土台はコンクリートで固めてある。この円形家屋は去年建てたもので、住居表示はない。こうした形状の固定家屋はここ2年の間に出現したもので、ガチャにもう2～3棟ある。長男は1996年に結婚したが、1998年まではゲル住まいであった。

家畜、放牧：

ホトの家畜は、小家畜が800頭、ウマ20頭あまり、ウシ30頭、ラクダ3頭。ラクダは、冬に乗って、ヒツジを放牧する際に使う。車の牽引については、今はトラクターを使うのでラクダは不要である。またウマも、ヒツジの放牧時に彼らが騎乗する。小家畜の構成は、筆者の観察するところでは、ヤギが30％くらいを占めていた。

上記家畜のうち、長男の所有分は小家畜200頭、ウマ10頭、ウシ10頭。このホトには、牧畜労働者はいない。父と息子2人で、十分労働力は足りているため。

1999年は干ばつに見舞われている。雨の良い年なら30～40 cmくらい草が生えるのに、今年は2回くらいしか降っていないので全くだめだとのこと。このホトでは例年、200～300頭くらいヒツジを売却しているが、今年は草が少ないので、300頭売る必要があるという。また、家畜囲いの中には干草が高々と積まれていたが、この総重量は2万斤（10 t）で、アバガ旗から購入してきたもの。これが一冬に使う量だという。

家畜仲買人の買付価格は、仔ヒツジが2.6元／斤（kg当たり5.2元）。仔ヤギも価格的には大差がない。家畜の値段は頭いくらではなく、斤いくらと相場が決まっているが、重量は牧民と買付人が適当に見当をつけ、厳密に計量するわけではない。なお、頭当たりの価格に換算すると、仔ヒツジは大型のもので100元／頭くらいになる。なお、買付価格は、都市へ近づくほど上昇し、旗中心地まで出向けば2.8元／斤で取引される。

井戸は機械式だが、地下100mくらいまで掘るため、掘削には7万～8万元、場合によっては10万元かかる。

ガチャの家畜は、80年代には1万数千頭だったが、現在は7万頭までに増加したという。人口も、現在は400人くらいにまで増加している。

その他：

次男は未婚で、1998年シリンゴル盟の師範学校を卒業し、1999年9月より東スニト旗南部のデルゲルハン郡で音楽教師をしている。給料は月に300元少々とのこと。

三男は結婚式は挙げていないが、既に婚約者と一緒にSS09の固定家屋の1室に住んでいる。SS09は、三男が結婚式を挙げるのにあわせて固定家屋を新築し、四輪駆動車を購入する予定であった。

長男の妻はアバガ旗チャガンノール郡の出身。地図上ではここから南東に100 kmの距離だが、実際には有刺鉄線をめぐって進むので、130 km少々の行程である。

長男の固定家屋へは風力発電で電気を供給しているが、SS09の固定家屋ではVCDやカラーテレビに給電するためにガソリン発電機を使用している。

SS10（2001年8月調査）

調査地点：アバガ旗ボグドオーラ郡サロールタル＝ガチャ（SS01の西北西12 km）

ホトの建物構成：固定家屋×3、家畜囲い×2、ゲル×3

ホトの世帯数：3

世帯 1 の構成：SS10（27 歳）、妻、娘
世帯 2 の構成：妻の弟、妻の弟の妻
世帯 3 の構成：妻の姉、妻の姉の夫
来歴、牧地の分配、住居：

調査地点は春営地であり、固定家屋は SS10、SS10 の父（シリンホト市在住）、SS10 の妻の弟の所有。ゲルは SS10（2 つ）、妻の姉の所有となっている。調査地点は人民公社期からの春営地（ゲシギンオーラ）であり、西にある井戸を中心に、各世帯に放射状に土地を分けている。元々は 3 世帯でホトを構成していたが、現在は SS10 と他の 2 世帯は群れを別個に管理しており、牧地もそれぞれ有刺鉄線で囲っている。

SS10 の利用する牧地面積は 8700 ムー（580 ha）、内訳はシリンホト市在住の両親（姉の 1 人と同居）に分配された牧地と本人に分配された牧地であり、春営地、夏営地、冬営地の合計となっている。なお固定家屋があるのは春営地のみで、夏営地は南へ 8 km の地点で 10 世帯ほどの営地が集中しており、冬営地は南東へ 9 km の地点（アル＝ウブルジュー）で井戸を中心として放射状に土地が分配されている。冬営地には石で作った家畜囲いは存在する。調査当時、冬営地と春営地の牧地は有刺鉄線で囲ってあったが、夏営地は有刺鉄線の囲いはなかった。

SS10 は当地の出身であり、春営地の近隣に居住する人々も多くは彼の親族や姻族である。

家畜、放牧：

このホトが解体するきっかけとなったのは家畜頭数の増加であり、小家畜が 1000 頭になったのを機に 2 群に分割した。SS10 の所有家畜は小家畜 300 頭、ウマ 10 頭、ウシ 20 頭。地元出身の牧畜労働者 1 人を所有するゲルの 1 つに住まわせている。ただし SS10 によれば、牧畜労働者は仕事嫌いで、調査当時は、給料が出たのでシリンホト市へ行っているとのことであった。

その他：

2001 年は干ばつがひどく、SS10 はいったん夏営地へ移動したものの、草の状態が悪いので春営地へ戻ったという。彼の親族の中には夏営地で過ごしている世帯と春営地に留まっている世帯が混在していた。例えば SS10 の姉の世帯（小家畜 400 頭、ウシ 30 頭所有）は春営地から移動しておらず、一方で上記世帯主の姉の世帯（小家畜 520 頭、ウマ 15 頭、ウシ 16 頭所有）は夏営地へ移動したものの、草不足のため知人の牧地（3000 ムー）を借りてオトルに出る計画を立てていた。1 群 1 カ月 600 元の支払いで、オトルに出向くのは 1 カ月前に四子王旗から単身

で来ていた牧畜労働者とのことであった。

SS11（2001年8月調査）

調査地点：アバガ旗ナランボラグ郡バヤンシル＝ガチャ

ホトの建物構成：固定家屋×1、ゲル×2、家畜囲い

ホトの世帯数：1

世帯1の構成：SS11（40歳）、妻（41歳）、長男、次男、娘、母

来歴、牧地の分配、住居：

SS11はナランボラグ郡の出身で、牧地分配時は上記6人分で2万7000ムー（1800 ha）を得た。SS11は全ての営地が一塊となっているが、バヤンシル＝ガチャの牧民の中でも季節ごとに別になっている世帯は存在するという。バヤンシル＝ガチャでは多くの世帯が1万5000～2万ムーの牧地を持っているという。SS11は全ての牧地を有刺鉄線で囲んだ。

固定家屋はレンガ造りのものがあったというが（2010年調査時点での指摘）、調査時には牧地の南端にゲルを2つ立ててオトルに出ており、そちらで聞き取りしたため未見。現地はかつて丈が40 cmくらいの草が生えていた場所なのだが、2000年と2001年は干ばつのため草が乏しかった。

家畜、放牧：

所有家畜は小家畜700頭、ウシ60頭、ウマ20頭、ラクダ3頭。家畜数が増えたので世帯ごとに放牧しているという。2001年当時、娘は学生だったが、2人の息子はいずれも中学校を卒業してすぐに牧民となって父親の放牧の手伝いをしていたので、牧畜労働者は雇っていなかった。

その他：

ゲルの南100 mほどの地点に20 m × 50 mくらいの飼料畑（有刺鉄線の柵あり）があった。畑の近くには20 mの深さの機械式井戸を掘削し、その水で灌漑していた。

以上11事例をまとめると、移動の可能性に関しては牧地の広さが密接に関係していると言える。牧地が1塊でかつ狭ければ、移動は無意味であることは明らかである。牧地の形状にもよるが、日帰り放牧圏を半径2 kmと設定すると、その圏内に収まる牧地での移動は特殊な事情、たとえば標高差があったり水へのアクセスが極端に異なったりしない限り、意味をなさない。一方、曲がりなりにも季節移動を行いうるためには、アバガ旗ナランボラグ郡のように土地が

十分に広いか、同旗ボグドオーラ郡などのように季節営地が離れている必要があるが、ここで目につくのは固定家屋化である。

固定家屋化が進むと、SS01 や SS06 のように主要メンバーは固定家屋に通年居住して牧畜労働者のみを冬営地へ派遣したり、SS08 のように家畜を他の世帯へ預託したり、人の移動と家畜の移動の分離が発生しやすくなる傾向がある。最終的に牧畜は牧地、家畜、労働力のバランスが取れていれば成り立つのだが、移動しない住居が導入されることでこのバランスのとり方に変化が発生するのである。

また固定家屋化は、発電機やテレビといった耐久消費財の増加、あるいは井戸の掘削や飼料畑の利用、さらには有刺鉄線の設置といった諸インフラの導入を容易にしている。SS04 が指摘するように、固定家屋そのものはゲルよりもメンテナンスが面倒でないから普及しているという側面もあろうが、上記の諸インフラにせよ、あるいは牧畜労働者の雇用にせよ、それを可能にしたのは経済力の向上である。これは単に家畜が増加したというだけでなく、家畜の商品化による現金収入の増加がポイントとなる。SS02 のようにゲル居住を続けるケースもあるが、SS02 においては観光客向けの需要としてゲルを維持している側面が強い。実際、高齢の夫婦 2 人の世帯にゲル 3 つは不要であり、また、ゲルも工場で作られたものを現金で購入するのだから、これもまた 1 種の「贅沢」、あるいは戦略的な選択であると言えよう。

話を牧畜による現金収入に戻そう。改革開放以後、中国、特に都市部における生活レベルの向上は改めて説明するまでもない事実であり、食生活という側面では、肉の消費量の増大をもたらしている。モンゴル牧民の現金収入の増大、およびそれに伴う物質面での生活向上には、こうした畜産品に対する国内マーケットの増大と、消費地への輸送を可能にする流通網の存在が不可欠であることは、第 2 章で検討したモンゴル国スフバートル県オンゴン郡の状況と比較してみれば明らかである。1990 年代のオンゴン郡では、市場経済へ移行してから、確かに家畜頭数は増加しているものの、劣悪な流通状況によりマーケットと切り離されてしまったので、むしろ現金経済が後退し、社会主義時代より物質生活は悪化したのである。

より具体的な数値を挙げて、さらに詳細に検討してみよう。SS03、SS06、SS09 の例などから、1999 年の段階で中程度の収入層に属する牧民世帯でも、200 ～ 300 頭のヒツジ・ヤギを年齢により 1 頭あたり 100 ～ 300 元で、また場合によってはウシを 1 頭あたり 1000 元以上で売却し、年収 3 万～ 4 万元を得ていたことがわかる。

内モンゴル牧畜地域における家畜の取引は、まず牧民世帯を訪問する仲買人によって牧民の元から旗に最低1つは存在する家畜取引市場、あるいはより消費地に近い都市部の家畜取引市場へ運搬される。仲買人の中には牧畜地域に知人が多く、モンゴル語での交渉が可能な人物が含まれることが常であり、地元出身で都市に居住しているモンゴル族などがその任に当たる。一方、家畜取引市場は漢語の世界であり、漢語での交渉に長けた漢族も必須である。家畜の相場は牧民も大体把握しており、相場とかけ離れた額では取引が成立しない。児玉香菜子の1997年の調査によれば、家畜取引市場での売却価格から購入費や燃料代などの経費を引いた仲買人の利益率は10～20％であった［児玉 2000: 296］。

牧民自身がトラックなど家畜を運搬できる車両を持っていれば家畜取引市場まで直接持ち込むことも不可能ではないが、現実には、1990年代はもとより、現在においてもそうした牧民は稀である。これはトラックの所有のみならず、漢語での商談が障壁となっていることがある。それゆえ牧民は仲買人に対し、家畜を安く買い叩くという疑念をもって接している傾向は否めない。またそうであるがゆえに、仲買人も知人などを頼って家畜を仕入れるのである。

ただしモンゴル国においては、ヘンティ県中心地から首都へ家畜を運ぶだけで34％の利益が出るという辛嶋博善の2003年の調査報告がある［辛嶋 2010: 195］。これを勘案すれば、内モンゴルにおける仲買人はモンゴル国における仲買人と比較して搾取的ではない、と評価することができよう。この要因として考えられるのは、内モンゴルの方がモンゴル国よりも仲買人が多く、競争が激しいという点である。モンゴル国では現在もなお流通システムが脆弱であり、例えば郡中心地から首都への物流ですら、トラックを所有する運転手が個人的裁量で季節的に運行するのみというケースが少なからず存在する［寺尾 2016: 110-111］。

前述した牧民の収入に関する事例は、もちろん現地の平均値を示してはいない。『内蒙古統計年鑑』によれば、1998年の東スニト旗の牧民1人当たり平均純収入は3027元／年、シリンゴル市が3128元／年、西ウジュムチン旗が3793元／年である。統計上、総収入と純収入には約2倍の乖離があるが、それを考慮に入れても、彼らは平均以上の収入を得ている階層に属することがわかる［内蒙古自治区統計局 1999: 196, 494-505］。

その一方で、SS07を含む牧畜労働者やSS07を雇ったS氏のような外来者が平均値を引き下げていることは、牧畜労働者の月収が当時300元程度であり、またSS07やS氏の家畜保有頭数が少なく、東スニト旗科学委員会の家畜を請負放牧している、といった類の調査データからも窺い知ることが可能である。こうした外来者の旧居住地は、1999年当時の1人当たり平均純収入が1500元／年程度の低収入地域であり、内モンゴル自治区の牧民1人当たり平均純収入が2515元／年である現状から判断しても、本章で取り上げたシリンゴル盟北部の草原は、経済的あるいは物質的な充足度において非常に裕福な地方であったと言える［内蒙古自治区統計局 1999: 196, 424, 510］。

売却に伴う家畜のコンスタントな域外搬出は、家畜構成に少なからぬ影響を与えていると思われる。SS04の言葉にもあるように「仔ヒツジ、オス、老畜」を大量に売却するので、SS05のごとく、オスの成畜がほとんど存在せず、メスと仔によって成り立つ家畜構成となる。つまり、去勢オスとしてストックするよりも、早期売却によってメスの比率を上げ、仔畜の生産性を高めよう、という戦略である。これは、買い手が常に存在するという市場状況と、牧地が制限されているので家畜の数を無制限に増加させられないという状況への牧民側の対応であると解釈できよう。

家畜の種類に関しては、第7章で言及するように、モンゴル国ではしばしば見られる「ウマ好き」、つまりウマ群の拡大に全精力を注ぐ人物が当時の事例からは見いだせなかった。これは、必ずしも内モンゴルにそうした人物が存在しないことを意味してはいないのだが、それでも比率的には小さいと言えるだろう。これは、ウマが「威信財」として理解されているモンゴル国の状況に対し、牧民がウマを日常的に使用しなくなり、生体の売却で利益の上がるヒツジ・ウシや、生体に加えて毛の売却でも利益の上がるヤギの如き貨幣的な価値を付与されていない現状を反映したものであろう。すなわち、内モンゴルの牧民は畜群構成において、収益性のより高い家畜に特化しているのである。

このような牧地利用、家畜飼養パターンにおいて、当時の牧民たちは牧地の荒廃を指摘していた。そしてその対策が、SS06やSS08のように、牧地の草を保護するための有刺鉄線の設置、あるいはSS08やSS11のように、機械式井戸を稼動しての牧草栽培である。つまり、このままの状況では長続きしない、という現状認識が存在する。

草原の囲い込みは、牧地荒廃の原因が他人の家畜、もしくは自動車の無秩序な侵入にあるならば、一定の効果をあげるだろう。ただし、家畜密度の過多や移動性の低下が真の牧地荒廃の原因であるならば、これは単なる気休めに過ぎないだろう。これに対応するには、土地の生産力を上げる、という全く新しい発想を導入するか、かつての移動性を、少なくとも家畜に関する限り回復するしかない。そして、SS08の対応が、この両者に適合する。彼は、小規模ではあるが牧草を栽培すると同時に、家畜密度の低い土地へ自らの畜群を移動させることによって家畜の移動性を回復させ、家畜と牧地のバランスの最適化を図り、極力牧地荒廃を避けようとしていると言えるだろう。むろん、家畜の移動性による家畜と牧地のバランスの最適化は、家畜密度の低い土地（あるいは草生の良い土地）が存在することが前提となることは言うまでもない。

ここで問題となるのは貧富の差である。SS08のような豊かな人々は、家畜の移動性を回復させるため、他人の土地に対して払う金銭を用意することができる。ところが、貧しい人々は、金銭を払ってまで他人の土地を利用できない。もちろん、貧しい人々は飼養している家畜も少ないという状況下では問題は起きないのであろうが、今後新たに牧地の分配が行えない状況が続けば、家畜は決して少なくないのだが、世帯規模が大きすぎる（相対的に牧地面積が小さい）がゆえに貧しいというケースが出現することは、SS08が指摘するように想像に難くない。事実、SS01、SS04、SS10などで確認できるように、家畜数の増加はホトを分裂させ、世帯単位での牧畜を発生させる一方で、SS09のように、そうして分裂した世帯の複数の子供が牧民として独立した場合、必要家畜数の増加が牧地の相対的減少を引き起こす可能性がある。そして第6章で見るように、その可能性は牧地私有化以降のプロセスとして、長期的には現実に発生するのである。

こうなると、SS08が志向している最適化システムは破綻する。つまり貧者は、貧しさから脱出するために自らの牧地を酷使し、その結果、牧地が一層荒廃する、という悪循環に陥ることになる。こうなった場合、貧者が牧畜労働者化しても牧畜を継続できるか否かは、多分にシリンゴル盟という地域で牧地・家畜・人口が一定の均衡を保っているかにかかっていると思われる。また牧民が現在の生活レベルの維持を前提としつつ可能な対策を講じているという点は、第6、第7章でみる21世紀の状況との比較において重要な論点となる。

第3節　内モンゴルとモンゴル国の比較（1990年代末段階）

本節では第3章のまとめとして、内モンゴルとモンゴル国において郊外と遠隔地の発生する直前であった1990年代末頃の状況を比較し、両者の類似と相違について確認したい。比較は牧畜に関わる要素としての以下の7項目、すなわち 1）住居、2）所有家畜、3）家畜の密度と緩和方法、4）牧畜用インフラ、5）牧畜労働の組織方法、6）家畜の利用・売却、7）情報へのアクセスである。

1. 住居

一般に、内モンゴルとモンゴル国双方の牧畜地域の景観を比較した場合、極めてわかりやすい対照の 1 つに住居の違いを挙げることができる。第 2、第 3 章で見たように、ごく簡単に言ってしまえば前者が固定家屋、後者がゲルであるが、本節ではもう少し詳細にその内実を検討することにしたい。

1990 年代末のシリンゴル盟において、モンゴル牧民が居住する最も一般的な固定家屋は東西 15 m、南北 10 m 程度のレンガ造りの平屋であった。建設に携わる労働者がシリンホト市や旗中心地に居住する漢族である点から容易に理解できるが、基本的にその構造は中国北部の漢族のものと大差なく、寝室には台所からの排煙を引き込んだオンドルがしつらえてあることが多い。例として図 3-1 に SS10、図 3-2 に SS01 の弟 1 の固定家屋の見取り図を示す。前者は比較的小規模な例、後者は比較的大規模な例である。図 3-2 で示した通り、SS01 の弟 1 の固定家屋は長屋風で、西側には SS01 の固定家屋が連続している。内部構造はほぼ線対称となっていた。

こうした固定家屋の建設は、大半が 1980 年代後半以降である。建設年の早い事例を挙げると、1978 年（SS01）、1993 年（SS04）、1986 年（SS05）、1991 年（SS06）、1991 年（SS08）であり、それは、「1985 ～ 1986 年には西ウジュムチン旗には固定家屋はほとんど存在しなかった」（SS04）、「1989 年以前、ガチャの 40 ほどの世帯で 1 ～ 2 軒だけ固定家屋があった。その後、年に 10 世帯のペースで固定家屋が建てられ、現在ゲル住まいは皆無」（SS09）というインフォーマントの証言からも裏づけられる。

なお、こうした固定家屋の耐久年数は一般に短く、SS05 は 1986 年に建てた固定建築物を 1998 年に改築しており、SS09 は 1988 年に建てた固定建築物を近々予定している息子の結婚を機に改築予定であるなど、おおむね 10 年程度で改築が行われるようである[39]。この背景には、後で述べるように、牧民が比較的裕福であることに加え、施工技術の未熟さが指摘できる。特に、レンガ積みの隙間を大量のモルタルで埋めるので、経年変化により容易に家屋に歪みが生じる。こうした現象は比較的新しい住居にも見受けられた。

39　SS01 の固定家屋（泥壁造り）の改築歴については未確認である。

図3-1　固定家屋の例（SS10）

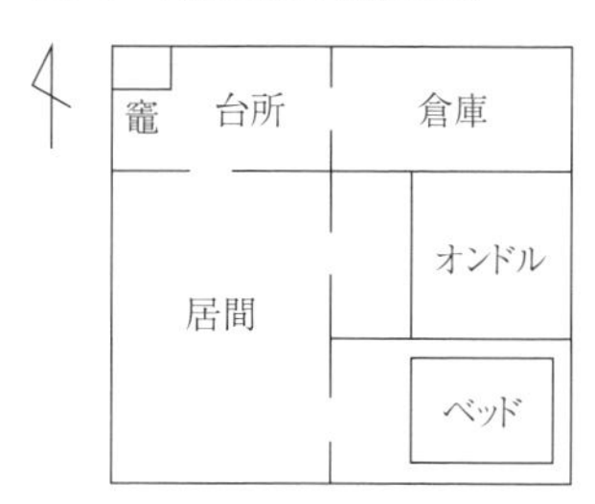

図3-2　固定家屋の例（SS01の弟1）

※全ての寝室にオンドルあり

しかし1990年代末現在、シリンゴル盟では完全にゲル居住から固定家屋居住へ移行したわけではない。ゲルのみに居住している例は少ないが、固定家屋の脇にゲルを立てて客間としている事例（例：SS06、SS03の姉[40]）や、牧畜労働者を住まわせている事例（例：SS01、SS03、SS09など）は珍しくない。また、SS01、SS06、SS09などのように各季節の営地が分散している場合、固定家屋の存在する営地（主に春営地）と存在しない営地が発生し、固定家屋の存在しない営地ではゲル居住を行う例もある。さらに、不定期のオトルなどでもゲルは活用されている（例：SS10の姉の夫の姉）。

ただし、彼らの言葉を借りれば、「ゲルは3～4年に1度はフェルトを交換する必要があり、移動しない分には面倒」（SS04）なので、恒久的な住居としては利用されなくなった、ということである。さらに筆者自身の観察や経験に基づいて付け加えるならば、テレビなどの大型耐久消費財を設置する際の利便性や、特に厳寒の冬季における快適性も固定家屋への移行を促した要因として指摘しうる。なお、固定家屋の建築費は1990年代半ばで2万5000～3万元程度を費やしており、これが単純にゲルのフェルト交換より経済的であるかどうかは疑問である[41]。一方内モンゴルにおいて、ゲル用のフェルトは工場生産物であり、またゲル用フェルトは巨大[42]で運搬が面倒であることを考慮すれば、移動生活をしないのであれば数年おきにわざわざシリンホト市などから購入して運んでく

40　1999年9月、SS03の姉の息子が自宅で結婚式を挙げる際、SS03の姉世帯が所有するゲルを客間とし、SS03およびSS04が持ち込んだゲルを台所および倉庫として使用した。

41　例えばモンゴル国ウランバートル市郊外には大規模なゲル集落が展開しているが、筆者の観察では、実際にゲルに居住しているのは貧困層で、経済的に余裕のある人々は固定家屋を建築しているようである。

42　風戸によれば、モンゴル国家規格では住居フェルトのサイズは1枚約1.8 m × 5.2 m × 12 mmとされているという［風戸 2016: 8］。

るほどのものではないと判断するのは、合理的であるように思われる。実際、SS01の2001年の事例が示唆しているように、2000年代に入るとアバガ旗においてもゲルの利用は急速にすたれていく。

モンゴル国においては、牧民の基本的な住居はゲルである。ただし、そこで見られるゲルは現在内モンゴルで使われているゲルと同一ではない。モンゴル国で使用されているゲルのほうが一般に大型である。これは単にゲルの直径が大型であるというだけでない。ゲルの大きさはハナ（壁）の枚数で表現されるが、モンゴル国で使用されているハナのほうが大型である。内モンゴルにおける5ハナのゲルとモンゴル国における4ハナのゲルは、その直径がほぼ同一である。また、内モンゴルで現在使用されているゲルにはバガナ（柱）が存在しないのに対し、モンゴル国のそれは一般的にバガナが必須であり、その結果として天井が高くなっている。それゆえ、ゲルの容積も内モンゴルのものに比較してはるかに大きい。

こうした差異の生じた経緯について実証的に語りうるだけの資料を筆者は持ち合わせていないが、オンゴン郡のNS12が所有していた、1953年製作のものという「ダリガンガ式」ゲルではバガナが存在しないため背が低く、また現在モンゴル国で一般に見られるゲルに比べて天井が小さく採光性が悪いという特徴があった。また、大型のゲルは、床ではなくベッドに寝る現代モンゴル国の牧民の生活スタイルに適応している。さらにオンゴン郡において、ネグデル期には季節移動にトラックが用いられることもあったという。つまりゲルが大型化し、耐久消費財が増えても長距離移動できる体制が整っていたと言える。一方、文革期までの内モンゴルにおいて、季節移動にトラックが利用されたという事例を筆者は寡聞にして知らない。

それゆえ、モンゴル国においてはゲルの居住性の向上が内モンゴル以上に追求され、現状に至っていると想像される。あるいはこうした差異こそが、モンゴル国のマジョリティであるモンゴル族と中華人民共和国のマイノリティであるモンゴル族が取りうるオプションの違いがもたらしたものであるとも言えよう。内モンゴルにおける耐久消費財の大幅な増加は1980年代の改革開放以降にもたらされたのだが、それらを収容するのに、ゲルの大型化によるキャパシティの増大をめざすのではなく、固定家屋の方が選択されたのである。

2. 所有家畜

ここでは、家畜構成及び家畜頭数について着目してみたい。表3-3で、前節で

表 3-3　シリンゴル盟における家畜（MSU）および牧地面積等に関するデータ

	調査年	家畜（MSU）	牧地面積（ムー）	営地数	牧畜労働者	MSU/ha	備考
SS01	1996	4641	4 万	3	あり	1.74	4 世帯分
SS02	1999	408	1200	1	なし	5.10	
SS03	1999	638	4320	1	あり	2.22	
SS04	1999	905	2160	1	あり	6.28	
SS05	1999	1600	5000	1	あり	4.80	
SS06	1999	1070	1 万 4490	2	あり	1.11	
SS07	1999	510	6200	1	あり	1.23	2 世帯分
SS08	1999	1835	1 万 6500	1	なし	1.67	
SS09	1999	1135	1 万 8000	1	なし	0.95	2 世帯分
SS10	2001	490	8700	3	あり	0.84	
SS11	2001	1215	2 万 7000	1	なし	0.68	

述べたシリンゴルにおける 11 事例の家畜（MSU 換算）[43] および牧地面積などに関するデータを示す。これらのデータのうち、本項では MSU 換算の家畜および家畜構成について注目したい。

このうち、SS02 では民政局のヒツジ 200 頭、SS07 と同居の S 氏は東スニト旗科学委員会のヒツジ・ヤギ 260 頭を預託され、放牧することでも収入を得ている。また SS02 は観光業収入もある。彼ら以外の世帯では収入目的に他人の家畜を放牧することはない点を勘案すると、MSU450 程度がおよその生活最低ラインであることが看取しうる。一方、世帯の主人が幹部でフフホト在住であり、富裕者の 1 典型とも言える SS05（MSU 換算で 1600）であっても、小家畜に限れば 1000 頭である。意味合いは異なるが SS10 が小家畜 1000 頭に達したのを機にホトの分割を行った例があるなど、1 群での管理上限数である小家畜 1000 頭というのはある種の限界値として認識されている。

その一方で、SS06 は地元での最富裕者を 2000 頭と表現し、自らを中流と位置

43　本書ではヒツジ換算の単位として MSU（Mongolian Sheep Unit）を用いる。MSU は家畜の種類ごとの食草量を、ヒツジを基準として換算する方式であり、ヒツジ 1、ヤギ 0.9、ウシ 6、ウマ 7、ラクダ 5 の換算率である［Bedunah and Schmidt 2000］。モンゴルでのヒツジ換算では家畜の価値をベースにした SSU（Standard Stocking Unit：換算率はヒツジ 1、ヤギ 0.9、ウシ 5、ウマ 6、ラクダ 7）が使われることも多い。MSU は牧地への負荷を見るのに適し、SSU は牧民の資産規模を見るのに適している。両者の混用は議論を混乱させる懸念が高いので、本書ではヒツジ換算の単位としては MSU のみを利用する。なお、MSU での換算値は SSU での換算値より大型家畜が多めに換算されるので、結果として若干大きめの数値を示す傾向があるが、いずれを利用しても本書の論旨に大きな影響を与えないことは確認している。

表 3-4　オンゴン郡における家畜（MSU）および営地あたりの密度

	1998 年夏 MSU	MSU/ha	営地あたり MSU/ha	備考
NS01	256	0.20	0.05	
NS02	1110	0.88	0.22	1997 年値
NS03	2597	2.07	0.52	
NS04	1579	1.26	0.31	
NS05	1704	1.36	0.34	
NS06	1866	1.49	0.37	
NS07	920	0.73	0.18	
NS08	638	0.51	0.13	
NS09	2733	2.18	0.54	
NS10	1495	13.19	0.30	
NS11	79	0.06	0.02	
NS12	3624	2.89	0.72	1997 年値
NS13	2883	2.30	0.57	
NS14	1286	1.02	0.26	
NS15	676	0.54	0.13	
NS16	993	0.79	0.20	
NS17	766	0.61	0.15	

づけており、SS04 も出産シーズンにはヒツジ・ヤギが 1000 頭に達するが、ローカルな文脈では中流であると表現しているなど、草生の比較的良い東部地域ではもっと多くの家畜所有が可能であることをうかがわせる。彼らにとっての中流とは、MSU でおよそ 1000 頭程度まで適用されるものと想像される。

家畜構成の特徴については、オンゴン郡の事例との比較においてより実証的な分析が可能となるので後述に回すが、ラクダの絶対数がゼロに近い点は比較を待つまでもなかろう。シリンゴル盟において、現在のラクダの使い道は冬季の騎乗用のみである。営地移動や水汲みには自動車やトラクターが使われ、多くの地域で第 1 の移動手段がバイクに変化している現状では、ラクダの利用価値が極めて低いことを示しているものと思われる。

表 3-4 は、オンゴン郡における 17 事例の家畜（MSU）などに関する表である。本項で取り扱う事項ではないが、表中の「MSU/ha」および「営地あたり MSU/ha」という項目について説明しておく。

第 2 章で検討したとおり、オンゴン郡における牧地面積は営地の移動を行い続ける限りにおいて無限であると言っても過言ではないのだが、1 点の営地を基準に考えれば、日帰り放牧を行うという条件において営地からの距離が放牧可能な範囲となって立ち現れる。実際、小家畜は牧夫が付き添うので基本的に日帰りである。ウシについても搾乳の都合からメスウシに関しては実質的に日帰り放牧の形態をとる。それに比べてウマやラクダは放し飼いにより近い状態であるのだが、ここでは議論をシンプルにするために考慮しないこととする。

日帰り放牧の範囲は、季節や地形によって左右される。オンゴン郡においては3～4 kmが日帰り放牧の最大値であるが、これは夏の場合である。一般に、冬場は気候条件が厳しく、日照時間も短いので日帰り放牧の範囲は小さくなる。また日帰り放牧圏内に他の世帯の放牧圏が重なる場合もあり、家畜にある営地から一定圏内の草を等しく食わせているとは限らないので、ここでは少なめに2kmと見積もっておく。半径2 kmの円の面積は1256 haとなり、表3-4におけるha当たりMSU（MSU/ha）の計算は、すべてこの値で除してある。

営地あたりMSU/haという値は、上述のMSU/haの数値を4で除した数字である。オンゴンでは秋を中心にオトルが実施されることも珍しくなく、逆に春営地から秋営地まで移動性が低いケースにおいては各季節の日帰り放牧の範囲が重複するケースが想定され、現実にユニットごとの厳密な計算は不可能である。それゆえ、これはあくまでも目安として計算した値であると理解していただきたい。

なお、オンゴン郡のインフォーマントが所有する家畜の畜種別データなどの詳細については、表5-1を参照されたい。

オンゴン郡のデータの多くはホトアイルのアハラクチに関するデータで、シリンゴル盟のデータの多くは1世帯で独立して牧畜を行っているデータであるが、いずれも自立経営できるレベルの牧民に関するデータを中心に示しているという意味では比較可能であろう。

これを見ると、MSUのレベルではオンゴン郡の裕福なアハラクチたちはシリンゴル盟の牧民と比較して概して多くの家畜を擁していると言えるが、同じくアハラクチとしてみた場合のSS01はオンゴン郡の最多規模のアハラクチであるNS12の家畜をゆうに上回っているので、これは両地域の経営スタイルの違いとして理解すべきであろう。一方の最低値については、自立した牧民としての生活が維持できる最低線に近いと思われるNS08やNS15がMSUで650前後と、シリンゴル盟と比較して多くの家畜を有している印象を受ける。もちろん、給与所得のあるNS01や、他のホトアイルの構成世帯となるNS11は非常に低いレベルであるが、おそらくアバガ旗であればこうした牧民は牧畜労働者として雇用されていただろうから、少なくとも1990年代末の時点では、なんらかの理由で家畜が極少となった牧民でもなんとか生活できるだけのセーフティネットがオンゴン郡においてもシリンゴル盟においても機能していた、と考えることも

表 3-5　シリンゴル盟およびオンゴン郡における 1 世帯平均の所有家畜

	小家畜	ウシ	ウマ	ラクダ
シリンゴル盟	535.5	40.7	17.6	0.7
オンゴン郡	591.5	76.1	60.8	5.4

できる。

さて、上の分析でオンゴン郡の最低レベルの家畜の方が多い印象を受けると述べたが、その一因として考えられるのがオンゴン郡における大家畜の多さである。オンゴン郡では移動手段として頻繁に使われていたウマやラクダなど、MSU 換算値の大きい家畜の存在がオンゴン郡の牧民の家畜規模を大きく見せている可能性は十分考えられるので、シリンゴル盟とオンゴン郡の 1 世帯における所有家畜の平均値を畜種ごとに算出したのが表 3-5 である。なお、ヒツジとヤギは小家畜としてまとめており、SS01、SS07、SS09 についてはそれぞれ 4 世帯、2 世帯、2 世帯として平均値を出している。

この表を見ると、小家畜には大きな差が見いだせない一方、大家畜については有意な差異が見いだせる。無論、小家畜についてもオンゴン郡の方がシリンゴル盟より平均値が 1 割以上大きいのだが、ウシは 1.9 倍、ウマは 3.5 倍、ラクダは 7 倍以上であるから、その違いは歴然である。第 5 章で見るように、オンゴン郡におけるウシの多さは 2000/01 年のゾドでの被害を拡大した遠因ともなっており、評価に苦しむところではあるが、オンゴン郡の方が移動機能の高い家畜を多く所有していることは確かであろう[44]。

オンゴン郡においては当時、小家畜が 200 ～ 300 頭いれば中流の生活は可能であり、500 頭以上で中の上、1000 頭以上で富裕者と考えられていた。これを表 3-5 の比率で大家畜の頭数を試算し、MSU に概算すると中流の基準値は 501 ～ 752、中の上は 1254、富裕者は 2507 となる。これをシリンゴル盟の数字と比較すれば、オンゴン郡の中流の下限値をシリンゴル盟の生活最低ラインと読み替えれば両者がほぼ一致するのは興味深く、また上限値は上述の NS08 や NS15 のデータと大きな矛盾がない。ただしこの数字は、当時の牧畜経営のバランスシート上から導かれたものというよりむしろ、富裕者と認識判断する彼らの基準値が示されている可能性も否定できない。

44　ウシも搾乳や肉用のほか、荷車の牽引に利用可能である。

3. 家畜の密度と緩和方法

前項の表3-3、3-4を見れば、シリンゴル盟の家畜の密度がオンゴン郡のそれよりも高いことは明らかである。単純に1 haあたりのMSUを比較しても、SS02、SS04、SS05といった最高レベルの密度はオンゴン郡の最高密度クラスの2倍である。第5章で述べるように、NS09、NS12、NS13といったオンゴン郡で最高レベルの密度を示している事例ではウマが多く、少なくともウマ群に関する限り、実際にはより広域的な牧地を利用していると思われる。さらにオンゴン郡に関して概算した営地あたりの数値を比較すれば、両者には1桁台近い差異が存在する。

シリンゴル盟の状況がこのように高密度であるのは、草原により大きな負荷を与えている可能性もあるが、単にそれだけではなく、冬用の飼料の購入や栽培、あるいはオトルや家畜預託といった技術を駆使している面も無視しえない。干し草などの飼料の購入については、オンゴン郡では皆無に近い状況であったのに対し、シリンゴル盟では購入量の違いはあるものの、全ての事例でほぼ常識的に行われていた。具体的な規模としては、干草を購入する場合、小家畜800頭、大家畜50頭の場合で10 t（SS09）、畑で大豆を栽培する場合、小家畜600頭、ウシ60頭程度で約1 ha（SS11の近隣世帯）という数字を挙げておく

さらに他人の土地を賃借して家畜を預託する事例の存在もすでに見たとおりである。SS08の事例では、仲の良い知人にウシ140頭を預託して月400元だったが、高いと700～800元という契約も存在するとのことであった。またSS10の姉の夫の姉は、知人の土地（3000ムー＝2 km^2）にヒツジをオトルに出す際、対価として1カ月1群あたり600元を支払う契約であった。こうした金額は、当時の牧畜労働者の月給と比較して1～2カ月分に相当する額であり、決して安価とは言えない。彼らはこうしたコストをかけた努力で、オンゴン郡の牧民との家畜密度の差を埋めようとしていたのだと解釈できる。

4. 牧畜用インフラ

ここでは、牧畜に関わるインフラ、具体的には牧地の囲い（内モンゴルのみの現象）、井戸、家畜囲いについて言及したい。

現在内モンゴルとモンゴル国の牧畜地域を比較した場合、住居と並んで顕著な景観上の違いが内モンゴルのみに見られる、牧地を囲う有刺鉄線のフェンスである。こうしたフェンスは牧地の分配以後に草を保護するため、つまり他人の家畜の侵入を許さず、かつ自らの家畜も然るべき時期以外には侵入させない

目的で設置されたものであるが、シリンゴル盟においては特に1990年代に行われた第2期の分配契約以後に出現する現象のようである。

例えばSS08は、「土地は1998年に『本当に』分配したので、自らが分配を受けた1万6500ムーのうち、差し当たり1万ムー囲った」と述べていた。またSS01では、筆者が1996年夏に訪問した際には囲いが存在しなかったが、2001年に再訪した際には牧地が全て囲われており、この囲い込み現象が1990年代末のものであることを示唆している。

SS04によれば、約1万ムーの牧地を囲うのに10万元を費やしたそうであり、囲いのほうが時期的に後であるとはいえ、SS04が1993年に固定家屋を建てた際の費用が3万元であったと述べているのと比較すると、いかに高価であるか想像に難くない。SS08は同様の広さの牧地を囲うのに6万元かかったと述べているので、牧地の形状や条件などにより価格は大幅に変化するようだが、それでも固定家屋よりはるかに高価なことは間違いない。従って、囲いは上述の事例のように牧地の部分ごとに少しずつ設置、あるいは親兄弟数世帯の牧地をまとめて囲うなどの方策もしばしば採られている。なお、季節ごとの牧地が分かれている場合、当然ながら全ての牧地が囲い込みの対象となる。

さらに、シリンゴル盟の牧民調査をしている際にしばしば話題に挙がるものとして井戸がある。これには地域差があり、草生が比較的良好で地下水位が高い西ウジュムチン旗やシリンホト市あたりでは、共用の井戸は何かと面倒なので自分たちの井戸が欲しいという程度で、費用も3000～4000元で手動式の浅井戸が掘れるという話なのだが、飼料栽培を行い地下水位の低い東スニト旗やアバガ旗北部では、各世帯が1台以上のガソリン駆動ポンプを使って井戸を掘っているのが常態であり、ガソリン駆動ポンプを使った100 mの深井戸に7～8万元費やした（SS11の近隣世帯）、10万元かけても電動ポンプを使った100mの深井戸が欲しい（SS09）、という話が現実味を帯びて語られている。なお、個人の井戸に関しては政府の管理を受けている。筆者はSS08宅で1996年5月29日付の「（国）取水許可証」という名前のついた書類を実見しており、そこには1年ごとの更新である旨が記載されていた。

家畜を収容する家畜囲いは、シリンゴル盟ではほぼ全世帯に存在する。大きさは家畜頭数により多少の変動はあるものの、東西30 m、南北15 m程度、塀の高さ1.5 m弱のレンガ造りで、北側3分の1程度に屋根がしつらえてあり、内部は東西方向に3分され、中央部分が飼料貯蔵場所となっているものが一般的である。現有の家畜囲いに関して建設年代を2人のインフォーマントに尋ねたが、

1991年（SS06）、1996年（SS04）との答えであり、ほぼ固定家屋と前後して建設されているようである。

一方、モンゴル国においては、ネグデル期に掘られたガソリン駆動ポンプを使った井戸が1990年代に入りメンテナンス不足により急速に利用不可能となり、それが利用可能な牧地面積を狭めるとして問題視されているのが当時の状況であった。オンゴン郡でもかつて数カ所存在した上述のような井戸は全て利用不能となっていた。また、手動式の井戸についてもネグデル期と比較して減少こそしていないものの、井戸の私有が認められていないこともあり、筆者の知る唯一の新規掘削はNS12が自らの春営地の脇に掘ったものであった。

家畜囲いは、一般に出産シーズンの営地である春営地にはネグデル期に作られ、1990年代に私有化された家畜囲いが各ホトアイルに1つ存在するのが一般的である。オンゴン郡での材質は石積みで、サイズはシリンゴル盟のものより若干小さく、木製の屋根が北側3分の1ほどにかけてある。オンゴン郡では干草の利用はほとんどなかったが、NS02の春営地では1997年に1 m × 1 m × 20 cmほどの干草の塊（価格は1塊700～800トゥグルク）を2～3購入し、家畜囲いの屋根の上に置いていた。一方、冬営地には屋根なしの家畜囲いが存在する場合もあるが、夏営地・秋営地に至っては固定的な家畜囲いが建設されることはなく、必要に応じて高さ1 m強の板で直径15 mほどの円形の囲いを作るのみである。

5. 牧畜労働の組織方法

牧畜労働の組織方法についても、内モンゴルとモンゴル国では顕著な違いが見出せるが、これは牧地のあり方の違い、および所有家畜頭数に由来するものである。

内モンゴルにおいても、1980年代まではホトを構成して移動生活を送っていた。そして、その後世帯単位の個別放牧に移行したという認識では各インフォーマントが一致している。ホト解体の原因に関する言及としては家畜頭数が主要因である。「この近辺では家畜頭数が多いので」（SS06）、「1986～1987年に土地を分けたばかりのころは親族でホトアイルを構成していたが、今は家畜が増えたので世帯ごとで別々に放牧している」（SS10の姉）が代表的な意見であり、「以前は2～3世帯でホトアイルを構成し移動生活をしていたが、1988年に固定家屋を建てて別々になった」（SS09）と述べる一方で、「ガチャの家畜は1980年代には1万数千頭だったが、現在は7万頭に増加した」と家畜の増加が影響していることを示唆するケースもあった。

家畜頭数が増加し、ホトアイルが構成できなくなった場合、家族労働のみという絶対的な労働力不足をいかに解消しうるのであろうか。近隣に家畜頭数が少なく労働力の多い世帯が存在するならば、彼らと一緒に放牧すれば効率的であり、まさにこれがモンゴル国におけるホトアイル形成の論理であるが、そもそも家畜頭数の増加がホト解体の原因である以上、こうした方法は取りえない。そこで一般的に行われているのが、貧しい他地域から単身の、あるいは世帯ごと牧畜労働者を招き、彼らに放牧をさせるという方法である。前述したように、西ウジュムチン旗ジャラン郡に属するザガスタイ＝ガチャにおいては、40世帯あまりの住民のうち10世帯ほどが牧畜労働者の世帯である点からも、牧畜労働者の雇用が広く行われていることが理解できる。これに加えて単身で来訪している牧畜労働者が存在するわけである。

牧畜労働者の出身地については、まれに現地の貧困者を雇用する事例もあるが、多くはチャハル（例：正藍旗）、赤峰（例：バーリン左翼旗）、ウランチャブ（例：四子王旗）など、農牧境界地域の比較的貧しい地域の出身者である[45]。彼らの雇用に当たっては紹介業者のような者がいないので、人づてに雇用することになる。その結果、ある地域に特定の地方出身の牧畜労働者が偏在することが多いようである。なお牧畜労働者の民族籍は、筆者の実見した範囲では、1例のみが漢族で、それ以外は全てモンゴル族であった。彼らの雇用期間は、長期では3年同じ場所で働いている事例（SS10の姉の夫の兄）から、短期では半月前から雇用している事例（SS10の姉の夫の姉）まで、さまざまである。

彼らは一般に雇用者のゲルや固定家屋の1部屋などを提供されて居住している。家畜もほとんど連れてきておらず、場合によっては布団のみ持参してきた（SS04）、という状況である。給与は雇用条件によってさまざまであるが、たとえば、月200元と仔ヒツジ1頭（SS04、世帯来住者、1999年）、月300元（SS06、世帯来住者、1999年）、月350元で食事つき（SS10の姉の夫の姉、単身者、2001年）などとなっている。

一方、モンゴル国においては、牧畜労働の組織方法は現在なおホトアイルの構成が一般的となっている。ホトアイルは数世帯から構成され、アハラクチの男性が牧畜全般の指示を出し、牧畜労働は各世帯の成員によって輪番で行うの

45　第6章で述べるように、四子王旗には広大な牧畜地域が存在するが、南部は農牧境界地域となっている。

が一般的な分業のあり方である。第2章で述べたように、ホトアイル構成世帯は親族や姻族でなくてはならないという規範は存在しないものの、ホトアイルに完全な他人が含まれる事例はごく少数である。

さて、オンゴン郡でもシリンゴル盟と同様、ヒツジ・ヤギの群れは1群1000頭が限界であり、それを超えると群れを分割する必要があると考えられている。つまり、ヒツジ・ヤギが1000頭を超えたホトアイルでは、シリンゴル盟のようにホトアイルを分割するほうが合理的な判断と思われるのだが、実際は必ずしもそうした方法は採用されていない。むしろNS12のように、畜群のみを分割し、ホトアイル全体の牧畜労働の指揮については依然としてアハラクチに委ねられるケースが頻繁に見られた。

オンゴン郡のホトアイルがシリンゴル盟とは異なって拡大を続ける現象の背景には、以下のような要因があると推測される。

A）家畜の圧倒的多数を長老格の男性が所有している――NS12の場合、婿2人の所有している家畜はそれぞれ100頭程度である。また、息子の所有家畜に関しては、その名目上の所有者が息子であっても、息子が自由に処分できないことは往々にしてあるという。つまり、ホトアイルに存在する大半の家畜の処分権をアハラクチが掌握している。

B）家畜囲いなどの施設もアハラクチの所有物である――家畜囲いを新たに建設するには相応のコストが必要であるが、そうした経済的能力を有しうるアハラクチはすでに家畜囲いを所有している。

C）アハラクチの放牧技術が優れている――多数の家畜を擁する事実が、放牧技術の巧拙に左右される要素の大きい牧畜においてはその人物の放牧技術の優秀性を証明している、と考えられている。従って、可能であればそうした優秀な人物のホトアイルに所属するほうが特に家畜の少ない者にとっては有利である。

D）土地利用に関するコストはゼロである――牧地の草生量と家畜の食草量との関係によって1群のサイズの上限は決定されるが、オンゴン郡においては牧地が分配されていないのでどれだけの広さの牧地を使おうと自由である。またオンゴン郡における牧民の人口密度は1㎢あたり約0.3人であり、人口密度も低い。それゆえ、畜群を2分し、2倍の牧地を利用するという選択肢はコスト的にも引き合い、さらに他の牧民との紛糾を引き起こす恐れも少ない。

オンゴン郡にも牧畜労働者の雇用が全く存在しないというわけではない。筆者が2001年に実見した唯一の事例（NS09）では、大規模なホトアイル（5世帯）の1世帯が牧畜労働者であった。労働者は郡中心地に居住していた無職の20代の青年で、父母を亡くした孤児であった。彼は働き者だったので、NS09が頼んで2001年5月よりホトアイルに加わらせたという。ゲルとメスウシ1頭のみが労働者の持参物で、NS09がヤギ20頭、ヒツジ20頭を与えたほか、メスウシ5頭を自由に搾乳させ、またウマも自由に使わせていた。さらに月給5万トゥグルク（当時の相場で約400元）に加え、小麦・米・茶なども必要に応じて与えていた。ただし、こうした事例は稀なので、これをシリンゴル盟の牧畜労働者の状況と比較するのは一般性の面から見て問題があると思われる。

6. 家畜の利用・売却

第1章の繰り返しになるが、モンゴルの牧畜は決して自給自足的な生業とは言えない。つまり、自らの飼養する家畜から自らの必要とする物資全てを作り出しているわけではなく、交易を通じて別の形に変換し、それによって生活を成り立たせているのである。本項では1990年代末、牧民が家畜をいかに直接的および間接的に利用していたかを検討する。具体的には、直接的利用として肉・乳・毛の利用および移動・輸送手段としての使用、間接的利用としての生体家畜・毛などの売却を取り上げる。

シリンゴル盟においては、家畜の直接的利用は限定的なものであった。まず、ウマやラクダへの騎乗であるが、これは自動車やバイクの普及とともに急速に廃れていった。特にバイクはほぼ各世帯に最低1台は存在した。ウマの騎乗は家畜放牧の際や降雪時の近距離移動には利用されていたが、家畜放牧においてもバイクや自転車を利用する例が稀ではない。ラクダにいたっては、すでに見たように、東スニト旗やアバガ旗など、比較的乾燥した地域に冬季の騎乗用に若干数が残るのみである。

乳利用についてはあまり積極的ではない。搾乳対象はウシのみであり、草生の良好な年には搾乳を行い乳茶に入れるほか、クリーム（ウルム）、酸乳（ツァガー）など2～3種類の乳製品を作るが、例えば2001年のアバガ旗は干ばつのために搾乳をせず、春営地に残置しておき、茶には店で購入した粉乳、接客時に出す硬質チーズなどの乳製品も購入したものを使用していた（SS10の姉の夫の姉）。こうなると、ウシの直接的利用も肉用に限定されてくる。

ヒツジ・ヤギの肉用としての利用は依然として盛んに行われている。それに対し毛は、すでにゲルに居住するわけでもないので直接的利用の方途もほとんどない。カシミアに関しては単価が高いため、彼らの収入に関する話題で取り上げられることもあるが、羊毛については単価が安く[46]、売却していないわけではないと思われるが、彼らの考える収入源の1つとして見なされてすらいないのが現状である。なお、カシミアは1999年春季の西ウジュムチン旗における価格が360元／kgであった。ただし､1頭のヤギから取れる量は400 g程度なので、実際の収入としてはヤギを100頭程度所有していなければ、あまり大きなウエイトを占めるものではない。

シリンゴル盟における主たる売却対象はヒツジ・ヤギ・ウシの生体とカシミアである。売却価格は生体当たりの平均としては3歳ヒツジで300元、ウシで1000元程度になるというが、実際には1斤（500 g）あたりの相場が存在する。例えば1999年秋季の東スニト旗草原部における相場では仔ヒツジ（ホルガ）・仔ヤギ（イシグ）2.6元／斤、といった具合である。小家畜の場合、主な売却対象は仔畜、オス、老畜である。なおウマに関しては重量あたりの取引相場は存在せず、質の良いウマで1頭1300元程度であるという（SS10）。

シリンゴル盟では秋になれば、都市部から買い付け人のトラックが牧民宅を頻繁に訪れ、ウシ16頭を2万元の即金で取引する、というような光景が普通に見られる（SS08）。シリンゴル盟の場合、彼らの転売先は集寧、張家口という近隣の都市から遠くは北京、天津にまで及ぶ。なお、家畜売却は家畜が最も太り、また越冬前に家畜を売却したいと牧民が考えている秋季が最も盛んであるが、他の季節にも売却されることもある。

具体的な売却数であるが、SS09（小家畜800頭）で年間200～300頭を売却していた。年収については1999年、SS06で3～4万元であった。

一方のスフバートル県における状況であるが、シリンゴル盟と比較して家畜の直接的利用は広範にわたっている。ウマやラクダへの騎乗については、彼らも長距離となればバイクや自動車の利用を考えるが、そもそも自動車やバイクが各世帯に存在するわけではないので、まずそこへのアクセスにウマやラクダを使う必要がある。20～30 km程度の距離であれば、移動手段としてウマを選択することは稀ではない。

46　内モンゴルに関するデータではないが、筆者が2002年8月に調査した甘粛省粛南ユグール族自治県にける羊毛の取引事例では12.6元／kgであった。

表3-6　獣毛価格一覧（オンゴン郡、1998年）

家畜の種類	売却時期	価格（トゥグルク／kg）
ヒツジ	6～7月	150
ラクダ	6月	オス500、メス800～1000
ヤギ（カシミア）	4月	1万

※1998年当時の為替相場は1元≒100トゥグルクであった

表3-7　家畜取引価格一覧（オンゴン郡、1998年）

家畜の種類	価格（トゥグルク／頭）	備考
ヒツジ	オス2.5～3万、メス1.5～2万	
ヤギ	オス1.5万、メス1.3万	
ウマ	5万	駿馬は1000万の値がつく場合もある
ウシ	オス15万、不妊メス10万～12万	
ラクダ	16万～20万	年齢により異なる

乳利用についても、最低でもウシは全ての牧民世帯が常に搾乳している。乳茶へ粉乳を入れることはそもそも粉乳が売られておらず、想像不可能である。作られる乳製品のバリエーションも、牛乳酒（シミーンアルヒ）やバター（シャルトス）など、バリエーションが豊富である。さらに夏場であれば、第2バグに所属する1部の世帯ではヒツジの搾乳も行い、そこからも乳製品をつくり、ナーダム前であればウマも搾乳して馬乳酒（アイラグ）を製造する牧民もいる[47]。そしてこれらは商品たりうるとは考えられておらず、自家消費もしくは定住地域に住む親戚や友人へ贈与され、そこで消費される。具体的な計量に基づいた論断ではないが、乳製品が食生活に占めるウエイトはオンゴン郡における方が明らかに大きい。オンゴン郡の牧民世帯においても肉を外部から購入することはないので、オンゴン郡の牧民の方が食料の自給率が高いと言えるだろう。なお、シリンゴル盟では外部から購入してくる野菜が牧民の食生活に一定のウエイトを占めていたのに対し、オンゴン郡の牧民の食生活では野菜の消費はゼロに近く、野菜を購入することも困難であった。

獣毛に関しては、オンゴン郡ではフェルトの外被を持つゲルに居住しているが、工場製のフェルトが入手困難であった1990年代末においても毎年フェルトを作るわけではなかった。そのため自家使用する年を除き、取れた毛はすべて売ることになる。売却対象はヒツジ・ヤギ・ラクダの毛であり、1998年当時のオンゴン郡における価格は表3-6の通りであった。

なお、モンゴル国においても売却場所による価格差は存在し、例えば1997年

47　筆者が実見した事例は1997年夏、NS12においてのみである。

当時、カシミアの価格はオンゴン郡では9000～1万トゥグルク／kgであったが、県中心地では1万2000トゥグルク／kg、首都ウランバートルでは1万5000トゥグルク／kgであった。ただし、裕福な牧民以外は車を持っておらず、車をチャーターするための現金も持ち合わせていないため、ウランバートルはもとより100 km以上離れた県中心地へ持ち込んで売却するのも困難であった。そこで売却相手は、輸送手段を持つ裕福な牧民を除けば、トラックに乗って郡に出入りする商人ということになる。

こうした商人の中にはもちろん、家畜の生体買い付けを行う者もいる。1998年現在のオンゴン郡における価格を示したのが表3-7である。オンゴン郡においては家畜の価格は最初から1頭あたりの価格で相場が存在していた。

基本的な家畜・畜産品売却カレンダーはシリンゴル盟と大差ない。家畜が太る秋季（10～11月）に主に家畜を売り、オスや不妊メスは衰弱が少ないので春季にも売却することがある。また、カシミアは春季、羊毛は夏季に売却する。ただし、彼らの売却行動で特徴的なのは、彼らの主観としては一定の現金収入を確保するためではなく、あくまでも当面の物品購入の必要に応じて売却しているという点である。例えば、「2000年に郡中心地へ来た商人からソーラー発電機とテレビ受像機のセットを35万トゥグルクで購入した際、去勢オスヒツジ12頭を売却し、その利益を支払いに充てた」(NS16）という具合である。

家族の人数が一定ならば、小麦粉や茶といった生活必需品の消費量は年間を通じて大規模な変動をきたすことはないと思われる。例えば、NS04（夫婦子供7人の世帯）で、基本的食料品の消費量として小麦粉50 kg／月、磚茶1塊／月というデータを得ている。ただし、多くの世帯では消費量の質問に対し「必要に応じて買うので不明」という返答が戻ってくるのが普通である。

また、家畜生体の売却数についても同様の答えしか得られないことが多い。ただし、NS14によれば、その年の出生数にもよるが、1年で200頭ほどの家畜を売るとのことであった。

7. 情報へのアクセス

内モンゴルとモンゴル国の牧民生活においてもう1点、大きな違いを指摘するとすれば、それは情報へのアクセスである。具体的にはテレビや電話であり、情報系の家電と総称することが可能であろう。そして両者を分ける最大の違いが、そうした家電の利用を可能とする電力の有無であった。

電力線の設置されていないシリンゴル盟の牧畜地域においては、牧畜労働者などを例外とすれば発電装置を持たない世帯は皆無である。1990年半ばまでは風力発電機と鉛蓄電池の組み合わせが一般的であったが、発電量が小さくカラーテレビが使えないなどの理由で、ソーラー発電機が普及しつつある。こうして得た電力の主な使途は2つであり、1つは電灯、もう1つはVCDなどのビデオ機器も含めたテレビの視聴である。白黒・カラーなどの種類を問わなければ、当時テレビを持たない世帯は皆無であった。一般に地上波のテレビ放送が受信不可能な牧畜地域においては、パラボラアンテナを立てて衛星放送を受信するのが一般的である。

電話については牧畜地域でも使用可能な無線電話が存在し、シリンゴル盟においては2001年夏季にSS11で1事例のみ見かけた。

オンゴン郡において発電装置を購入することは、2000年頃から一般的になり始めた。元々裕福な世帯の中にはNS12のように1997年当時からガソリン発電機を所有する者が例外的に存在したが、用途は電灯に限られていた。上述したような、ソーラー発電機とのセットでテレビ視聴を行う牧民世帯が出現したのは2000年以降である。ただし、購入層は裕福なホトアイルのアハラクチのみであり、普及率も低く、2001年夏の段階で3ホトアイル（全16ユニット中）に存在するだけであった。なお、オンゴン郡の牧民もパラボラアンテナを用いて衛星放送を受信している。

また、電話は1990年代末には郡中心地で有線のものが政府機関などに設置されているのみであった。

ところで、なぜ、テレビの普及など情報へのアクセスの差が生活の快適さという枠内に収まらず、牧畜にも影響を与えるのかを示すために、以下のエピソードをあげておく。第5章で取り上げる、ゾドとショールガがオンゴン郡を襲った時のことである。

2000年12月31日から2001年1日1日にかけて、スフバートル県からシリンゴル盟の一帯を強風を伴う吹雪が襲った。オンゴン郡の調査世帯で被害が最も大きかったNS12では、ウシが強風にあおられ、国境を越えて行方不明になったり死亡したりして、370頭中70頭を失った。NS12の冬営地は国境から約30 km離れていて国境のすぐ近くではなかったのだが、事前に吹雪の情報を知らなかった。一方、国境を挟んだアバガ旗の牧民は衛星放送でテレビの天気予報を見て吹雪を予測でき、家畜を囲いの外に出さないなどの準備をしたので、被害は軽微であったという。

無論、ここでは単にテレビを見ることだけでなく、適切な天気予報が出されることや放牧に出さなくても十分な飼料の備蓄があるかどうかも問題となりうる。つまりこれをより広い意味で、当時の内モンゴルとモンゴル国における牧畜のあり方の相違を示している1事例として解釈することができる。

本章の最後に、内モンゴルとモンゴル国の牧畜における断絶と連続を踏まえ、内モンゴル牧民が行っている牧畜の特質についてまとめてみたい。

まず指摘できることは、内モンゴルの牧畜は望むと望まざるとに関係なく、土地集約的に行われているという点である。内モンゴルの牧民は世帯あたりの家畜頭数が多いにもかかわらず、世帯に分配された牧地面積はモンゴル国の牧民世帯が利用しうる牧地面積に比べて圧倒的に狭小である。この原因は直接的には牧地が分配されたという事実にあるのだが、これを突き詰めれば人口密度の問題に行き着く。

モンゴル国オンゴン郡の牧民の人口密度が1 km^2あたり約0.3人であるの対して、1990年代初頭の西ウジュムチン旗とアバガ旗における非都市部の人口密度を文献資料より算出すると、それぞれ2.10人、0.92人となる［内蒙古自治区測絵局総合隊 1993: 127, 264］。この人口密度の差が、牧地の囲い込みを引き起こしている原因と理解しうる。人口密度の違いを引き起こした歴史的要因を遡れば、モンゴル国側ではネグデル期にウランバートルへの人口流出による社会的減少が見られたのに対し、内モンゴル側では逆に人口流入による社会的増加があった点が考えられる（例：SS07）。

ただし、内モンゴルは牧地が分割されており、牧民が牧地を囲い、家畜囲いの傍に建てた固定家屋に居住しているからという理由のみで内モンゴルの牧畜を固定的と理解するのはやや短絡的であると思われる。特に季節別に複数箇所の牧地を分配されているアバガ旗の事例においては、モンゴル国と同一頻度ではないものの畜群の移動が行われている。モンゴル国であっても冬・春営地は一定の場所に認可を受けており、また夏・秋営地も年々ランダムに場所を選択しているわけではないので、アバガ旗と本質的な違いはない。オトルも、支払能力さえあればという条件つきではあるが、内モンゴルでも土地の賃借や家畜預託によってほぼ同様の行為が可能である。モンゴル国においても、移動手段を持たない貧者は季節移動もままならないという事実は存在する。少なくとも、ヒツジ・ヤギを殖やしたい、太らせたいというレベルの牧畜において、両地域の牧民が選択する方法はその見かけ以上に類似していると言えよう。

さらに内モンゴルにおけるホトアイルの解体が牧地の分配だけを原因とするものではなく、家畜頭数の増加も1要因であったことを想起すれば、内モンゴルの牧畜は家畜を増加させるという点において成功してきたのだ、とも言えよう。もちろん、家畜が増えることは牧民にとって社会的評価による満足と経済面での安心感をもたらす一方で、牧地の草の減少を引き起こし自然災害への脆弱性を高めるリスクも付随するので、これが一概にいいとは判断し難い。この点については、郊外と遠隔地の分離が進んだ21世紀の状況も加味して、第7章で改めて論じたい。

家畜構成については、内モンゴルではウマ・ラクダといった移動に関わる家畜は明らかに少ない。これは住居の移動が減少ないし消滅したことと関連づけても理解可能であるが、むしろ従来の移動手段以上の能力を持つバイクや自動車に取って代わられた点が大きいであろうことは、牧民が皆バイクや自動車を所有し、何かにつけてそれらを利用して出かけているという事実から窺い知ることができる。結果として、内モンゴルの牧畜が「金になる」家畜により重点を置いたものになっている点は、ウシの飼養において自給自足的な搾乳は控える、あるいは自家消費用に作る乳製品の種類が少なくても、生体売却を控えることはないという事実からも裏づけられよう。内モンゴルの牧畜はその意味で経済、より正確には市場経済へのコミットメントの大きい牧畜であると言えよう。ただし、モンゴル国における牧畜の現状は1990年代初頭の社会主義崩壊の結果であり、モンゴル国を「伝統的」、内モンゴルを「近代的」という範疇で理解すべきではないことは第1章などで述べたとおりである。

それでは、内モンゴルにおける牧畜は実際にモンゴル国よりも大きな収益を上げているだろうか。かなり大雑把な試算ではあるが、内モンゴルについて、SS09の「小家畜を800頭ほど所有する牧民で年間200～300頭を売却」という事例の売却割合を表3-5で示した平均値「小家畜535.5頭」に適用すると、年間134～201頭を売却することになる。これを全てヒツジとみなし、売却単価を3歳ヒツジと仔ヒツジの価格を平均した200元／頭とすれば、小家畜で1世帯あたり2万6800～4万200元の収入となる。

一方、モンゴル国については、NS14の「小家畜600頭、大家畜85頭を擁するホトアイルで年間200頭ほどの家畜を売る」という例から同様の計算を行うと、平均値の「小家畜591.5頭」では年間197頭を売却することになる。これを全てヒツジとみなし、売却単価をオスヒツジとメスヒツジの価格を平均した2

万2500トゥグルク／頭とすれば、1世帯あたり443万36250トゥグルク、1998年当時の為替相場で換算すると4万4363元の収入となる。ただし、アハラクチによってはホトアイルの他世帯にも収入を分配する必要があると考えられるので、17事例におけるアハラクチと従属世帯の合計値の平均2.1で除すると211万2500トゥグルク（2万1125元）の収入となる。

後者で比較すれば、内モンゴル牧民の方が単純比較で世帯あたり1.3～1.9倍程度の収入を得ていることになる。細かい数字に大きな意味はないが、少なくとも内モンゴルの方が高収入であることは伺える。

その反面、内モンゴルの牧畜は支出も多い。モンゴル国では支出されない牧地の囲い、ポンプ式の井戸、大量の越冬用飼料に加え、牧畜労働者の賃金、自動車やバイク、あるいはテレビ購入などにもその普及率の差を考えれば、モンゴル国とは比較にならないほど多くの支出が伴っていることは明らかである。内モンゴルの牧畜は、高収入であるとともに高支出である。

この高支出の意味を、モンゴル国との比較においてもう少し考えてみよう。モンゴル国では、ほとんどの工業製品が外国からの輸入であるため、製品価格が押しなべて高価である。当時は中国製品の場合で、モンゴル国における価格は中国国内での価格の2倍程度となるのが普通であった。すると、支出も勘案した場合の収入差[48]は上記の2倍となり、少なくとも経済面での両者の実態格差はさらに広がることになる。つまり、内モンゴルの牧民は否応なく高支出である一方で、高支出であることが可能でもあるという側面も持ち合わせているのである。この差は言うまでもなく、交易相手としての「南の隣人」漢族社会と同一の国家に属しているか、属していないかという差に起因するものである。

もちろん、内モンゴルの側にも素直に喜べない問題は存在する。その最大のものが、自然環境問題、特に水不足に伴う牧地の劣化の問題である。筆者は現地調査中、1970年代などの写真をインフォーマント宅で目にすることがしばしばあったが、そこに写っている草原はSS06に関して指摘したように、筆者の調査時のそれよりも大抵草丈が高く、また草の密度も高い。SS08は、今後は牧地の劣化が懸念されるので、飼料生産を拡大する必要があるという見通しを述べていた。つまり、内モンゴルの牧畜が現在のまま持続可能かどうかが問題とされているのである。現に、2001年には干ばつという形でそうした懸念が可視化しつつあったのである。

48　収入は全て支出に回されると仮定している。

だとしてもシリンゴル盟の内モンゴル牧民がすぐに別の牧畜のスタイル、あるいは別の生業を見出すのもまた困難だというのも事実である。彼らは彼らなりの、そう広くない選択肢の中から現在の生活スタイルを構築しているのである。現在の牧畜戦略が破綻に瀕さない限り、現状で達成された「満足の最大化」を放棄することは想起困難である。しかも、シリンゴル盟で達成されている固定家屋の安楽さ、電気やテレビのある生活、自動車などは、モンゴル国の牧民社会の 1990 年代末頃の変化傾向や牧民自身の言説などから判断して、決して内モンゴルを真似ているわけでもないし、そもそも内モンゴルの内実など知らないモンゴル国の牧民にも、望ましい、少なくとも否定すべきものではないと考えられているようである。

もとより、現代という時間を共有している 2 社会が、直接の関係を持たなくても似たような嗜好を持つことは不思議ではない。内モンゴルの現実は、モンゴル国の牧民があえて望まないだろう牧地の分配という事項も抱え込んでいるし、市場などに関しては根本的な条件の違いが存在する。その一方で、上述のような「シンクロ」現象が発生しうるものだとすれば、内モンゴルおよびモンゴル国における 1990 年代末の牧畜の状況は、類似点の一層の増加の予兆であったとみなすこともできよう。

第4章　モンゴル国における郊外の成立と牧畜戦略の実践

第1節　郊外化の事例1（ボルガン県）

本章では、第1章で概略を説明した郊外化の実態について、いかなる原因でどういう移住現象が発生し、そこでいかなる牧畜戦略が実践されるようになったかを検討する。本章で利用する調査事例データはモンゴル国ボルガン県およびヘンティ県である。郊外化について検討するのは、ネグデル期より1万人を超える人口を保持していたボルガン県中心地、移行期になって人口規模が拡大し、1万人近い人口をかかえる鉱山都市のヘンティ県ボルウンドゥル、そしてネグデル期より5000人程度の人口規模で推移している鉱山都市のヘンティ県ベルフの3カ所である。本節では、都市空間としての歴史が長く、かつ都市人口が多いボルガン県中心地について、郊外化のアイディア及びそのプロセスという視点から分析を行う。

第1章で述べたとおり、モンゴル牧民社会の「郊外化現象」とは、都市的空間の近郊に家畜放牧による自立的な生活が可能な牧民が集中していく現象を指す。そこでは、都市がもたらす各種のメリットを享受すると同時に、自らは都市近郊の草原で牧畜により主たる生計を支える人々が生活している。こうした生活スタイルはネグデル期には想定も許容もされてはいなかったと思われる。

移行期にも、首都ウランバートルなどの都市近郊で多少の家畜を飼育し、牛乳や馬乳酒などを市内の市場で販売することで、家畜の生体販売に起因する頭数減少を回避しつつ生活を維持する人々が出現していたことは事実である。だが、郊外化現象ではなにより都市の生活水準を可能な限り草原へ「持ち出そう」と志向しているように見える点で、それまでの時代に出現した現象とは一線を画すると思われる。郊外化現象の歴史的位置づけなどは本節末の考察で試みることとして、まずは議論のベースとなる具体的な事例について述べたい。

本節で取り上げる事例は、モンゴル国の北部、首都ウランバートルから西北西へ直線距離で約280 km離れた、ボルガン県ボガト郡の南端の草原に位置する

地図 4-1　調査地広域図

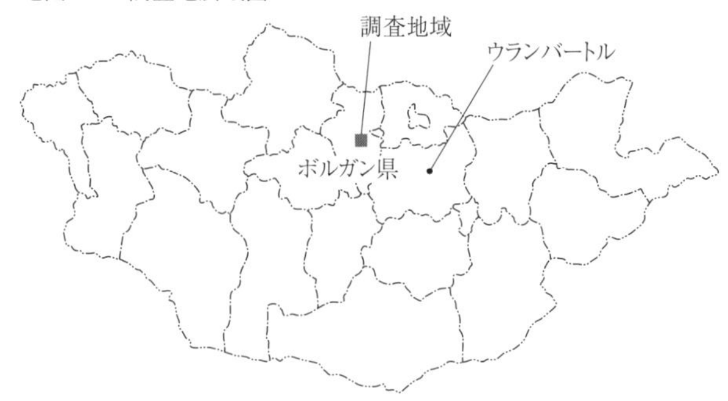

一角である。筆者は2007年、2008年、2009年、2010年のいずれも春季および夏季に現地調査を行った。

現地の特徴を簡単に述べると、1）ボルガン県中心部の都市的空間からほど近い自然空間に、2）幹線道路およびそれと並行する小川に沿って北西＝南東方向に広がる河谷平原を中心とする牧民社会が形成され、3）牧民の空間利用の特徴としては限られた水源とその周囲の草原に依存した、回数的にも距離的にも季節移動性が低い居住地をベースとした牧畜が展開されている、とまとめることができる。以下では、フィールドの状況についてさらに詳細に検討を加える（地図4-1、4-2）

この地域は、筆者の調査で中心的なインフォーマントであったNB13の居住エリアを含む。より正確に述べれば、この地域はNB13らを中心的存在とする緩やかな牧民コミュニティであると特徴づけられるが、この点についても詳細は後で述べたい。本節で提示する情報の非常に大きな部分は、直接NB13から、あるいはNB13の紹介によるインフォーマントから得られたものである。

もちろん、こうした特定個人を中心とする「情報圏」に依拠した形で民族誌的データを構築することの問題性に筆者は無自覚ではない。場合によっては、それはデータの「偏り」として議論の前提自体を揺るがしかねない。しかし、本節で言及するケースに関する限り、NB13は他のインフォーマントと同列に扱いうる存在ではない。特に、自らの実践する牧畜や指向する生活の質について自覚的である点で、質的な差異が存在すると言える。NB13は後で論じるように、郊外化現象に代表されるグローバル資本投下期的牧畜の推進者と位置づけることができるのである。

こうしたインフォーマントから得られる情報の意味について、筆者は以下の

地図4-2　調査地域拡大図

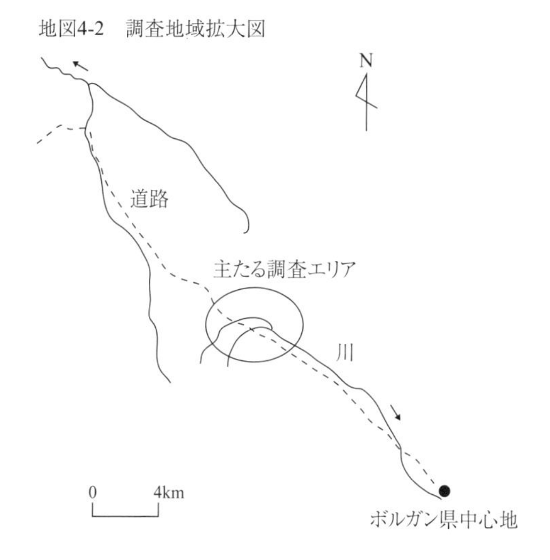

ように認識している。後の議論を先取りすると、NB13は少なくとも地域社会の文脈に関する限り、グローバル資本投下期的状況を出現させつつある動態的なアクターである。こうした動態に注目する以上、多様なインフォーマントの平均値を求めるより、むしろ特徴的なインフォーマントに注目し、彼とその周辺をインテンシブに分析するほうが方法論的に適切であると思われる。さらに言えば、量的研究ではなく質的研究を標榜する文化人類学の調査方法において、サンプル数の多さや各種統計処理に依拠するのではない「代表性」のあり方を考える場合、こうした特徴的なインフォーマントに注目した議論は積極的な意味を見出しうるのではないだろうか。

さて、NB13の冬営地はボルガン県中心部から北西に15 km離れた地点に存在するが、彼の冬営地を含め、調査地一帯は県中心地に立てられた携帯電話のアンテナ塔からの電波が届く距離である。現地はボガト郡に属するが、県中心地の都市空間およびその周辺エリアはボルガン郡に属する。両者の境界は、県中心地とNB13の居住エリアのほぼ中間点にあるボルガン県の空港[49]の、滑走路の北端付近に存在する。

ボガト郡は社会主義時代より、牧畜を主たる産業として行うネグデルであっ

49　空港といっても、草原をフェンスで囲い、未舗装滑走路が１本あり、滑走路脇に管制塔とターミナルビルを兼ねた建物と気象観測機器が並んでいるだけである。

地図4-3　ネグデル期（1980年代）の季節移動経路

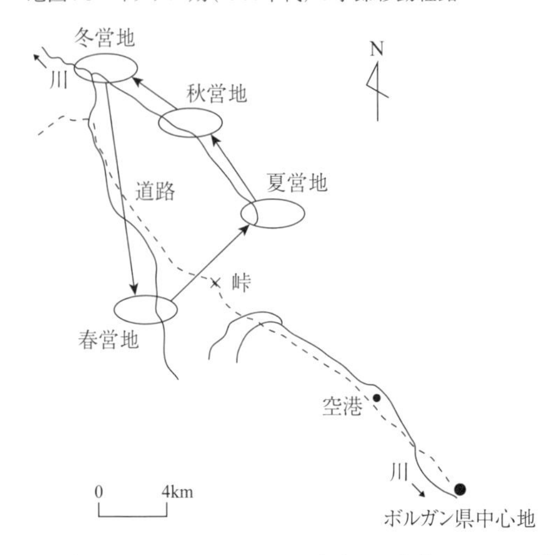

た。ただし、社会主義時代のボガト郡という行政単位における牧地という文脈で現地を見ると、その周縁性がクローズアップされることになる。

本調査地域は、ボガト郡の第2バグに所属する牧地である。社会主義時代には第2大隊（ブリガード）と呼ばれていたが、第2章で見たオンゴン郡の事例と同じく、基本的にその空間的広がりは現在に至るまで同一である。1980年代の牧地利用の状況をNB13からの聞き取り調査で確認したところ、地図4-3のようであることが判明した。すなわち、調査地は第2ブリガードの春営地エリアの東端に位置し、主たる季節移動は筆者の調査地域の北西にある峠を越えた、北西方向へ流れていく川沿いで行われており、南東に流れていくこの小川の流域は主たる牧地としては利用されていなかった。

その理由は定かではないが、筆者の観察では、草原の質および量が北西側に比べて相対的に劣る上、ボガト郡（ネグデル）中心地から離れているので、積極的にこちら側へ展開する理由がなかったものと思われる。また、社会主義時代には家畜の出荷はネグデルが行っていたので、現在のように個人レベルで都市の近くに居住するメリットはなかった。いずれにせよ、ネグデルの指導を無視して牧地を選択することも不可能であった。つまり、筆者の調査地域はネグデル期に、ボガト郡の人々にはあまり利用されていない草原であり、利用されるとしても春季が主であった。

それでは、この地域の草原は社会主義時代、春季以外は全く利用されなかったかというと必ずしもそうではない。夏季には、水へのアクセスの良い川沿いには、ボルガン県中心地に住む都市住民が所有する少数の家畜が、ボガト郡の域内でも放牧されていたという。ただし第2章で触れたように、都市住民が自ら家畜を放牧するのはバカンス期間に相当する夏季に限られ、それ以外の季節には専業牧民である親族・友人などに預託されるのが常であった。いずれにせよ、現地は社会主義時代、ボガト郡の牧民およびボルガン郡の都市住民によって季節的には利用されるものの、全般的には利用度の低い、周縁的な牧地であったと言えるだろう。

これは裏を返せば、ネグデル解体以降に居住地選択の自由度が広がった際、人々からこの地域が「先住権を主張するだろう旧来の牧民が希薄」かつ「他所者の放牧が許容される」牧地として認識され、そして移住の対象地となる条件がはからずも社会主義時代に整ったことを意味する。実際問題として、法律上は誰がどこで放牧しようと自由であるはずの現在のモンゴル牧畜地域において第2章で見たように、別の行政単位（県、郡、バグ）に所属する牧民の牧地利用を排除しようとする行政関係者や地元の牧民は珍しくない。ところが、この調査地域一帯においては牧民が季節的あるいは長期的に、自らの所属とは異なる行政単位に所属する牧地を自由に利用することが許容されている。

例えばNB13は、住民登録の上ではボルガン郡第2バグであるが、通年ボガト郡第2バグの草原で放牧し、冬営地と春営地に関してはボガト郡政府から土地の占有許可まで取得している。この占有許可は、各営地とその周辺5haほどの土地を2006年から30年間、牧地として利用できるというものであり、NB13にはその旨の証明書が発給されていた。NB13の説明では地元の牧民であれば60年間の占有申請をしているところを、他所の郡に属するため遠慮して30年間で申請したとのことであったが、60代後半（2007年調査当時）というNB13の年齢を考慮すれば、占有年数の短さは実質的な意味を持っていない。

さらにこの地域が幹線道路沿いであるという事実は、ネグデル解体以後に非常に大きな意味を持つようになった。この幹線道路はボルガン県から北西に隣接するフブスグル県へと通じる道であり、モンゴル国の中で交通量が非常に多い部類に属する。2007年の調査当時、ウランバートルから現地まではモンゴル国第2の都市ダルハン、第3の都市エルデネトを経由して、ボルガン県中心地まで完全に舗装され、フブスグル県までも舗装工事が着手されつつある状況であった[50]。

エルデネトからボルガン県中心地までの舗装が完了したのは最近のことであるとはいえ、当地域は、県中心地までのアクセスが非常に良好であるばかりでなく、ウランバートルをはじめとする諸都市へのアクセスも良好である。この点は、マーケットや各種サービスの供給地としての都市への接近を志向する現在のモンゴル牧民にとって非常に魅力的な条件となっている。

ただし、草原を牧地として使用するには水源、特に家畜用の水源が不可欠である。もちろん、地面を掘って水の出る地域であれば基本的な居住条件はクリアするのであるが、そのコストや水をくみ上げて家畜に与える労力を勘案すると、川や泉などの水源が存在するほうが望ましい。その点、この地域は水に恵まれた山岳性森林ステップと平原の境界に位置する。具体的には西側の山地に端を発し、ボルガン県中心部へ流れ下る小川の上流域に相当する。この小川が手頃な水源として利用可能であり、現地の人々は山中の森林を流れる水を飲料水として利用し、その下の草原を流れる水を家畜用に利用している。

2007年8月に筆者が現地調査を行った際には、7月中旬（ナーダム後）から干ばつとなり、雨の多い年なら出現する地表の水溜りはおろか、小川そのものもボガト郡内で流れが消失する状況であったが、上流部には乏しいながら水は流れ続けており、周囲の家畜群は全てその小川から水を得ていた。このような社会的・自然的条件の好適さの上に、この地の郊外化現象が進行したと言えるだろう。

それでは、この地域にどのような人々が実際に居住しているのだろうか。まずは、すでにたびたび言及しているNB13についてそのプロフィールを述べたい。

NB13は2007年3月の調査当時66歳で、ヒツジ・ヤギ200頭、ウシ100頭、ウマ100頭ほどを有する牧民であり、その一方で年金受給者でもある。つまり、彼はかつて給与所得者だったのであり、ネグデル期以来の牧民ではない[51]。出生地はボルガン県内で、モンゴル国立大学を卒業してボルガン県の気象台に長年勤務し、最後はボルガン県の空港の管理責任者となって2003年に退職した。その後牧民となったという経歴の持ち主である。NB13の妻もモンゴル国立大学を卒業後、1995年まではボルガン県中心地で中学校の教員をしており、退職後は

50　2009年3月の調査時にはNB13の営地付近まで舗装道路が完成していた。

51　厳密には、ネグデル期以来の牧民の一部にも、年金制度に加入し、20年間の保険料支払いを満たして年金を受給している者が存在する［バトボルド 2016: 173-175］。例えばNS06やNS12は年金を受給していた。

グラフ4-1　モンゴル国におけるインフレ率の推移（%）

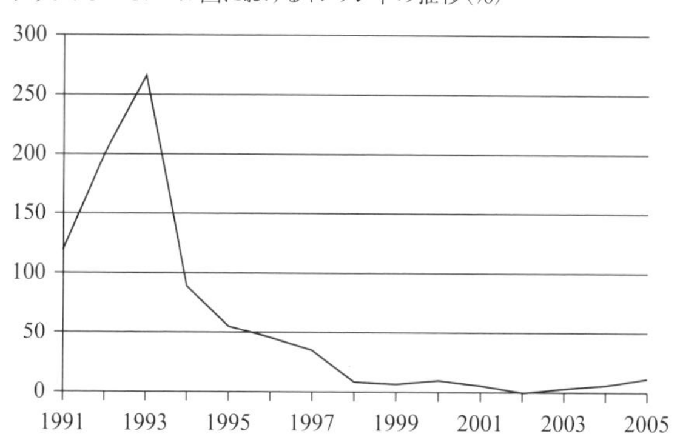

夫に先んじて年金を受け取りながら牧民となった。NB13には３人の子供がいるが、３人ともボルガン県中心地在住の公務員であり、草原のゲルに通年居住しているのはNB13夫婦のみである。

なお、モンゴル国では1994年に年金制度が改められ、年金給付を計算する基準は最も高い連続的な５年間の賃金とされ、最低年金額は最低賃金の75%とされた［バトボルド 2016: 173-175］。グラフ4-1のとおり1997年まではインフレ率も高く、公務員の給与がインフレに追いつかず窮乏することがあった。NB13に関しては2003年まで要職を務めていたことから、年金では収入が足りずに牧民になったというわけではない。NB13夫婦が牧民になったことの説明は、元々牧民出身であり、牧畜に興味があったのと、老後は環境の良い草原で暮らしたかったから、とのことであった。

ネグデル期からの都市生活者や、郡中心地などの専門家（教員、医師、獣医師など）であった人々は一般に年金受給対象者であり、職種にもよるが男性は60歳から、女性は55歳から支給される[52]。第２章で挙げた筆者の案内人は退職後、2004年まではオンゴン郡中心地で生活し、夫婦と未婚の末息子の３人暮らしであった。当時、末息子には定職がなく、夫婦の年金で生活していたものと思われる。1997年当時、彼らの年金は夫婦で１カ月２万トゥグルク（40ドル）弱であり、生活は楽ではないと語っていた。なお、1997年春のオンゴン郡でのカシミアの価格は1kgで約１万トゥグルクであり、60頭のヤギを所有していれば24kg

52　1997年の調査時にオンゴン郡の国境警備隊長から聞いた話では、職業軍人は勤続25年で除隊し、年金が出るとのことであった。

のカシミアが取れるので、年金生活者夫婦の年収に匹敵する現金が得られる計算となる。むろん、家畜を購入して牧民になるには資金が必要だが、1990年代にネグデル期の定住生活者が牧民化した背景にはこうした事情があった。

彼は2004年に、ウランバートル市バガノール地区[53]で都市生活を送る娘の世帯と同居するようになったが、彼自身によれば健康上の問題から都市生活を選択したとのことであった。彼はウマの調教に強い愛着を持っており、2人の息子世帯をオンゴン郡からバガノール近郊へ移住させ牧畜を続けさせているのも、1つにはウマを自分の目の届く範囲に置いておきたいからである。また、息子たちを移住させる資金を提供できたことからも、2004年当時にはその程度の経済的余裕が生まれていたことが推測される。

筆者の知る限り、ネグデル期に専門家であったり都市生活者であったりした高齢者が夫婦あるいは単身で生活している事例は稀である。これには様々な要因があると思われるが、都市の治安の悪さ、健康上の問題に加え、定職のない子供たちが親の年金や住宅を頼って同居するケースも見られる。それゆえ、年金を受給している高齢者が生活資金不足を理由として牧民になるケースは多くないと思われる。

年金を受給しつつ牧民生活をすれば生活資金は増える。NB13の場合、MSU換算で1000頭を超える家畜を所有しており、牧畜労働者も複数雇用している。遠隔地のオンゴン郡においても、MSU換算で1000頭以上の家畜を所有する牧民は富裕層に属する。つまり牧畜のみでも充分余裕のある生活が成り立つレベルである。2007年の調査当時、NB13の年金額は夫婦で1カ月16万トゥグルク（160ドル）であり、この金額は牧畜労働者の給与（1カ月6万9000トゥグルク）の2人分より多い。NB13は当時3人の牧畜労働者を雇用していたので、その必要経費は年額で248万4000トゥグルクとなる。彼らの年金額で牧畜労働者を2人以上雇用できる点を勘案すれば、これは決して少ない額ではない。

だが、牧畜による収入は年金収入をはるかに上回る。当時の相場でカシミアは1kgで3万8000トゥグルクに上昇しており、NB13の所有するヤギの頭数（180頭）から換算して、カシミアだけで273万6000トゥグルクの年収が得られる。彼はウシや小家畜の生体売却、あるいは牛乳の販売も行いうるので、経費を勘案しても牧畜は彼らに年金を上回る収入をもたらしていると考えられる。

53　バガノール地区は行政上ウランバートル市に属するが、ウランバートル市中心部から100 kmほど東に離れたトゥブ県内の飛び地である。バガノールには炭鉱があり、都市空間として住宅などが整備されている。

本節で取り上げるボルガン郡の郊外で牧民になった年金受給者（元都市居住者）は例外なく大量（MSU800頭以上）の家畜を所有しており、牧畜収入のみで十分生活が成り立つと思われる。それに加えて、年金の収入があることになる。また、彼らが元専門家層であることを考慮すれば、彼らは県中心地にも住宅を所有していると思われる。実際、NB13は県中心地に住宅を所有しており、調査当時、その住宅は次男夫婦が居住していた。こうした住宅も、彼らは資産として活用可能である。

なおNB13の長男は空港に、娘は県政府に勤務しており、いずれも安定した生活を営んでいた。NB13は将来的に、次男に牧畜を継承させたいと願っていたが、これも牧畜の収益性が高いからである。その場合、NB13が県中心地の元自宅へ戻り、次男が郊外の現NB13宅へ移住することになる。仮にNB13の健康状態が悪化し、定期的な通院や介助の同居人が必要となる場合は、現在孫が居住しているウランバートル市内の住宅へ移住することになろう。

もちろん、社会主義崩壊直後に国営企業を解雇されたような元都市居住者には異なったライフヒストリーが存在するが、その場合には1990年代初期に牧民になっているケースが多いと想像される。少なくとも社会状況が安定し、年金も確保できた後に郊外で牧民になった人々は、経済状況の好転を待つことができる層であったと言えるだろう。

NB13の生活拠点は、調査地域内では西北に位置する冬営地と、その東2 kmほどにある秋営地[54]であり、いずれにもゲルと併用される固定家屋がある。ただし、NB13夫婦は基本的にゲル居住で、所有する耐久財も、韓国製乗用車や発電機、携帯電話、草刈り用トラクターなどNB13が牧畜経営に必要であると判断したものは他の牧民以上に充実している一方、旧式の白黒テレビなど、娯楽用の物品や奢侈品は極端に少ない。ただし、彼はボルガン県中心地との間を頻繁に往復しているので、もしそうしたものが必要であれば県中心地に住む子供たちの家に置いておけばよい、という事情もある。

NB13は牧民ではあるが、現在牧畜労働に自ら従事することはほとんどない。彼はヒツジ・ヤギ群に1人、ウシ群に1人、ウマ群に1人、合計3人の牧畜労働者を雇用しており、NB13の指示の下、放牧・搾乳・毛刈り・群の季節移動といった労働は全て彼らの手にゆだねられている。雇用形態は畜種ごとに異なる

54　営地名称はNB13の呼び方に基づいており、その営地が実際に利用される季節とは必ずしも一致していない。

が、牧畜労働者はおしなべて若く、世帯単位でNB13の営地に居住しているので、一見すると雇用関係のない「普通の」ホトアイルと区別はつかない。NB13によれば気象台勤務時には牧畜気象を専門として常に牧民と接触していたので、牧畜のやり方についてはその頃に牧民から学んだ知識が活かされているとのことであり、牧畜労働に関する判断は全てNB13本人が行っている。

NB13は、調査地近辺では牧畜労働者の雇用例は少ないと言い、先のゾドで家畜を失った20代後半～30代の若い牧民に雇用機会を与える目的で2003年から雇用している。その結果、彼は自らの居住地以外の場所に畜群を展開することが可能であり、実際にそうした牧地利用を展開している。

次に、季節移動や牧草確保と絡めたNB13の畜群展開について述べる。

NB13は、11月から7月まで冬営地に、それ以外の時期は秋営地に居住している。一方、畜群の移動は複雑である。ウシとヒツジ・ヤギは5月に冬営地を離れて秋営地へ移動した後、ヒツジ・ヤギのみ7月から初秋まで、秋営地から東に3 kmの夏営地へ移動する。ウマの移動は完全に人の移動とは独立しており、冬季は冬営地の北西3 kmほどに位置する春営地に滞在し、夏は冬営地から北へ13 kmほど離れた草原で放牧が行われている。NB13本人は各放牧地を自家用車で適宜移動し、状況を視察し牧畜労働者に指示を出し、場合によっては馬乳酒などの畜産品を自分の居住地まで持ち帰る生活をしている。また冬場の草不足を補うための干草は、2007年の場合、冬営地から北北西へ17 km離れたボガト郡の牧民の冬営地近辺から4 tほど確保した。なお草刈りに際しては、現地の牧民と交渉して、彼らの分の草刈りも請け負うという交換条件を取り決めた後にトラクターを持ち込み、草を確保していた（地図4-4）。

このように、NB13は自ら「半定住」と認識する居住地の短距離季節移動と、牧畜労働者を雇用しての畜群の比較的長距離の季節移動を組み合わせているが、彼が牧畜経営で最も重視している畜種は、ほとんどの期間NB13の住居から離れないウシである。NB13の牧畜経営の戦略はウシの多頭飼育、特に牛乳の加工場への販売を中心とした酪農的なものである。かつて彼の妻が1人で牧民をやっていた時期は、現在以上にウシの占めるウエイトが高かったという。そもそもヒツジにはあまり向かない草種が多い山岳ステップに近い草原を居住地として選択した理由も、彼がウシを中心に牧畜を考えていたからである。NB13によれば、現在収益1番収益の上がるのはウシであるという。彼はウシに特化することによって、2007年2月に郡内で1番多くの仔ウシを育てた牧民として運輸大臣から表彰のメダルを授与されている。

地図4-4　NB13の土地利用

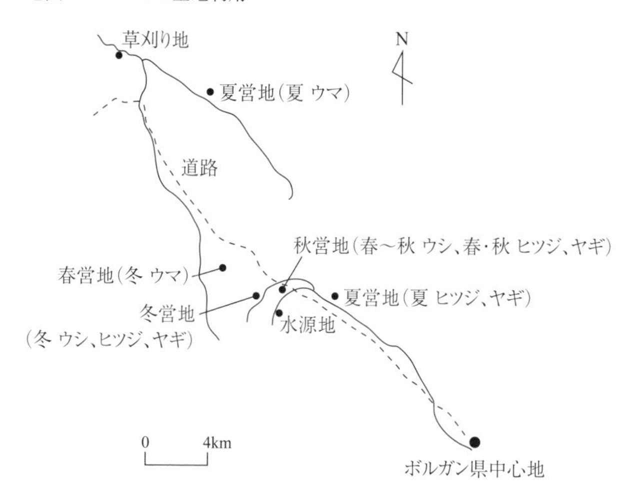

またNB13は、国内でも有名な牧地私有化論者である。NB13は、彼の営地の近辺が県の中心地に近いので経済・病院・学校の関係から居住者が増えているという認識を持っている。そして一部の牧民が「適当に草原を使って、荒れたら別の場所に行けば良い」と言わんばかりの発想で放牧している実態に危惧を抱き、頭数に応じて政府が牧地を割り当てるスタイルの牧地私有化を主張し、2007年初頭にはウランバートルでテレビに出演し、自説を展開したという。

牧地私有化が現実に草原の保護に役立つか否かという議論はともかく、結局のところ、2007年春の国会には牧地私有化に関する法案は上程されず、牧地は現在なお共有のままである。筆者は2007年8月の調査の際、NB13の冬営地（当時居住者なし）のすぐ近くでウシの放牧をしている牧民と干草用の草刈をしている人々を見かけたが、NB13の妻は、「冬に自分のウシが食べる草がなくなって困るが、社会主義時代のように強制的に退去させることもできない」と苦々しく語っていた。

NB13によれば、こうした牧民たちはボルガン県の市場へのアクセスがよい当地へ、夏場のみ家畜を連れて移動してきている人々であるという。彼らはゲリラ的に適当な草地で家畜を放牧しつつ牛乳などを販売し[55]、冬になると遠隔地の

55　自ら自動車を所有しなくとも、交通の便のよい場所に居を構えていれば、自動車などで商人や一般の人々が直接牧民のところへ畜産品を買いつけに来ることは珍しくない。

冬営地へ戻っていくのだという。だが後述のように、この地域で放牧をしている牧民、特に河谷平原の中央部を利用している牧民は、多くが年間を通じてこの近辺で放牧している。それにもまして興味深い点は、NB13の語りを裏づけるように、彼らがほぼ例外なく社会主義体制崩壊以降ここへ移住してきた外来者である、という事実である。

筆者は2007年および2008年の調査で、この河谷平原に秋営地を構える牧民世帯で聞き取り調査を行った。空間的広がりとしてはNB13の秋営地を含む半径約2kmの圏内であり、ここに20ユニットほどが存在した。NB13によれば、現地は2008年現在、20世帯以上が4000頭の家畜を通年放牧する上、夏季には近隣郡からもほぼ同数の牧民が移動してきて、人と家畜が集中するエリアとなっているという。彼らの牧畜経営の現状や過去の来歴は表4-1のとおりであり、牧畜労働者の世帯があるNB13を除けば、ユニットは全て1世帯で構成されている。なおラクダの所有者はいなかった。NB03、NB05、NB08の3人は年金受給者であり、そのうちNB03とNB05はNB13と同級生で、3人とも県中心地の高校（10年学校）を卒業後、ウランバートルで高等教育を受けてボルガン県に戻ってきたという経歴を共有する旧知の間柄である。

これを見て明らかなことは、県中心地から当地へ移住してきた人々の方が他の牧畜地域から移住してきた人々よりおしなべて牧民として裕福であることである。特にNB04、NB06、NB14はNB13に次ぐ富裕層を形成していることがわかる。NB19以外はすべて1990年代以降にこの地へ移住した流入者であり、2000年以降に世帯数がほぼ倍増していた。彼らのうち9事例はボルガン県中心地から、残り10事例は遠隔地（ボガト郡を含む）から移住していた。

一方、移住理由については逐一ここで検討することはしないが、現地への移住理由としては、社会主義時代からの先住者が少ないことに加え、牧地として良好であったことが挙げられていた。それは一般論として、郊外が家畜の販売価格が高い一方で市場からの物品購入コストは安く、また乳製品など都市向けにしか販売できない物品が存在するので、郊外で牧畜を行う方が少ない家畜頭数で多くの収益が見込めるという条件の中で、ピンポイント的に当地が選択されたと解釈すべきであろう。

さらに病院や子供の学校といったインフラへのアクセスの良さ、都市での雇用機会なども指摘されていた。ただし、比較的若い世代の元都市生活者であるNB04、NB06、NB09は、失業など都市の経済的困難を一様に理由の1つとして挙げていたので、都市での雇用機会については一概に郊外へのプル要因とは言

表4-1　調査ユニットに関するデータ

	年齢	旧居住地	移住年	家畜頭数			MSU	旧職業
				小家畜	ウシ	ウマ		
NB01	40代	フブスグル県遠隔地	1993	100	20	23	378	不詳（牧民以外）
NB02	60代	ヒシグウンドゥル郡	2000	98	8	15	248	
NB03	60代	県中心地	1998	429	60	2	790	獣医
NB04	40代	県中心地	1996	580	72	1	1,002	建設労働者
NB05	60代	県中心地	1993	118	34	1	325	獣医
NB06	50代	県中心地	2000	500	60	30	1,055	電気技師
NB07	60代	バヤンアクト郡	2003	52	9	1	111	40年前からボガド郡内で森林伐採
NB08	60代	バヤンアクト郡	2001	50	14	1	140	村の獣医
NB09	40代	県中心地	1997	160	16	2	265	軍人（建設隊）
NB10	60代	テシグ郡	1994	47	3	18	190	
NB11	30代	ホタグウンドゥル郡	2004	100	28	24	433	
NB12	30代	県中心地	1997（妻1992）	200	50	10	564	トラクター運転手（オルホン郡）
NB13	60代	県中心地	2003（妻1995）	200	100	100	1,494	空港管理責任者
NB14	40代	県中心地	2000	400	45	55	1,043	運転手（生まれはサイハン郡）
NB15	40代	バヤンアクト郡	2002	40	10	50	449	牧民
NB16	60代	県中心地	2007	0	15	0	90	運転手（生まれはサイハン郡）
NB17	50代	フブスグル県遠隔地	1992	230	70	1	650	
NB18	30代	フブスグル県遠隔地	2005	47	14	0	130	
NB19	40代	ボガド郡	なし	100	70	10	587	
NB20	50代	オルホン郡	2005	200	20	17	433	

※ NB13には牧畜労働者所有の家畜数は含まれていない

えないと思われる。なお、年金受給者は皆「年金が出たので牧民になった」と語っていた。

郊外の牧畜は、明らかに移動性が低い。筆者の聞き取り事例においても、夏営地と冬営地の距離が4 km以下のものが17事例を占めていたが、彼らはすべて冬営地を当地域に構えている人々である。例外はNB01（冬営地は当地域の北東3 km）、NB02（冬営地は当地域の北東3 km）、NB11（冬営地は当地域の北15 km）で、いずれも遠隔地からの移住者である。

それ以外の、郊外に冬営地を持つ、言い換えれば家畜囲いなど固定資産を有する人々は、1年を通して郊外から離れない。しかも上述の20ユニットのうち、NB13の冬営地から北へ900 mの地点に4ユニット、NB13の冬営地から北東へ3 kmの地点には12ユニットの冬営地が集中しており、その光景はさながらウランバートル近郊のゲル集落のようである。また、NB13を除けば、独立した春営地を持つ牧民は皆無であるという。

彼らが通年郊外から離れない理由としては、家畜があまり多くないことに加え、冬営地施設の保全のためにこの場を離れられないというのもあった。もし冬以外の期間に冬営地を離れると、冬営地近辺の牧地などを他人に使われてしまう懸念があるという。それゆえ、ゾドや干ばつを避けるために家畜を移動させようと思ったら、牧畜労働者を雇用するか、ほかの世帯に家畜を預託するしかないことになる。

また冬営地の中心的存在は、西側の営地集中地点ではNB13、東側の営地集中地点ではNB03およびNB05という、比較的多くの家畜を所有し、しかも高等教育を受けた年金生活者である。彼らの移住年は1990年代と比較的早く、彼らの旧職業の関係からボルガン県やボガト郡・ボルガン郡の行政関係者とも親しい関係にあり、ある種の長老グループを形成している。その中で、NB13は当地域の南に位置する空港の管理責任者であったことから、代表者という位置づけになっている。

筆者の聞き取り調査はNB13の同行および紹介の下で行われており、またNB13と他の牧民との話しぶりからも、NB13と彼らとの間に一定の、日常的な往来が存在することが想像された。その中でも親しい関係であったのは高校の同級生だったNB03とNB05であり、同行した運転手の評価によれば、彼らは他のインフォーマントにとって、敬しつつも気安く話せない存在であるという。モンゴル国では、高等教育を受けた「知識人」が牧民となる事例は皆無ではないが珍しいので、彼らが「長老グループ」を形成するのはある意味で自然であると思われる。そして、こうした人々の周囲に、比較的小規模の家畜を有する牧民が集中して居住している、と理解できるだろう。

このように例外はあるものの、現地は季節移動距離の短い牧畜を行う外来者が河谷平原内で牧畜を行う社会圏を形成している。そして、社会的にも経済的にも県中心地から移住してきた旧都市住民が中心的存在であり、彼らは牧畜による収入と都市空間の各種利便性の双方に目配りをしながら生活している、とまとめることができよう。

本節の最後に、上述の郊外化現象がグローバル資本投下期に特有の現象であることについて考えてみたい。ポイントとなるのは、彼らがモンゴル国で家畜私有化が行われた1992年前後にすぐ牧民になったというより、モンゴル国の移行期的状況の中から徐々に牧民として「析出」してきたと考えられる点である。

この問題を検討する前提として、かつてボルガン県中心地の居住者で牧民になった人々が全て郊外に集まっているわけではない、という点を指摘しておく必要がある。本調査中、筆者はNB13の牧畜戦略との比較事例として、オルホン郡の草原（NB13の冬営地から西へ30kmの地点）に夏営地を構える牧民NB21（50代）を訪問する機会を得た。彼は社会主義時代には県の気象台の運転手であったのが、家畜私有化の開始とともに家畜を得て牧民になったという経歴の持ち主である。現在、NB21はヒツジ・ヤギ1400頭、ウマ150頭、ウシ100頭を擁する、国内でも有数の家畜頭数を誇る牧民である。

彼らの冬営地はボルガン県中心地から南西に30 km以上離れた盆地にあり、春営地は同じ盆地の中、冬営地から南に3 kmの地点に存在していた。この盆地はNB21と彼の弟がほぼ独占的に利用していたが、当地は社会主義崩壊までは旧ソ連軍の演習場が置かれており、牧民の立ち入りは制限されていたという。なおNB21の春営地のすぐ南側には、演習場の建物の基礎のみが残っている。

彼らの夏営地は冬営地の北西30 kmに位置するが、実際の移動では中間にそびえる山を迂回するために35 km以上の距離になるという。2010年現在、彼らの冬営地では1社のみ携帯電話の電波が通じていたが[56]、夏営地は県中心地から50 km近く離れており、通話圏外であった。NB21の場合、冬春営地の確保方法が特殊である[57]。第2章のオンゴン郡の牧民のようなネグデル期からの牧畜形態の継続性とは異なるものの、あえて郊外を嫌い、遠隔地で長距離移動を伴いつつ牧畜を実践していると理解できる。実際、彼らの夏営地は湖に近く、多くの牧民が集まる場所である。その意味ではオンゴン郡の元定住民NS18などと同様、旧来からの牧民をモデルとし、彼らと類似したスタイルの牧畜に参与する形で牧民になったバリエーションの1つとして理解できよう。仮にこれを、社会主義崩壊直後に出現した牧畜の様態であるという意味で移行期的牧畜と呼ぼう。

移行期的牧畜は、すでに指摘したとおり、家畜の所有体制や季節移動ルート・居住地選択についてネグデル期の牧畜とは差異が存在する。その一方で、ネグデル期以来の牧民の中には、季節移動のパターンが移行期においても基本的に

56　後発のG-Mobileというキャリアで、草原でのカバレッジが広いため牧民に人気がある。なおNB13の牧地ではモンゴル国内4キャリア全ての電波が通じる。

57　NB21はNB13の元部下であり、牧民として独立後は県気象台の牧畜気象セクションの下請けとして、家畜の体重変化のデータを測定している。NB21が元軍用地を占有できた背景としては、こうした社会ネットワークの活用が推測される。

同一のケースが少なからず存在する。特に冬営地や春営地など、家畜囲いや井戸といったインフラが存在する営地については、社会主義時代に利用されていたものを個人が継承して利用し続けることが珍しくない。そうした点を考慮すると、移行期の季節移動や営地選択の論理は、元来の牧民と元定住民、あるいは社会主義体制崩壊前後における営地の地点変更といった表面上の差異に関係なく、基本的にネグデル期、あるいは集団化以前の様態が参照点であったと言うことができよう。

一方、郊外化の論理は、ライフスタイル全般としては都市と不即不離の関係構築を志向しているという点で、根本的には社会主義時代の社会発展観を継承していると言える。恐らくこれは、郊外化現象の中心的存在がかつて都市空間で労働者として生活していた人々であるという事実と関連するであろう。ただし、牧畜を行う空間の選択においては都市近郊という、ネグデル期には選択しえなかった地域に入り込むことに成功している点で、過去への参照にはこだわりを見せていない。この1点において、この現象はネグデル期的牧畜とも、移行期的牧畜とも一線を画す。つまり、グローバル資本投下期的と形容するに値すると言えよう。

ただし、郊外は家畜の密度が高いがゆえに、多数の家畜を所有する牧民には必ずしも望ましい場所ではない。つまり交易時のメリットを、草不足というデメリットが上回るのである。このように、経済的な魅力と過度の利用による牧地荒廃の懸念というジレンマを抱えつつ、なおかつ誰もがかなり自由にそこを利用できるという制度的状況下において、彼らは郊外への居住を継続し続けるという牧畜戦略を導き出しているのである。

第2節　郊外化の事例2（ヘンティ県南部）

本節では、ヘンティ県南部に位置する鉱山町およびその周辺の牧地を例として、人口増加を続ける鉱山町の内部とその周辺地域に集まる遠隔地の牧民に焦点を当て、郊外化現象について考察を深めたい。前節で取り上げたボルガン県との違いは、ボルガン県中心地がネグデル期には小麦など農産物の集積地として位置づけられ、それゆえに社会主義崩壊後に人口減少を起こしているのに対し、ヘンティ県南部の鉱山町は中国へのアクセスの良さゆえに、社会主義崩壊後も人口増加を続けている点である。この違いにより、都市から郊外への人の流れは見えにくくなっているものの、基本的には前節の郊外化と同様の文脈から理解可能な現象であると言えよう。本節のメインテーマは、鉱山開発に伴う都市化と移住である。後者に関しては、モンゴル国西部からの牧民の長距離移住および都市への人口流入という2つの現象を取り上げたい。これらはいずれも、1999/2000年のゾドを契機として開始された現象であり、その意味において牧畜戦略における郊外化と表裏一体の関係にある。本節で利用する調査データは、筆者が2003年、2004年、2005年のいずれも夏季に実施した現地調査で得たものである。

本節でなぜこういうトピックを取り上げるに至ったか、そのいきさつを述べたい。筆者は2003年の5月より11月まで、モンゴル国立大学開発研究センターに客員研究員として在籍していたが、そのころ非常に大きな問題として認識されていたのはウランバートルへの人口集中であり、ことに西部諸県からの人口流出は、ウランバートル在住の欧米系研究者・援助関係者に「エクソダス」[58]と言わしめるほどの状況であった。

モンゴル国の総人口は1995年の225万1300人から2004年には253万3100人に増加しているが、同期間ウランバートル市の人口は64万5800人から92万8500人へと増加している。つまり、この期間のモンゴル国全体の人口増加率は12.5％であるのに対し、ウランバートル市のそれは43.8％ということになる。前者については、国籍の変更を伴う人口移動が大規模に発生している事実はないので、基本的に自然的増加によるものであるが、後者については社会的増加の果たしている役割が大きい。その傍証として、2004年のウランバートル市人口の自然増加率が0.9％であった点と、1995年から2004年まで国平均と同率で増加したと仮定した場合の計算値が72万6600人となる点を指摘しておく［NSOM 2003: 40,42; 2004: 87, 98］。

一方で、たとえば西部のオブス県の人口は、1995年の9万6000人から2004年には8万1000人と1万5000千人の減少が見られる［NSOM 2005: 87］。2001年現在のオブス県における郡の平均人口は3343人[59]なので、この間に郡4つ分の人口が減少したことになる。なお、島崎美代子によれば、2003年には1年間でオブス県からウランバートル市へ2800人ほどの移住が発生しており、以前よりもそのペースは加速しているという［Шимазаки 2005: 13］。

58　J. Jansen教授（モンゴル国立大学開発研究センター長）の個人的教示による。

59　モンゴル国統計局より入手した郡別統計（非冊子体）から算出した。都市的空間である県中心地も統計上は1つの郡として扱われているが、人口規模が他郡とは大幅に異なるので、算出に際しては除外してある。

しかし、こうした県外へ向けての移住は、地方差が存在する。たとえばヘンティ県の場合、1995年から2001年にかけて人口は減少するものの、その数は1900人に留まっている［NSOM 2003: 42］。一般に、移住発生の大きなきっかけとして認識されているのは1999/2000年にモンゴル全土を襲ったゾドである。だが、移住の理由としてはそうしたプッシュ要因のみならず、移住先のインフラや環境の良さといったプル要因も看過しえない。本節では蛍石鉱山が散在し、中国へのアクセスが良いゆえに定住地の人口増加がみられるヘンティ県南部ダルハン郡および隣接するドルノゴビ県イフヘット郡を、プル要因の検討材料として取り上げることにする。この地域は、郡レベルでは人口流出地域と位置づけられるだろうが、ミクロ的には少なからぬ移入も存在する。しかも鉱山という都市的な空間に加えて、牧畜地域でも人口流入を見出すことのできる地域であり、その意味で郊外化の発生地域と理解しうる。

ところで、モンゴル国における鉱山立国化はいつごろから始まったのか。その歴史的経緯について、牧畜業と対比しつつ述べたい。

2001年現在、鉱業はモンゴル国の第2次産業総生産額の53.4％を占めていた。これは1995年と比較して1.5倍以上に増加しており、モンゴル国では稀有な成長産業となっていた。また、輸出産業としては輸出総額の半分近くをもたらす外貨獲得の柱であった［NSOM 2003: 166, 176, 201, 203］。一方の牧畜業に関しては、1990年代には顕著な家畜頭数増加が見られたものの、1999/2000年から始まるゾドの影響により頭数は激減し、2002年の家畜総頭数は2400万頭弱と、社会主義時代末期の1989年と同程度の水準にまで落ち込んだ。加えて、社会主義時代には4万t以上の食肉輸出能力があったのに対し、2002年の実績では2万tに留まっており、金額的には輸出総額の5％を占める程度である［小宮山 2003: 3, 15、NSOM 2003: 203］。

さらに、インフラという面においても、牧畜業は社会主義時代に作られた牧草貯蔵庫や診療所などの各種サービス施設、あるいはモーター井戸、コンバインといった農機具などの多くが社会主義崩壊とともに打ち捨てられ、1999/2000年のゾド当時は、あたかも過去の遺産を食いつなぐかのような状態であった。それに対し、鉱山町については、そもそも社会主義時代に整備されたインフラが、「牧畜地域」ではなく「都市」の基準によるものであったのに加え、現在も新規投資、あるいは継続的な収入が見込めるがゆえに、その維持や拡充については、首都ウランバートルを除いた地方都市としては別格の充実度である。

さて、今日に至る鉱山開発の端緒となったのは社会主義時代、1970年に開始された第5次5カ年計画であったとされている。安田靖によれば、この時期よりモンゴルの工業化政策の比重は食品工業重視から鉱業重視に転換し、その代表的な例が1973年から始まったエルデネトの銅・モリブデン鉱の採掘・選鉱であったという［安田 1996: 48, 55-57］。なお、モンゴル第3の都市であるエルデネトはこの鉱山採掘のためだけに存在している、と言っても過言ではない。

一方、牧畜業ないし牧民に関わるインフラが整備され始めたのは1950年代末に開始されるネグデル化以後のことである。なおこのネグデル化に伴って、教育や医療などの社会サービス機能も提供する定住集落の整備が進められ、諸般の事情により徹底的には行われなかったのだが、牧民をそこへ移住させようとした政策がとられた［Humphrey & Sneath 1999: 19-20］。

つまり、モンゴル国（特に地方部）では、社会主義時代にはソビエト連邦をモデルとする経済体制の実現が発展のメルクマールとされていた。そしてまず牧畜業、ついで鉱業を中核とする開発が、基本的に両者が産業複合を形成するということなく行われていたのである。そして社会主義体制崩壊後の1990年代、前者は「自由化」の名の下で政府の開発政策の範囲外へ追いやられていったのに対し、後者は常に「有望株」として人々の頭の中にあり、そして2010年代半ばに至るまで開発と呼びうる現象が継続してきた。その中で2000年以降、特に開発が進められたのは、最大の購入先である中国へのアクセスが良い南部の鉱山であった。ボルウンドゥルは国境からは遠いものの、中国国境のザミンウードとロシア国境のスフバートルを結ぶ鉄道の支線が伸びており、中国へのアクセスは良好である。

ダルハン郡はモンゴル国東部、ヘンティ県の南西端に位置し、植生的には郡の北部～中部に分布する草原と南部に分布する乾燥草原（ゴビ）との漸移帯からなる。ダルハン郡中心地から首都ウランバートルまでの距離は、筆者が調査時に実際に利用した四輪駆動車の実走行距離で約300 kmであり、モンゴル国の人々にとっては「近い」と感じうるレベルである。また鉱山町のボルウンドゥルとウランバートルを結ぶ道路はダルハン郡中心地を経由していくので、未舗装路ではあるものの交通量が多く、幹線道路の1つである。その意味で、ダルハン郡の南部から西部にかけては、郊外としての条件を満たしていると考えられる。

第2章でも述べたように、モンゴル国の郡中心地の多くが社会主義時代の旧ネグデル中心地を継承した関係上、基本的にどこも類似したインフラを有しており、ダルハン郡中心地もその例外ではない。1950年代末以降のネグデル期に

地図4-5　ダルハン郡および本節で言及する主な地点

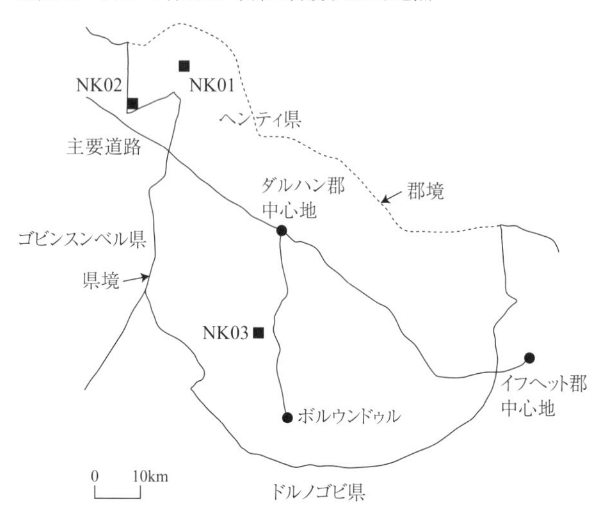

ダルハン郡に整備されたインフラは、そのままの形とは言いがたいものの、多くが現在まで受け継がれている。

モンゴル国の郡の例に漏れず、ダルハン郡も複数のバグから構成されている。ダルハン郡の総バグ数は5、そのうち第1～第3バグが牧民バグ、第4バグが郡中心地、第5バグが後述する鉱山町のボルウンドゥルとなっている。なお、ボルウンドゥルは行政単位としてはホト（都市）というステータスも持っており、鉱山からの税収などに由来する独自の予算権を持つ。第5バグ長とホト長は同一人物であるが、当人のアイデンティティとしては明確に「ホト長が第5バグ長を兼任している」のであり、民間人を含めた周囲の人々も「ホトの方が（郡よりも）格上」と見なしているようである。人口規模からいっても、第1～第4バグはそれぞれ400～500人ずつ、合計2000人弱[60]であるのに対し、ボルウンドゥルの統計上の登録人口は8000人と、その存在は突出している。

郡内の牧地は、バグ単位で分けられており、そのバグに属する住民がバグの面的広がりに相当する牧地を利用することになる。ただし、牧民バグではない第4・第5バグには牧地は割り当てられていない。ダルハン郡の牧地利用の顕著

60　これは登録人口であり、夏季の人口分布とほぼ一致する。冬季になると合計数は変わらないものの、定住地の第4バグに居住する人口が4割ほど増加する。

な特徴として、実際に利用されている牧地や人口分布が不均等であることが指摘できる。以前から現地に住む牧民によって利用されてきた牧地は、ウランバートルから郡中心地を通りイフヘット郡へ向かう道路に相当する北西〜南東の線より南側である。そして郡中心地の南 40 km の地点、郡の南端にボルウンドゥルが位置する（地図 4-5）。

第 4 バグ長の説明によれば、この道より北側に広がる平原（北西〜南東の幅 80 km、北東＝南西の幅 15 km）には 1 年中人が入らないとのことであった。つまりダルハン郡の北東部にはほぼ無人の草原が広がっていることになる。こうした無人地帯の存在について、郡長は、郡の牧地は十分あるので無理にそうした地域を利用する必要もないし、またそこに他地域の牧民と家畜が流入してもさしたる問題とはならない、という認識であった。そして現に、郡の北部境界付近には、無人地域であるがゆえ牧地争いを誘発しない気安さに惹かれて他地域から牧民が流入している。

郡長によれば 2003 年現在、ボルウンドゥルを含めたダルハン郡の牧民世帯数は 423、家畜のいる世帯は 738 であり、2003 年 6 月末の段階で家畜総頭数は 11.9 万頭である。家畜のいる世帯のうち、150 世帯 300 人がボルウンドゥルに属し、彼らが 3 万頭の家畜を所有しているとのことであった。彼らの平均家畜数は 200 頭であり、これは本章第 1 節で取り上げたボルガン県中心地の郊外に居住する牧民 20 ユニットの平均家畜数（236.5 頭）に匹敵する数字である。つまり、夏の搾乳用や自家消費用にメスウシやヒツジを所有しているというレベルの頭数ではない。それゆえ、実際にはこれらの家畜はボルウンドゥルの登録住民自らが近辺で放牧しているか、牧民に預託しているものと考えられる。この事実が惹起する問題については後述する。

筆者が調査地の移住現象に興味を抱いた契機は、聞き取り調査中にダルハン郡の郡長や副郡長といった政府幹部よりもたらされた移入者に関する情報であった。彼らの説明は細部において若干の齟齬があるものの、総合すると以下のようなものである。

a　西部オブス県から 2001 年に 8 世帯、2003 年に 14 〜 15 世帯ほどの牧民が移入し、ダルハン郡北東部の無人だった地域に集住している。

b　20 年ほど前に BJ という人物が仕事の都合でダルハン郡に移住してきた。彼は現在非常に裕福であり、オブスからの牧民は BJ が連れてきた親戚である。BJ の現住地については明確な回答は得られなかったが、副郡長の見解によればボルウンドゥルの南であろう、とのことであった。

c　牧民の主たる出身地はオブス県ザブハン郡である。ザブハン郡はウランバートルから遠く、またロシアから越境してくる家畜泥棒が多い[61]。ダルハン郡はウランバートルやボルウンドゥルといった市場の近くにあるため移入してくる

すなわち、ダルハン郡北辺にオブス県からの移住者が住んでおり、しかも現地ではチェイン・マイグレーション的様相を呈している情況が想像された。それゆえ、実際に現地へ赴き、道沿いに発見したゲルを無作為に訪問していく中で発見した事例が以下の2つである。結果的に彼らはチェイン・マイグレーションとは無縁の移入者であったが、その来歴や移住動機に関する彼らの認識は、移動民が日常的な移動範囲を超えて移住する際の事例として示唆的である。

NK01（41歳、男性）

ダルハン郡中心地の北北西30 km、ダルハン郡・デルゲルハーン郡・バヤンムンフ郡の3郡境界地点に近い。ユニット構成は3世帯であり、中心にNK01のゲル、20～30 mの間隔をおいて西側に母の弟、東側に娘婿のゲルが配置されていた。

聞き取りの冒頭でNK01に前述のBJ氏との関係を質したところ、かつて近くに住んでいたことはあるが親戚ではないとの回答を得たので、改めて出身地を問うと、モンゴル国中西部に位置するアルハンガイ県ハンガイ郡とのことであった。彼らの来歴および現況は以下のとおりである。

1989年にハンガイ郡（当時の名称はアルディンゾリグ・ネグデル）から親戚関係のある6世帯20人ほどで当地へ移住してきた。移住の理由はハンガイ郡がアルハンガイ県の西端に位置し、ウランバートルから800 kmと遠すぎて家畜の売却に不利なため。アルディンゾリグ・ネグデル（当時）は牧畜業を主とするネグデルであったが、移住当時は牧地に問題があったわけではなかった。

61　2005年7月に筆者がオブス県で聞き取り調査を行った際の情報によれば、国境から150 km近く離れたザブハン郡では家畜泥棒の被害はなく、被害が深刻なのはテス郡やサギル郡といったロシアと国境を接している部分に限られるとのことであった。従って、副郡長は家畜泥棒の被害という情報か、ザブハン郡という地名のいずれかを誤って記憶していたものと思われる。

ちょうど社会主義時代の末期であり、当時は人口移動に関して厳しいコントロールは存在せず、移住の許可を取るのは難しくなかった。1980年代末、ハンガイ郡からは10数世帯がウランバートルなどの他地域へ流出した。また、その後に降雨量が減少したことをきっかけとして外へ流出した人もいる。

当時、ハンガイ地域では世帯あたり75頭の私有家畜が認められていた。そのうち、NK01氏ら3世帯は移住前に所有していたヒツジ・ヤギ・ヤクを全て売却し、ウマ50～60頭のみを移住先のダルハン郡まで連れてきた。人はウマに乗って現住地のダルハン郡まで移動し、家財は車に乗せて移動した。所要時間は45日ほどであった。

ハンガイ郡からダルハン郡に移住してきた牧民のうち、現在NK01とユニットを構成している3世帯はハンガイ郡からの移住以来、一貫して行動をともにしている。

ダルハン郡には親戚や知人がいたわけではなく、ウランバートルから近く、家畜の売却に便利だった点が地域選択の理由である。現住地に関しては、純粋に牧地、水、草の条件が良かったので、この場所を自分たちの判断で選択した。また、当時ゴビ地域では世帯あたり50頭の私有家畜が認められていたので、こちらで新たにヒツジ、ヤギ、ウシを購入して畜群を形成した。

現在、ホトアイルの家畜数はヒツジ600頭、ヤギ500頭、ウシ64頭、ウマ60頭（MSU換算1854頭）。家畜や畜産品の売却のためウランバートルに出ることもあるし、商人が訪ねてくることもある。一方、生活必需品などは価格の安いウランバートルで購入する。

子供は3人いるが、全員ウランバートルの学校に通わせている。ウランバートルにも固定家屋を所有しており、NK01の母と子供たちが住んでいる。NK01本人も月に1回くらいウランバートルに出向いている。一方、ハンガイ郡へも年2～3回くらい訪問している。

NK02（45歳、女性）

郡中心地の北西30 km、ウランバートルからダルハン郡方向へ向かう道沿いにあるが、位置的にはヘンティ県とゴビスンベル県の県境付近にある。ユニット構成は2世帯であり、NK02の居住用ゲルの東隣に台所兼倉庫用のゲル、ならびに南西20 mほどの場所にある息子のゲルよりなる。

NK02に聞き取り調査に立ち寄ったところ、偶然にもオブス県出身の移民であることが判明した。彼らの来歴および現況は以下のとおりである。

> 現在の場所に移動してきたのは1週間前のことである。2002年にオブス県を出て、その後トゥブ県バトスンベル郡に2年間いた。トゥブ県でゾドのため多くの家畜が死んでしまい、良い牧地を求めて再び移動した。当地への移動は完全に自分たちの判断であり、BJという人物は知らない。
>
> オブス県ではツァガーンハイルハン郡に居住していた。ロシア国境の近くにある。そこで3年間連続でゾドに見舞われたので移動を決意した。だが、トゥブ県へ移動した後にも2年間連続でゾドに見舞われた。
>
> ゾドの前には家畜が800頭いた。ゾドの後、オブス県から出る際にも300～400頭程度はいたが、バトスンベル郡でさらに100頭死亡した。現在の所有家畜はヒツジ100頭、ヤギ100頭、ウマ14～15頭、ウシ15～16頭（MSU換算391頭）。ラクダは今回の移動前に全部売却した。なお、家畜は現在こちらに向かって歩いて移動中であり、まだ到着していない。現在の頭数は、何とか生活できるレベルである。
>
> オブス県からは4世帯で移出した。うち2世帯は息子、1世帯は夫の弟である。現在、息子の1人はウランバートルで肉を売る商売をしており、夫の弟は現在移動手段が調達できないためバトスンベル郡に残っている。ただし、夫の弟もこちらへ移動してくる予定である。
>
> 現在こちらにいるのはNK02のほか、息子の妻、孫（息子の息子）、未婚の娘の4人だけ。夫と息子は家畜を追ってこちらへ移動中である。現在同居している息子にも2～3年後にはウランバートルで仕事を見つけさせ、孫をウランバートルの学校に通わせることを希望している。
>
> まだダルハン郡の中心地には行ったことがない。ここに住むに当たり、郡政府からの許可は貰っていない。そのうち誰かが来て「ここは我々の秋営地だから移動してほしい」と言われたらどうしようかと心配している。
>
> この一帯にはザブハン県、ダルハン市などからの移住者が多く、無許可で住み着いているようである。移住先の場所を探している時に初めてその事実を知り、自分たちのように故郷を捨ててきた人がいる、と思ってここに移動することにした。人とゲルの移動には車を使用した。

NK02については2005年にも補足的な聞き取り調査を行った。当時、NK02のホトアイル（夏営地）の位置は2004年と完全に同じ場所であり、その際の聞き取りによって以下のような追加情報が得られた。

季節移動に関しては、冬用・春用の家畜囲いや畜舎も作らず山中を転々としている。無登録での放牧を現地の政府関係者に見咎められると、自分たちはオトルであると説明しているという。その理由は、オトルであれば現地政府に住民登録しなくても構わないから、とのことであった。また、ここはウランバートルへ肉を輸送するのに便利であり、また今年は数年ぶりに家畜が増えたので今後も住み続ける予定であるという。

付け加えれば、彼らの故郷であるツァガーンハイルハン郡は社会主義時代には林業が主産業であったが、1990年代以降は木材加工場の倒産や自然保護目的の伐採禁止により、他地域以上に産業基盤や社会インフラの崩壊に見舞われている地域である[62]。

続いて、2つの鉱山町に目を向けたい。1つはダルハン郡の領域内にあるボルウンドゥルであり、もう1つはダルハン郡の南東に隣接するイフヘット郡である。いずれの街に関するデータも郡長・バグ長などの行政関係者や企業関係者からの聞き取りが中心であり、いわゆる移住者からの情報は乏しい点をあらかじめお断りしておく。まず、郡長と鉱山幹部からもたらされたボルウンドゥルに関する情報を総合すると、以下のとおりである。

ボルウンドゥルの人口は採掘開始直後の1981年は400～500人（うちロシア人300人）だったが、2003年現在では登録人口のみで2800世帯8000人、ロシア人は現在も100世帯300人が居住している。蛍石鉱山はモンゴル・ロシア合弁企業によって操業されており、現在世界の年間総生産量の6％がこの鉱山による。鉱山で1800人（うち60～70%が男性）が働いているほか、食肉工場（労働者300人）ほか150事業所が存在する。

その他のインフラとして学校2つ、病院、文化センター、体育館などが存在する。また鉄道、電気、電話、携帯電話も利用可能であり、ヘンティ県の中心地ウンドゥルハーンよりも整備されており、ボルウンドゥルへの人口流入の理由もまさにこの点にあると理解されている。また住環境についても、2800世帯のうち、1300世帯が温水・冷水の供給があるアパートに住んでいる。

2002年には周辺の郡から約500人が流入した。実際の人口は1万人くらいいると見積もられており、失業率は10%で、貧困問題も存在する。特にボルウン

62　筆者が2005年7月にオブス県で行った現地調査で得た情報による。

ドゥルには女性の仕事が少ない。

ダルハン郡政府に勤める人々も、大筋で事実認識は一致する。彼らの説明では、2003 ～ 2004 年の間にボルウンドゥル以外のダルハン郡各地から約 100 人がボルウンドゥルへ移住したが、その最大の理由は郡中心地には中学校（8 年学校）しか存在しないのに対し、ボルウンドゥルには高校（10 年学校）が存在するからだという。実際、2003 年に筆者が聞き取り調査を行った第 2 バグ[63] 在住の NK03（43 歳）は、本人は草原で牧民をしているものの、4 人の子供と NK03 の母は夏営地から 20 km 少々離れたボルウンドゥルに在住しており、子供は皆そちらの学校に通っているとのことであった。NK03 はヒツジ 200 頭、ヤギ 250 頭、ウシ 13 頭、ウマ 60 頭（MSU 換算 923 頭）と郊外の基準でみれば比較的家畜頭数が多いが、夏営地と春営地は隣接しており、季節移動は必要最低限とのことであった。

しかし、ダルハン郡の副郡長は、そうしたボルウンドゥルのプル要因を指摘すると同時に、ボルウンドゥルにも 2000 人の無職者がいて簡単には仕事が見つからない点、鉱山はあと 20 年で枯渇する点などを指摘し、ボルウンドゥルに対してはやや冷めた見方をしている。こうした見方の背景には、ダルハン郡とボルウンドゥルの両地方政府の確執が存在する。

1 つ目に、ダルハン郡中心地をボルウンドゥルへ移そうとする機運が存在する。これに関連して、すでに郡議会はボルウンドゥルへ移動している。だが、ダルハン郡の住民は 80 年間の郡中心地の歴史を盾に反対しているという。2 つ目は、ボルウンドゥルを完全にダルハン郡から独立させヘンティ県の中心地にするという計画がある。これについては、現在ダルハン郡の土地で放牧している 3 万頭の家畜が問題化すると考えられている。つまり、郡外に所属する住民の家畜が放牧されることになるので、現状としての郡内の定住地バグに所属する住民の家畜より厳しい扱いが求められるだろう、ということである。

もう 1 つの鉱山町の事例として取り上げるイフヘット郡は、インフラのよさを理由とした郡中心地の移動を経験している。現在の郡中心地は 2001 年初頭までバグ中心地に過ぎず、ズレグティーン＝オールハイという鉱山名で知られた集落であった。郡の事務長（タムギン・ダルガ）からの聞き取りによれば、2004 年現在の郡総人口 2400 人のうち牧民人口は 205 世帯、777 人とのことであった。その他の情報は以下のとおりである。

---

63 ボルウンドゥルは元々第 2 バグの草原であったので、特にボルウンドゥルの家畜が多いエリアである。

郡の主要産業は鉱山と牧畜業であり、ズレグティーン＝オールハイは元々1973年に設立されたロシア・モンゴル合弁企業が開いたもので、蛍石と石炭の鉱山がある。また、この会社は社員に畜産品を供給するために家畜も所有しており、牧畜業も手がけている。

ズレグティーン＝オールハイの労働者人口、ならびに郡総人口のいずれも2000年以降は減少していた。その原因は、子供を学校に通わせるためにボルウンドゥル、ウンドゥルハーン、ウランバートルなどの町へ転居したからである。ただし郡中心地にも10年学校や病院があり、2001年に郡中心地が移動した理由は、ズレグティーン＝オールハイの方がインフラが整備されているからであったという。

蛍石鉱山は郡内にもう2カ所ある。そこでは企業に所属せず、個人で小型パワーショベルなどを使い露天掘りで採掘している人々がいる。彼らはゾドなどの被害にあって逃げ込んできた人々で、近隣地域からの移住者の場合は家畜も連れて移動してきているという。

ただし、筆者が移動中に見かけたハマルオス鉱山（イフヘット郡域内）では、2002年にズレグティーン＝オールハイから移動してきたという個人採掘者に遭遇しているので、個人採掘者は必ずしもゾドの被害者ばかりではないというのが実情であった。個人採掘者に関しては次節および第5章で再び取り上げる。

本節の最後に、郊外の牧地および鉱山町に関連する移住を引き起こしたプッシュ・プル要因について検討してみたい。まず牧地への移住に関して、1例は厳密には郊外成立以前の現象ではあるものの、プル要因としては牧地の良さ・市場へのアクセスの良さ・入り込みやすさを指摘しうる。

それに対し、彼らのプッシュ要因の説明については、社会インフラの悪さと自然災害が指摘されている。そのうち前者はNK01とNK02に共通する要因であるので、さしあたり社会インフラの極端な悪さが、特に現在遠隔地と呼ばれるような牧畜地域からの移住においてプッシュ要因として機能しているのではないかと考えられるが、そうした潜在的条件が実際の移住を引き起こすには、自然災害のような、突発的に個人の置かれた諸条件を変えるできごとが機能するのだと理解できる。

一方の鉱山町については、まず想定しうるプル要因は鉱山での就職であるが、鉱山関係者の話によれば、鉱山会社に職を得ることができるのは相応の学校を卒業した人材だけだという[64]。つまり、牧畜地域や郡中心地から移住する人々が対象となる話ではない。もちろん、商店やレストランなど他にも事業体は数多く存在するが、失業者が多いという事実を勘案すれば、最大のプル要因は学校などインフラの良さと結論づけられるだろう。

しかし、鉱山町へ移住のプッシュ要因となると、やや不明確であるように思われる。一般に、モンゴルでの都市への流入者は家畜を失った牧民、つまり貧困をプッシュ要因とするというイメージが流布しているが、筆者が2005年夏季にオブス県で行った調査においては、実際に都市へ流入するのはむしろ平均以上の家畜を有する富裕層であるとのデータを得ている。ボルウンドゥルの事例においても多くの居住者は家畜を所有しており、牧畜を完全に放棄したいとは思っていない彼らの生存戦略が浮かび上がってくる。これらを鑑みると、プル要因の裏返しとしての「インフラの悪さ」以外のプッシュ要因は見当たらないようにすら思われる。

そして家畜を所有する都市居住者は、ここでも郊外の牧地を選択するようである。いくら郊外とはいえ、牧畜地域は都市空間から数kmは離れているのが普通である。そこから移動能力の低い子供や老人が教育や医療サービスを受けに毎日都市空間へ通うというのは現実問題として簡単ではない。その結果、上述したNK03の事例のように、家族（ないしは拡大家族）の一部成員が都市空間の固定家屋に、一部が牧畜地域の移動家屋に居住することになる。もちろん、両者の間では頻繁な往来が見られ、通常、より大きな移動能力を有する移動家屋を生活のベースとしている成員がより頻繁に動くことになる。こうした傾向は、一部の成員が大学通学などの理由で首都ウランバートルに居住している場合にも、空間スケールが異なるものの、当てはまるだろう。

また、イフヘット郡の事例で述べたように、鉱山の個人事業主は草原に居住しうるという意味で、郊外・遠隔地を問わず牧畜の補助的収入として機能しうる。実際、こうした事例は次節や第5章で検討する通り、単に都市の失業者だけでなく、家畜を失った牧民にとっても臨時の避難先として見出しうる。その意味で、NK02が語ったのと同様の意味で、鉱山はオトル先だとも言えるだろう。

アラタの報告によれば、内モンゴルで政府の移住政策により牧畜地域から都市近郊部の定住酪農場へ移住した牧民が、自らの移住を「オトル」と称してい

64　筆者がボルウンドゥル近郊で開発中の鉄鉱石鉱山で2005年8月にインタビューした、中国系採掘会社の現地責任者の話による。

る事例が存在するという［アラタ 2005: 225-234］。オトルとは、ある辞書の訳文を借りれば「通常の牧地を離れ、良い牧地を求めて放牧すること」［Gombojab 1986: 401］であり、季節移動を想定した生存技術なのだが、彼らにとっては元々の生活圏を離れる移住もまた、オトルの1形態として理解されているのだろう。そして最終的に移住先に定着すればオトルではなくなり、再度の移住の可能性を保持する限りはオトルが続くのだと考えられる。とすれば、現時点で郊外に居住する牧民の中にオトル継続中の者と、そうでない者とが見出しうることになろう。この点については、次節でさらに検討したい。

第3節　郊外化の事例3（ヘンティ県東部）

本節では、ヘンティ県東部に位置する鉱山町ベルフでの調査データを用い、郊外に居住する牧民の現住地と来歴、郊外と遠隔地の空間的境界、そして郊外の牧畜戦略が自然災害に対して顕著に脆弱なのか、などの点について検討する。

郊外化現象は、もっとも顕著かつ大規模な事例として首都ウランバートル周辺に見出しうるほか、県中心地、一部の鉱山町など都市的なインフラを持つ空間の周囲、あるいは幹線道路の沿線において展開しているものと想像される。ただし第1節と第2節の比較でも明らかなように、そこでの郊外化の担い手となる牧民の原住地や来歴、あるいは彼らの置かれている社会的状況などについては一様ではない。

第1節で取り上げたボルガン県中心地においては、郊外在住の牧民に都市からの移住者と周辺の郡・隣県などの遠隔地からの移住者が混在するが、家畜頭数や社会的ネットワーク・地位などから判断する限り、郊外での地域社会の中心的存在は都市から移住してきた人々であった。第2節で取り上げたボルウンドゥルに関しては、牧民の来歴および牧畜のパターンについて、周辺地域の牧民が子女の教育の便宜などのためボルウンドゥルに流入し、その家族がボルウンドゥルの郊外で家畜を保持し続けるという構図であり、必ずしも年金支給や失業をきっかけに都市から牧民が析出するという、ボルガン県中心地で見られるパターンは顕著でないようであった。この差の由来については、いくつかの理由を想定することが可能であろう。

例えば、都市としての歴史や現在の人口動態が考えられる。ボルガン県中心地は、革命前のダイチン王旗の中心地である「ワンギン＝フレー」に由来し、都市としての歴史は長いが、現状としては特に大きな産業が存在するわけでは

地図 4-6　第 3 節で言及する主な地点

ない、単なる行政的中心地の 1 つであり、近年は人口が減少している（表 4-2）。

一方、ボルウンドゥルは蛍石採掘開始とともに 1980 年代から都市として整備された空間であり、1990 年代から 2000 年代初めにおいて、人口増加が現在進行中である（表 4-2）。また、多くの職種で専門的技術が必要なので牧民出身者が直接鉱山業で雇用される可能性は低いとはいえ、鉱山労働者らを対象とした食料・サービス供給のために各種事業所が稼動している。つまり、都市で吸収できる人口が両者では異なるがゆえに、差異を生じさせているというシナリオが想定可能だろう。

いずれにせよ、場所によって、郊外化のあり方に単一でないパターンが存在することが、この 2 事例の簡単な比較からも想像される。そこで本節では、第 3 の地域として、社会主義時代に蛍石の鉱山町として建設され、現状では小規模な都市空間となっているヘンティ県ベルフの事例を取り上げ、郊外化現象の担い手となる牧民の原住地と来歴、および彼らの現状に関する考察を進めていきたい。なお、本節で提示するデータは筆者が 2009 年 8 月に行った現地調査で収集したものである。

ベルフは、ヘンティ県東部に位置する鉱山町である。現在の人口は約 4000 人で、そのうち約 3000 人が都市在住、約 1000 人が郊外在住の牧民であるという。ベルフはヘンティ県中心地のウンドゥルハーン、前節で取り上げたボルウンドゥルと同様、モンゴル国政府から「ホト」（都市）待遇をされており、通常の郡から

表4-2　第3節で言及する主な都市における近年の人口推移

	1998年	2002年	2006年
ボルガン県中心地	1万5562	1万2604	1万2099
ボルウンドゥル	5547	6982	8510
ベルフ	3909	3879	3890

モンゴル国家統計局のデータに基づき筆者作成

なる行政組織とは別枠の予算措置を受け、ホトの政府も存在している。景観的にも、通常の郡中心地では見かけることのない、社会主義時代末期（1984年）に建設された3階建てのアパートが20棟ほど立ち並び、電気や水道、また夏以外には湯も供給されているなど、インフラが整備された都市空間である。

しかしその一方で、現在の憲法には「ホト」に関する規定が存在しないので、土地や住民の選挙権などに関連する行政的なステータスとしては、バトノロブ郡の第7バグという扱いになっており、ホト政府の長の公式的な地位はバグ長である。ただし、この位置づけゆえに、バトノロブに住民登録している牧民がベルフの都市空間[65]の外側、厳密にはバトノロブ郡の他のバグに属する草原を実質的に利用できるのであり[66]、その背景として、郡長選挙において郡人口の過半数を占めるベルフ住民の意向が反映されやすいという現実がある。

前述したように、ベルフは蛍石鉱山の存在ゆえに建設された都市であるが、旧ソ連の援助に基づいて設立された鉱山会社がベルフで蛍石の採掘を行っていたのは、1954年から2000年までである。つまり、現在は企業による採掘は行われていないのであるが、2008年当時、それに代わる個人採掘がブームとなっていた。往時は地下400 mで採掘した蛍石をベルトコンベアで大型トラックに積み込んで旧ソ連まで運搬しており、従業員が1000人、町の人口は1万人ほどいたという。当時の町の中心であった鉱山会社の事務所は現在では閉鎖され、向かいにあった文化センターは現在では小学校となっている。前述した3階建てのアパートも、1990年まではロシア人従業員用であったというが、現在はモンゴル人が居住している。

65　ベルフのバグ長によれば、ベルフのエリアは25km^{2}であり、北は第1バグに、南は第5バグに隣接しているという。

66　筆者が聞き取りを行ったインフォーマントの中には、バトノロブ郡に対して営地の登録を行っていない牧民が存在したため、まさに「実質的に利用可能」と言いうる状況であった。またバトノロブ郡内では、ベルフに限らず一般的にバグ境界を越えての放牧が認められているとのことであった。

また、2000年にベルフから鉱山会社が撤退した際、従業員の異動先はヘンティ県南部にあり、ロシアのみならず中国まで鉄道のアクセスが存在するボルウンドゥルであったという事実は、2000年以降のモンゴルの経済発展が中国を主たる貿易相手とする鉱山開発に多くを負っている点を勘案すると非常に示唆的である。なお、表4-2を見る限り、2000年の閉山はベルフの人口動態に決定的な影響を与えておらず、ここ10年ではほぼ横ばいが続いていることが看取される。

さて、1990年代初頭のソ連崩壊に伴い多くのロシア人がベルフを去り、さらに2000年には鉱山会社そのものがベルフから撤退したわけであるが、それは必ずしもベルフにおける蛍石の採掘が停止したことを意味してはいない。筆者がベルフで現地調査を行う直前の2009年7月、純度93%の蛍石鉱石の価格が、2008年には1万5000トゥグルク/t[67]であったのが11万トゥグルク/tに急騰し、突如として蛍石の採掘がブームとなった。旧鉱山の西隣で、ロシア人の撤退後にモンゴル人が重機で掘ったという深さ30 mほどの穴(数カ所)に数10人が入って手掘りで蛍石を採掘しているほか、ベルフ郊外の草原でも所々、夏営地の傍らに人力で穴を掘って蛍石を採掘している光景が散見された。

彼らは、本来は金の個人採掘者を意味するモンゴル語の「ニンジャ」[68]という単語を流用し、「蛍石(ジョンシ)のニンジャ」と呼ばれていた。彼らの採掘した蛍石は、大型トラックを持った買付け業者に買い取られ、ボルウンドゥルへ輸送されているという。ベルフの旧鉱山の近辺で蛍石を採掘している人たちは、筆者の聞き取りではベルフの失業者や周辺の牧民などであった。

筆者がベルフで行った現地調査は2009年8月に行われたものであり、ベルフのバグ長および11ユニットへの聞き取り調査を行った。調査ユニットは、ベルフの干草集積ステーションの責任者であるエルデネオチル氏の選定および道案内によるが、基本的には牧民が集住する地域でのランダムサンプリングである。また、ベルフに関する一般的なデータは、主としてバグ長およびエルデネオチル氏から、統計などの数値データはベルフ政府およびバトノロブ郡政府からもたらされたものである。なお、ベルフは2008年5月に発生した吹雪(ツァサン=

---

67 2009年2月末現在の相場で、1円≒16トゥグルクであった。

68 現在モンゴル国では鉱物資源の個人採掘者を「ニンジャ」と総称しているが、これはもともと砂金の個人採掘者に対して使われ始めた用語である。鈴木によれば、砂金の比重選鉱に用いる洗面器状のたらいを背負う格好が、米国で流行したアニメーションの“Teenage Mutant Ninja Turtles”に似ていることからこの名がつけられたという[鈴木 2008: 64]。

地図4-7　インフォーマントの分布（筆者のGPSデータより作成）

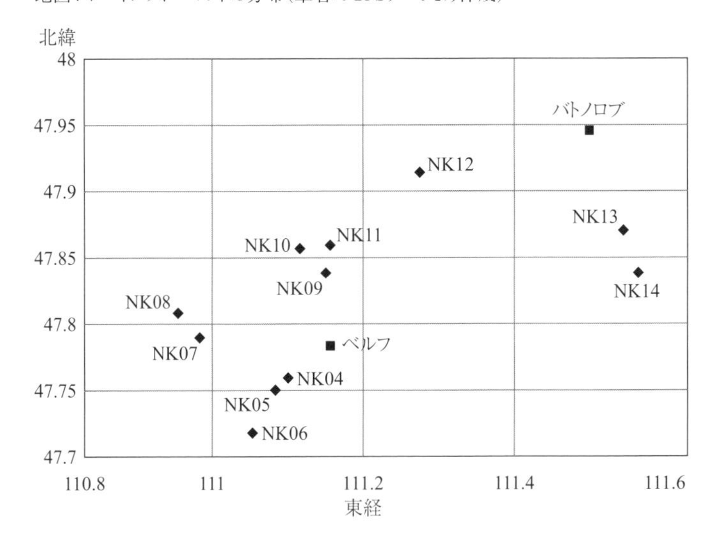

ショールガ）[69] で甚大な被害を蒙った。蛍石の採掘ブームはこの自然災害による牧民の家畜損失が背景の１つにある。

ベルフにおいてはバグ長からの聞き取りなどから、社会主義時代には牧民がほとんど存在しなかったことが判明した。これは「ベルフに登録した住民の中に牧民はいなかった」と狭く解釈することも可能であるが、エルデネオチル氏が 2008 年 5 月の吹雪ではベルフ東郊 10 km 圏内の盆地（フンディー）だけで 1 万頭の家畜が死亡したという事実に言及した際、「社会主義崩壊以後に牧民になった人々が多いから（被害が大きかった）」と付け加えていた点から解釈すれば、ベルフ郊外も他の都市と同様、多かれ少なかれ郊外化現象によって現在のように牧民や家畜が増加したと理解して差し支えないだろう。なお、筆者が調査したユニットは、ベルフの東郊以外に多くが分布している（地図 4-7）。

話はやや前後するが、具体的なインフォーマントの分析に入る前に、バトノロブ郡全体におけるベルフの牧民の位置づけに関して、2008 年末の家畜頭数および牧民数のデータを利用してさらに検討しておくことにしたい。もちろん、後で個別のインフォーマントに関するデータを見れば明らかなように、平均値

69　ベルフにおける吹雪（ツァサン＝ショールガ）の具体的な被害状況に関しては尾崎［2010］を参照。

グラフ 4-2　バトノロブ郡バグ別家畜数（2008 年末）

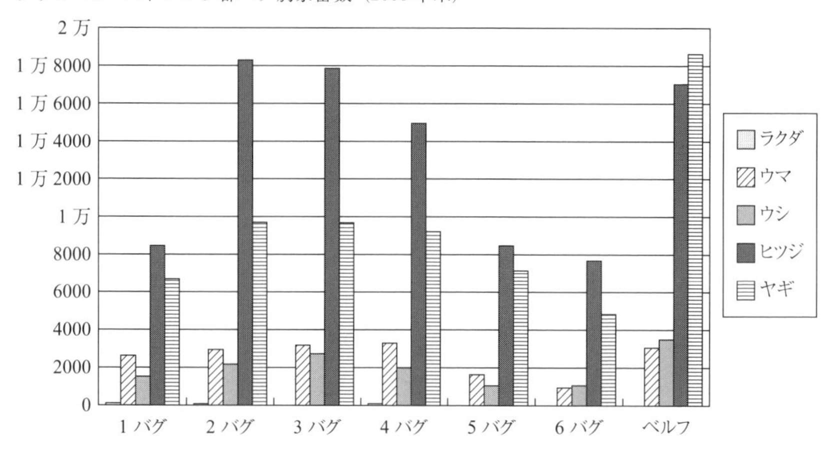

を用いた分析には限界が存在することも事実ではあるが、その一方で、全体的な傾向を把握しておくことは、ベルフ郊外における牧畜の特性を明らかにするためには必要な作業であろうと思われる。

まず、グラフ 4-2 は、バトノロブ郡各バグの家畜数を畜種別に表にしたものである。これを見ると、ベルフは郡内でウシ・ヤギの頭数が最多のバグであることがわかる。ウマやヒツジに関しても、最多ではないにせよ、郡内では多くの頭数を有するバグである。ラクダに関しては、バトノロブ郡が植生的にラクダの飼養に適さない森林ステップに属するため、いずれのバグでも頭数は数 10 頭レベルと極めて少ない。第 6 バグに至っては 2 頭しかおらず、ラクダは存在しないと言っても差し支えない状況である。なお、ベルフが公式に占めているエリアに牧地はほとんど存在しないので、ベルフの家畜は実際にはベルフの郊外で、周囲のバグの牧地を利用しつつ飼養されているのが実態である。

このグラフを見るだけでも、ベルフ近郊がバトノロブ郡内において異常に高い家畜密度を有することが容易に想像できる。また、家畜の絶対数についても全般的に多くの数を有していることが理解できる。現在のモンゴル牧畜で高い経済的利益が見込めるのはウシとヤギである。ウシに関しては都市近郊であれば牛乳の売却による収益が、ヤギに関してはカシミアの売却による収益が見込めるので、生体売却でしか収益の見込めないヒツジに比べて経済性は高い。ウマについては、第 8 章で詳細に検討するように、馬乳酒を売却すれば少なからぬ収益が見込めるが、現実には自家消費分が多く、ウシやヤギほどの経済的利

グラフ 4-3　バトノロブ郡のバグ別およびベルフの牧民世帯比（2008 年末：総数=736）

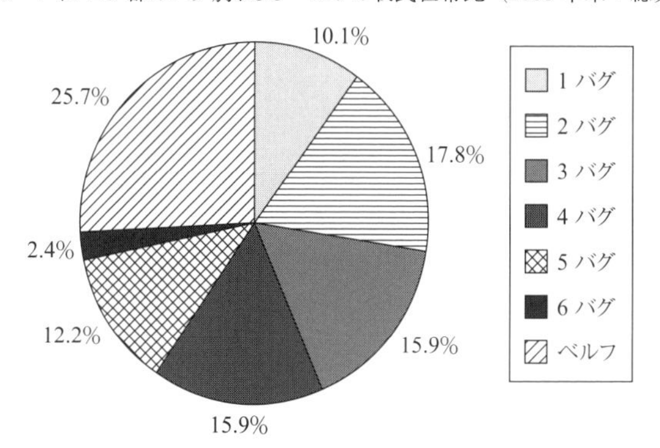

益は得られていないのが一般的である。なお、バトノロブ郡は馬乳酒を盛んに生産する地域ではなく、ウマは専ら乗用およびナーダム用に飼養されていると思われる。

この家畜数の多さの背景としては、牧民数の多さが影響している側面が強い。グラフ 4-3 を見れば明らかであるように、ベルフの牧民世帯数は、バトノロブ郡全体の 4 分の 1 を占めている。牧民数と牧民世帯数の比率が完全に一致するわけではないとしても、他バグと比較して圧倒的に多くの牧民がベルフに集中していることは疑う余地がない。また、グラフ 4-2 の家畜数についても、牧民の多さが寄与している割合が高いであろうことが予想される。

そこで、各バグの世帯あたり家畜数を算出してグラフ化したものがグラフ 4-4 である。これを見ると、牧民世帯数の少ない第 6 バグ（18 世帯）の家畜数が突出しているのを除けば、他のバグは平均値としては多寡を論じるほどの差異は少ないと言えるだろう。唯一、ベルフの家畜構成の特徴らしきものを指摘しうるとすれば、ヒツジとヤギの比率およびウシとウマの比率であろう。バトノロブ郡内において、ベルフは唯一、小型家畜の中でヤギの頭数がヒツジを上回っており、また第 6 バグとベルフのみが、大型家畜に関してはウシがウマを上回っている。いずれにせよ、現在の文脈でモンゴルの人々に経済性のより高いと考えられている家畜（特にヤギ）が、ベルフでは世帯単位でも多数飼養されていることがわかる。

このように、ベルフの郊外においては、バトノロブ郡の平均値とはかけ離れた数の牧民世帯が居住しており、その結果として家畜の密度も極めて高いという特徴が指摘しうる。一方、牧畜の経営規模に関しては、ベルフ郊外の牧民は

グラフ 4-4 各バグ別およびベルフの世帯あたり家畜数

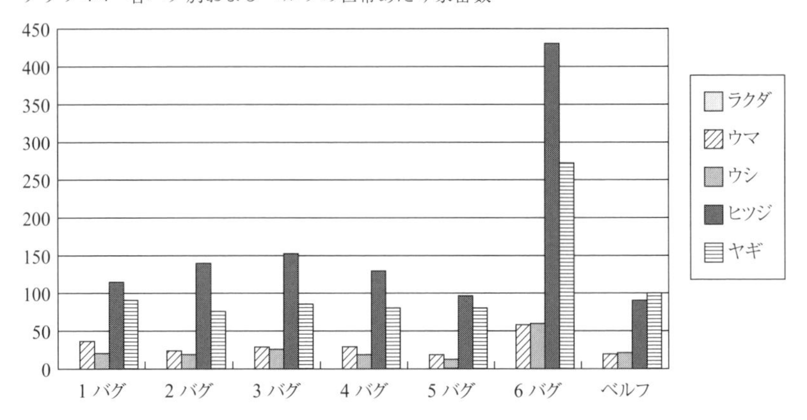

特に家畜数が多いわけでも少ないわけでもなく、また家畜構成については確かに世帯レベルでもヤギやウシの比率の高い点を指摘しうるが、逆に言えば、それ以上の特徴を見出しうる状況にはない。

なお、牧畜の経営規模に関して郡内では特異な存在と言える第 6 バグの位置および社会的背景について、今回の現地調査では明らかにできなかった。一般的に、バグのナンバリングは数の小さいほうが一般の牧民バグで、大きくなるとバグ中心地、都市空間など特殊性を持つバグが配される傾向がある。現に、バトノロブ郡においてもベルフは第 7 バグ、第 5 バグは 1970 年代にバトノロブ郡に吸収合併された旧イデルメク郡である。この事実から類推して、第 6 バグが一般的な牧民バグでない可能性は高く、郡中心地、あるいは別種の特殊な空間である可能性が考えられる。

次に、ベルフ郊外での現地調査で聞き取りを行った牧畜ユニットのデータのうち、基本的なデータを表 4-3 に一覧形式で示した後、詳細なデータの補足や分析を行いたい。ここでの調査ユニットは全て 1 世帯で構成されていた。

インフォーマントの移住歴などに関しては、NK07 と NK12 がもっとも特色あるライフヒストリーを有するので、まずは彼らに関する補足を記しておきたい。両者のうち、比較的単純なライフヒストリーを持つのは NK12 である。彼はネグデル期末年の 1990 年より現在の牧地で牧畜を行っているので、移住歴に関するデータは「なし」としてある。なお、NK12 から NK14 までの 3 世帯は、住民登録はベルフではない。地図 4-7 に示した彼らの居住地は、明らかに他の世帯よりもベルフから遠くに位置している（地図 4-7）。非常に大雑把な数字であるが、

表 4-3　調査ユニットに関するデータ

	世帯主	年齢	郊外移住年	旧居住地	旧職業	MSU
NK04	男性（既婚）	60 代	1999	ベルフ市街	トラック運転手	1150
NK05	男性（既婚）	40 代	1997	ムルン郡中心地	獣医	975
NK06	男性（既婚）	20 代	2007	ウルジート郡草原	牧民	546
NK07	男性（既婚）	30 代	1982	ホブド県	学生（両親は国営農場）	126
NK08	女性（死別）	60 代	1989	ベルフ市街	パン工場（夫は鉱山）	166
NK09	男性（独身）	30 代	1997	ベルフ市街	鉱山	327
NK10	男性（既婚）	40 代	2001	バトノロブ郡中心地	銀行員	710
NK11	女性（死別）	40 代	1992	ダルハン市	会計	405
NK12	男性（既婚）	30 代	なし	なし	なし	1817
NK13	男性（独身）	40 代	1992	バトノロブ郡中心地	ネグデル運転手	483
NK14	女性（死別）	60 代	1991	バトノロブ郡中心地	医者	1560

ベルフから約 15 km 圏内がベルフに登録している牧民の分布範囲と考えられる。筆者が聞き取りを行った一帯の牧地は第 1 バグに属していた。

一方、NK07 は複雑なライフヒストリーを有する。彼はモンゴル国西部ホブド県出身のカザフ族であり、社会主義時代の 1982 年に、県中心地のウンドゥルハーンに所属する国営農場の労働者として移住してきた両親とともに現住地へやってきた。その後、ウランバートルの大学へ進学したが 3 年で中退し、1990 年にここへ戻ってきた。妻もホブド出身のカザフ族であったが、2007 年に妻と娘、妻の両親はカザフスタンへ移住してしまい、現在は弟と 2 人暮らしである。

彼個人のライフヒストリーは相当に特異ではあるが、ベルフには鉱山関係の仕事をするカザフ族が多く移住しており、NK08 も夫婦ともカザフ族（ただし調査当時夫はすでに死亡）である。上述の国営農場はカザフ系の肉牛を飼養していた経緯から、カザフ族の牧民も住んでいたという。さらに、社会主義体制崩壊以降、モンゴル国のカザフ族が相当数カザフスタンへ移住していることも事実であり、その意味では NK07 は、ベルフ郊外の牧民の「ありうる事例」の一端を担っていると言えるだろう。

次に牧民の以前の職業を見てみたい。11 事例中、他所で牧民をやっており、その後ベルフの郊外へ移住してきたのは NK06 のみである。彼の来歴は、元々県中心地に近いウルジート郡の出身で、1997 年に中学（8 年学校）を卒業後、ウルジート郡内で牧畜を行っていたが、干ばつを避けるために 2007 年 11 月にベルフ郊外へオトルとしてやってきた。ベルフを選定した理由は、当時妻の兄がベルフの市街地に住んでいたからであるという。調査当時、妻の兄は草原で牧民となっていた。NK06 は将来的にはウルジート郡へ戻ることを希望しており、それがゆえにオトルであると表現していると想像される。

NK06を除けば、残りはベルフをはじめとする都市空間か、あるいは郡中心地の定住集落で、多かれ少なかれ専門的な職業に従事していた人々である。その大多数はベルフかバトノロブ郡中心地に居住していた人々であり、彼らが牧民となった場合、その近くで牧畜を行うことはある意味自然である。というのも、彼らにとっては従来の社会的ネットワークから切断されることなく、牧民に転業することが可能だからである。その点において、理由を詳らかにすべき対象はむしろそれ以外の事例である。

NK05は県中心地の西にあるムルン郡の出身者で、1997年まで約10年間、ムルン郡の中心地で獣医の仕事をしていた。1997年に牧民への転業を決意した際、妻の父がベルフ在住であったので現住地で牧民となったという。NK11は1990年に学校を卒業後、モンゴル第2の都市である北部のダルハン市で2年間会計の仕事に従事し、夫（2003年に死亡）は地質学の専門職であった。1992年に社会主義体制が崩壊して家畜の私有化が行われた際、夫の出身地がバトノロブ郡であり、さらに両親が牧民であったので、現住地に移住して牧民となった。当時、バトノロブ郡ではネグデルの構成員でなかった人でも家畜の分配を受けることができたので、NK11の夫も私有化の際に「牧民の子供」として家畜を得ることができたという。なお、現住地は移住当時から変更はないが、ベルフの方が距離的に近いので、子供の入学の利便性を考えて1999年にベルフに住民登録を変更した。NK11はベルフ市内にも住居を所有しており、学校の授業が始まると子供たちはベルフの住居に居住して通学しているという。

ところで、筆者のボルガン県における調査結果から、郊外の草原へ移住して牧民となる元定住民の中には、少なからぬ年金生活者が含まれていることが明らかになっている。そこで、年金の有無および移住タイミングと年金の関連性を次に検討してみたい。ベルフの調査世帯のうちNK04、NK08、NK14という、最も高年齢層に属するインフォーマントは、全て例外なく年金受給者であった。NK04は1970年代よりベルフの車両基地に所属する大型トラックの運転手であったが、1999年に年金が支給されたことを機会に郊外へ移住、家畜を購入して牧民となっている。

NK08は夫（2008年に死亡）がベルフの鉱山労働者、自身はパン工場の労働者であったが、1989年に夫の年金が出たので家畜を購入して牧民となった。当時は社会主義時代の末期であるが、移住動機として年金が少ないことを挙げていた。NK08の営地の周囲には同様に元鉱山労働者で、年金が出たので牧民になったと

表4-4　調査ユニットの畜種別頭数およびヒツジとヤギの構成比

	ヒツジ	ヤギ	ウシ	ウマ	ラクダ	ヒツジ／ヤギ
NK04	260	200	60	50	0	1.3
NK05	200	300	20	55	0	0.67
NK06	250	20	16	26	0	12.5
NK07	40	20	2	8	0	2
NK08	83	50	4	2	0	1.66
NK09	100	100	10	11	0	1
NK10	150	200	10	40	8	0.75
NK11	23	25	5	47	0	0.92
NK12	370	69	85	120	7	5.36
NK13	150	100	23	15	0	1.5
NK14	700	300	75	20	0	2.33
総計	2326	1384	310	394	15	1.68
NK04-NK11 合計	1106	915	127	239	8	1.21

いう来歴を持つ人々が他に4世帯ほど存在するという。

NK14は女性であるが[70]、医師を27年間務め、1991年に年金が出たことをきっかけに現住地へ移住して牧民となった。NK14はネグデル解体に伴う家畜私有化の際にも家畜を受け取っているという。このように、ベルフの事例においても、郊外への移住と年金は大きな関連性があることが明らかである。NK09についてはベルフの鉱山、NK10はバトノロブの銀行で働いていたが、いずれも自ら仕事をやめて牧民となっており、年齢的にも若いので年金とは無縁である。今回の調査世帯では、NK10のみが2000年以降に牧民になっており、そのほかのケースでは社会主義体制崩壊前後か1990年代後半に牧民になっていると総括できる。

彼らの家畜数については、MSU換算の家畜数で1000頭を超えている3世帯のうち2世帯は年金受給者、そして最多は生粋の牧民と呼んで差し支えないNK12である。家畜数については労働力や技術の有無と密接な関連があるので、そうした個別世帯の事情を抜きに一般的な傾向を見出すことは難しい。例えば、都市からの距離との相関性について言えば、最多家畜頭数を擁するグループ（NK12やNK14）はベルフから距離を置いている一方、それに次ぐグループ（NK04やNK05）はむしろベルフに最も近い場所に営地を構えている人々である。

続いて彼らの家畜構成について検討を進めるために、各ユニットの家畜構成およびヒツジとヤギの構成比を表4-4に示す。

これを見て判ることは、2008年末のベルフの統計値に特徴的に見られるよう

70　NK14の夫の死亡年齢については未確認。

な、ヤギやウシの頭数が多いという傾向が必ずしも見出せないことである。確かに、ヤギの頭数がヒツジの頭数を上回っている世帯は全てベルフに所属しており、またベルフ所属の世帯のみでの合計値の方がヤギの相対的多数を示している。しかし、逆にウシとウマの比率に関して言えば、バトノロブ郡に属する3世帯の値を含めたほうが、相対的にウシが多くなる。経済性の強いウシがむしろベルフから遠い場所に多い点は、乳関連の製品に対するベルフのマーケットとしての小ささを示していると推測できる。

また表4-3のMSUとの関連で言えば、NK14が例外的存在であるものの大型家畜が各世帯の家畜数の中で占める割合が高く、大型家畜の多寡が家畜数（MSU）の多寡に与える影響が大きいことが想像される。また、現地が吹雪の被災地であったことを考慮すれば、災害の影響が多様な度合いでインフォーマントの所有家畜に影響を与えていることが想像されるが、筆者が聞き取り調査を行った範囲では、災害でヤギを多数失った（NK06）、あるいは災害後にヤギを増やしていない（NK12）と、ヤギに言及したインフォーマントが目についたのが印象的であった。

ただし、ベルフのバグ長が有していた2009年6月末現在のベルフの家畜数を示した統計では、ヤギ2万2354頭に対しヒツジ2万1973頭、ウシ3788頭に対しウマ3029頭と、2008年末の傾向を踏襲していたので、調査までの短期間のうちにヤギの売却などが一気に起こったとは考えにくい。現時点では、調査世帯の傾向がそうであった、という理解にとどめておきたい。

一方、調査世帯の季節移動のパターンについては表4-5に示すとおりである。表4-5においては、各営地の場所を調査地点であった夏営地を基準にして記述している。NK11の「定点なし」とは、営地の場所が年により一定しないことを示している。NK11においては夏営地も定点は存在せず、調査時点の説明でも「今年はたまたまここに夏営地を構えている」とのことであった。

季節移動のパターンに関しては、ベルフに近いインフォーマントの一部にのみ1年を通じて顕著に移動性が低い事例が見出せる一方、少なくとも夏営地をベルフ郊外に構えているからといって、それが直ちに移動性の低さを意味するわけではないことを示唆している。またNK12のように、冬営地の方がむしろベルフに近接している事例も存在する。ただし、ベルフ近郊の冬営地を中心とした調査を行った場合、今回とは異なった像を結ぶ可能性が存在する。たとえば、ベルフ郊外に冬営地を構えている世帯は夏営地も郊外から離れない傾向などを見出せる可能性も否定できない。

表 4-5　夏営地を中心としたインフォーマントの季節移動パターン

	夏営地	秋営地	冬営地	春営地
NK04	調査地点	—	北 2km	西 1km
NK05	調査地点	—	北 4km	—
NK06	調査地点	東 10km	北東 13km	—
NK07	調査地点	—	南 1km	—
NK08	調査地点	—	南東 1km	—
NK09	調査地点	—	北 20km	—
NK10	調査地点	—	南西 3km	—
NK11	調査地点	定点なし	南東 30km	定点なし
NK12	調査地点	—	南 13km	南西 2km
NK13	調査地点	—	西 8km	—
NK14	調査地点	—	西 10km	北 3km

※季節移動を行わない営地は「—」で示してある

最後に、ベルフに関する概況で言及した、牧民と鉱山の関わりについて調査データから述べておきたい。今回聞き取り調査を行ったインフォーマントに関しては、調査時点で蛍石の採掘に携わっていたケースは 2 事例であった。1 つは NK04 であり、このケースでは帰省していた大学生の息子が学費を稼ぐために、先述したベルフの旧鉱山に隣接する「穴」へ蛍石を掘りに行っていた。もう 1 つのケースは NK09 であり、調査の 10 日ほど前から夏営地の北東 200 m ほどの地点に世帯主自らが仲間 5 人と穴を掘り、家畜の放牧は弟に任せて蛍石の採掘を行っていた。NK09 によれば、さまざまの純度のものを合計して 1 日で 200 ～ 250 kg くらいの蛍石が採れるそうである。なお、NK09 の周辺では他にも 2 世帯が蛍石の採掘を行っており、それぞれゲルの近くに 1 つずつ穴を掘っていた。エルデネオチル氏によれば、こうした採掘行為に対してはバトノロブ郡政府もベルフの政府も黙認状態である、とのことであった。

本節ではベルフにおける郊外化の実態を、特に原住地と来歴、および彼らの現状に着目しつつ分析を行った。そこで明らかになった点を、第 1 節で取り上げたボルガン県中心地と第 2 節で取り上げたボルウンドゥルとの比較において指摘したい。

まずボルウンドゥル、ボルガン、ベルフの都市としての性格の違いを改めて述べるなら、ボルウンドゥルとベルフが鉱山町、ボルガンは県行政の中心地である。人口規模に関してはボルガンが最大、ボルウンドゥルがそれに次ぎ、ベルフが最小である。ただし、人口変化の傾向としてはボルガンとベルフが減少、ボルウンドゥルが増加であり、社会主義時代のベルフは現在のボルウンドゥルの規模をも凌駕する都市であった。
また、インフォーマントの発言などから、かつてベルフの郊外には都市居住者向けの肉牛の飼育や農耕を行う国営農場[71]が存在したこと、国営農場の近辺には社会主義時代末期より年金生活者が牧民化していたこと、そしてNK12のようにベルフから一定程度の距離を保った草原では社会主義時代より牧民の冬営地などとして利用されていたことが明らかになった。ただしこれらの点を差し引いても、ベルフの郊外は現在、社会主義時代には存在しなかったほどの牧民と家畜で満たされているという本書の前提には大きな影響を与えないであろうと思われる。
なおこれは、ボルガン県に関しても、郊外にある筆者の調査地にも社会主義時代にはネグデルが運営する都市居住者向けの小規模な酪農場が存在したこと、あるいは筆者の調査地域ではないが南方の郊外に農耕地が存在したこと、また郊外の牧地は本質的に周縁的な牧地であり、少数の家畜を有する都市居住者が夏季のみ使用し、周辺のネグデルに所属する牧民にとっては他にも存在する季節営地の1オプションに過ぎなかったことなど、社会主義時代の状況およびその後の郊外化に関して共通する事項が多い。
一方、ボルウンドゥルに関しては、かつては他の2都市よりも人口規模が小さかったことや、そもそも農業に適さない乾燥した環境であったことから、周辺の農場および都市住民向けの家畜飼養施設ないし組織の存在は確認されていない。また、少なくとも筆者の現地調査で知りえたデータからは、ボルウンドゥルの都市空間から年金支給など、なんらかの事情で牧民となって郊外に「析出」した事例は確認できていない。この点は、都市の人口動態が増加傾向にあるか、あるいは減少傾向にあるか、というトレンドと関係があると推測される。
さて、データが豊富なベルフとボルガンの比較をさらに進めよう。ボルガンには、特に都市からの出身者を中心とする冬営地が集中する地域が複数存在した。大規模なものは、12ユニットが集住する「団地」の様相を呈していたが、今回の調査では、ベルフではそれに匹敵するものは見出せなかった。ただし、NK08の周辺で、年金生活者が集住する地域は存在した。NK08や近隣に居住するNK07がカザフ族である点や、かつては国営農場が存在したという場所の性格を考慮すると即断は禁物であるが、ベルフがボルガンよりも小規模な都市であることを考えれば、これがボルガンの「団地」に対応する存在であるという推

71　農耕地の存在についてはエルデネオチル氏およびNK14の指摘による。

測は可能であろう。

一方、両者の牧畜の現状に関して比較すると、ボルガンはMSU換算では概算で最高1500頭、最低90頭程度となる。ベルフの方が最高値・最低値ともに高いが、最高値に関してはベルフの事例に「遠隔地型」と呼びうる、従来タイプの牧民が含まれている点、また最低値に関してはボルガンの事例は年金生活者である点を考慮すると、いずれも両調査地点の都市空間のとの関わり方の差異に起因するものと推測される。すなわち、ごく大雑把に言えば、ボルガンにおける都市との関わり方は、ベルフにおけるそれよりも密である。

この点は、牧民の来歴に関しても同様であると思われる。すなわち、筆者の調査データによれば、ボルガンは20事例中9件が県中心地、1件がボガト郡、他は遠隔地域からの移住者である。また、移住開始は4分の3が1990年代後半以降となっている。これに対し、ベルフではベルフ市街からの析出者は30%に満たない。また、ボルガンの事例に比べて牧民となった時期が早く、1990年代前半の社会主義の崩壊期と1990年代後半にピークが存在する。ただし、この違いについては、ベルフの都市としての規模が移行期の到来とともに急激に縮小しているので、郊外と考えられていたデータ中に、ネグデル期の移動パターンを踏襲しつつ牧畜を行う遠隔地のデータが混入して、もたらされていると理解することが可能であろう。

この可能性については、1990年代前半に牧民となり、今もなお筆者の調査事例中ではベルフから離れた地域に営地を構えているNK14の家畜構成について、社会主義時代の「科学的な」家畜構成比を踏襲している、とエルデネオチル氏が感嘆した点からも傍証しうる。また今回調査したインフォーマントの所有家畜に、統計値と比べると意外なほど、経済性の高いヤギやウシが多くなかった点と関連する可能性も高い。さらに、ベルフの人口規模の小ささ、つまり市場としての小ささも影響しているであろう。

その一方で、バトノロブ郡など、近隣の定住地域に居住していた人々がベルフ近郊で牧畜を開始する、あるいは移住することによって、ベルフにおいても確実に郊外化は進行している。ボルガンとベルフの差は、単に移行期とグローバル資本投下期というマクロな時期区分の違いのみならず、都市の衰退フェーズの発生時期や衰退の速度という、ミクロな動向とも無関係ではないだろう。

最後に、ベルフと2008年5月の吹雪による災害について考えたい。この吹雪は2008年5月26～27日に発生し、52人が死亡、東部3県のみで60万頭もの家畜が失われる大災害となった。モンゴル国非常事態本部のまとめた資料によれば、郡単位で死者数、被害家畜数が最大だったのはバトノロブ郡（死者 12 人、被害家畜 4 万 710 頭）であるが、ベルフの被害（死者 7 人、被害家畜 1 万 1452 頭）は別にまとめられており、ベルフも含めればバトノロブ郡全体で死者 19 人、被害家畜 5 万 2162 頭となる。バトノロブ郡の気象台データによれば 26 日の最高気温は 22℃、27 日の最低気温は－1℃であり、26 日午後から猛烈な砂塵嵐となり、続いて吹雪となったので、薄着で放牧に出ていた人たちが遭難したという。

この自然災害に関連し、エルデネオチル氏のように、ベルフでは「社会主義崩壊以後に牧民になった人々が多いから（被害が大きかった）」、つまり被害の大きさは牧民の経験のなさに起因するという見方が少なからず存在した。しかし 2008 年末の数字で、ベルフの牧民世帯数はバトノロブ郡全体の 25.7 %、家畜頭数は 22.1 % を占めている。これと被害状況を対照すると、死者はベルフが 36.8 % と多数を占める一方、被害家畜ではベルフが 22.0% と、必ずしも大きいとは言えない状況である。

ベルフのホト長（2009 年 8 月当時）によれば、吹雪となったのは 30 ～ 50 km 幅のエリアであり、ベルフから南へ 20 km も行けば吹雪にはなっておらず、結果として被害もなかったという。この事実は、ベルフ近辺の牧民密度の高い地域を吹雪が襲ったがゆえに、ベルフの被害が結果として甚大になったことを示唆しているように思われる。また死者数については、ベルフには 1000 人の牧民に加えて 3000 人の定住民がいることも考慮すべきであろう。モンゴル国非常事態本部は、どのような人が被害にあったかという数値データは公表していない。少なくとも公表された数値を見る限り、郊外の牧民が有意に自然災害に対して脆弱であるとは断言できないようである。

第5章　ゾドがもたらす牧畜戦略の変化

第1節　個人的経験としてのゾド

本章では、牧畜戦略の転換点たりうるゾド（寒雪害）が牧民社会、特に牧畜ユニットや地域社会などの末端レベルに及ぼす影響を検討する。本節ではモンゴル国で2000/01年に発生したゾドについて、第2章で取り上げたスフバートル県の2001年の調査データを使って牧畜ユニット単位での検証を行う。ここでは往々にして統計処理され、大きな空間ユニットを単位として表象されがちなゾドが、実は個人的経験と呼びうるほどに大きな偏差を持ち、それゆえに多様な形で個人の置かれた諸条件を変化させる（あるいはさせない）ことで牧畜戦略に影響を与えることを示したい。

モンゴル国において1999/2000年から3年連続で発生したゾドは、日本国外務省のホームページでも「最近のモンゴル情勢」として言及され、またそれに対して国際的な支援活動が展開されるなど、国レベルでの関心を引く出来事として発生した[72]。

しかし、ここで考えるべきことは、モンゴルでゾド・干ばつ（ガン）・風害（ショールガ）と呼ばれる自然災害は、その要因と考えられる大雪・少雨・大風といった自然現象とは事象のレベルが異なる点である。後者は、人間の存在を必要としない気象という現象のうち、平年値を一定限度以上逸脱したものをカテゴライズした概念であり、その意味において自然科学的な事象であると言える。それに対し、前者は後者を原因として発生するとはいえ、「家畜の被害頭数」や生産手段としての「草原への被害面積」、あるいは「被災者」の避難行動など、人間

72　外務省ホームページに掲載された情報によれば、1999/2000年冬、及び2000/01年冬の2回にわたり、ゾドが発生した。1年目のゾドで家畜約225万頭、2年目には約350万頭が斃死し、多数の牧民とモンゴル経済に大きな打撃を与えたという（外務省ホームページ「最近のモンゴル情勢と日・モンゴル関係」http://www.mofa.go.jp/mofaj/area/mongolia/kankei.html、2002年10月31日閲覧）。

活動へのマイナスと考えられる影響が一定以上に達したものをカテゴライズした概念であり、その意味において人文社会科学的な事象である。つまり、ある種の自然現象が、人間との関わりの中で自然災害として経験されるというプロセスが存在するのである。

そして、この「経験」も、様々なレベルが存在しうることが想像される。たとえば、上述の日本国外務省の言説はモンゴル国政府のそれに対応したものであるが、ここでの焦点は経済損失であり、おそらくこれに呼応する行動として後述のNS07に見られるような国際援助が続くものと想像される。これは国家的経験としてのゾドと呼びうるものであるが、これとは別に、ミクロな視点へ移動すれば、個人的経験、あるいは個人の所属する最小の社会的単位としての世帯レベルでの経験としてのゾドが想起可能である。当然ながら、国家が発表する総数としての被害頭数や面的広がりとしての被災地域は地方からの報告の集成によって導かれたものである。その意味において、より原初的な経験は個々の牧民や牧畜経営単位としての世帯のものであると言えよう。また、国家への災害報告の単位となっているのは最小行政単位である郡レベルであり、これは牧民にとっても有意な地域社会の範囲となっている。ゾドは被災者の避難や救済措置、また今後の対策などという形で既存の地域社会のあり方に対してなんらかのインパクトを与えるであろう。すなわち、地域社会の経験としてのゾドもまた別個のものとして存在するものと想定しうる。

上述の自然災害に関わる3レベルの経験は作業仮説としての想定ではあるが、その中で個人的経験としての自然災害は、これをベースにして広域的な経験が形成されていくという因果関係を考えても存在の蓋然性が高いと考えられる。そこで本節では、筆者が2001年夏にモンゴル国スフバートル県オンゴン郡で得た調査データを中心に、個人的経験としての自然災害に関するモンゴル牧民の言説を整理し、彼らの経験の特徴について考察したい。特に着目した点は以下の通りである。

1　牧畜ユニットのレベルでの2000/01年冬季における被害状況
2　牧畜ユニットの変動および現状
3　自然災害に対応する牧民の技術と牧畜戦略

比較のために、ゾド前の1998年における各牧畜ユニットのアハラクチが所有する家畜数（NS02、NS12のみ1997年のデータ）および構成世帯数を表5-1に示す。

表5-1　ゾド前の各牧畜ユニットのアハラクチが所有する家畜数および構成世帯数

	ラクダ	ウマ	ウシ	小家畜	構成世帯
NS01	1	10	22	50	1
NS02	5	30	65	500	2
NS03	6	80	100	1450	4
NS04	5	65	70	700	3
NS05	8	55	100	700	2
NS06	8	90	112	540	4
NS07	5	43	40	365	3
NS08	1	30	30	250	2
NS09	11	120	80	1400	4
NS10	8	50	50	830	2
NS11	0	3	4	35	1
NS12	10	130	250	1200	2
NS13	3	200	180	400	3
NS14	5	20	65	754	2
NS15	1	32	45	182	3
NS16	10	45	40	400	2
NS17	5	30	40	300	2

この数字には政府への登録上は子供名義の家畜となっているものの[73]、実際はアハラクチの管轄下にある家畜も含んでいる。スケジュールの都合で2001年にはNS01の訪問調査はできなかったが、表5-1にデータを掲載した。

以下に、調査データの存在しないNS01を除いたNS02からNS16までの具体的な事例データを示す。なお2001年夏は、2000/01年のゾドの翌年であると同時に、2001/02年のゾド前の夏でもあり、2章にも記したとおり干ばつ気味であった。そのため、本調査時点での各ユニットのデータは2000/01年のゾドへの対応および被害への対処、そして来るべき2001/02年のゾドの前兆現象としての干ばつへの対応という3種類の行動が含まれていると解釈できる。

NS02

2000年10月20日ころより2001年3月ないし4月くらいまでゾドだったと認識しているが、被害は少なかった。小家畜（ヒツジ・ヤギ）は2000年末500頭、死亡0頭、現有800頭[74]。ウシは2000年末110頭、死亡7～8頭、現有130頭で、

73　所有家畜数が一定数を超えると課税されるため、牧民の間ではしばしば家畜の所有名義者を分散させていた。

74　年末に全国規模で家畜センサスを実施するので、すべての世帯レベルで公的に把握している数字となる。夏季の家畜数の増加原因は春に仔畜が誕生するからである。

主に仔ウシが死亡した。ウマ・ラクダは無事だった[75]。

平年の冬営地は郡中心地の南西 40 km の地点だが、昨年冬は国境から 5 km の地点（トゥイメルト）にいた。その後、郡中心地の南西 50 km に位置する平年の春営地へ移動した。

2001 年の夏営地については、ナーダムの前はツァガーン＝シャンドの南側（97 年と同じ）、ナーダムの直前に郡中心地の西北 6 ～ 7 km のボランギーン＝オルト＝デール（NS03 の夏営地付近）に移動し、ナーダム後に現在のハルガイト＝ゴー＝バローン＝デール（98 年の夏営地の西側、平年の場所）へ移動した。理由は干ばつのせい。6 月 24 日から 2 ～ 3 日雨が降って、ナーダムの頃は草の状態が良かったが、7 月中旬以降は暑くて全然雨が降らない。気温は 35 度くらいになった。

7 月 20 日よりホトアイルを 2 つに分けた。NS02 自身は南側に住み、北 500 m の地点に姉の夫が住んでいる。水は北にあり、水のほうへ行った場合には姉の夫のところへ、南に行ったら NS02 のところにヒツジを泊まらせる。ヒツジを太らせるためであり、群れを分けているのではなく、人の住んでいる場所だけが別々になっている。

8 月 15 日以降、2 ～ 5 km 程度のオトルに出る予定。これは短距離のオトルなので、家族全員でゲルごと移動させる。行き先は、草の良い場所。2 ～ 3 週間滞在する予定。その後もオトルを繰り返し、最終的には平年の冬営地まで行くが、干ばつで冬営地の草が良くない場合には別のところへ行く。その際、距離は問わない。

NS03

ゾドではウシは少し死んだが、他の畜種には被害はなかった。ウシは 2000 年末 200 頭のうち 40 頭が死亡した。雪が降ったこともあるが、草の状況が良くなかったためにゾドになった。昨年の冬営地は平年の場所だった。

現在の夏営地（ボランギーン＝ウンドゥル＝ドゥブ、平年の場所）にも草はないが、ほかに移動する場所もないと考えている。例年春季～秋季にかけてホトアイルを 2 分しており、調査当時息子 2 人は南西 1 km 弱の場所で仔畜 500 頭、NS03 は成畜 1000 頭を放牧していた。

10 月に秋営地へ移動するまではここに留まる予定だが、近くで雨が降ればそ

75　本調査では、ウマとラクダに被害が発生した事例は存在しなかった。NS03 以降の記述ではウマとラクダの被害状況は記載していないが、全てゼロである。

こへ移動する可能性もある。

NS04

2000/01年冬は西の国境沿い（ツァガーン＝デルスの北西）に移動していたのでゾドの被害は小さかった。仔ウシ1頭が死亡したのみ（現有数60頭）。

NS04と弟は、冬季は一緒に放牧しているが、春から秋は家畜を太らせるため別々に放牧する。このようなスタイルはオンゴン郡では多数みられるという。なお、ゾドでは弟の所有分でウシ3頭（現有数40頭）と仔ヤギ2～3頭（現有数60頭）が死亡した。

夏営地（デルセン＝ホダギィン＝ウンドゥル＝ドゥブ、平年の場所）では6月20日に雨がたくさん降ったが、その後は降っていない。

NS05

平年の冬営地では、旧正月の前に20 cmの降雪があった。ゾドの被害は以下の通り。ウシは2000年末200頭のうち仔ウシを中心に22頭死亡、小家畜（ヒツジ・ヤギ）2000年末1000頭のうち20頭死亡。なお、死亡した20頭は全てヤギである。

調査年度も6月に、平年の夏営地であるドゥルブン＝ホタグへ移動してきたが、6月に少し雨が降っただけで水が少ない。現在の夏営地の方が草の状態が多少良いので、ナーダム後（7月20日）ボランギーン＝オルト＝デールまで北上した。

NS06

2000/01年冬のゾドはひどかった。当時は平年の冬営地（ツァガーン＝デルス）にいた。被害状況は、ウシが2000年末140頭のうち20頭死亡、小家畜（ヒツジ・ヤギ）は2000年末800頭のうち20～30頭死亡。いずれも仔畜が中心に死亡した。草生が良い場所なので死亡数は少ない方だという。

トラクターを2年前の秋に購入し、季節移動の際に運搬用として使用している。（トラクターは乾草の運搬にも使うのか、という筆者の問いに対し）モンゴル国南部に位置するオンゴン郡では乾草など飼料は売っていないので買わない。

NS07

1999年の夏には兄弟2世帯でホトアイルを構成していたが、2001年5月にNS07が父方平行イトコのホトアイルへ転出。ホトアイルを分割した理由は、NS07が結婚して自分のゲルを持ったことと草の欠乏。2000/01年の冬は、例年のエールトホショーではなく、南東20 kmにあるフルストイという場所にある知人の冬営地にいた。

NS07のゾドの被害は以下の通り。ウシは2000年末30頭のうち20頭死亡、小家畜（ヒツジ・ヤギ）は280頭のうち80頭死亡。ウシは自分では雪を掘れず、舌で草を巻きとって食べるだけなので、15～20 cmの積雪でもゾドになるという。

ゾドで死亡したウシ・ヤギ・ヒツジは品質が悪く、儲けが出ないので皮を買い取ってもらえない。肉は食べる部分がないので、もちろん食べられない。

ゾドの援助品として、日本やドイツなどの外国からオンゴン郡にも小麦や米が来た。飼料は来なかった。ただし、所有家畜数100頭以下の貧しい世帯のみに渡したのでNS07は援助品を受け取っていない。飼料は政府が少しだけ売るが、2～3日分くらいにしかならない。2000年の夏は干ばつだったので、干草の準備もできなかった。

2000年の夏には平年のドゥルブン＝ホタグにいた。今年と同程度の干ばつだった。2001年夏、弟はドゥルブン＝ホタグの北10 kmにあるハルガイト＝ゴーに来ており、兄は郡中心地から西南西40 kmほどのシャルティン＝ハドにいる。

NS08

ゾドの被害状況はウシが2000年末40頭のうち10頭死亡したのみ。小家畜（ヒツジ・ヤギ）は被害を受けず、ウシに関しても20頭生まれたので現在は50頭に増えている。2000/01年冬は、前半はゴルバン＝ホンゴル（郡中心地の南西11 km）で、後半は第2章で秋営地の地点として示したフルの近くで過ごした。オトルである。

NS08は2001年、8月15日前後から郡中心地の西南西6 kmの地点にオトルに来ている。息子は平年の夏営地に残っている。今後、息子とNS08が交互に小家畜群を連れて3～4 kmずつ南へ移動し、冬営地に至る。

NS09

2000/01年は例年の冬営地（ハイルハン＝オール）で過ごし、ゾドの被害状況は以下の通り。ウシは2000年末300頭のうち75頭死亡、小家畜は2000年末1600頭のうち260頭死亡。なお、出生数はウシ45頭、ヒツジ385頭、ヤギ195頭であり、小家畜に関しては原状を回復している。

5月より牧畜労働者を雇った。郡中心地に住んでいた20代の若者にNS09自身が依頼し、彼は妻と祖母を伴ってNS09のホトアイルに合流した。

なお、NS09の1998年の所有家畜はウシ80頭、小家畜1400頭だったので、小家畜の増加分を売却し、ウシを購入して構成比を変えていたものと思われる。

NS10

例年の冬営地はオラーン＝ホタグだが、2000/01年はオトルに出た。エレギン＝トルゴイという場所で、国境から500 m。普段は入れない場所で、国境警備隊の許可をもらって行った。6ホトアイルが国境付近に行き、それぞれのホトアイルの間隔は3～4 kmだった。その結果、ゾドに関してはウシも被害に遭っていない。ただし、自然災害という意味では吹雪（ショールガ）[76]でウシを2～3頭失った。

2001年の秋はオトルに出る。8月18日にイフボラグの北50 kmの地点（ハル＝ゴビ）へ移動する。NS10と息子だけが小型のゲルとテント（マイハン）を持ち、ラクダが引く荷車で1日かけて移動し、15～20日くらい滞在する予定。

なお、上記オトル先はNS16の1998年の冬営地の南側であると思われる。衛星写真では、同地付近は南北20 km、東西20 kmほどにわたり固定施設が見当たらず、こうしたオトル先としてのみ利用されている草原（ヌーツ＝ガザル）であると思われる。

NS11

NS11はネグデル期には牧民ではなかったため家畜が少なく、2000年夏より知人B氏のホトアイルに合流している。2000/01年冬の段階で、構成世帯はアハラクチB氏とNS11のみであった。また、ゾドへの対応および被害頭数に関する情報も全てB氏による。

2000/01年冬はゾドだったので、ホンゴリン＝シャル＝ホーライ（調査地点から20 km南西[77]）という平原で冬営地を構えた。ウシは夏営地（イフ＝ボラギン＝フル）の南側数km、以前NS11が放牧していた場所（フルデン＝デルス）に連れていき、NS11はこちら側にいた。

ゾドの被害状況は以下の通り。NS11が放牧していたウシは2000年末20頭のうち9頭死亡、B氏が放牧していた小家畜（ヒツジ・ヤギ）は2000年末412頭のうち30頭死亡。なお表5-2の家畜総数及び被害数は2世帯分の合計数である。

76　本節で言及される吹雪は、すべてNS12のデータで記載のある2000年12月31日の吹雪である。

77　NS01の秋営地であるゴルバン＝ホンゴルに近い地点と思われる。郡中心地から南へ10 kmほどで、第1バグ住民の冬営地が集中している地域よりはるか北にある。

NS12

2000/01年の冬営地は例年通りにトホイだったが、ゾドと吹雪の被害を受けた。ウシは2000年末370頭のうちゾドで100頭が死亡、内訳は仔ウシ110頭のうち10頭のみ生存という状況だった。ほかに12月31日の吹雪で70頭失った。強風にあおられ国境の方へ行ってしまい、国境の向こうへ行ってしまったウシも、死んでしまったウシもいる。小家畜（ヒツジ・ヤギ）は2000年末1800頭のうち300頭が死亡した。ただし、現在の小家畜頭数は1800頭で原状を回復している。降雪は1997/98年より少なく、ゾドとなったのは干ばつで草が少なかったのが原因。

2001年8月の調査当時、NS18ともう1人の娘婿の滞在している平年の夏営地（エンゲルブルド）に800頭、息子たちの滞在している夏営地（エベル＝オボーニィ＝ズーン＝ドル）に1000頭と分散している。ヒツジが多いので、1カ所の牧地では水が足りなくなる。そうすると家畜が太らないため、対策としてこのような放牧方法を採用している。

NS12は定住している親戚の家畜を合計140～150頭預託されている。ラクダ以外の全ての種類がいる。皆、彼の放牧技術を信頼して預託している。

NS13

調査時、NS13は不在だったため、ホトアイルを構成している妻の姉の夫が可能な範囲で回答した。

2000/01年の冬も平年の冬営地（ワンチギーン＝トホイ）にいたが、ゾドと2000年末の吹雪の被害に遭った。吹雪ではウシに被害が出て、ウシは2000年末160頭のうち50頭が行方不明になった。一方、ゾドでは小家畜（ヒツジ・ヤギ）が主に被害にあい、50～60頭死亡した。ウシの被害は少数（4頭程度）であった。

NS14

2000/01年の冬も沙漠の中にある平年の冬営地（フルズント）にいた。通年で畜群を母子群と去勢・不妊群に分けており、本人が前者を、息子が後者を放牧している。冬営地に関してはそれぞれが家畜囲いを有しているが、2001年調査の時点ではNS14が牧畜に関する全ての指示を出していた。ゾドの被害はウシが前年末180頭のうち70頭死亡したのみで、小家畜（ヒツジ・ヤギ）は無傷だった。なお、ウシは春に30頭生まれ、小家畜は2000年末1300頭で春に400頭生まれた。

2001年は平年の秋営地（エルスニー＝ズーン＝ハヤー）に行かず、オトルに出る予定。夏営地の北西10 kmのフルステイという場所へ行き、近くを転々としながら11～12月に冬営地に入る。干ばつ対策であるという。

NS15

2000/01年の冬は平年の春夏営地（ピンティ）の北2～3 km（地名は同じくピンティ）にいた。ネグデル期からこの近辺で放牧しており、現在に至るまで遠距離の移動はしていない。同地はゾドがひどく、被害状況は以下の通り。ウシは2000年末80頭のうち60頭死亡、小家畜（ヒツジ・ヤギ）は2000年末290頭のうち80～90頭死亡。

調査地点から北西8 kmのところに最近降水があり大小たくさんの湖ができたので、近々オトルに出る予定。

NS16

2000/01年の冬は平年の冬営地（ズーン＝トゴー）で過ごした[78]。2001/02年も冬には同じ場所へ行く予定。ズーン＝トゴーは水がないので秋のオトルの後、雪が降り次第移動する。春営地は平年の場所ではなく、ズーン＝トゴーの西3kmの地点（バローン＝トゴー）に春営地を構えた。選定理由は草の状態が良く、石の家畜囲い（ネグデル期のラクダの囲いが放棄された残骸）や井戸が存在するため。

自然災害の被害状況は以下の通り。ウシは2000年末110頭だったが、ゾドで50頭死亡、吹雪で20頭失い、現在の頭数は40頭。小家畜は2000年末970頭のうちゾドで130頭が死亡、現在は1050頭。

NS17

2000/01年の冬は平年の冬営地（ズーン＝ソーリン＝アルト）で過ごした。自然災害の被害状況は以下の通り。ウシは2000年末90頭のうちゾドと吹雪で40頭死亡、現在は60頭。小家畜（ヒツジ・ヤギ）は前年末400頭のうちゾドで50～60頭死亡、現在は600頭。

2000年9月に婿の世帯が加入してホトアイルが3世帯になった。もともと1人しか息子がおらず、労働力が不足するために来てもらった。現在の夏営地で

78　第2章で述べたように、NS16およびNS17は1998年から2001年の間に冬営地の場所を変更している。

表 5-2　オンゴン郡における 2000/01 年の被害状況

	バグ	ウシ			小家畜			備考（表中＊の説明等）
		年末数	被害数	被害率	年末数	被害数	被害率	
NS02	3	110	8	7.3%	500	0	0.0%	
NS03	3	200	40	20.0%	*1500*	0	0.0%	
NS04	3	*60*	1	1.7%	*700*	0	0.0%	
NS05	3	200	22	11.0%	1000	20	2.0%	
NS06	3	140	20	14.3%	800	20 ～ 30	3.8%	
NS07	3	30	20	66.7%	280	80	28.6%	
NS08	1	40	10	25.0%	600	0	0.0%	
NS09	1	300	75	25.0%	1600	260	16.3%	
NS10	1	150	2 ～ 3*	2.0%	960	0	0.0%	吹雪による
NS11	1	20	9	45.0%	412	30	7.3%	ホトアイル合計
NS12	1	370	100 ＋ 70*	45.9%	1800	300	16.7%	吹雪による
NS13	2	160	50 ＋ 4*	33.8%	*400*	50 ～ 60	15.0%	吹雪による
NS14	2	180	70	38.9%	1300	0	0.0%	
NS15	2	80	60	75.0%	290	80 ～ 90	31.0%	
NS16	2	110	50 ＋ 20*	63.6%	970	130	13.4%	吹雪による
NS17	2	90	40*	44.4%	400	50 ～ 60	15.0%	吹雪を含む
第 1 バグ				30.3%			11.0%	
第 2 バグ				47.4%			10.1%	
第 3 バグ				15.0%			2.7%	
全体				30.0%			7.8%	

※年末数のイタリック数字は調査時点（2001 年夏）の現有数を示す（データ欠損のため）

は干ばつはひどくないと認識しているため、特別にオトル等の実施は考えていない。

表 5-2 は、上記データの被害状況をまとめたものである。なお、「20 ～ 30」というような幅のある回答に対しては、計算時には多い方の数を用いている。また表の注に示した通り、いくつかはデータ欠損により、2000 年末の家畜数ではなく、2001 年夏の調査時点での現有数を使っている。それゆえ特に NS04 のウシに関して被害率を押し下げている可能性があるが、おおよその傾向を把握するには差し支えないと考えている。また、ウシに関してはゾドによる被害数と吹雪による被害数を別々に計算することも技術的には可能であるが、吹雪の起こった日時（12 月 31 日）を考慮すると、ゾドの一連の過程の中で特大のイベントとして吹雪が発生したと理解しうるので、あえて純粋にゾドのみの数を計算することはしなかった。

表 5-2 から見出せるのは、まずはバグごとの地域差である。第 3 バグの牧民

は例年南西の国境近くで越冬するが、そこでも 20 cm 近い積雪があったと言い（NS05）、場合によってはさらに国境方面へ移動するなどして難を逃れようとしている。第1バグでも個人ネットワークを駆使して国境方面へ移動した NS10 やオトルで2カ所の冬営地を利用した NS08 など、避難行動を行った牧民は比較的無事に過ごしているように見受けられる。彼らにとってゾドとは単に大量の積雪を意味しておらず、むしろ積雪をきっかけとする草の欠乏が決定的な要素になっている点は示唆的である。本書でゾドは「寒雪害」と訳しているが、少なくとも「雪」に関する限り、単純に「大雪」と解釈してしまうことは誤りであることが明らかになる。

一方、第2バグに関しては平年の移動距離も少ないが、ゾドがひどかったと認識されている 2000/01 年冬季においても目立った避難行動は見られず、そしてウシを中心に最も大きな被害を出している。これは日常的に長距離移動をしない牧民は、ゾドの回避行動としてオトルを選択する可能性が低いことを示していると思われる。

ウシの被害に関しては、優秀牧民の誉れ高い NS14[79] も 40 %弱近くを失い、冬にも道路沿いの春夏営地からほとんど移動しなかった NS15 では 75 % を失うなどいずれも甚大である。小家畜の被害に関しては顕著な差があり、NS14 に至っては被害数ゼロである。こうした事実から、ゾドや吹雪に対するウシの脆弱さが顕著であることが窺える。NS07 が述べたように、ウシは自分では雪を掘れず、舌で草を巻きとって食べるだけなので、15 ～ 20 cm の積雪でもゾドになるのである。

なお、小家畜も子細に見れば、ヒツジとヤギとではゾドに対する脆弱さは異なり、モンゴル牧民はヤギの方がゾドに脆弱であるという見解を示す。例えば NS04 の弟では、死亡したのはウシ3頭（現有数40頭）と仔ヤギ2～3頭（現有数60頭）であるし、NS05 においてもヤギ（2000 年末 300 頭）は 20 頭死亡したのに対し、ヒツジ（2000 年末 700 頭）は死亡していない。また NS16 も、ヒツジ（2001 年夏の現有数 900 頭）100 頭、ヤギ（2001 年夏の現有数 150 頭）30 頭が死亡しており、ヤギの死亡率が高いことが窺える。彼らは、一様にヤギは寒さに弱いのだと述べていた。

ただし、被害率の1番高い NS15 は、ヤギ（2000 年末 200 頭）が 60 頭死亡、ヒツジ（2000 年末 90 頭）は 20 ～ 30 頭死亡と語っており、有意な差は見受けられない。

79　NS14 は「ミャンガン＝マルタイ」（家畜を 1000 頭所有する）の牧民として 1999 年に農牧大臣より表彰状を得ている。

表5-3　ウシと小家畜の頭数、増減率および被害率（1998年調査時および2000年末の比較）

	ウシ				小家畜			
	1998	2000	増減率	被害率	1998	2000	増減率	被害率
NS02	65	110	169%	7.3%	500	500	100%	0.0%
NS03	100	200	200%	20.0%	1450	1500	103%	0.0%
NS04	70	60	86%	1.7%	700	700	100%	0.0%
NS05	100	200	200%	11.0%	700	1000	143%	2.0%
NS06	112	140	125%	14.3%	540	800	148%	3.8%
NS07	40	30	75%	66.7%	365	280	77%	28.6%
NS08	30	40	133%	25.0%	250	600	240%	0.0%
NS09	80	300	375%	25.0%	1400	1600	114%	16.3%
NS10	50	150	300%	2.0%	830	960	116%	0.0%
NS11	4	20	—	45.0%	35	412	—	7.3%
NS12	250	370	148%	45.9%	1200	1800	150%	16.7%
NS13	180	160	89%	33.8%	400	400	100%	15.0%
NS14	65	180	277%	38.9%	754	1300	172%	0.0%
NS15	45	80	178%	75.0%	182	290	159%	31.0%
NS16	40	110	275%	63.6%	400	970	243%	13.4%
NS17	40	90	225%	44.4%	300	400	133%	15.0%

※ NS11の2000年値には別世帯の所有分も含まれているので増減率は計算していない

それゆえ、死亡率の低いユニットにおいてはヤギが脆弱であるが、ある程度以上死亡率が高くなるとその差は縮まっていくものと推測される。1998年時点のオンゴン郡における小家畜に占めるヤギの割合は29%だった[80]ので、この比率が上がれば被害率も高くなると思われるが、ウシの被害率の高さには及ばないことは明らかである。

第2章で触れたように、オンゴン郡において、ウシはネグデル期を通じて増殖が図られてきた経緯があるため、ウシの被害は社会主義政策によって引き起こされた災害という側面も持っている。また、NS14以外に、NS02やNS12、NS16などが現地では腕の良い牧民と評判が高いが、NS02（ほとんど無傷で越冬できている）からNS12（多くのウシを失っている）までのバリエーションが存在することから、自然災害に関しては牧民の勤勉さや技術を超えた「運」という要素が小さくないことが窺える。あるいは第2章で取り上げたベルフの吹雪を想起すれば、自然災害は微小な空間スケールで異なった影響をもたらすとも言えるだろう。それゆえに、自然災害は個人的経験としては多様化するのである。

またモンゴル国全体で見れば、1999/2000年から3年連続のゾドは1990年代

80　12ユニットの家畜合計数により比率を算出した。

表5-4　オンゴン郡における家畜頭数の変遷（1996～2008年）

	ラクダ	ウマ	ウシ	ヒツジ	ヤギ
1996	994	1万1696	1万3425	5万7567	2万1946
1997	1053	1万3382	1万4609	6万3595	2万5336
1998	1054	1万3781	1万5158	6万5238	2万6620
1999	1070	1万5751	1万8271	7万7225	3万1646
2000	1096	1万6421	1万9321	8万4528	3万6751
2001	1114	1万6611	1万4815	8万4127	3万7186
2002	1141	1万7208	1万4947	8万4208	4万2415
2003	1192	1万6473	1万4958	8万2379	4万6984
2004	1162	1万5425	1万2937	7万7733	4万3763
2005	1012	1万2893	8433	6万7338	3万5220
2006	987	1万2198	8751	7万2297	4万0252
2007	1010	1万2224	9270	7万6627	4万7191
2008	996	9948	9850	7万9503	4万6900

後半に増加しすぎた家畜がネグデル期の水準まで引き戻されるという意味合いを持っていたが、牧畜ユニットのレベルでは必ずしもそうした語りは有効ではないようである。表5-3は1998年調査時と2000年末のウシと小家畜の増減率および被害率を示したものである。全体的な傾向として、ウシは増加傾向が大きく被害率も高いと言えるが、増減率と被害率の間に明確な相関関係は見られない。なお表5-4のように、オンゴン郡においては1999/2000年のゾドの影響は見られず、本節で取り上げた2000/01年が最初のゾドであったので、2000年末の数値にそれ以前の自然災害のインパクトが織り込まれているとは考えにくい。ここでも、ウシを増やしすぎたので大きく減らしたというような環境論的因果律より、別のロジックで説明されうるだろうユニットごとの差異が顕著であると言えよう。

さらに、牧民を悩ませる問題はゾドに限らないことも彼らの言説から明らかになる。2001年の、夏から秋にかけての問題は干ばつであった。第1章で述べたように干ばつはゾドの遠因となるのだが、ホトアイルの分割やオトルによって水と草を確保しようとする彼らの牧畜戦略は、特に南の第1バグ、第3バグで顕著であった。この点は、南の方が降水量の少ないオンゴン郡の地域的事情と関連するものと思われる。なお表5-4でオンゴン郡の家畜頭数が2004年以降減少しているのは、第6章で述べるように干ばつの影響である。

最後に、国家的経験としてのゾドにおいて中心的なテーマたりえた国際援助についてであるが、オンゴン郡においては他地域より被害規模が小さかったせいか、あるいは筆者の調査ホトアイルが比較的裕福なものが多かったせいか、状況がもっとも悪いと思われるNS07が言及したのみであった。しかも、彼らは援助品を得られるラインよりわずかながら裕福であったがゆえに、結局誰1人として援助とは無関係であった。こうした事実から、一般にゾドと総称される事象が経験主体の差によって多様な様相を示しうるという当初の作業仮説が、少なくとも国家と個人のレベルにおいては正しいという結論が導きうるだろう。引き続き第2節では、国家と個人の間に、そうした経験主体としてどのようなレベルに設定しうるのかを検討したい。

第2節　地方社会レベルにおけるゾド経験の意味

モンゴル国では、第1節で述べた1999/2000年から3年連続で発生したゾドの後、2009/10年にも大規模なゾドが発生している。グラフ5-1はモンゴル国における総家畜頭数の変遷を示したグラフであるが、これを見るとネグデル期は比較的安定していた家畜数が、社会主義体制崩壊とともに増加し、ゾドで減少して再び増加していくという傾向が看取できる。第4章などで指摘したとおり、1999/2000年から3年連続で発生したゾドは、967万頭の家畜を死なせ、その結果、家畜を失った牧民が大挙して首都ウランバートルへ人口移動を開始するきっかけとなる、モンゴル社会に変動をもたらす一大画期となった［小宮山 2005: 74］。

前節で述べたとおり、国レベルでの被害頭数や人口移動などの統計的データに示される「国家的経験としてのゾド」と、牧畜ユニットなどを単位として見た「個人的経験としてのゾド」は必ずしも単純な対応関係を持つわけではない。前者が国家の公式見解に裏打ちされた単一性の高さを特徴とするのに対し、後者は個々人の経験の多様性ゆえに多様な語りを発生させる。また、国レベルと個人レベルでは、そもそも注目される「事実」の質において差異が見られる。すなわち、国家が、ある年のゾドという「特別なイベント」を切り取って理解・提示しようとするのに対し、個人レベルでは、ゾドは利用可能な草を減少させる干ばつや家畜の突発的死亡や行方不明を発生させる吹雪など、保有家畜を危機的な状況に陥れる一連のファクターの1つとして理解されている。

ただし、2000/01年のゾドに関して分析した前節においては、ゾドの経験主体として上述の国家と個人以外に、郡やバグなどの地域社会もその主体たりうる可能性を示唆したが、資料的な制約などの要因により各レベル、特に郡以上と牧畜ユニットとの関係性については十分な検討が行えなかった。

また各種統計の集計単位である県（アイマク）も、経験主体の1レベルとして

グラフ 5-1　モンゴル国における総家畜頭数の変遷（単位 100 万頭）

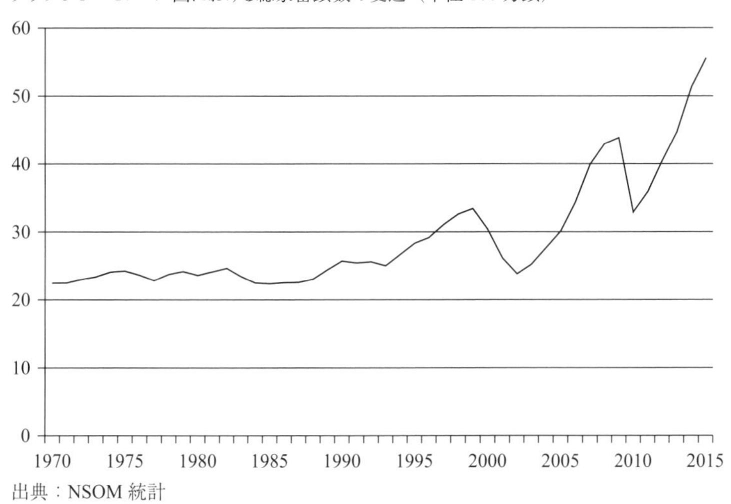

出典：NSOM 統計

想定しうると思われる。というのも、モンゴル人の出身地、気象、災害などに関する日常会話には、しばしば県レベルで言及されることから、モンゴル人のアイデンティティを構成する１レベルとして県を取り上げることは妥当であると思われるのである。本節では、国家と個人の中間に存在する経験主体を「地方社会」という用語で指し示すこととし、さしあたり県レベルと郡レベルという２層を設定する。むろん、筆者は県と郡以外に地方社会として考えうる階層が存在することを否定する意図はない。例えば他にも、緩やかな親族・姻族・友人の集合体、バグといったミクロな階層や、「ゴビ」、「東部地域」といった数県を包括するマクロな階層も、研究テーマによっては意味ある単位として成立可能であろう。

また「地方社会」と述べた場合の「社会」とはいかなる存在であるかについても、議論は必要であろう。だが、それはさておいて、純粋に統計的なレベルの議論であっても、県や郡レベルで表象されるゾドと、国レベルで表象されるゾドとが必ずしも類似の像を結ばないことは容易に想像できる。たとえばスフバートル県の事例では、1999 年から 2002 年の間に総家畜頭数は 4.5 % の増加を示しており、2001 年のように家畜が減少（－ 6%）している年も含まれるとはいえ、「3 年連続のゾド」という表象とは一致しない。

さらに、オンゴン郡では 1999 年から 2002 年の間に総家畜頭数が 11％増加、

2001年の減少率は－2.7％であり、スフバートル県よりも楽観的な状況に見える。むろん個別の牧畜ユニット単位では、いくらでも深刻な状況が見いだせることは前節で検討したとおりである。

本書では、モンゴル国における郡レベルでの地方社会性に関する議論は第6章で行う。一方、県レベルでの同様の議論は将来の課題とし、さしあたり統計データの1集計階層として議論を先に進めていきたい。

本節の目的は、2009/10年冬に発生したゾドについて、地方社会の各レベル、あるいは個人に焦点をあてた際に、どのような像を結び、どのように解釈しうるか、あるいはどのような社会的事実として人々が認識しうるかを検討することにある。地方社会の事例として取り上げるのは、第4章で論じたボルガン県である。

筆者が事例として取り上げるフィールドは、後述するOCHAの報告書を見る限りではゾドの被害をかろうじて免れているように見受けられる［OCHA 2010: 4 地図］。しかし現地の牧民は、自らの牧地、あるいは可視的な近傍（およそ数kmの距離）で確かにゾドが発生した、という認識を有している。

小宮山がゾドの報告書5種類を比較検討した結果として指摘しているように、ある年がゾドの年であったか否かという判断は、モンゴル国政府や研究者の間で必ずしも一致しているわけではない［小宮山 2005: 76, 82］。この事実を敷衍すれば、OCHAの報告書のみに依拠して、現地にゾドは「発生しなかった」、つまり現地がゾドにまつわる研究を行うのに不適当な地域であると判断することはできないだろう。県や郡のレベルで、「被害がもっとも深刻な地域」として本節で取り上げるフィールドに代表性を付与しようとすれば、確かにそれは不適当であろうが、逆に言えばそれだけのことである。

さらに、ゾドは経験主体により多様な像を結びうるという筆者の前提に立脚すれば、「ゾドでなかったように見えること」も、あるいは「ゾドでなかったかのように見える地域の内部でもゾドが存在した地域があること」また「そこにゾドを認識した個人が存在すること」も、なんら齟齬が存在しない事実群として理解可能であり、それゆえに本節をゾドに関わる研究の一環として位置づけることが可能である。

本節の流れは以下の通りである。まず、2009/10年冬のゾドに関わる、現在入手可能なほぼ唯一の資料であるOCHAの報告書に基づいて、モンゴル国レベルにおける2009/10年冬のゾドを概観する。その後、ボルガン県のレベルに焦点を移し、2009/10年冬のゾド以前の家畜頭数の変遷を確認した後、ゾド後（2010

表5-5　過去のゾドにおける家畜死亡頭数

年	時期	頭数
1999～2000年	合計	224万頭
2000～2001年	合計	340万頭
2001～2002年	合計	207万頭
2010年	1月5日現在	5万頭
2010年	2月1日現在	180万頭
2010年	3月18日現在	380万頭
2010年	5月現在	780万頭

［OCHA 2010:15］を元に筆者作成

年夏季）の統計資料も活用しつつ、ボルガン県における2009/10年冬のゾドに関する総括を試みる。次いで、ゾドの被害を認識しているボルガン郡の1人のインフォーマントを取り上げ、個人レベルにおけるゾド認識の1事例として分析を行った後、ボルガン郡のレベルにおけるゾドの総括を試みる。

2010年5月、国連人道問題調整事務所（United Nations Office for the Coordination of Humanitarian Affairs、OCHA）は、"Mongolia Dzud Appeal"（OCHA 2010）と題する50ページ強の援助要請文を発表した。それによれば、2009/10年にモンゴル国で未曽有のゾドが発生し、各地で非常に大きな被害が発生したことが報じられている。

OCHAの報告書は内容面から、2009/10年冬のゾドに関連する説明の部分と、援助プログラムの具体的内容や予算に関連する説明の部分とに分けられる。本節では前者のみを取り上げ、その内容を簡単に紹介したい。

OCHAはこのゾドの引き金となったのは冬の寒さと積雪であるとしている。そして、まずそれによる家畜への被害の発生が以下のように述べられている。

> 深い積雪は、モンゴルの人口の相当部分の生命維持と生活に重要な家畜が草を食えなくなることを意味している。それは適切な量の飼料を集めることのできなかった夏の干ばつ、極端な寒さと相まって、家畜の死の蔓延と、家畜に頼って生きる人々への深刻な結果を引き起こした。2010年4月末までに、全国で780万頭（モンゴルの家畜の約17％）以上の家畜が死亡した。家畜の損失は、家畜の出産率の低下とともに、牧民と地方社会に壊滅的な影響を与えた。牧畜セクターはモンゴルの全人口の30％の生活手段となっており、国のGDPの16%を占めている。現在、ほぼ9000世帯（4万5000人）が家畜のいない状態であり、厳しい将来に直面している［OCHA 2010: 5］。

被災頭数に関しては、報告書中に表5-5のような記載がある。特に記載はないが、2010年の死亡頭数はそれぞれの時期までの累計であると思われる。

この表を見ると、2009/10年冬のゾドでは、1999年から2002年までの合計に匹敵する頭数の家畜が死亡したということになる。ただし、同じ報告書でも別の箇所で、1999年から2002年までの合計を「1120万頭」[OCHA 2010: 12]とする記述があるので、「匹敵する」という表現が適切であるかどうかは保留が必要であるが、いずれにせよ、単年度ベースでは先のゾドをはるかに上回る被害が出たということになる。

また、被災地域については、「モンゴルの21県のうち15県、76万9106人（全人口の28％）が存在する地域が被災地域であると宣言され、他の4県も深刻な影響を受けている」(OCHA 2010:5）とある。報告書では、上記15県の名称が具体的に挙げられているが[81]、ボルガン県はこの15県には含まれていない。

モンゴルの県レベルの行政単位は、ウランバートル特別市と21県より構成されている。つまり、15県が被災地域であり、他の4県も深刻な影響を受けているということは、影響が軽微なのはウランバートルを除くと2県にすぎないことになる。報告書にはこの2県に関する具体的な言及はないが、報告書に掲載されている、2010年4月13日にモンゴル国非常事態本部が発表したという郡別のゾドの状況を示した地図を見ると、大まかな推測が可能である［OCHA 2010: 4]。

この地図では、郡ごとにゾドの状況が「Normal」「May be affected in the future」「Affected」「Extremely affected」までの4段階に分類されて示されているが、最も軽微な「Normal」はフブスグル湖からスフバートル県に至る北西—南東の線上に集中的に分布しており、かつ県の全ての郡が「Normal」に属するのは、ダルハンオール県とオルホン県のみであることが読み取れる。つまり、ボルガン県、ゴビスンベル県、ドルノゴビ県、スフバートル県が「深刻な影響を受けている」と分類されていることが推測できる。ただし、この4段階の状況がいかなる基準に基づいているかは報告書からは明らかではない。なおこの地図からは、「被災地域」とは、ゾドの状況が最も深刻な「Extremely affected」もしくはその次の「Affected」に分類されている郡を1つでも含む県の意味であることも読み取ることができる。

さらに、このゾドが引き起こした交通の寸断は、牧畜のみならず、輸送という文脈でも被害をもたらしていることが以下のような表現で描写されている。

81 15の県はアルハンガイ、バヤンホンゴル、バヤンウルギー、ドルノド、ドンドゴビ、ゴビアルタイ、ヘンティ、ホブド、フブスグル、セレンゲ、トゥブ、ウムヌゴビ、オブス、ウブルハンガイ、ザブハンである［OCHA 2010: 7]。

表5-6　一般的なゾドの要因およびそれがもたらす影響

	要因	影響
1	夏の干ばつが国内の多くの地域を襲う	干ばつによる世帯ベースの干草の生産不足 脂肪の減少による家畜の体調不良 市場での干草不足
2	国レベルでの家畜頭数の増加	他に収入を得る機会がない多くの人々が家畜飼養に向かった カシミアが換金作物であるためヤギの数が顕著に増えた 結果として環境の悪化や過放牧が晩夏における家畜の体調不良をもたらした
3	異常に寒い冬の到来	マイナス45度以下の状態が多くの地域で長期間続いた
4	頻繁かつ大量の降雪による冬季放牧地へのアクセス阻害	早期の融雪が再凍結し牧地を氷で覆った 深い積雪が牧民と家畜の移動性を妨げた 吹雪が頻発した
5	配分や販売用の干草備蓄の欠如	かつての国家飼料備蓄は現在市場原理にゆだねられている 降水量の多い夏が続いて干草の価格が低下したので、2009年の夏には商人が生産量を減らした

［OCHA 2010:15］を元に筆者作成

> モンゴル人は厳しい冬には慣れている。しかし先般の冬はここ半世紀ほどで最悪のものであった。2010年1月初旬以降、気温は常に平年より6度以上低く、積雪も平年を上回った。このため春は牧民にとって特別に厄介なものとなった。彼らは現在、雪融けと再凍結の繰り返しに直面しており、それにより家畜を放牧する牧地へのアクセスが不可能な状況にある。2010年4月末現在、国の60％以上が深い雪に覆われたままである。多くの道路が寸断され、僻地の人々や共同体へのアクセスが困難または不可能となっている。また逆に、彼らが保健機関や保健サービスへアクセスすることの障害ともなっている［OCHA 2010: 7］。

OCHAの報告書では、一般的なゾドの要因およびそれがもたらす影響について、表5-6のように分析している。なお、影響として挙げられているものの、一部には単に要因の説明に過ぎないと思われるものが含まれているが、ここではそのまま掲載しておく。

そして報告書では、1999年から2002年までのゾドの経験を教訓として、「家畜の喪失が牧民の生活と安全、特に女性と子供のそれに長期的な悪影響を与える」ことや「多くの、特に若い被災牧民が地方から都市へ、特に首都ウランバートルへ大挙して移住[82]してくるだろう」ことに警鐘を鳴らしている［OCHA 2010:

82　本報告書では、この大量移住について「mass exodus」［OCHA 2010: 5］と言及してい

12]。つまり、先のゾドで発生した悲劇的な状況が、先のゾドより深刻な被害をもたらしていると認識されている2009/2010年冬のゾドでも同様に、あるいはより強烈な形で発生することが予見されるので対策や援助が必要である、というロジック構成になっている。

OCHAの報告書のゾド関連の部分を要約すれば、2009/10年冬のゾドは、カシミア生産による現金収入の増大を目指した牧民がヤギを中心に家畜頭数を増やした状況で、夏の干ばつから冬の酷寒・大雪という極端な自然現象に加え、十分な飼料の備蓄がなかったがゆえに発生し、先のゾドをも上回る甚大な被害をもたらし、今後も長期的な貧困や移住などの大きな社会的影響が予測されるものである、ということになろう。

もちろん、ゾドの要因は他にも考えられる。OCHAの報告書で言及されているのは、国レベル、言い換えれば広大な面的広がりを想定した場合に想定しうる要因とゾド発生に至るメカニズムに限られているが、実際にはより狭い範囲である地方レベル、あるいは個人レベルでずっと大きな影響を与える要因も想像可能である。

以下のものはモンゴルで自然災害が発生した場合にしばしば言及される要因である。牧民が酷寒や大雪の予報にどう対処したかや、単純な国レベルでの家畜頭数の増加よりも局所的な過密状況などがそれに相当する。あるいは、より広域的な要因たりうるものとしては、1例として近年のカシミア価格の下落に起因する、ヤギに対する関心の低下があり、他にも考慮すべきファクターは存在する。なお、上述のファクターは全て、筆者がボルガン郡などで現地調査を行う中で現地の牧民から指摘を受けたものである。

さて、ボルガン県はすでに指摘したように、OCHAの報告書においては2009/10年冬のゾドの被害が大きくなかった地域に属する。また、上述の地図を見る限り、被害は県南部で比較的大きく、県中心地の存在する中部や北部では軒並み「Normal」という評価が下されている。しかし、現地の人々の中には、この年の状況をゾドと認識する事例が確実に存在する。そこで次に、ボルガン県におけるゾド言説を理解するための背景として、社会主義体制崩壊前後から2009/10年のゾドに至るまでの、ボルガン県における家畜頭数の変遷などを確認したい。

る箇所も存在する。これは2003年頃、先のゾド以降に発生したウランバートルへの人口移動を指し示す用語として、ウランバートル在住の援助関係者がしばしば口にしていた表現である。

グラフ 5-2　ボルガン県およびモンゴル全国の総家畜頭数の推移

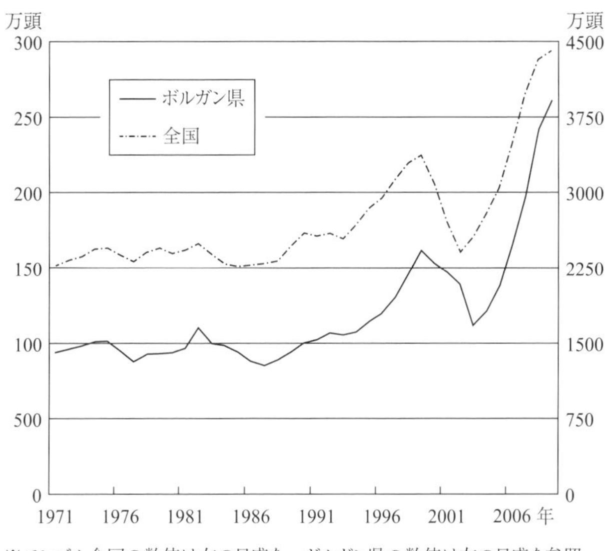

※モンゴル全国の数値は右の目盛を、ボルガン県の数値は左の目盛を参照

グラフ 5-2 は、1971 年～ 2009 年の、ボルガン県およびモンゴル全国における総家畜頭数の変遷である。グラフ作成上のデータソースは多岐にわたるが、いずれのデータソースも元々は毎年末に行われている家畜センサスに基づいている。それゆえ、統計間の数値的な齟齬は、ゾドによる家畜の死亡数に関連して、後述するような最近年のデータの取り扱いを除けば皆無である。なお、2010 年の総家畜頭数は 2010 年末の家畜センサスで把握される数字なので、その数値が発表される 2011 年夏頃に初めて、2009/10 年冬のゾドが反映された総家畜頭数が公表されることになる。

この家畜頭数の増減を示すグラフから、いくつかの興味深い傾向を読み取ることが可能である。本節では、ボルガン県における総家畜頭数の増減のトレンドが入れ替わる 1999 年と 2003 年を境として「ネグデル期から 1999 年まで」、「1999 年から 2003 年まで」、「2003 年以降」の 3 期に分類して考察したい。

1. ネグデル期から 1999 年まで

ネグデル期から社会主義体制崩壊直後（1993 年頃）までの家畜頭数の状況は、「停滞状況」と表現することが可能であろう。全国レベルにおいては、社会主義体制崩壊直後すでに社会主義時代と比べれば若干高めの頭数で推移するものの、ボルガン県に関しては、社会主義体制崩壊直後も、社会主義時代の頭数変動の範囲内での家畜頭数が続いている。ただし、全国レベルに関してもその後の急増と比べれば穏やかなレベルにとどまるので、停滞状況の域を脱するものではないと言えるだろう。

ところが、社会主義体制崩壊の混乱が一応の収束を見せた 1994 年頃より、ボルガン県においても全国レベルにおいても等しく家畜頭数が急速に増加していく。そしてゾド直前の 1999 年末に、ボルガン県においては社会主義時代の最高値である 1942 年の 131 万頭を大幅に上回る 161 万頭、全国レベルにおいては 3357 万頭もの家畜を有するに至る［Булган Аймгийн Засаг Даргын Дэргэдэх Статистикийн Хэлтэс 2008: 73-74; NSOM 2003: 137］。

2. 1999 年から 2003 年まで

ボルガン県においても全国レベルにおいても、1999 年からゾドの影響で急激に家畜頭数が減少する点は同様である。違いがあるのは 2003 年である。全国レベルでは 2002 年の総家畜頭数 2390 万頭に対し、2003 年では 2543 万頭と増加に転じるのに対し［NSOM 2005: 195］、ボルガン県では 2003 年にも家畜が減少しているだけでなく、その減少率は 1999 年から 2002 年にかけてよりも大きい。この原因は2002/03年に、ボルガン県が大雪に起因するゾドに見舞われたせいである。

つまり、国家レベルの言説とは異なり、ボルガン県のゾドは 4 年連続であり、しかも国家レベルではゾドを脱したと見なされている 4 年目が最も甚大な被害をもたらしていることになる。2002/03 年にボルガン県がゾドであったという記憶は、少なくとも筆者が接した現地のインフォーマントの人々にとっては現在も共有されている事実である。ただし、全国レベルでの家畜頭数は 2002 年時点で 1988 年とほぼ同水準まで落ち込んだのに対し、ボルガン県での頭数減少はそれより若干高めの 1990 年代前半の水準にとどまった点を考慮すると、ゾドが長引いた割には被害の程度は最も深刻な部類に属していないとも評価できる。だからといって、現地の牧民が自らの経験に照らして「1999 年から 2003 年にかけてのゾドは軽微であった」と認識しているわけではない。

3. 2003 年以降

ゾドの終結後、ボルガン県においても 1990 年代後半の家畜増加率を上回る勢いで、再び家畜の増加が始まる。2009 年には総家畜頭数は未曽有の 261 万頭に達し、2003 年の 2.3 倍以上の頭数となった。この変化傾向は全国レベルと基本的に同一であるが、全国では 2002 年から 2009 年まで、すなわちボルガン県よりも 1 年長い期間における増加率ですら 1.84 倍にすぎない点を考慮すると、ボルガン

グラフ 5-3　ボルガン県における成畜の非正常死頭数
（ラクダ、ウマ、ウシ、ヒツジ、ヤギの合計）

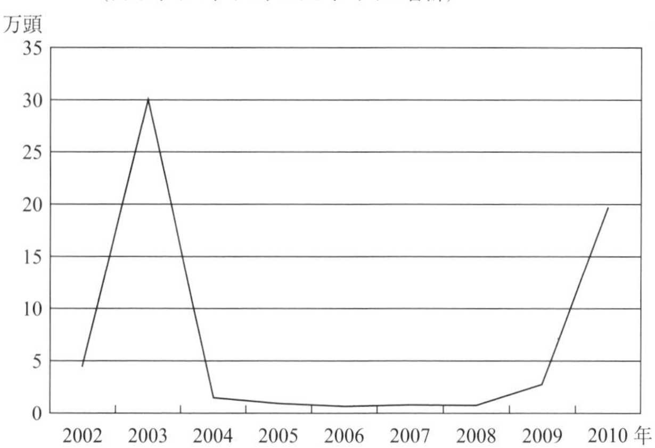

県の方がより急激に増加していると言えるだろう。ただし、全国レベルの4402万頭という数字も当時では過去最多の頭数であった［NSOM 2005: 195; OCHA 2010: 6］。このような未曽有の家畜増加状況下で、ボルガン県も2009/10年冬を迎えることとなった

グラフ5-3は、2002年から2010年までのボルガン県における成畜の非正常死頭数（ラクダ、ウマ、ウシ、ヒツジ、ヤギの合計値）の推移を表したものである。データソースはグラフ5-2で掲示したもののうち『ボルガン県統計集2007年』とボルガン県政府から独自に入手したデータである。後者は県の統計年報（2009年版および2010年版）の一部をコピーしたものであるが、2009年の成畜の非正常死頭数には「2万7270頭」(2009年版）と「1万9919頭」(2010年版）という、小さくない齟齬が存在する。こうした齟齬の発生原因については、速報値が修正されて確定値となったのだろうという以上の推測は困難であるが、2009年版には畜種ごとの内訳が示されており、他種の比較において便利であるという理由から、グラフでは速報値と思われる2009年版の数字を示した。

また、「非正常死」(зүй бус хорогдол）という概念については統計中にも明確な定義が言及されていないが、病死・事故死・災害による凍死や餓死・オオカミの食害などによる家畜の損失を合計した概念であろうと推測される。

このグラフから明瞭に読み取れることは、家畜の損失という面では2010年は2003年に次ぐ規模であり、それは先のゾドの被災年であったはずの2002年の数字を優に上回る。また、2004～2009年とのコントラストから考えても、2010年

表 5-7　成畜の非正常死頭数が前年末の頭数に占める割合（死亡率）

郡	2006 年	2007 年	2008 年	2009 年	2010 年
バヤンアクト	0.30%	0.50%	0.30%	3.00%	5.00%
バヤンノール	0.10%	0.20%	0.00%	0.00%	2.60%
ボガト	0.50%	0.10%	0.20%	2.30%	8.30%
ボルガン	1.60%	1.60%	1.90%	2.70%	8.00%
ブレグハンガイ	0.40%	0.30%	0.20%	0.40%	2.50%
ゴルバンボラグ	0.50%	0.30%	0.20%	0.40%	4.60%
ダシンチレン	0.10%	0.10%	0.30%	0.00%	4.20%
モゴト	0.30%	0.50%	0.30%	1.10%	17.40%
オルホン	0.30%	0.90%	0.30%	0.70%	12.10%
サイハン	0.80%	0.90%	1.00%	1.20%	13.80%
セレンゲ	0.40%	0.10%	0.10%	0.40%	4.70%
テシグ	1.40%	1.30%	1.20%	2.20%	2.10%
ハンガル	0.10%	0.30%	0.20%	0.70%	4.50%
ヒシグウンドゥル	0.30%	0.20%	0.30%	0.90%	6.20%
ホタグウンドゥル	0.30%	0.40%	0.30%	2.00%	2.40%
ラシャーント	0.10%	0.20%	0.70%	0.30%	11.30%
ボルガン県全体	0.50%	0.50%	0.40%	1.10%	7.60%

上半期の家畜死亡数は突出している。そして現地インフォーマントの語りからも、2009/10 年にボルガン県が雪と寒さに見舞われたことは疑いない。つまりこのグラフから、ボルガン県が 2009/10 年に、ゾドによって過去数年間なかった規模の家畜損失を蒙ったということが見て取れる。

また、OCHA の報告書には、「平年であれば、家畜の死亡率は一般に 2 %を越えない」[OCHA 2010: 15] という表現がある。つまり、それを上回る年は、なんらかの災害に見舞われた年と考えて差し支えない。表 5-7 は 2006 ～ 2010 年の郡ごとの成畜の非正常死頭数が、前年末の頭数に占める割合（以下、本節では「死亡率」と表記する）を示している。本データに基づいて、以下ではボルガン県全体の状況および郡ごとのゾド状況の多様性について検討したい。

まずボルガン県全体の数値に着目すると、2006 ～ 2009 年は 2 %を下回っているのに対し、2010 年は 7.6 %と、2 %を大きく上回っていることが看取される。一方、各郡の数値に目を転じた場合、いくつかの興味深い事実が明らかになる。

a）2010 年の数値に関して、テシグ郡の 2.1 %からモゴト郡の 17.4 %まで、全て 2 %を上回ってはいるものの、郡によって大きなばらつきがある。

b）ボルガン郡などいくつかの郡は、2009 年にもわずかではあるが 2 %を上回っている。

c）2006 ～ 2008 年に関しては、県全体でも個別の郡でも、2 %を上回る数値は

表5-8　仔畜の死亡数（ラクダ、ウマ、ウシ、ヒツジ、ヤギの合計）

郡	2009年上半期	2010年上半期
バヤンアクト	1万4482	1万8856
バヤンノール	0	1万2607
ボガト	830	6323
ボルガン	9679	1万830
ブレグハンガイ	628	9119
ゴルバンボラグ	247	1万4500
ダシンチレン	706	1万6824
モゴト	1768	3万9845
オルホン	627	2万825
サイハン	3675	3万8382
セレンゲ	236	4598
テシグ	244	4964
ハンガル	239	3254
ヒシグウンドゥル	1963	1万7142
ホタグウンドゥル	4127	8075
ラシャーント	768	3144
ボルガン県合計	4万0219	22万9288

記録されていない。

d）他郡と比較して、ボルガン郡やテシグ郡のように、平年でもに死亡率の高い郡が明らかに存在する。

これらの傾向、特にa）～c）は、2009/10年冬が突出して大きな被害を出したゾドの年であったことを裏づける一方、その被害程度には郡によって大きなばらつきがあり、地域によっては、局地的な災害が散発した可能性がある2008/09年冬と大差ないケースも存在することを示唆している。

d）からは、平年であっても死亡率の比較的高い地域が存在する可能性が示唆される。ただし、それに当てはまる2事例が片や都市近郊のボルガン郡、片や北の国境地帯に位置するテシグ郡であり、しかも2009/10年には前者は県平均値をやや上回る死亡率であるのに対し、後者は県内でも最低の死亡率であることから、その背景は異なる可能性が高いと思われる。

表5-8は、2009年と2010年の仔畜の死亡数（5畜の合計）を郡ごとに集計したものである。ここからも、地域ごとの多様性および多様性をもたらす原因の複雑性が推測される。

ここで、ボルガン県全体、ボルガン郡、テシグ郡の数値に注目してみよう。2010年の数値の対2009年比は、それぞれ5.7倍、1.1倍、20.3倍である。こうした差異をもたらした要因について説得的に語りうるだけの論拠を筆者は持ち合

グラフ 5-4　ボルガン郡とボルガン県全体における成畜の非正常死頭数

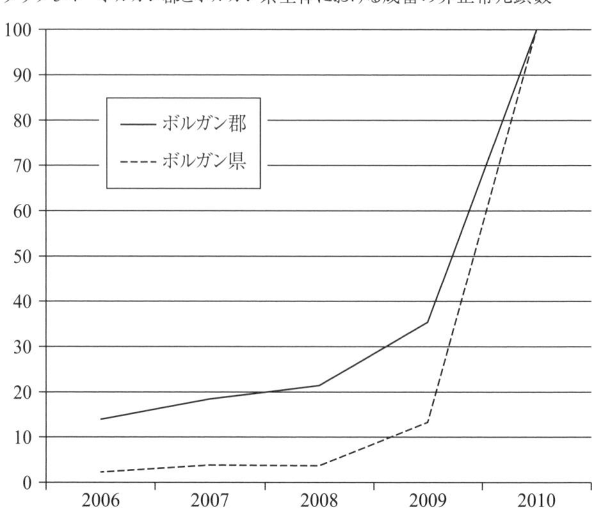

※ボルガン郡・ボルガン県いずれも2010年の頭数を100と換算

わせていないが、少なくとも郡レベルに焦点をあてた場合のリアリティは、県レベルにおけるそれとは多分に異なった像を結ぶ可能性が高いことは確かであろう。

そこで筆者が実際に現地調査を行っている地域であるボルガン郡について、郡レベルから個々の牧民レベルにおける視点で、2009/10年のゾドを検討したい。なお必要に応じて、ボルガン郡の南西に隣接するオルホン郡の統計数値を比較対象として取り上げる。

ボルガン郡は第4章で紹介したとおり、ボルガン県中心地とその郊外の草原を含む地域であり、その意味で、都市空間から離れた場所に位置する他の郡とは、行っている牧畜の性格や牧民の属性が多少異なる。つまり、単なる地理的偏差というだけでないファクターが加わるので、家畜頭数の変遷や災害発生時の損害のあり方にもボルガン県の平均値とは食い違いを示す可能性が高い地域であると言えるだろう。

表5-7の繰り返しになるが、グラフ5-4にボルガン郡とボルガン県全体における成畜の非正常死頭数を示す。ここでは、ボルガン郡とボルガン県全体の通時的変化の動向を比較しやすくするため、2010年の頭数を100とし、これを基準にして計算した。

グラフ 5-5　ボルガン郡、オルホン郡、ボルガン県全体の総家畜頭数

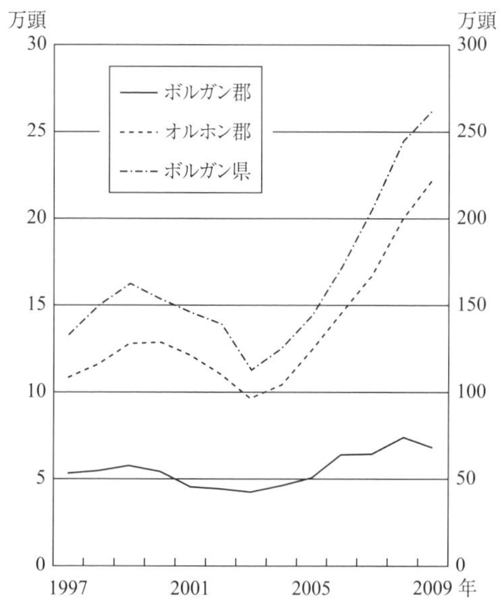

※ボルガン県全体の数値は右の目盛、オルホン・ボルガン両郡の数値は左の目盛を参照

これを見ると、ボルガン県全体の平均と比べボルガン郡の2010年の被害が突出していない原因は、平年の家畜死亡数が多いせいであったことが推察される。さらに、この事実を補強するデータとして、1997年から2009年までのボルガン郡、オルホン郡、そしてボルガン県全体の総家畜頭数の推移をグラフ5-5に示す。これからは、オルホン郡の総家畜頭数の増減傾向がほぼボルガン県全体のそれと一致するのに対し、ボルガン郡においては、2003年以降の頭数増加が少なく、かつ1999年から2003年にかけてのゾドによる減少も少ないことが見て取れる。

それでは、2009/10年の状況はどうだったのだろう。ここで統計の数値データに言及する前に、第4章で詳細に述べたNB13からの聞き取りデータを紹介したい。

NB13は2010年8月の時点で、ウマ100頭、ウシ134頭、小家畜（ヒツジ・ヤギ）約400頭を所有していた。大型家畜については、上記頭数のうち2010年春に出生した当歳ウマ24頭、当歳ウシ24頭が含まれていることを確認している。

NB13は、2001年の夏に冬営地が草原火災に見舞われ、やむをえず知り合いの冬営地に寄寓するという悪条件に見舞われたにもかかわらず、2002/03年のゾド

の際、ゾドに弱いといわれているウシを死なせなかったとして、県政府関係者の間で有名になった人物である。彼は、ウシを自らの牧畜経営の中心に据えている。

2009/10年、春営地の存在する地点の周辺が大雪に見舞われたため、NB13自身はゾドであったと認識している。事実、彼は小家畜群を牧畜労働者1人をつけて南西40 kmのオルホン郡内に、またウマ群を別の牧畜労働者1人をつけて南西60 kmのサイハン郡内までオトルに出し、被害を回避した。ただし、ウシ群のみは自らの冬営地近辺に留め置き、結果として110頭の成畜のうち4頭のウシを失う被害を受けたという。内訳は種オス2頭、メス成畜1頭、2歳ウシ1頭であった。この数字は、単純に死亡率としては3.5 %なので、被害は比較的小さかったと感じても違和感はないのだが、NB13としては自らの「本業」であると位置づけているウシに被害が出たことと、それが種オスであったことに少なからぬショックを受けていた。

被害にあった種オスは、1頭がヤク、1頭がカザフスタンの乳肉兼用品種の血統を入れた改良種であったという。なお、生存した2頭は「セレンゲ土着種」と呼ばれる在来種の肉用ウシであった。改良種の種オスは在来種に比べて1.5倍以上の価格で取引され、メスウシの成畜と比べれば2倍の価格である。つまり、NB13は、経済価値の側面から、単なる「1頭」以上の価値を持つウシを失ったことになる。

NB13によれば､2頭の種オスは牧地で凍死ないし餓死したものであるという。種オスは秋の種つけで疲弊しているため、今回の冬を乗り越えられなかったのだろうとの評価であった。

また種オスは、将来の群れの構成を左右するという側面でも、大きな意味を持つ個体である。NB13は、このゾド被害の補充として、秋の種つけシーズンまでに肉用の「セレンゲ土着種」を2頭購入する予定とのことであった。ゾド前に、NB13は乳用の改良種を購入して牛乳の生産を拡大することも検討していたのであるが、近年の乳価の下落に加えて、ゾドで改良種の種オスが死亡した事実を踏まえ、トウモロコシなどの飼料備蓄や畜舎の整備が必要な乳用改良種は、飼育の条件整備に大きな資金が必要であるという理由から、肉用牛の生産にシフトすることを決断するに至った。

なお、NB13がウシをオトルに出さなかった理由について、本人は明確には答えてくれなかったが、およそ次のようなものであると想像される。ヒツジやウマをオトルに出しており、また所有家畜頭数が多く富裕層に属するNB13にとっ

表5-9　ボルガン郡とボルガン県の畜種別死亡率（2010年）

	ボルガン郡	ボルガン県
ウマ	6.30%	4.70%
ウシ	11.70%	6.50%
ヒツジ	5.80%	7.60%
ヤギ	10.20%	8.40%

て、ウシもオトルに出すことは難しくない。当時、NB13はウシに牧畜労働者を2人つけていたことを勘案すれば、経済的困難や労働力不足は理由にならないだろう。だが現地は、不在中に他の牧民が移動して来ることを懸念して、自らの移動をためらう牧民が存在するほどの高密度状況である。また不在中に、断熱材として利用される畜糞や家畜囲いの木材などが盗難にあう懸念も、現実問題として存在する。他方、牧畜労働者だけに放牧を任せると、管理が不十分で家畜を失うリスクが高くなるとNB13は懸念しており、かつてそうした発言を筆者も耳にしたことがある。

つまり、固定資産の監視という意味で動けず、また自らにとって最重要家畜であるウシを牧畜労働者だけでオトルに出すことで管理が行き届かなくなることも懸念するNB13は、草原火災で明らかに冬営地として使い物にならなかった2002/03年とは異なり、2009/10年はウシを動かさないリスクよりも動かすリスクの方が大きいと感じたのであろう。そして、結果として種オス2頭を含む4頭の損失という、彼の主観としては小さくない被害を今回のゾドから受けたということになる。

NB13のこの経験をボルガン郡まで面的に敷衍可能であるとすれば、2009/10年冬のゾドは、また異なった像を結ぶ可能性がある。すなわち、ウシの経済性というような畜種ごとの差異を考慮に入れた場合、ボルガン郡の成畜死亡率「8.0%」という数値が、ボルガン県全体の「7.6%」という数値を若干上回っているという以上の被害イメージを現地の牧民にもたらしている可能性も推測される、ということである。

その推測の根拠として表5-9を挙げておく。これは2010年の成畜死亡率を、ボルガン郡とボルガン県全体に関して畜種別に示したものである。なお、ボルガン郡にはラクダは1頭しかいないので、ラクダに関するデータは省略した。

これを見ると、ボルガン郡ではヒツジの死亡率は県全体よりも低いが、その他の畜種では上回っており、特にウシが大きく上回っていることが見て取れる。

ところで、ボルガン郡はボルガン県中心地とその周辺部をエリアとしているので、市場へのアクセスは抜群である。通常、現在のモンゴルで換金性の高い畜産物といえばカシミアが筆頭となるのだが、ボルガン県は都市空間に隣接しているがゆえに、牧民は牛乳や馬乳酒といった、市場から距離のある地域では換金性のないものでも売ることが可能であり、現金を稼ぐことができる。ただし、馬乳酒は牧民自身が自家消費してしまう量も多く、必ずしも換金に向けられる分だけではないことや、馬肉は牛肉よりも市場に流通させにくいがゆえに[83]、換金性の高さではウシの方が上である。実際、NB13においても、牛乳は都市の住民やアイスクリーム工場などに売却され、また肉も容易に販売できるがゆえに、最も重要な家畜に位置づけられている。

一方、それゆえに家畜の密度が高めであるので、大規模な小家畜群を保持するには草が不足となりがちな地域である。その結果として、ボルガン郡においては、現金収入をもたらす家畜としてヤギに加えてウシの位置づけが高い点に地域的な特徴が見出せる。ヒツジに関しては、自家消費的なウエイトが相対的に大きいので、現金収入源としてはあまり高い位置づけを与えられていないと言える。また環境的にも、ヒツジの飼育よりウシの飼育に向いている森林ステップが多い、という特徴がある。

このような状況下で、ウシの死亡率が県平均より明らかに高く、次いでヤギとウマも相対的に大きな被害を受けたボルガン郡の牧民は、現金収入の頼みとしている家畜を集中的に失ったと言えるだろう。しかも当時、カシミア価格の下落を受け、以前ほどヤギが収益性の高い家畜ではなくなりつつある中で、ウシが最も大きな打撃を受けた意味は、数字以上に大きいと想像される。

OCHAの報告書をはじめとして、本節で挙げた統計類ではヒツジ・ヤギの小家畜も1、ウシ・ウマ・ラクダの大家畜も1で集計されているが、第3章で述べたとおり、家畜の経済価値を示す指標であるSSUの換算率ではウシはヒツジの5倍、また本書で採用するMSUの換算率においてもウシはヒツジの6倍である。もちろん、この換算率が現在の牧民にとって、収益性の面から見て心情的に納得できるものではない可能性は十分にある。ただし、ウシ1頭の価値がヒツジ1頭とは比べ物にならないくらい大きい、という質的な側面に関して言えば、現在でも十分に説得的な発想である[84]。その意味でも、単なる頭数以上に大型家畜

83 馬肉が主として冬場に、食料として出回っていることは事実である。その一方で、ウマはモンゴル人にとって感情移入の対象となりうる特殊な位置づけの家畜であるがゆえ、馬肉を食べることに抵抗感を示すモンゴル人も少なくない。

84 もちろんその逆に、経済的にウマがヒツジの6倍（SSU換算）あるいは7倍（MSU換算）

の持つウエイトが大きいと考えるのは当然であろう。

日常的な移動性との関連で見ると、ボルガン郡の調査エリアでオトルに出たのはNB13のみである、NB13によれば、例年調査エリアで越冬する他の牧民は平年の冬営地から動かなかったという。前節のオンゴン郡における2000/01年のゾドでも、日常的な移動距離の大きい第3バグ、第1バグの牧民ではオトルがゾドの回避行動として一般的に見られたのに対し、移動距離の大きくない第2バグの牧民ではオトルに出るものは皆無であった。これらの事実は、日常的な移動性がオトルという牧畜技術の発動に影響を与えていることが窺われる。つまり、彼らが持つ民俗知識の中で頻繁に利用されるものは日常・非日常を問わず発動されやすく、日常的に移動をしている人々はオトルという手段に訴えがちになる。

なぜオンゴン郡第2バグの牧民は移動性が低いのかについては、第2章で検討したので詳しくは繰り返さないが、ボルガン郡との共通性を考えると、草生の相対的な良さが挙げられるだろう。むろん、絶対値としてはボルガン郡の森林ステップとオンゴン郡のステップでは前者の方がバイオマスは大きいだろう。季節移動やオトルを発生させる原動力が現住地の草生悪化という認識（プッシュ要因）と現住地より相対的に植生の良好な場所が存在するという認識（プル要因）だとすれば、相対的に草生の良い場所ほど移動性が低くなるのは論理的である。

またゾドの遠因が干ばつであり、干ばつを契機に牧民がオトルなどを考慮し始めるのだとすれば、草生が良いとされている場所ほどオトルを考慮に入れる可能性が低くなるのも納得がいく。さらに、所有する家畜頭数も草生悪化の認識と関連がある。家畜頭数が多ければ食草量も増えるため、草生不足の発生する可能性は高まる。オンゴン郡第2バグのNS14、ボルガン郡のNB13といった家畜頭数の多い牧民が、2001年秋あるいは2009/10年に短距離ながらもオトルを実行したのは、単に牧畜技術の高さや知識の豊富さだけでなく、それを発動しなければいけない状況が彼らに発生していたのだと言えよう。

第6章でみるように、結果として2009/10年のゾドは、国レベルでは1999/2000年からの3年連続のゾドと比べると深刻ではなかったと考えられるようになった。その原因は後述するようにいくつかあるのだが、1つには当初報じられた頭数に小家畜が多く含まれていたことによる。それは逆に、数字的にはどちらも軽微であったとされたボルガン県とボルガン郡の被害に関して、実は

には値しない可能性もある。

ボルガン郡の方が深刻であったのだという、当初の見込みとは反対の像を導くことにもなる。その意味において、郊外の自然災害に対する評価においては、遠隔地とは異なったリテラシーを要求するということが示唆される。

第3節　遠隔地におけるゾド対応としての鉱山

本節では、モンゴル国の2009/10年のゾドによって家畜を大量に失った牧民が生計を営む手段として鉱山での個人採掘を選択する事例について検討する。本節で検討する事例の位置はドンドゴビ県ホルド郡であり、遠隔地と位置づけられる。こうした傾向は第4章で述べたとおり、ベルフ郊外における吹雪の後にも小規模ながら見出された現象であり、遠隔地牧民の緊急避難地的な存在として郊外と類似した機能を果たしていると言えるだろう。

前節で述べたとおり、2001/10年のゾドは非常に強烈なものではあったが、OCHAが報じた、モンゴル国の社会主義体制崩壊以降最大規模のゾドであった1999/2000年から2001/02年までの3年連続のゾドに匹敵するかどうかは検討の余地がある。本節ではまず、この2回のゾドの被害の比較から議論を開始したい。

小宮山らは国家統計局の"Monthly Statistical Bulletin"（2010年6月）に依拠して、2010年上半期における成畜の死亡数を973万頭であると報告している［小宮山・ラブダンスレン 2011: 42］。2011年に発表された"Mongolian Statistical Yearbook"では、下半期も含めた2010年の間に死亡した成畜数は1032万頭となっており［NSOM 2011: 221］、上半期分についても報じられている死亡数がゾドの被害ばかりとは限らないが、過去の死亡数と比較しても2010年の数字が突出して大きい。それゆえ、そのうちの相当部分がゾドに起因するものと推測して差し支えないだろう。

表5-10を見ると、ゾドの被害は全畜種に及んでいるが、中でもヒツジ・ヤギという小家畜の死亡数が目立つことが看取できる。実際、国家統計から畜種別の家畜頭数のピーク年（2010年以前）を見ると、ラクダは1954年（89.5万頭）、ウマは1999年（316.4万頭）、ウシも1999年（382.5万頭）、ヒツジが2009年（1927.5万頭）、ヤギは2008年（1969.4万頭）であり、総家畜頭数のピークが2009年（4402.4万頭）となっている［NSOM 2011: 220］。つまりウマ・ウシといった大型家畜がある意味で1999年のゾド前の頭数を回復していない一方、小家畜は2000年代に1990年代を上回る増加を見せ、その爆発的に増えた小家畜が2009/10年のゾドで大きな被害を受けたのだと理解できる。

この点を勘案すると、1999/2000年から2001/02年までの3年連続のゾドで死

表 5-10　モンゴル国における成畜の斃死数の推移　　単位：万頭（NSOM 2011:221）

年	ラクダ	ウマ	ウシ	ヒツジ	ヤギ
2007	0.2	2.5	2.8	12.0	12.0
2008	0.3	12.2	13.3	65.3	72.9
2009	0.3	6.3	10.7	68.1	87.9
2010	1.7	37.0	58.1	436.2	498.8

亡した家畜頭数1117万頭と2009/10年のゾドにおける780万頭を単純に並置するOCHAのレポートは、若干誇張気味であるとのそしりを免れない。ただし、その点を差し引いてもなお、2009/10年のゾドがゾドとしては2002年以来の大規模な災害であったことは否定しがたい。

だが2009/10年のゾドは、「1945/46年のゾドに匹敵する半世紀ぶりの大規模な」[小宮山 2005: 74] ゾドと形容された1999/2000年から2001/02年までのゾドと比べて、いろいろな意味で大きな注目を集めなかったのもまた事実である。ゾドの発生後、間をおかずに執筆されたトロイ・スターンバーグの論文においても、このゾドは単に極端な気象現象によってもたらされたというより、家畜の地域的集中やヤギの増加などの社会経済的要因によっても影響を受けている点を強調している。その意味において、2009/10年のゾドは2002年以降の政策的不作為がもたらしたものであり、それゆえに1999/2000年から2001/02年までのゾドとは異なり、特に自然科学者の耳目は引かないだろうことが暗に示唆されている［Sternberg 2010: 79］。

さらにスターンバーグは、モンゴル国の牧畜はこのゾドを教訓として災害リスクを減らすよう変わる必要があるが、それは1990年代的状況とは異なり、鉱山から莫大な収益を得られるようになったモンゴル国政府の責任であり、財政的に逼迫していたがゆえに専ら外国の援助頼みで復興を目指した先のゾドとは異なる、とも述べている［Sternberg 2010: 78, 83-84］。これをOCHAの報告書の「誇張」と対照すると非常に興味深い。事実、モンゴル国内外で2009/10年のゾドが大々的に報道されなかった背景として、2009年に至るまで未曽有の家畜増加を続けていたモンゴル国の牧畜業の現状を知る人間には、ゾドは「近い将来、いつかは起こるだろう」という予測が可能であったことや、今回は前回ほどの諸外国の援助が期待できない雰囲気がモンゴル国内外に存在したことは想像に難くない。

仮に2009/10年冬のゾドが起こるべくして起こったものであり、基本的にはモンゴル人自身の自助努力で解決すべき問題であるとしても、それだけでこのゾドが大きな注目に値しないかどうかは、今後の歴史が判断を下すべきものであろう。前述のスターンバーグは、今回のゾドがもたらすだろう社会経済的インパクトは 1999/2000 年から 2001/02 年までの 3 年連続のゾドの時と同様、主として都市への人口流入であると予測しており、その結果としてモンゴル国の牧畜が産業として弱体化する事に懸念を示していた［Sternberg 2010: 80-82］。いわば、2009/10 年のゾドは 2002 年以降のプロセスの続きであり、それ自体は既存の現象を強化する機能を果たすのみで、特に新たな局面への変化をもたらすものではないと位置づけられている。

事実、グラフ 5-1 が示すように 2009/10 年のゾドの後に総家畜頭数は急回復し、2015 年には史上最高のレベルとなっている。またこの急回復が主として小家畜を主体としていることも、2002 ～ 2009 年の傾向と軌を一にしている。一方、スターンバーグが指摘したように、モンゴル国の牧畜が産業として弱体化したかどうかは、これらの資料から直接的に判断できるものではない。ただし、ネグデル期に家畜頭数が増加しなかったのは旧ソ連に毎年膨大な家畜を輸出していたからであり、逆に 1990 年代以降の家畜頭数の増加は在庫（ストック）の増加に過ぎず、捌ききれない在庫としての家畜はいつの日かゾドなどの自然災害で死亡するシステムとなっていると考えれば、1990 年代以降モンゴル国の牧畜は構造的に問題を抱えており、2 回のゾドを経ても修正されていないと言うことは可能だろう。少なくとも、2009/10 年のゾドはモンゴル国の牧畜を強化する機会とはなっておらず、システム的には現状維持、あるいはスターンバーグの言うように弱体化へと向かわせているのだろうと解釈できる。

しかし、国家レベルというマクロなレベルではいかに問題を抱えたシステムであると言っても、個別の牧畜ユニットにとっての当面の課題は牧民としての生存の確保であり、それは生活可能な家畜頭数の維持をもって自然災害からの回復（レジリエンス）であると考えていることもまた事実である。そういう視点で 2009/10 年のゾドの影響を見た場合、モンゴル国内で当時大きなトピックとなっていた鉱業に牧民のまま参与する事例は、都市への人口流入や郊外化しか見られなかった 1999/2000 年から 2001/02 年までの 3 年連続のゾドの際とは異なった事象であると言えるだろう。

従来の議論では、基本的に牧畜と鉱業は二律背反的な存在であり、それゆえ移動牧畜を行う牧民と個人採掘者（ニンジャ）をはじめとする鉱山労働者は二者択一的に捉えられることが多かった。例えば比較的早い時期にモンゴル国の鉱山開発に着目した鈴木は、牧畜と鉱業という、いずれもまとまった面積の土地

地図5-1　ホルド郡中心地と鉱山、インフォーマントの位置関係

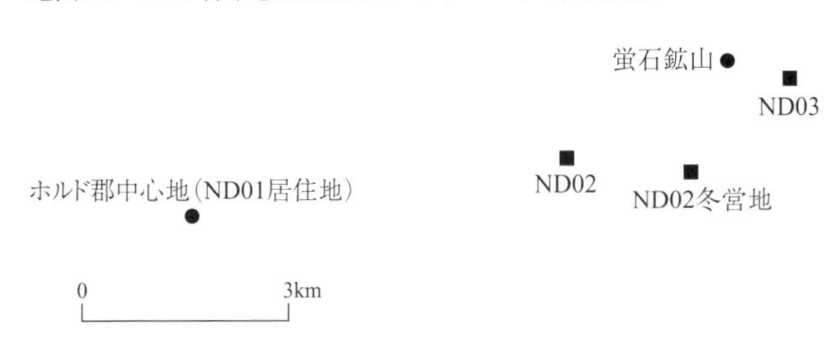

が必要な両産業が土地を巡って競合的な関係にあるという視点から、特に後者が実際の採掘で土地の占拠や水資源の枯渇をもたらすほか、モンゴル全土に設定されている鉱山の探査権が牧民の土地利用を脅かす可能性を指摘している［鈴木 2008: 57, 65］。またスターンバーグも、鉱山セクターはゾドで家畜を失った牧民の流入先として叙述しており、基本的には都市と同じく非牧畜・定住空間の生業であると位置づけている［Sternberg 2010: 74］。

筆者は第4章で、イフヘット郡の個人採掘者（2004年調査）とベルフの個人採掘者（2008年）について言及した。イフヘット郡およびベルフの鉱山跡での個人採掘者は確かに非牧畜・定住空間の生業と言えるだろうが、ベルフの郊外での個人採掘者や、本節で取り上げる事例は必ずしもこのカテゴリーには当てはまらない。こうした現象は、2000年代前半と比べて2000年代後半には鉱物資源価格が高騰しており、それゆえ鉱業が手軽な産業としてモンゴル国牧民に広く認知されたために発生したと考えられる。その意味で、2008年の吹雪や2009/10年のゾドに特徴的な現象であると言えるだろう。

本節で取り上げるデータは、2011年9月に筆者がドンドゴビ県で行った短期の現地調査から得られたものである（地図5-1）。現地調査の当初目的は、モンゴル国南部のゴビ地域における2009/10年のゾドの影響および現地における鉱山開発の実態調査であったが、上述したベルフでの調査経験から、ドンドゴビ県でも同様の事例が存在する可能性は認識していた。だから、筆者がドンドゴビ県政府で現地調査のテーマに関する概況説明を受けた際、ホルド郡の事例に特に興味を持ったのは、それが単なる個人的活動ではなく、郡政府による組織化された活動であるという点ゆえであった。なお、ホルド郡中心地はドンドゴビ県中心地マンダルゴビの南西80 kmに位置する。

ホルド郡における蛍石採掘開始の前提として、2009/10年のゾドによる被害が大きく影響していることは県政府職員も認めるところであった。そこでまず、

ドンドゴビ県およびホルド郡におけるゾドの概況を以下に示したい。

前節で紹介したOCHAが作成したゾドの郡別被害状況地図（2010年4月13日現在）によると、ドンドゴビ県は北部を中心に被害が最も深刻な「Extremely affected」に分類される諸郡が連なり、それ以外の諸郡も「Affected」に分類されており、より軽微な被害状況の「May be affected in the future」や「Normal」に分類されている郡は存在しない［OCHA 2010: iv］。つまりドンドゴビ県は全県が大きな被害を受けており、それゆえにモンゴル国内でゾド被害の最も大きかった地域の1つであったといって差し支えない[85]。

このゾド被害は、モンゴル国統計局が毎年末に集計している家畜頭数の統計にも当然ながら如実に表れている。表5-11は2007年末から2010年末までの、ドンドゴビ県における家畜（ラクダ、ウマ、ウシ、ヒツジ、ヤギ）頭数の推移である。

一方、表5-12はホルド郡における2007年末から2010年末までの家畜（ラクダ、ウマ、ウシ、ヒツジ、ヤギ）頭数の推移である。なお、ホルド郡はドンドゴビ県南西部に位置し、上述のOCHAの郡別被害状況地図では上から2段階目の「Affected」に分類されている［OCHA 2010: iv］。

このように、ドンドゴビ県全体に関しても2009年末まで着実に増えていた家畜頭数が2009/10年のゾドによって大幅に減少する被害を蒙ったことが看取できるが、さらにホルド郡の家畜減少率は、ラクダを除いてドンドゴビ県全体の数値を上回っていることが見て取れる。特に、乾燥度の強い地域性ゆえに元々少ないウシに至っては壊滅的な減少と表現しても差し支えない状況である。むろん、家畜頭数の減少要因としては死亡のほか、売却や食用の屠畜なども考慮に入れる必要はあることは事実である。たとえば上述したように、モンゴル国全体でのヤギの頭数は2008年がピークであり、2009年には約35万頭減少するのであるが（NSOM　2011:210）、その減少要因としてはカシミアの国際価格の下落を背景として、牧民がヤギを手放した結果であるという解釈も存在する。ただし、そのヤギの頭数にしても2010年には577万頭も減少しているので、少なくとも2010年に関する限り、ゾドによる死亡は家畜頭数減少の圧倒的部分を占めていると理解してよかろう。

ところで、ゾドのような災害に関連して必ずと言っていいほど発生するのが、

85　ゾドの被害はドンドゴビ県を中心にして北西方向のハンガイ山脈周辺と、北東方向のトゥブ県南部〜ヘンティ県北部〜ドルノド県北部を結ぶ一帯が最も深刻であり、加えてモンゴル国北西部のオブス県一帯と南部国境沿いのアルタイ山脈周辺で「Extremely affected」に分類された郡が目立つ［OCHA 2010: iv］。

表5-11　ドンドゴビ県における家畜頭数の推移

年	ラクダ	ウマ	ウシ	ヒツジ	ヤギ
2007	19,813	104,713	42,551	944,303	998,245
2008	19,921	84,023	34,151	917,905	984,589
2009	20,656	81,978	33,746	973,777	1,036,903
2010	18,860	51,291	18,584	529,715	493,059

出典：国家統計局（各年の頭数は年末値）

表5-12　ホルド郡における家畜頭数の推移

年	ラクダ	ウマ	ウシ	ヒツジ	ヤギ
2007	2,700	6,430	1,090	64,023	64,730
2008	2,846	6,508	1,241	66,570	69,005
2009	3,083	6,378	1,301	70,286	73,416
2010	2,836	3,620	474	34,636	30,303

出典：国家統計局（各年の頭数は年末値）

牧民による緊急避難的な移動であるオトルである。ドンドゴビ県政府職員の説明によれば、ドンドゴビ県では、2009/10年のゾドに際して相当数の牧民が北に隣接するトゥブ県や、北東に隣接するヘンティ県などへオトルに行ったという。ドンドゴビ県における2009/10年のゾドの場合、2009年以前の数年間、毎年夏季に干ばつが連続して発生していたので、ゾド前にオトルへ出ていた牧民も少なくなかったようである。実際、今回の現地調査で筆者がインタビューしたインフォーマントの中にも、干ばつが連続している影響で砂地化が進行している場所や、植生が変わってしまった場所があると述べている者がいた。牧畜担当の県職員によれば、こうした牧民は、それ以前の年にも冬季は郡外へオトルに行くケースが多かったという。

しかし、トゥブ県やヘンティ県はOCHAの郡別被害状況地図では被害の大きい地域に分類されている。2009/10年のゾドの際、ドンドゴビ県の牧民が数多く向かっていたオトル先がドンドゴビ県と大差ないほどの被害地域であったことは皮肉としか言いようがない。第1節で指摘したように、干ばつやゾドの状況は1つの郡内でも一様ではない。たとえば郡の下位単位であるバグでその状況を把握すれば、郡を単位とする分類とはかなり異なった像を結ぶ可能性が少なからず存在するので、OCHAの地図では被害が大きいとされている郡内でも被害の小さかった場所や、逆に被害が小さいとされている郡内でも大きな被害を受けた場所が存在することは十分に想定しうる。しかし、オトル先が被害地域であったとすれば、当然そこへオトルに来ていたドンドゴビ県の牧民も被害を受ける可能性は高いと推測できるし、また逆に、ドンドゴビ県からオトルに来ていた牧民が現地の家畜密度を高め、被害を増幅させたのではないかという憶測も成り立ちうる。

モンゴルの統計システム上、ドンドゴビ県の牧民がオトル先でゾドの被害を受けたとしても、それはオトル先の郡や県での被害数にはカウントされず、あくまでも牧民の住民登録先の被害数としてカウントされる。それゆえ、2009/10年のゾドのような事例では、具体的に牧民がどこで家畜を失ったのかを統計から推測することは厳密に言えば不可能である。

後述するホルド郡のND01の説明によれば、ホルド郡には1999/2000年のゾドの時にヘンティ県へオトルに出て、現在に至るまで戻らない牧民も存在するが、彼らの住民登録がホルド郡である限り、現在でも地方政府の認識としてはオトル扱いであるという。彼らが住民登録を変更するきっかけとしては、上述の県職員は子供の就学や健康保険の手続きを挙げていたが、ND01によれば、郡政府同士の協定によって郡政府の予算の付け替え措置が行われることもあり、その場合はオトルの牧民であってもオトル先で不利益を受けることはないという。

ただしND01は同時に、オトルの1年目は予算の付け替えが間に合わないので、問題が発生する可能性を認めていた。また、基本的にオトルの牧民は家畜囲いを持たないので、オトルの牧民は地元民より牧畜面でも社会保障面でも不利益な状況にあることは否めない。それゆえ、2009/10年冬のゾドのような場合、オトルが果たして被害を軽減したのかどうかについては疑問の余地がある。3章で触れた内モンゴルの1999/2000年の事例のように、モンゴル国の遠隔地でも牧民の密度が高い地域では、オトルが効果を発揮しないレベルに達している可能性はある。この点については、8章で改めて検討したい。

ドンドゴビ県の人々の認識では、県中心地のマンダルゴビ付近を境にして、南北で植生が異なるという。すなわちマンダルゴビ以北は平原（ヘール）で、以南はゴビである。この植生的な境界は同時に、オトルでの移動範囲の境界にもなっている。彼らによると、たとえば南に隣接するウムヌゴビ県の牧民がドンドゴビ県にオトルへ来た場合、ウムヌゴビ県の家畜は寒さに弱いため、マンダルゴビ以北へは移動しないという。逆に、ラクダを多く飼養しているドンドゴビ県南部の牧民は、北へオトルに出るよりむしろウムヌゴビ県へオトルに出ることを選択する。2009/10年のゾドでは、特にウマを所有していた牧民は、多くが北にオトルに行ったまま2011年になっても戻っていないという。

ラクダはゴビを代表する家畜であり、ウマは平原を代表する家畜である。筆者の今回の現地調査では調査世帯数が多くなく、また調査世帯がホルド・サインツァガーン・ゴルバンサイハンの3郡に分散していたので厳密ではないが、それでも南側で越冬した牧民と比較して、北側で越冬した牧民の被害が突出している。なお、ホルド郡中心地はマンダルゴビの南西80kmほどに位置するが、北西が高く南東が低いドンドゴビ県の地勢が影響して、ホルド郡も植生の境界地域に位置すると考えられる。そして後で見るように、ホルド郡の牧民の中でもゾドで大きな被害を受け、蛍石鉱山に集まっているのは後述する分類で「北側」に属する人々が中心であった。

次にホルド郡における蛍石鉱山について述べたい。筆者の現地調査においてホルド郡や蛍石鉱山に関する概況を説明し、現地の道案内人を担当したのはND01（男性、調査当時70歳前後）である。彼はネグデル期からホルド郡在住であり、長年郡政府の幹部を務めていたという。そして年金生活者となった現在も、ホルド郡の政治に隠然とした影響力を持つ人物であるようであった。

ND01によれば2009/10年冬のゾドの時、郡の46％の家畜が死亡し、牧民518世帯のうち200世帯がオトルで郡外に移動したという。なおホルド郡はドンドゴビ県の中でもラクダが多く、ラクダを中心に飼っている牧民（テメーチン）の移動圏には東のドルノゴビ県や南のウムヌゴビ県が含まれるという。要するに、ホルド郡にはテメーチン的な「南側」に移動するパターンの牧民と、それ以外の、つまり「北側」志向の移動パターンの牧民とが存在しているのである。また、郡は4つのバグに分かれるが、日常的にバグ境界を越えての移動は自由に行われており、もともと移動範囲の大きい、いわばオトル的な傾向の高い牧畜が行われている地域である。

2009/10年のゾドでは上述のような傾向を反映して、北東（ゴビスンベル県）方面と南（ウムヌゴビ県ツォクトツェツィー郡）方面がホルド郡の牧民の主なオトル先であった。そして、ゾドの被害が特に大きかったのは前者を選択した人々であったという。

ND01が筆者に語ってくれたホルド郡における蛍石鉱山の設立由来と現状に至るプロセスを総合すると、以下のようになる。

まずゾド後の2010年8月、ホルド郡内で蛍石の鉱山が発見された。発見者はホルド郡出身者で、ウムヌゴビ県の蛍石鉱山で働いていた人物である。彼がホルド郡に戻ってきて、2010年8月に郡内で蛍石を発見したのである。それまで地元の人々は、ホルド郡に蛍石が存在することを知らなかった。

この蛍石の発見者が中心となり、2010年9月から個人採掘ベースで小規模の採掘が開始された。つまりこの時点では、モンゴル国各地で見られる個人採掘者（ニンジャ）による採掘となんら変わるところがなかった。しかしホルド郡においてはその直後から、現地の蛍石を郡外の人間には掘らせてはならない、という資源地域主義的な運動が起こった。

この資源地域主義的な運動のいきさつについて、ND01は詳細を語らなかった。しかし、ND01がインタビュー中に語った、「今は皆、モンゴルの鉱山に注目しているから気をつけなくてはいけない」という言葉や、後述するND02やND03とのインタビュー中や蛍石鉱山の訪問中に彼が示した言動から類推して、彼自身がそうしたナショナリスト的な立場をとる人物であり、それゆえに資源地域主義的な運動を推進した中心的人物の1人であっただろうことが推測される。

例えば、ND01はND02とのインタビューの際にND02の健康保険料の支払い状況に関して本人より詳細に現状把握していたり、ND03とのインタビューにおいて筆者が行った鉱山への出資額や収益に関する質問を遮ったり、あるいは蛍石鉱山の採掘現場において1組合組織の詰所と思われるゲルに長時間立ち寄ったりと、ND01自身がこの鉱山における採掘活動に深く関わっており、特に収支面に関する情報を外部に漏らすことに敏感になっている様子を示唆する言動が随所に観察された。

こうした資源地域主義的な運動の結果として、ホルド郡政府が蛍石鉱山に介入したのは2010年12月のことである。当時、郡政府は個人採掘者たちを指導して組合組織（ヌフルルル）を設立させた。なおヌフルルルとは、同じ組合組織であっても広域的活動を行い、事務局組織も整備されている「ホルショー」とは異なり、小規模で限定的な活動を行うものであるという。

ND01によれば、当時この蛍石の採掘を行う組合組織を設立するには、最低25人の構成員が必要だったという。そしてこの組合組織が、郡政府の税務や自然保護を担当する部局と納税や採掘地の環境保護に関する契約を締結することで、郡政府から正式に採掘を許可されるシステムとなっており、2011年9月の調査当時、鉱山が占有していた土地面積は4～5 haで、そのエリア内で10の組合組織が採掘を行っていたという。

なお、郡政府の指導で設立された組合組織の構成員はホルド郡の住民であるが、彼らが行う活動は蛍石の採掘と、鉱山の近傍にある鉱石の集積所までの運搬に限られている。集積所から先の運搬は、ウランバートルに本社がある2つの鉱石運搬会社の大型ダンプカーによって担われており、それがモンゴルと中国およびロシアを結ぶ鉄道が走っているゴビスンベル県チョイルまで運搬している。そこから先は鉄道によってモンゴル国外へ運搬されているとのことであるが、ND01をはじめホルド郡の人々は採掘された蛍石がチョイルより先、どこへ売られていくのかは知らない、とのことであった。

以上が、ホルド郡中心地にあるND01の自宅でインタビューした情報をまとめたものである。続いて、その後に筆者がND01の案内で訪問した蛍石鉱山の現場の様子について述べたい。蛍石鉱山はマンダルゴビの南西75 km、ホルド郡の中心地からは東北東に8.7 kmの場所に位置し、周囲の平坦な地形とは対照的に小高い丘が連なっており、ND01によればかつては牧民の冬営地しかなかった場所であるという。

蛍石を採掘しているのは丘の上のほうであり、鉱山に近づいていくと、まず丘の麓に蛍石をチョイルまで運ぶフルトレーラーつき大型トラックが数台と、蛍石の積み込み用の重機が止めてある場所がある。これは先述したウランバートルに本社がある運搬会社の作業場であり、その1つは「ウルズィーン＝ゴビ株式会社　蛍石買取り所」(Өлзийн Говь ХХК Жонш Авах Цэг) という看板を出し、事務所兼住宅としてゲルが数棟建てられている。ND01によれば、鉱山で働いている労働者は全員ホルド郡の住民であるとのことであったが、それは採掘現場に限られた話であり、運搬会社に関しては必ずしも全てホルド郡の住民であるとは限らないようである。

ここから進んで丘の中腹に至ると、組合組織の詰所とおぼしきゲルが20棟ほど立てられている一角がある。ND01が長時間立ち寄った前述のゲルもこのうちの1つである。後述するND03によれば、この鉱山には家畜を失った牧民が集まってきているが、それに加えてもともと郡中心地に住んでいた無職者も働いており、後者については家畜の面倒を見る必要がないので鉱山に寝泊りする者もいて、そうした人々はこの中腹のゲルに居住しているという。また牧民であっても、ND03の冬季の事例（後述）のように鉱山に寝泊りするケースもあり、その際にはこのゲルが利用されている。ND01によれば、組合組織数は10、それぞれが25人以上の構成員を有しており合計で300人ほどがこの蛍石鉱山で働いているというから、20棟程度のゲルでは全員を収容することはとても不可能であり、多くはND02のように鉱山まで通って働きに来ていると思われる。

丘の頂上付近まで上ると、数多くの穴が掘られていることが確認できた。これらの穴が蛍石の採掘現場であり、全て露天掘り、しかもハンマーなどを使った手動で採掘されているので、穴は深いものでも10 m程度であった。基本的には、現在採掘している穴の数が組合組織の数であるが、場所によっては、掘り尽くしたのか、採鉱時の残滓とおぼしき石で埋められている穴も存在する。

作業工程としては、まず蛍石の含有層から1辺50 cmほどの岩塊を切り出し、必要に応じてさらにハンマーで握りこぶし大の大きさに砕き、高純度の部分を選び出す。それをオフロード用四輪駆動車の後ろに取り付けた簡易型牽引車に積み込み、丘の下まで運び出して運搬会社に売却して終了である。なお簡易型牽引車は車軸が1本のみで、積載スペースは1.7 m × 1.7 m × 0.5 mほどのサイズであり、牽引する四輪駆動車はほとんどがロシア製の、モンゴル人が「69」(ジャランユス）と呼ぶタイプの車両であった。

ND01が筆者を案内した採掘現場はND02が働いている組合組織の穴であったが、ND01は穴の近辺にいる労働者に1人ずつ声をかけていたのが印象的であった。採掘現場には女性も少なからずおり、岩塊の切り出しやハンマーで岩を砕く作業は男性のみが行う一方、簡易型牽引車への積み込み作業は女性も行っていた。ND01と労働者たちとの会話から判断すると、夫婦で採掘現場に働きに来ている者もいるようである。ND01によれば、組合組織は気のあった仲間同士で共同出資して設立するのだという。調査後に筆者の調査用車両を運転していたモンゴル人運転手から聞いた話では、筆者の調査時、ND01の息子が採掘現場近くに四輪駆動車を運転して来ていたという。そして「ND01か彼の息子があの組合組織に出資しているのだろう」というのが運転手の見立てであった。

採掘現場には組合組織の労働者のみならずホルド郡政府の職員もおり、徴税などのためにそれぞれの組合組織が採掘している蛍石の量をチェックしていた。これはホルド郡政府が、誰がどれだけ働いていて、どれくらいの蛍石を掘っているかに多大な関心を寄せている証左となろう。この蛍石鉱山がそれだけ大きな利益をホルド郡にもたらしているのだろうし、またそうであるがゆえに、特に収益面に関しては外部の人間には秘匿しておきたい事項も多いのだろうと推測される。

この採掘現場で印象的だったのは、現場が大変静かであることである。採掘に機械を使わないので、ハンマーの音と車両の音以外に聞こえてくるのは風の音くらいであった。上述の運転手も、機械を使えばもっと下の層から大量に採掘できるのではないかと述べていたが、あくまでも牧民による副業の域を出ない経営規模というのはある意味で健全でもあり、また初期投資が少ないがゆえに利益が出るという側面もあるだろう。

なお、この現場では冬も夏も季節を問わず採掘をしているので、牧畜と兼業で採掘を行っている労働者は、現在は夏（秋）営地から採掘現場に通い、冬になれば冬（春）営地から通ってくるという。筆者がND01に、ゾドになったらどうするのかと尋ねたところ、何世帯分かの家畜を合わせて1人がオトルに出て、他の人は鉱山で働き続けるだろうとの回答を得た。

本調査では、この蛍石鉱山での採掘に関わっている人物であるND02とND03の2人から聞き取り調査を行うことができた。両者とも30代の牧民であり、ホルド郡北東部の第1バグの所属である。なお蛍石鉱山も第1バグの領域内に存在するので、彼らは元々鉱山近隣に住んでいた牧民であると言える。

ND02（30歳）の住地（ゲル）は蛍石鉱山から南西に2.8 kmの場所にあり、2011年の夏・秋営地であった。ND02の場合、冬営地は固定した場所にあるが、春から秋にかけての営地は年により一定しないとのことであった。ND02の冬営地は鉱山の南南西1.9 kmの場所にあり、もともと彼らが冬営地を構えていた場所の近くに蛍石の鉱山が見つかり、採掘が開始されたという。この地方の冬営地の特徴としては、鉄線で草地を囲った草囲いが存在する。筆者がND02の冬営地で実見した事例では、草地に2 m間隔ほどに木の杭を立てて20 m × 40 mほどのエリアを囲い、木の杭の間に鉄線を渡してフェンスとしていた。

ND02の家族構成は妻と子供1人であり、調査当時、ND02の営地は彼らのゲル1つだけであった。ただし西に300 mほど離れた場所にND02の父親のゲルが立っており（調査当時は県中心地に出かけて家人は不在であった）、牧畜は合同で行っている。2世帯の冬営地は完全に同一地点である。

ND02および彼の父親の所有家畜は合計でヒツジ・ヤギ200頭、ウマ7頭、ウシ5頭である。2009/10年のゾド前には2世帯合計でヒツジ・ヤギ500頭、ウマ60頭、ウシ10数頭を所有しており、ゾドでの被害は甚大であったという。彼らはゾドの時には冬営地から見て北方向にある、ホルド郡に隣接するロース郡にいた。当時は干ばつの影響で、彼らの冬営地を含むこの一帯の植生はネギ科の1種であるターナ（*Allium polyrhizum*）ばかりとなっていた。彼らの認識ではターナばかり食べるとウマもヒツジも体調が悪くなるので、ゾド前にロース郡へオトルに出たという。

その後ND02らがホルド郡へ戻ってきたのは2010年末で、ND02が蛍石の鉱山で働き始めたのは年明けの2011年1月、つまりホルド郡政府の指導によって組合が設立された直後のことであった。調査当時はND02が鉱山で働き、妻が家畜を放牧していた。鉱山へは毎日バイクで通い、多い月では純収入が40万トゥグルク（2011年9月のレートで約2万4500円）に達するという。なお、収入に関する試算を実際に行ったのはND01であり、彼は採掘量や価格から粗収入を50万トゥグルクと見積もり、そこから健康保険料の控除額などを計算して上記推定値を計算していた。ND01は、健康保険料はND02本人だけが徴収対象であることも把握しており、きわめて短時間のうちに計算を行ったことから判断しても、彼自身がこの鉱山に深くコミットしていることが窺われる。

鉱山による収入額は出勤日数により変動するという。組合は出勤日数をカウントし、毎月の蛍石の売上額を労働日数などで割って各人に分配するシステムとなっている。

ND03（39歳）の住地（ゲル）は蛍石鉱山（採掘現場）から1 kmほど東にあり、調査当時は1つのゲルにND03夫婦と子供2人、ND03の母親が居住していた。このゲルが彼らの夏・秋営地である。ND03は2009/10年のゾド前には700頭近い家畜を所有していたが、ゾド後には200頭程度しか生き残らなかったという。つまりND02と同様、非常に大きな被害を受けている。彼はゾドの時にはオトルでゴビスンベル県（チョイル）に行っていた。ホルド郡からチョイルは東北東の方角に位置し、その先にはヘンティ県がある。なおND01や県職員によれば、チョイルはドンドゴビ県からヘンティ県方面へオトルに出る際の通り道に当たる、とのことであった。

ND03の調査当時の所有家畜は、小家畜100頭、ウマ40頭、ラクダ5頭であった。上記の「200頭」の内訳については詳らかではないが、家畜数に関してはゾド後よりも調査当時の方が減少していると思われる。ただしこの家畜頭数の減少は、災害などによる死亡というよりは、後述する投資活動の結果であると推測される。

ND03は現在、ある組合組織のリーダー（アハラクチ）をしている。この「アハラクチ」という単語は、第2章で述べたように牧畜ユニットであるホトアイルのリーダーを示す用語でもあり、牧民にはなじみ深い言葉である。ND03によれば調査当時は8人以上で組合組織が設立可能であるとのことで、最低25人というND01の説明とは異なっている。1年弱の間に何らかの制度改変があったか、あるいは国家制度とは齟齬をきたす、などの理由によりND01が秘匿しておきたかった情報であることが想像される。

調査時、ND03は若い労働者2人に食事（羊肉とジャガイモのスープ）を振る舞っている最中であった。そしてND03のアハラクチの業務とは労働や金銭の管理が主であり、実際に採掘を行っているのは彼ら労働者のようであった。ホトアイルのアハラクチであれば牧畜技術や冬営地などの固定施設を持っていることが重要であるが、蛍石の採掘を始めて1年程度の牧民に、大きな技術の差が存在するとは考えにくい。おそらく組合組織のリーダーは、出資額と直結しているのだろうと想像される。

筆者がND03に出資金のことを尋ねると、ND01が即座に「お前には関係ない、牧畜の話を聞け」と話を遮ったため、具体的な情報は得られなかった。ただし、ND03自身の鉱山からの収入は多い月で100万トゥグルク程度、平均すると60万～70万トゥグルク程度であるとの回答であったので、ND02と比較して出資額が多いために収入も連動しているのだろうことが推測される。そしてこの出資金は、牧民が持つ唯一の財産である家畜の売却によって捻出したものであろうと想像できる。つまり、彼はゾドで減らした家畜、特にヒツジ・ヤギをさらに減らして現金化したのであろう。

ND03の採掘現場では2011年の1～2月と、6月以降のみ操業しており、3～5月は閉まっていたという。理由は、彼らの採掘している穴が危険だということで郡政府から採掘を禁止されていたそうである。こうしたエピソードから窺えるのは、牧民たちの採掘技術の危うさに加えて、人数・資金力ともに不足しているがゆえに対応に時間がかかっているという、組合組織の実情ではないだろうか。

ND03は組合組織のリーダーであるが、同時に牧民でもある。ただし、調査時は放牧の容易な温暖な季節ということもあり、あまり牧畜には手を割いていないようであった。彼によれば、40頭いるウマは全て友人に預託してあり、手元には小家畜とラクダしか残していないという。さらに手元にいる家畜は放し飼いで、牧夫はついていない。ここではそれでも、家畜盗の心配はないという。なお、仔畜はサーハルタ＝アイルと交換し、搾乳を行っている。

彼の冬営地は鉱山から15 km離れた場所にある。燃料となる畜糞（アルガリ）を冬営地に置いてあるので、調査当時は中国から輸入したプロパンガスを使って煮炊きをしていた。冬季になったらND03は鉱山のある丘の中腹に立ててあるゲルに寝泊りをするという。調査時も、現地にはこの組合組織のゲルが1つ建っていたが、家畜がいるのでこの調査場所のゲルに住んでいるとのことであった。

以上、本節ではドンドゴビ郡ホルド郡における2009/10年冬のゾド後の対応として、牧民の副業として蛍石鉱山の採掘が行われており、しかもそれが地方政府の管理下におかれているという事例を報告した。すでに本事例の意義については本節の冒頭で述べたので、ここでは本事例の位置づけ、蛍石鉱山の副業性、そして本事例が有する問題点などについて簡単に検討したい。

まず本事例の位置づけについてであるが、これはホルド郡内の文脈で考えた場合とドンドゴビ県全体の文脈で考えた場合とで、かなり異なったものになると考えられる。

ホルド郡内の文脈で考えた場合、蛍石鉱山の存在は非常に大きいと思われる。蛍石鉱山では300人ほどが働いているというが、これが郡内の人口比でどれだけの比率を占めるかを考えれば、その存在感は自ずと明らかになろう。ホルド郡の人口は2002年に2488人、2014年に2352人であり（いずれも国家統計局の集計した年末値）、漸減傾向にあるとはいえ大きな変動は存在しないものと想像される。ホルド郡には4つのバグがあるので、仮に全てのバグの人口規模が同程度であるとすれば、1つのバグは600人程度の人口を抱えていることになる。

つまり蛍石鉱山で働いている300人という数字は、郡人口の1割以上に匹敵し、あるいは1つのバグ人口の半数が組合員としてこの鉱山に関わっている、と表現することもできる規模なのである。おそらく、2009/10年のゾドで大きな被害を受けたホルド郡の牧民で、調査当時ホルド郡内に居住していた人々の相当部分が蛍石鉱山に関係していると見積もっても過大評価ではあるまい。

一方、ドンドゴビ県全体の文脈で考えた場合、この蛍石鉱山の事例は稀な例であると理解すべきであろう。筆者はホルド郡での調査の翌日、マンダルゴビの南東55 kmにある炭鉱の近くへ現地調査に行ったが、炭鉱の北8kmの地点に居住している牧民によれば、炭鉱で働く牧民は2～3人くらいしかいないとのことであった。当時この炭鉱は一時的に操業を中止していたことや、炭鉱での採掘は蛍石とは異なり、それなりの技術が必要かもしれないという事情を勘案しても、鉱業が牧民の副業として成立している事例は多くないように思われる。また調査当時、地方政府が牧民の採掘を組織化している事例は、ドンドゴビ郡内においてもホルド郡に限られるようであった。その意味で、本節で報告した事例はむしろ突出した、あるいは先駆的な事例と位置づけるほうがよさそうである。

ただし、牧地利用などにおける牧民の組織化はモンゴル国レベルで検討されている現象でもあるから［Kamimura 2012: 198-201］、鉱業にせよ組織化にせよ、本報告で言及したホルド郡の事例は、モンゴル国内におけるある種の趨勢を代表している現象の1つであると解釈できるであろう。すなわち本事例は仮に突出していても、例外的であるとは言いがたい現象である。

次に、蛍石鉱山の副業性を検討したい。言い換えれば本報告における事例が、他地域でも容易にその存在が推測されるような、単に個人採掘者（ニンジャ）が自家消費用に少数の家畜を連れているケースとは異なり、牧民を主たる生業とする、あるいは将来的に牧民を主たる生業とすることを欲している人々の活動であるのか、という点を問題としたい。

この点を論じるには、まず牧民の主たる収入源となっている畜産物価格との比較が不可欠であろう。この点に関して、ND03は、調査当時のドンドゴビ県における家畜および畜産品の相場を以下のように述べていた。

ヤギ生体：オス成畜で8万トゥグルク
ヒツジ生体：オス成畜で12万トゥグルク、仔ヒツジ7.5万トゥグルク
ウシ生体：オス成畜で80万トゥグルク、メス成畜で30万～40万トゥグルク
カシミア：2011年4月には7.5万トゥグルク／kgだったが、同年9月の段階では4.5万トゥグルク／kg

これらと比較して、蛍石鉱山からの収入はどうであろう。例えば小規模な牧民の例として、ヒツジ100頭、ヤギ100頭を擁する世帯を想起してみよう。ここでは計算を簡略化するため、あえて大家畜の存在は無視する。この世帯においては、仮にゾドなどの自然災害に見舞われない年が続いたとすれば、およそ年にヒツジ30頭、ヤギ30頭程度の増加が見込まれる。これらを全て成畜に育ててから売却したとすれば、仮に世帯の食用としてヒツジ15頭が必要であったとしても、年に420万トゥグルクの収入が見込める。また100頭のヤギ成畜からは、控えめに見積もって30kg程度のカシミアが取れる。これを2011年9月段階のレートで売却したとして、135万トゥグルクの収入が見込める計算となる。これを合わせた収入は555万トゥグルクとなり、ND02が蛍石鉱山から見込める純収入としての600万トゥグルクと大差ない金額である。

もちろん所有家畜頭数が、仮にモンゴル人の間で富裕層のメルクマールであるとされる1000頭であれば、その収入は同様の計算で2775万トゥグルクが見込まれる。この金額は、もし牧畜に投下する資金を無視するとすれば、ND03が蛍石鉱山から見込める収入の最大値である1200万トゥグルクの2倍以上となる。また仮に200頭の小家畜を擁する世帯において、年間30％の頭数増加が見込め、毎年15頭を食用に回すと仮定すれば、7年後には991頭に達する。モンゴル国における小家畜の寿命や「食べごろ」(6歳程度) を勘案すると、7年目以降には同様のペースで増加しない可能性が高いが、それでもゾドなどの自然災害にさえ見舞われなければ、数年後には彼らのうち一定数の人々が現在の鉱山労働による収入を穴埋めできる程度の規模の家畜を保有することになるだろうことが、

この単純な試算からも予想できる。

もちろん現実には、各種災害や予期せぬ出費などの要因によって、ここまでの家畜増加は達成できないかもしれないが、それにしても鉱山からの収入が牧畜から見込める収入を圧倒的に凌駕するものではないことは疑いえないだろう。しかもこの計算には、前述したように大家畜からもたらされうる収入を一切考慮に入れていない。こうした点を勘案すれば、少なくとも調査当時のホルド郡の牧民にとって、鉱山労働は牧畜に取って代わる収入源であるというよりは、ゾドなどの自然災害に見舞われて苦しいときの牧畜を補完してくれる、副業的な位置づけとして認識されていただろうことが推測しうるだろう。無論、牧畜はその性質上、一定規模の家畜を有しなければ縮小再生産に陥るリスクを有している。それゆえ、完全に家畜を喪失した人にとっては、鉱山労働はやはり「転職先」として認識されうるだろうことは否定できないのであるが。

それでは、NS03 のように家畜を処分して鉱山に投資をしたと想像される事例はどちらに属するのであろう。NS03 のゾド後の残存頭数が 200 頭であり、そして 2011 年の所有家畜に 40 頭のウマが含まれることを考えると、ゾド後の小家畜の残存頭数は 160 頭程度、ウシはゼロに近い状態が推測される。第 4 章のオンゴン郡の事例で確認済みであるが、ウマはゾドには強い。ただし、第 6 章で検討するように、少なくとも遠隔地において経済性の高い動物ではない。とすると、小家畜 160 頭で牧畜を続けたとしても縮小再生産に陥るという判断や、ウマを手放したくない理由などが NS03 には存在したと思われる。遠隔地における牧畜の採算ラインについては第 6 章で検討するが、小家畜 160 頭というのは非常に厳しい数字である。それゆえ、まずは家畜を処分しても鉱山に投資し、その収益で家畜を購入し、牧民としての生活を再建しようと判断したものと思われる。現に、NS03 は牧畜を継続しており、特に多くのウマを保有していることを勘案すると、牧畜を完全に放棄する意思はないものと推測される。

最後に、こうした牧民の副業的な活動として行われている鉱業が、長期的に惹起しうる問題について検討したい。ホルド郡の蛍石鉱山で働く労働者の中には郡中心地に住んでいた無職者、つまり家畜という資産を持たない層が多少なりとも含まれている。さらに、今後なんらかの事情によって、副業的に鉱業を行っていた牧民の家畜頭数が思いのほか回復しない事態も予想される。そうなった場合、この蛍石鉱山が小規模な鉱山町として定住化のコアとなり、その周囲に郊外化した牧民が住み着くことも予想される。仮にそうなると、本地域は遠隔地ではなく郊外へと変質していくものと思われる。モンゴル国における郊外の拡大が意味するところについては、8章で検討したい。

ホルド郡においては2009/10年のゾドが、蛍石鉱山の郡政府主導での共同経営的現状をもたらした、と総括しうるだろう。つまりゾドは、望むと望まざるとにかかわらず、大量の家畜を喪失した牧民を一時期に創出する機会として機能しており、その意味ではある種の公共性を有しているのだと言えるだろう。

第6章　内モンゴルにおける郊外成立の要因

第1節　西部大開発に伴う諸政策

本節では、内モンゴルで2000年以降実施された西部大開発がインフラ開発と市場経済の浸透をもたらす経緯を検討する。これが内モンゴルにおける郊外成立過程のファースト＝インパクトとして機能することになる。

第1章と第2章で述べたように、内モンゴルにおいて開墾を免れた牧畜地域に関しては、牧地の共有を基本とする土地制度が1970年代まで前近代と大差なく保持されてきた。こうした土地制度に変更が加えられるきっかけとなったのは1980年代以降、実質的に社会主義的経済政策を放棄していく「改革開放政策」が推進されたことであった。農村部において、この政策変更は農地の請負制度、つまり世帯単位での実質的な私有化をもたらしたが、中華人民共和国はこの土地制度を牧地にも等しく適用し、牧地が世帯単位に分与されることになった。

その第一義的な理由としては、全国同一の土地制度を志向する近代国家の普遍的傾向であると考えられるが、内モンゴルの場合、それが土地制度の歴史的な転換を意味することになった。土地の私有化によって目指されたのは定住的かつ集約的な牧畜であったが、その遠因は1977/78年のゾドにあった。大規模な被害が、従来からの牧畜のあり方に対して政府関係者が疑念を抱く契機となった［稲村・尾崎 1996: 84］。また「コモンズの悲劇」論も援用され、内モンゴルでの土地の私有化が1980年代以降、段階的にではあるが進められた。その結果が、第3章でみたような1990年代末の状況における固定住居化と、有刺鉄線による牧地の囲い込みの進行であった。また家畜頭数の回復も進み、第3章で述べたように1990年代には1977/78年の水準に戻っていった。

だが、牧地の環境保護を名目として実施された内モンゴルにおける牧地の私有化は、少なくとも中国の中央政府が意図した結果をもたらさなかった。その象徴的な出来事が1999年に北京を襲った大規模な黄砂である。北京はまるで砂嵐のようになり、中央政府を驚かせた。

黄砂は、土壌中の小さい粒子であるダストが臨界風力以上にさらされると舞い上がり、風に乗って遠くまで運ばれることで発生する。黄砂は日本はもとより、北米まで到達することがあるが、その発生源の1つと目されているのが内陸アジアの牧畜地域であり、中国では内モンゴルや新疆など西部の少数民族地域である［黒崎ほか編 2016］。

黄砂の発生は主に春季であるが、地表の植生が乏しければ臨界風力は下がる。それゆえ、ある地域で以前よりも黄砂の発生が増加した場合、原因としてはまず地表の植生の減少が疑われる。牧畜地域における地表の植生の減少と言えば想起されるのが過放牧であり、現に北京の黄砂襲来についても内陸地域の牧民による牧地の過剰利用が問題視された。つまり、世帯ごとに分配された牧地の適正管理ができていない、という解釈である。

黄砂の増加は干ばつによる土壌水分の低下時にも発生する現象である。実際、1999年は干ばつであったことが、シリンゴル盟アバガ旗やウランチャブ盟四子王旗の調査報告から窺える［孟淑紅編著 2011: 9, 児玉 2003: 74-75］。しかし、第3章と第5章で述べたように、1999/2000年はモンゴル国ではゾドが発生したが、シリンゴル盟では発生しなかった。2000/01年にはシリンゴル盟に隣接するスフバートル県でゾドが発生したが、シリンゴル盟ではやはりゾドには至らなかった。当時の内モンゴルにおける越冬態勢において、1977/78年のような大規模なゾドはもはや発生しえない状況になっていたと言えよう。その意味では内モンゴルは従来的な一連のプロセスにおける、最後のカタストロフィの発生から免れたわけであるが、少なくとも中国の中央政府はそれで問題が万事解決したとはみなさず、むしろ北京に直接的な被害を及ぼす黄砂に驚愕したのであった。

前年の1998年には長江で大洪水が発生し、中下流域に甚大な被害を与えた。これは、上流部の山岳地域で開墾などにより過度に森林伐採が行われた結果であると解釈されたが、長江上流部もまた少数民族地域で、被害を受けたのは中下流域という人口稠密な経済先進地域であった。つまり両者は、少数民族地域の環境問題が原因で政治経済的重要度の高い漢族地域が被害を受けるという構造が共通していた。

全般的に、中国の少数民族地域における黄砂、水不足、沙漠化、洪水といった自然災害の発生原因として、過放牧や貧困に加え、少数民族の土地利用法の後進性といった、彼らの文化の否定的なイメージが強調されることが多い。たとえば内モンゴルの農地は春に播種し秋に収穫するため、開墾も過放牧と同等かそれ以上に春季の植生を減少させる原因となるのだが、その点については大きな問題として取り上げられず、もっぱらモンゴル族による過放牧のみが問題視されたように、である。一方、モンゴル族牧民は牧地の固定化という、自分たちの文化伝統には反する行為が牧地の荒廃をもたらし、その結果としての黄砂であると認識する傾向が強かった。つまり、責任はむしろ草原の使い方を知らない中央政府（漢族）の側にあるというのが彼らの言い分である。しかし、こうした牧民の認識が、中央政府に伝達される回路は乏しいのが現状である。

結局、中央政府は、少数民族地域の環境問題の解決と開発による経済的利益の分配を名目に、「西部大開発」という開発キャンペーンを2000年より始めた。ここで言う「西部」とは、重慶、四川、貴州、雲南、チベット、陝西、甘粛、青海、寧夏、新疆、内モンゴル、広西、湖北省恩施トゥチャ族ミャオ族自治州、湖南省湘西トゥチャ族ミャオ族自治州、吉林省延辺朝鮮族自治州が対象であった。つまり実質的に少数民族地域と言い換えても差し支えない領域であり、これらの地域は、中華人民共和国の国土の70％以上もの面積を占め、3.6億人（2000年現在）もの人口を抱える［大西 2004］。

西部大開発の重点政策はインフラ建設と生態環境保護が中心であった。インフラ建設については鉄道、道路、空港などの整備が急ピッチで進められ、また生態環境保護については、天然保護林事業、退耕還林還草（耕作地を林地や牧地へ戻す政策）、北京・天津の砂嵐発生源対策などが実施されたが、その中で異彩を放っていた政策が生態移民である。

生態移民という語は西部大開発と軌を一にして頻繁に使用された政策である。ただし、中国独自の概念である上、現実には多様な現象に対して適用されたので、簡単に説明することは難しい。本来は、「ある地域の生態環境を保護するため、あるいは失われた生態環境を回復するために行われる、人の移動行為もしくは移動する人々」を指していたと想像される。

生態移民が盛んに実行されていた2000年代の前半、生態移民は黄砂の発生を抑制するだけでなく、貧困緩和や現地の農牧業の近代化、そして回復した森林や草原を観光資源としても活用可能であるなど、あたかも万能な政策であるかのように喧伝されていたが、現地の人々の固有文化に関する肯定的な言及は皆無だったことから、中央政府が少数民族の社会文化を「遅れた存在」とみなしていたことが推測できる。

内モンゴルにおいては、2003年に「退牧還草」事業が開始された。具体的には屋外での放牧が全面的に禁止（禁牧）あるいは季節的に禁止（休牧）され、種をまいて牧草を育てる人工牧地や飼料栽培を伴う舎飼いが推奨された。あるいは牧畜の継続が困難と判断された地域を対象として、生態移民が併用された。移民先となる「移民村」は交通の便利な行政的中心地の近くに、インフラの整った集住地域が用意されるのが常であった。そこでは多くの場合、飼料を自作もしくは購入し、改良種の乳牛を飼って牛乳を売る酪農が人々の収入源として想定されていた。

筆者の調査では、一般的な傾向として、生態移民は下位レベルの行政単位へ行くほど、「生態」より「経済」が移住理由として強調される。中国では政策的なものであれ自然発生的なものであれ、移民自体は歴史的に見ても珍しい現象ではない。それゆえ、移住対象の人々は過去の移住政策の延長上で生態移民を理解する。例えば、現在の牧地の狭さをかつての移民政策によって移住してきた人々に起因すると考え、それが原因となり問題が起きたので現在の生態移民が行われる、というような理解の仕方である［シンジルト 2005: 4, 11-12、中村 2005: 281］。

このように牧民は、生態環境を悪化させ、自分たちに移住を余儀なくしている原因を、政府の考えと違うところに見出している。過放牧の原因となったのは、外来人口、農業地域の過剰揚水、森林伐採などに遠因があることであって、自分たちにとって外的な要因だと理解する傾向が強い。対策として望んでいたことも、現地での牧畜の継続を前提とし、補助金を受けて家畜数を減らす、といったことだった。

さらに、生態移民は政策実施当初より、少なくとも外部の研究者の目には、生態保全の効果や経済的効果が未知数であると考えられてきた。例えば筆者が2002年に調査した移民村では、飼料栽培のために深井戸を新たに掘っており、揚水による地下水位の低下が懸念されていた。他の研究者による調査報告でも、移住後に可処分所得が15%減少した事例や、フェンスで囲んで植生回復を目指しているはずの元の牧地が、別の場所からやってきた牧民の家畜に食い荒らされている事例など、効果を疑問視する報告が多かった［小長谷・シンジルト・中尾編 2005］。

そして生態移民政策が始まってから10年以上が経過した現在、生態移民の失敗は中央政府も間接的に認めている。ここで間接的と言うのは、政府が直接的には過ちを認めていないことを示す。生態移民という枠組みでの移民政策が実施されなくなったことと、中国国内の各種の会議で政府見解の代弁者たちが公に失敗を認めるケースが目立つようになったことから、間接的に政府も認めているといって差し支えないだろう。

写真 6-1　ゴーストタウンと化した移民村

筆者が2014年に調査した移民村（SU20：第7章参照）では、2002年に幹線道路沿いに電気と水道を完備した家畜小屋つきの固定家屋が建てられ、170世帯が無償で家屋を得て移住してきた。しかし乳価が下落したこと、購入した乳牛から期待したほどの乳量が得られなかったこと、2007年に移民村にあった牛乳の買い取り施設が閉鎖されたことなどから、住民は生活に困窮した。その結果、2010年ころから住民が元の牧地へ戻り始め、調査当時は10世帯程度しか残っていない状況であった。住民の元の牧地は禁牧となっていたが、無視して放牧をする牧民もおり、2015年10月には10年の禁止期間が終了して放牧可能になる、とのことであった（写真6-1）。

このように、生態移民は失敗に終わり、中央政府にとっても関知したくない過去の政策となっている。ところで、政府が禁牧や生態移民をしてまで守ろうとしたはずの内モンゴルの牧地は、その後どうなったであろうか。降水量のデータを見れば、内モンゴルでは2000年前後に、過去30年間で最低レベルの雨の少ない年が続いていた（グラフ6-1）。その後、降水量の回復による砂地の草原化が内モンゴル各地で確認されているが、禁牧政策は現在もなお内モンゴル各地で実施されている。中国のような環境・牧畜政策を採用していないモンゴル国においても、類似する降水変化の傾向が確認できることから、この降水量の回復が中国の環境政策の成果であるとは考えにくい。また中国政府もそのような主張はしていない。むしろ乾燥地・半乾燥地の降水パターンの特徴から、何もしなくともこの程度の年較差は生じえたのだ、という解釈の方が妥当であろう。

ところで、こうした西部大開発の関連事業の実施主体である地方政府は、こうした事業をどのように見ているのだろうか。荀麗麗がシリンゴル盟西スニト旗で行った調査報告から見てみたい。荀によれば、地方政府は中央政府の意向

グラフ 6-1　シリンホト市における年降水量の変化（1983 ～ 2015 年）。（単位：mm）

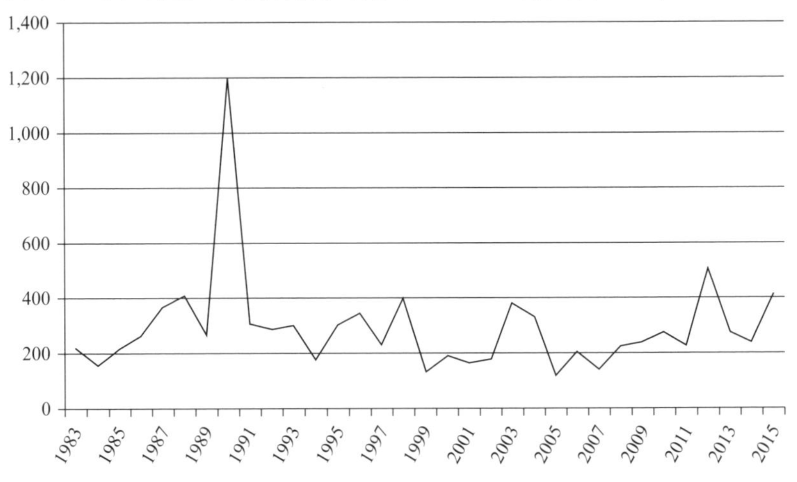

出典：気象庁受信データ

を反映する「代理型政権経営者」であると同時に「利益追求型政権経営者」でもあり、この 2 つの役割を同時に演じているのだという［荀 2011: 129］。後者はつまり、地方政府は自らの収入増大を目指すアクターとして振る舞うということである。そして収入源は税金、補助金そして投資など政府の経済行動から得られる収益などである。

1999 年の干ばつは、シリンゴル盟でも乾燥度の強い西スニト旗では牧民にも相応の被害をもたらし、「北京・天津砂嵐発生源対策事業」（京津風砂源治理工程）の対象となった。地方政府の最大の懸念事項は、牧畜税の免税措置によってもたらされる財政収入の減少であった。特に牧畜中心の西スニト旗や旗内諸郡にとっては、他の税種の財源が少ないので牧畜税の免税は政府機構の運営に相当大きな影響がある。その一方、国家事業の実施に伴う環境関連の大規模投資は歳入不足を補う貴重な資金源となる。こうした見返りに基づいて、地方政府は退耕還林還草や禁牧など地方経済にマイナスの影響が見込まれる事業を国家の代理人として推進する［荀 2011: 129-130］。

さらに生態移民は、地方のコミュニティのあり方に関与することで、新たな産業創出（例：酪農業）など地方政府が主導する地域経営に牧民を動員できるという意味でも地方政府には魅力があるという。つまり自らの利益追求にも合致するのである［荀 2011: 130］。この論理は、本章後半で取り上げる近年の補助金獲得手段としての牧地の利用、鉱山開発、観光開発などとも通じるものである。これらは全般的な傾向として、市場経済の浸透による資金の流れを加速させ、その結果として地方政府の収益をもたらす。

中国では2000年より農民の社会負担の軽減を目指した「税費改革」も着手されており、これも地方政府、特に郡（郷鎮）レベルの末端組織における歳入不足が顕著であり、その結果として郡（郷鎮）レベルの統廃合が進行した［小林 2004: 222-226］。その意味では、2000年以降は地方政府による自らの利益確保へのモティベーションが特に高まる素地が存在したと言えるだろう。

西部大開発に伴う内モンゴルの景観変化の代表例として、シリンホト市およびその周辺を事例として2001年から2010年に至る変化を簡単に述べたい。まずは市街地の拡大である。1990年代までの市街地の外側に政府機関や中層アパートが数多く建設され、かつては市街地から車で20分ほど走って到着していた空港のすぐ近くまで市街地が拡大した。シリンホト市までの鉄道も敷設され、市街地の西はずれには鉄道駅が建設された。鉄道で運ぶことを意図されていたものがシリンホト市の北郊から東に広がる炭田であり、かつては牧民が居住してツーリストキャンプとしても使われていた草原が一面のボタ山に変貌していた。さらにシリンホト市から正藍旗へ向かう道は4車線の高規格道路となり、その他の道路も郡間を結ぶもの以上は大半が舗装され、牧民世帯への訪問調査も乗用車でほぼこと足りるほどに変化していた。これらのインフラ整備により、シリンホト市をめぐる物流の大規模化、高速化が発生していることは明らかである。こうしたインフラは基本的に地方政府のイニシアティブで整備されている。

このように、国家の制度と、そして制度に付随する権力を国家の意図とは必ずしも一致しない方向に発揮する可能性のある地方政府の両者による、西部大開発に代表される2000年以降の働きかけが、内モンゴル牧民の牧畜戦略を変化させることになる。以下では引き続き、生態移民以外で現地の牧畜のあり方に介入するタイプの政策を検討していく。

2000年以降、牧民の野外での放牧を抑制するような政策としては生態移民のほか、後で詳細に検討する「禁牧」、「草畜平衡」などが実施されている。これらは相互に関連するもので、本来は西部大開発の文脈で草原の沙漠化などの環境対策として導入されたものである。ただし、こうした政策を実施する地方政府においては実際には必ずしも環境対策としてではなく、貧困対策や観光振興などの手段として実施されていることが研究者によって指摘されている［例：ネメフジャルガル 2006、孟淑紅編著 2011］。つまり行政の末端レベルで起きている現実は、国家制度だけから推測できることではない。本章ではそこで、国家制度から地方政府の規定に至るまでの微細な変化から、地方政府の振る舞い方を確認するとともに、それが現地の牧民に与える影響について、筆者が2009年と2011年にウランチャブ市四子王旗で行った現地調査で得られた事例データに基づいて検討したい。

中国では、土地は国有もしくは集団所有の公有制である。それは利用目的が牧畜である草原においても例外ではないことは、2002年改定の「中華人民共和国草原法」第9条で「草原は法律の規定で集団所有に属するものを除いて国家所有に属する」と規定されていることから明らかである。同11条に「集団所有の草原は、県級人民政府が登記する」との規定があり、本節で議論の対象となる牧民が利用する草原は、旗県レベルの政府が管理主体となることがわかる［農業部草原監理中心編 2007: 250］。

草原の公有原則の一方で、「経営」つまり草原の利用に関しては世帯レベルが請負っており、草原を牧地として認識する限り、短期的には限りなく世帯を単位とする私有牧地に近い様相を呈する。3章で述べたように、こうした土地政策は、1980年代前半の人民公社の解体および生産責任制の導入に伴って、中国全土の農地に対して行われた請負政策の一環として内モンゴルの牧地にも適用されたもので、その後自らに分配された牧地の排他的利用のために牧民が有刺鉄線の柵を牧地の周囲に巡らすに至って、今日の内モンゴルに特徴的な「有刺鉄線で区切られた草原」という景観が作り上げられた。

しかし、一見「私有牧地風」のこの草原も、究極的な所有権は牧民に属さず、保有権・利用権のみの有期更新制であることや、地方政府の判断による転用の可能性があること、あるいは後述のように近年注目されている環境保護政策が影響を及ぼすことで、牧民にとっては様々な利用制限、あるいは牧地や住地の喪失というリスクに晒されているのが実情である。その中で、調査当時、内モンゴルの牧民に最も身近なものの代表格として認識されていたのが、禁牧つまり野外での放牧に対する制限政策と前述の生態移民である。

なお、放牧の制限に関する政府側の公式的な用語のレベルでは、毎年冬季のみなど季節的に放牧を禁止することを「休牧」、1年を単位として季節を問わず常時放牧を禁止することを「禁牧」と区別して呼んでいるようであるが［ネメフジャルガル 2006: 33-34］、筆者の調査事例では現地の人々はいずれをも禁牧と呼んでおり、また草野とチョクト［草野・朝克図 2007: 18-19］にも同様の事実を示唆する記述が存在することから、本書ではこれらを一括して禁牧と呼ぶことにする。

2003年より中国は西部大開発の一環で、国家政策として退牧還草事業、つまり家畜の放牧を中止し、放牧地の植生を回復する事業に大々的に着手する［シンジルト 2005: 12-14］。本事業の中核となるのが禁牧であるが、これを住民が現地に居住し、かつ畜群を保持したまま実現するには天然草原以外に由来する飼料の確保、つまり飼料や牧草の現地栽培や外部からの輸送がどうしても必要となる。逆にこれを、現地からの人の移動によって実現しようとすれば、それは必然的に生態移民と結びつく。これが、環境保護という側面から考えた場合の禁牧と生態移民の関係性である。

内モンゴルにおいては、2000年ころから禁牧が実施されている地域が存在する。たとえば、通遼市ナイマン旗やイフジョー盟の一部地域では2000年から禁牧が実施されているという報告がある［石・張 2004: 58、草野・朝克図 2007: 18］。この禁牧の実施根拠となったのが2000年6月に自治区政府が発令した「内蒙古自治区草畜平衡暫行規定」であり、それを引き継いだ2006年5月改定の「内蒙古自治区草原管理条例実施細則」40条を見る限り、禁牧は旗県レベルの政府が実行主体となることが見て取れる［農業部草原監理中心編 2007: 364］。

ただし、それがいかなるプロセスを経て具体的な禁牧地域の設定や実施内容など、下位（郡・ガチャ、あるいは個別の牧民世帯）レベルでの政策実行へつながるのかについては、事例研究が不足している現状では詳らかではない。なお、西部大開発や生態移民への言及もある早期の禁牧規定として、2002年3月18日に西スニト旗で公布された「蘇尼特右旗人民政府禁牧令」があり［張立中主編 2004: 40］、こうした事業がパイロットケースとなり、2003年以降禁牧が全自治区レベルで展開されたものと想像される。

だが移民政策は、それが政府の強制によるか住民の自発性に基づくかを問わず、住民側が「立ち退き」という明らかに大きなリスクを背負う。ゆえに生態移民はそれが大々的に開始された直後の2000年代前半より研究者の注目を集めており、生態移民をテーマにした書籍なども少なからず刊行されている。2005年の段階で中尾は、生態移民という言葉の適用範囲が極端に拡大されて使用されている、言いかえれば極めて多様な現実に生態移民という単一のラベルを貼ってしまっているがゆえに、すでに学問レベルでの議論がかみ合わなくなってしまっている可能性に懸念を表明している［中尾 2005: 297-300］。つまり政策的なキーワードとして濫用されていた可能性を指摘している。

それに対し禁牧は、移住が伴わない点や、政策レベルにおいて全面的な放牧禁止ではないケースが存在する上に、実態レベルでの遵守率の多様性（つまり命令違反の存在）が容易に想像されることもあってか、後述のように先行研究も多くはない。すなわち、禁牧は生態移民ほどの注目を集めてはいない、あるいは問題視されていないと言える。しかし、両者はいずれも牧民による放牧を禁止している点で、従来から存在している牧畜社会および彼らの文化を根本的に改変する可能性があることに大差はない。むしろ、住民が元々の住地にいながら生業面での改変を迫る禁牧の方が、代替の居住地や農地などを確保しなければならない生態移民よりも明らかに広範囲に適用可能であるという点において、長期的にはずっと大きな影響を及ぼす可能性も考えられる。

次にこうした禁牧に関する先行研究をいくつか検討してみたい。まず、内モンゴルにおける禁牧をめぐる問題群をコンパクトにまとめた報告としてネメフジャルガル［2006］が挙げられる。この報告では、禁牧の直接的原因となる草原退化の要因とその防止政策について言及した後、禁牧政策の諸問題を列挙している。

ネメフジャルガルの言う禁牧は通年の放牧禁止のみを指しているが、彼は、禁牧が本来の目的であった牧草の回復に役立たない上に、（中国・モンゴル国境地帯）、開墾を増大させ（バーリン右旗）、周辺地域の放牧圧を高めており（四子王旗）、牧民は土地使用権の喪失に瀕し、さらに経済面においてもコストの上昇（赤峰市）や売価の低下、繁殖率の低下（バーリン右旗）など様々な弊害が発生していると指摘している。なお、上記本文中のカッコ内にあげた地域名は事例として言及されている地域名であり、カッコが付されていない現象については特定の地名への言及はない。

このように、ネメフジャルガルの指摘は内モンゴル各地で発生した個々の問題について、結果の部分に注目し、それらを論拠として議論している。それは内モンゴル各地の状況に多様性が存在しなければ、どこの地域でも発生している可能性のある問題を列挙しているという意味で、網羅的である。ただし、内モンゴル全域で同様の問題が発生しているかどうかは明らかではなく、またある地域で問題が発生しているとして、それがいかなるプロセスを経て発生したかも不明確である。

一方、特定地域の禁牧に関するレポートとしては、草野栄一とチョクト［草野・朝克図 2007］やソドスチンら［蘇徳斯琴・小金澤・関根・佐々木 2005］を挙げることができる。

草野とチョクトは、内モンゴル自治区南部のオルドス市での調査データに基づいて、主に牧畜経営という側面から議論を行っている［草野・朝克図 2007］。調査地域はモーウス沙漠に隣接する 2 つのガチャで、世帯あたりの平均草地面積はそれぞれ 26.7 ha と 225.7 ha で、前者では通年の、後者では春季 2 カ月の禁牧が 2000 年より実施されている。なお、この 2 つのガチャが同一の郡に属するかどうかは明らかにされていない。

上記の草地面積（ムー換算で約 400 ムーおよび 3400 ムー）を第 3 章で取り上げた事例と比較すると、前者は極めて狭く、後者も狭いと呼びうるレベルである。このような狭小な草地しか持たない調査地域において、禁牧は実際には厳守されない上、所得向上の制約にもなっている。それゆえに、旗政府が目指す画一的な舎飼いの推進と放牧の禁止といった、従来の生産システムの根本的な変更は困難であろうことが指摘されている。

一方、筆者と同じく四子王旗で現地調査を行ったソドスチンらは、現地の農牧業の変容と環境保全政策との関連を議論する中で、現地での禁牧政策に言及している［蘇徳斯琴・小金澤・関根・佐々木 2005: 75, 85-88］。そこでは禁牧の補償として十分な補助金を得られたので、外部から飼料を購入して禁牧以前の家畜頭数を維持している事例や、禁牧エリア外の牧民に家畜を預託している事例など、牧民側の対応が報告されている。

ところで、生態移民や禁牧の実施に際して参照される、環境政策としての概念が草畜平衡である。これは簡単に言えば、算出された牧養力を根拠として提示されるヒツジ 1 頭換算の密度を上回って牧畜を行うことを禁じる規定である。運用上は第 7 章で検討するように、草畜平衡の対象とならない家畜の存在などがあって複雑なのであるが、制度上は内モンゴル牧畜地域の全域で適用されることになっている規定である。つまり、現在の内モンゴル牧民の牧畜に大きく影響し、また 1990 年代末の状況を大きく変化させる可能性があった規定であると言えるだろう。ただし草畜平衡も、かつての牧地の分配がそうであったように、現在進行形で徐々に発動されつつあるものである。

次節では草畜平衡を取り上げ、行政の上位レベルと下位レベルで、同規定の力点がどのように変化しているかを検討したい。

第 2 節　草畜平衡の規定と実態

前節では西部大開発の経緯と、内モンゴル牧畜地域に適用された政策として生態移民、禁牧、そして草畜平衡があることを述べた。ただし生態移民を除けば、地方政府による政策の実施実態に関して、特定地域で施行されている制度の根拠となる規則文書レベルにまで立ち入って紹介したり検討したりしている事例研究は多くないのが現状である。

特に草畜平衡に関しては、先行研究が存在しないのみならず、中国のウェブサイトでも地方政府、特に旗・県レベルの地方政府が公布する関連政策の文書がほとんど公開されていないのが実態である。政府の大規模な予算措置や代替地の確保が必要な生態移民と比較して、禁牧や草畜平衡は、政策の実施可能な面的広がりという点では圧倒的に大規模な実施が可能であり、第3節でみるように、禁牧に対して補助金の相対的に少ない草畜平衡は、最も容易に実施可能な放牧介入政策である。そして政策の実施においても、禁牧が実施されない牧畜地域は全て草畜平衡の対象となると規定されているように、草畜平衡は内モンゴルの牧地全体を覆い尽くす政策として存在している。

草畜平衡とは、ある面積の牧地がどれだけの家畜を養うことができるか、という牧養力の発想を背景に持つ政策である。これはきわめて自然科学的な概念のように思われるが、当の自然科学からは、牧養力の算出の前提となっている均衡的なエコシステムが乾燥地においては年変動の大きさゆえに成立せず、従って牧養力を正しく算定できないという批判が出されている［上村 2013: 602-604］。こうした乾燥地のエコシステムは非均衡的（non-equilibrium）と呼ばれ、非均衡的なエコシステムが出現する閾値に関しては統一的な見解は存在しないものの、たとえば年間降水量の変動率 30% を閾値とみなした場合、D・スニースの作成した地図からは内モンゴル自治区の西半分、大まかには東スニト旗からチャハル右翼前旗を結んだ線の西側が非均衡的となることが読み取れる［Sneath 1999: 270-271］。

つまり草畜平衡は自然科学的な根拠が薄弱な政策であり、また生態移民や禁牧についても、本来の目的であるはずの環境保護に関しては成果が挙がっていないという批判はすでにいくつも存在する［巴図・小長谷 2012: 49-51］。前述したように、これらの政策は西部大開発の文脈で出てきた政策で、少なくとも本来の目的には環境保護が掲げられていた。しかし牧民の立場から見れば、こうした政策は目的とは無関係に、自分たちの牧畜戦略に大きな影響を及ぼしている要素としてのみ機能している。ゆえに草畜平衡、禁牧、生態移民はいずれも環境政策と言うより、第一義的には牧畜介入政策であると言えよう。それは中央政府の視点から見れば開発政策と言えなくもないのだが、当の牧民がそれを開発の結果として想起されるような発展とは考えていそうにない。牧民は、第7章でみるように、牧民であり続けることが目標であり、特段の発展を意識してこれらの政策を受け入れているようには思えない。

また、こうした牧畜介入政策に関する規則類あるいは実際の政策施行の力点が、国家中央から末端の郷鎮レベルに至る行政レベルによって均等でないことは、生態移民を例に前節で述べたとおりである。これらは各階層の当事者たちの興味関心を反映しており、禁牧はもとより、草畜平衡に関しても同様であることが容易に想像される。本節が試みるのは、こうした行政レベルに応じて異なる興味関心を反映したと思われる、末端に近い2つのレベルの地方政府における規則文書の対比であり、そこから各階層の地方政府の興味関心を示す。さらに、規則文書と筆者が個別牧民世帯での聞き取り調査によって得たデータとの簡単な対照により、当該制度の末端レベルにおける実施実態との異同に関する基本的な見通しを示したい。

本節で取り上げる事例は、内モンゴル中部の地区レベルの行政単位であるウランチャブ市政府の公布した「烏蘭察布市草畜平衡実施弁法（試行）」と、ウランチャブ市北西部に位置する旗県レベルの行政単位である四子王旗政府の公布した「四子王旗禁牧与草畜平衡実施弁法」である。

「四子王旗禁牧与草畜平衡実施弁法」の本文は、2011年2月の現地調査時に旗政府から入手したものである。一方、ウランチャブ市の公布した文書はインターネット上で公開されていたものを入手したが、前述したように、現状としては草畜平衡に関する地方政府の政策文書が公開されている稀な事例に属する。なお、インターネット上に公開されていた文書は正確には「ウランチャブ市人民政府が『烏蘭察布市草畜平衡実施弁法』を印刷配布することに関する通知」（烏政発［2005］173号、2005年11月18日）となっており、その中で「烏蘭察布市草畜平衡実施弁法（試行）」が示されるという構造になっている。

本節では、まず「烏蘭察布市草畜平衡実施弁法（試行）」の全文訳、次いで「四子王旗禁牧与草畜平衡実施弁法」の全文訳を示したうえで、両者の比較および現地調査データとの対比による考察を行いたい。なお、本節では煩雑さを避けるため、翻訳部分を除き前者を「市弁法」、後者を「旗弁法」と表記する。

＊＊＊

ウランチャブ市草畜平衡実施規則（試行）

第1章　総則

第1条　ウランチャブ市の草原生態の保護改善と合理的利用を強化し、

草原生態と牧畜業の協調発展を促進するため、国務院「草原の保護改善強化に関する若干の意見」、「内モンゴル自治区草原管理条例」と関連する政策に基づいて、わが市の現実と照らし合わせ、本規則を制定する。

第2条　本規則はウランチャブ市の行政区域内で草原草地を利用して牧畜業生産・経営活動に従事する全ての機関と個人に適用される。

第3条　本規則で言う草畜平衡とは、本市の草原生態システムの良好な循環を保持するため、一定区域と期間内に草原・人工草地・農地およびその他の手段を通じて提供される牧草および飼料の量と飼養する家畜が必要とする牧草および飼料の量が動態的な平衡を保持していることを指す。

第4条　草畜平衡制度を実行するためには、牧畜業の発展と草原生態の保護をともに重視するという原則を堅持し、草の量で家畜の量を定める（以草定畜）制度を実行しなくてはならない。農牧民が積極的に優良牧草や飼料用農作物を栽培するよう奨励し、牧畜業の生産経営方式を転換させ、畜舎や囲いの中での集約的家畜飼養を構築するようにする。

第5条　草畜平衡の促進と維持は各レベルの人民政府の重要な職責であり、各レベルの人民政府においては行政の首長を責任者とする制度を実施する。

第6条　市および旗県レベルでは人民政府の草原行政主管部門が当行政区域における草畜平衡管理業務の責任を負う。郡・郷鎮では人民政府が当行政区域における草畜平衡管理業務の責任を負い、ガチャ村民委員会が草原行政主管部門の算定した適切な牧養力に依拠し、家畜飼養世帯に具体的に実施させる。

郡・郷鎮およびガチャ村民委員会が草畜平衡実施の責任主体であり、管理と監督を強化し、各レベルで責任契約証を締結しなければならない。責任は個人レベル、世帯レベルに及ぶ、

旗県レベル以上では人民政府の草原行政主管部門の草原監督管理機構が、法に基づいて草原管理監督の具体的業務の責任を負う。旗県レベルの草原管理機構は市レベルの草原監督管理機構の業務監督と指導を受ける。林業・水利等の部門は法律の規定するそれぞれの職能職責に照らして法に基づいて生態事業の管理を行わなくてはならない。

第7条　草原生態の保護はすべての機関と個人の義務である。農業地域では通年の禁牧制度を実施し、牧畜地域では季節的な休牧を主とし、あまねく区画輪牧制度を推進する。牧畜地域の過放牧、農業地域の粗放的放牧

行為に対しては、すべての機関と個人が監督・検挙・告発の権利を持つ。

第2章　草畜平衡の算定

第8条　草原の適切な牧養力は自治区の「天然草地の適切な牧養力の計算基準」により確定する。草原の等級は自治区の「天然草地資源の等級評定基準」により確定する。草原退化は「内モンゴル天然草原退化基準」により確定する。

第9条　旗県レベルの草原行政主管部門は草原監督管理機構に委託して平常年3年ごとに1回の草畜平衡の算定を行う。牧養力の算定過程において、市と旗県の両レベルの草原監督管理機構はそれぞれの類型の草地の生産力を観測データに基づいて確定する。毎年1回草地の生産力を測定し、3年連続して測定した草地の生産力の平均値に基づいて1回の草畜平衡の算定を行う。異常気象の年には1年に1回算定をすることができる。牧養力算定の便宜のために、3年の間でもその時の草地の退化や沙漠化の実態に基づいて、草地を3等級に分け、各等級でそれぞれ1つの牧養力を確定する。草地の生産力の測定結果および測定結果に依拠して算定したそれぞれの類型の草地の適切な牧養力は、10月に市人民政府の草原行政主管部門から公布し、各レベルの政府とガチャ村民委員会が世帯に実施させる。

第10条　草畜平衡の算定前に必ず草地牧場の「双権一制」[86]を実施し、生産権を世帯に与えなければならない。草畜平衡の算定は草原請負経営者もしくは草原使用権者を単位として実施する。請負の行われていない機動草原は草原所有権もしくは草原使用権を単位として実施する。

第11条　草畜平衡の算定においては、草地面積の確定は草地使用権証書と草地請負経営権証書および草地請負契約書の示す数値を正確なものとし、現有頭数の計算は統計部門の牧畜業年度センサスの数値を正確なものとする。1頭の成畜ヒツジ（ヒツジ・ヤギ）を1ヒツジ単位とし、1頭の大家畜を

86「双権一制」とは、草原所有権、使用権と請負経営責任制を指す。内モンゴルにおける実質的な土地私有はこれらの権利を世帯単位で譲渡することで1990年代より進行してきたが、自治区政府によれば2011年1月段階で内モンゴル自治区の13億ムーを超える草原のうち、こうした権利の譲渡が完了している草原は8.78億ムー、つまり約3分の2にとどまり、残りは地方政府の留保分となっているという（内蒙古要求二月底前全自治区落実好草原“双権一制”、http://www.gov.cn/gzdt/2011-01/03/content_1777569.htm、2015年3月31日閲覧）。

5ヒツジ単位、当歳の仔畜を0.5ヒツジ単位とする。3斤の青刈りトウモロコシを1斤の乾草、2斤の藁を1斤の乾草とする。

第12条　草畜平衡の算定において、牧畜地域の草地には基準に照らして天然草地の牧養力を計算すると同時に、改良草地・囲いこみ草地・飼料地・「5点セット」草フレー[87]などの施設内での草と飼料の増加分と購入分を推計し、1ヒツジ単位の採食量を1日乾草2 kgとして算定する。寒冷期は185～205日として計算し、400 kgの乾草が1ヒツジ単位分と計算する。天然草地の牧養力と増量分での飼養可能量で、牧畜地域の草原使用者に対して適切な牧養力が算定される。

第13条　農業地域の草地牧場に対して草畜平衡の算定を行う時は、1世帯の農家が本村の天然草地で刈り取り貯蔵する草の量、青刈りトウモロコシの貯蔵量、人工草地の産草量、飼料として利用可能な農業副産物の量、藁の転用による増加量と草と飼料の購入量が、乾草500 kg相当増加するごとに1ヒツジ単位増加して算定できる。農業地域の家畜飼養世帯は天然草地で刈り取り貯蔵する草による牧養力と増量分での飼養可能量で、適切な牧養力が算定され、通年舎飼として飼料の量を計算する。

第14条　規定の牧養力を超えた家畜は期限までに出荷すること。当事者が旗県の算定結果に対して異議がある場合は、30日以内であれば旗県の草原行政主管部門に対して再算定を申請でき、旗県人民政府の草原行政主管部門は30日以内に再算定の決定を行い決裁する。特別な状況では市の草原行政主管部門により決裁する。

第3章　草畜平衡の管理

第15条　草畜平衡は牧畜地域では3年に1回算定を行い、農業地域では毎年1回算定を行う。牧畜地域では10月末より前、旗県レベルの草原監督管理機構と郡・郷鎮人民政府がガチャ村民委員会と草原使用者もしくは請負経営者に草畜平衡責任書を締結させる。その内容は以下の各項を含む。

草原の境界、面積、類型、等級を含んだ草原の現状、灌漑草飼料生産基

87　草フレー（草庫倫）とは漢語の「草」とモンゴル語の「フレー」（囲い）が組み合わされた造語であるが、具体的には灌漑施設と飼料生産を伴い、機械化された集約的な畜産を行う家庭経営規模の牧場のことを指している。なお「5点セット」とは、「水（灌漑施設）」「草（牧草改良）」「林（植林）」「機（機械化）」「料（飼料生産）」が完備していることを意味している［巴根 1994: 70］。

地（小型の草フレーを含む）の面積、等級、産量

現有家畜の種類と数、算出した草原の牧養力

年間の家畜飼養量および寒冷期の家畜上限

双方の責任者の草畜平衡への責任、賞罰

責任書の有効期限

第16条　市の草原行政主管部門は草畜平衡の状況について標本調査を行わなければならない。標本調査の主要な内容は以下のとおりである。

天然草原の利用状況の測定と評価

牧草と飼料の総量計算、すなわち天然草原、人工草地と草飼料基地およびその他の供給源の牧草と飼料の合計量

家畜数の調査

第17条　草畜平衡責任書の本文様式は市の草原行政主管部門が統一的に制定する。

第4章　行政責任制度

第18条　各レベルの人民政府は以草定畜と草畜平衡を農村牧畜地域の重点業務とし、統一して計画し各方面に配慮し、全面的に実行し、たとえばモデル村による指導や専任の責任者を置くなどの行政措置を取り、実施を拡大しなければならない。

第19条　目標責任管理制度を実行し、各レベルの人民政府は年度の生産計画に基づいて、レベルごとに実行任務を分け、レベルごとに責任状を締結しなければならない。また常に監督検査を行わなければならない。

第20条　審査評定制度を実行する。各レベルの人民政府は責任状の要求に照らして、毎年評価を行わなければならない。また党と政府のスタッフに対する審査の全体目標に加える。

第5章　奨励金と処罰

第21条　大面積で積極的に人工牧草や青刈りトウモロコシを植える家畜飼養世帯、草原改善で草畜平衡を実現した草原所有者・草原請負経営者・草原使用部門、および草畜平衡業務において顕著な成績を示した者に対して、各レベルの人民政府は表彰と奨励金を与えなければならない。

第22条　草畜平衡に達した草原経営者が草原経営者総数の90%以上を占めている旗県、および草畜平衡業務で成績が突出している旗県は、市政府

が優先的に生態改善および牧畜業改善事業を措置する。

第23条　各レベルの人民政府は草原の保護改善を強化し、草原の生産能力を安定・向上させなければならない。すなわち農牧民が人工的な植草を実施し、牧草と飼料を備蓄し、家畜の品種を改良し、畜舎や囲いの中での集約的家畜飼養を普及させ、畜群の回転率を加速させて人工草地で家畜飼養し、天然草原への放牧強度を低下させるよう支援、奨励および指導する。科学的な家畜飼養の水準を向上させ、畜群の回転を加速させた農牧戸には優先的に生態および牧畜業改善事業を措置する。

第24条　草原平衡責任書の締結をしない場合、旗県レベルの草原監督管理機構が説得教育を行い、期限内に責任をもって締結させる。期限超過や不締結の場合は草原監督管理機構が責任者に対して500元以下の罰金を科す。

第25条　牧畜地域の牧養力を超えた場合、旗県レベルの草原監督管理機構が警告を与え、20日の期限内に是正させる。期限を過ぎてもなお牧養力を超える場合には、牧養力を超えている家畜1ヒツジ単位につき30元の罰金を科す。

第26条　禁牧・休牧の草原および生態事業地区内で放牧した場合、旗県レベル以上の人民政府草原主管部門もしくは林業主管部門がそれぞれの法に定められた職責に基づいて警告を与えるとともに違法行為を停止するよう命令し、また法に基づいて1頭当たり5元以上10元以下の罰金を科することができる。家畜による深刻な森林破壊の場合、「森林法」の関連規定により処罰を与える。

第27条　当事者が行政処罰の決定に不服がある場合、法に基づいて行政による再討議の申請あるいは行政訴訟を起こすことができる。期限を過ぎても行政による再討議の申請をせず、行政訴訟を起こさず、また行政処罰の決定に従わない場合は、行政処罰の決定を行った行政機関が裁判所に強制執行を申請する。

第28条　草畜平衡の管理職員が職権を乱用し、職責を疎かにし、私利を謀って不正を行った場合は、法に基づき行政処分を行う。犯罪となる場合には、法に基づいて刑事責任を追及する。

第6章　附則

第29条　本規則は市の草原行政主管部門が解釈の責任を持つ。

第30条　各旗県市区は本規則に照らして具体的な実施意見を制定することができる。

第31条　本規則は発布の日から施行される。

＊＊＊

四子王旗禁牧および草畜平衡実施規則

四子王旗第12期人民代表大会常務委員会第16回会議可決（2007年6月28日）

第1章　総則

第1条　森林草原資源を保護改善し合理的に利用すること、牧畜業の生産管理方式を転換すること、生態環境を保護改善すること、本旗の経済と社会の持続可能な発展を促進することを目的とし、「中華人民共和国草原法」、「中華人民共和国森林法」、「中華人民共和国砂漠化防止法」、国務院「草原の保護改善強化に関する若干の意見」、「草畜平衡管理規則」（農業部令48号）、「内モンゴル自治区『中華人民共和国森林法』実施規則」、「内モンゴル自治区『中華人民共和国砂漠化防止法』実施規則」、「内モンゴル自治区草原管理条例」、「内モンゴル自治区草原管理条例実施細則」、「内モンゴル自治区基本草地牧場保護条例」、「内モンゴル自治区ウランチャブ市草畜平衡実施規則（試行）」に基づいて本規則を制定する。

第2条　本規則は本旗領域内のすべての森林と草原に適用される。

第3条　本旗領域内で牧畜業の生産および経営活動に従事する団体と個人は、本規則を順守しなければならない。

第4条　本規則で言う禁牧とは、本旗領域内の一定の区域と期間内において屋外での放牧を禁止することである。

第5条　本規則で言う草畜平衡とは、草原生態システムの良好な循環を保持するために、一定の区域と期間内において、草原使用者もしくは請負経営者が草原およびその他の安定的な供給源が提供する牧草および飼料の総量と飼養する家畜が必要とする牧草および飼料の量が動態的な平衡を保持することを指す。

第6条　いかなる団体や個人もすべて森林と草原に関する法律法規を順守し、森林と草原の資源を保護する義務があり、同時に森林と草原に関する法律法規に違反し、森林と草原の資源を破壊する行為に対して監督、検挙および告発する権利を有する。

第2章　禁牧と草畜平衡

第7条　農業地区の各郷鎮は生態改善事業地区であるか否かにかかわらず、一律に禁牧を実行し、畜舎での家畜飼養を行う。

第8条　牧畜地区の生態改善事業地区（退牧還草事業地区、砂塵発生地域管理のための生態的囲い込み地区、退耕還林還草地区、封山育林地区、重点経済林事業地区、水源保護管理地区、人工造林地などの生態改善地区を含む）では禁牧を実行する。その他の草原では牧養力で家畜数を決定する草畜平衡を実行する。

第9条　国家および自治区の関連規定と基準により、牧畜地区では3年に1回草畜平衡の算定を行い、草原所有者と使用者に対して公布する。

第10条　草畜平衡の算定において、草原面積の確定は草原使用権利証書、草原請負経営権利証書および草原請負契約書に挙げられた数値を正確なものとする。家畜数の計算は牧業年度センサスの数値を正確なものとする。

第11条　草原の適切な牧養力は自治区の「天然草原の適切な牧養力の計算基準」により確定する。草原の等級は自治区の「天然草地資源等級評定基準」により確定する。草原の退化は「内モンゴル天然草地退化基準」により確定する。

第12条　牧民が旗牧畜業局草原管理所の算定した結果に異議がある場合、法的手順に従って旗牧畜業局に対して再算定を申請すること。

第13条　旗牧畜業局草原管理所と郡・郷鎮の人民政府が、ガチャ村民委員会と草原使用者もしくは請負経営者との間に草畜平衡責任書を締結させる。

第14条　草原使用者もしくは請負経営者は「内モンゴル自治区草原管理条例実施細則」の規定に従って、草原請負経営権の譲渡を行うことができるが、原則として本郡の領域内での実施が求められる。

第3章　職責と処分

第15条　旗の林業・牧畜業行政主管部門は本旗行政区域内の禁牧と草畜平衡管理業務の責任を負い、森林および草原を破壊する各種の違法行為に断固として打撃を与え、処分する。度重なる指導に対しても改めず、郡・郷鎮の禁牧維持管理要員の処罰を受け入れない団体と個人には、森林公安と草原管理部門が法に基づいて厳格に取り締まらなくてはならない。各関連部門は宣伝と教育を強化し、広範な大衆が林地と草原を保護する法律への意識を高めるよう努力しなければならない。

第16条　郡・郷鎮人民政府は草畜平衡業務の責任主体である。政府の主要な指導者が責任を負う制度を実行する。各郡・郷鎮は禁牧と草畜平衡の維持管理チームを設立し、同時に禁牧と草畜平衡の維持管理任務はガチャ及び村の幹部を含めて実行しなければならず、禁牧と草畜平衡の維持管理業務を分担して請け負う。

第17条　旗政府関連部門の人員から禁牧検査チームを選抜組織し、全旗の禁牧と草畜平衡管理業務の督促と検査に責任を負う。

第18条　公安部門は全力で関連部門と郡・郷鎮が禁牧と草畜平衡管理業務を遂行できるよう調整し、威嚇、妨害、殴打、法律執行人員への報復といった現象に対して直ちに介入し、法に従って厳正に処罰しなければならない。裁判所は禁牧と草畜平衡業務の中で発生した各種の事件を迅速に審理しなければならない。

第4章　評価と賞罰

第19条　禁牧と草畜平衡業務は年度目標評価制度を実行する。禁牧と草畜平衡業務を完遂できない行政法律執行主管部門と郡・郷鎮は年末の成績評定に加わることができない。

第20条　旗人民政府は禁牧と草畜平衡管理業務の表彰項目リストを作り、この業務項目で先進的な団体と個人に対して表彰を行う。

第21条　禁牧と草畜平衡管理業務において、業務要員が実質的に各種費用を徴収するなどの職権乱用や、職責を疎かにし、私情にとらわれて不正を行った場合は、事態の重要度を調査して行政処分を与え、刑事責任の追及に至る場合もある。郡・郷鎮政府が費用を受け取るだけで禁牧を行わない場合は、事実調査を経て、主要指導者がすべての責任を負う。

第22条　禁牧検査チームの検査結果に基づき、禁牧と草畜平衡管理業務の組織及び指導が不十分な場合には、当地の主要指導者の責任を厳しく追及し、職務の剥奪に至る場合もある。

第23条　本規則の第7条および第8条の規定に違反し、禁牧地区において放牧を行った場合には、毎回ヒツジ単位あたり10元の罰金に処し、放牧者には300元を下回らない罰金に処す。本人の牧地外での放牧や夜間の放牧に対しては処罰を倍加する。また違反者には違法活動を停止するよう命令する。罰金の支払いを拒絶する放牧者や家畜主に対しては、家畜を差し押さえ、24時間後に定められた地点へ輸送して時価に基づいて屠畜し、屠畜によって得た収入は罰金と経費を控除した後、余剰部分は家畜主に返却する。

第24条　本規則の第13条の規定に違反し、草畜平衡責任書を締結しない場合は、旗の草原管理所が期限を定めて締結を命じ、期限を過ぎてもなお締結しない場合には、責任者を500元の罰金に処し、さらに強制的に締結させる。

第25条　牧養力を超えた家畜は10月1日までに家畜主が自ら処分することとし、期限を過ぎてもなお牧養力を超えている場合は、牧養力を超えたヒツジ単位あたり30元の罰金に処し、あわせて牧養力を超えた家畜は定められた地点で屠畜し、発生する経費は牧養力を超えた世帯の負担とし、余剰部分は家畜主に返却する。

第26条　禁牧地区で放牧を行って森林・草原資源あるいは防護柵に損害を与えた場合は、違反者が毀損した樹木の株数もしくは草原面積の1倍以上3倍以下の森林ないし草原を補植し、ならびに損害を与えた森林・草原の価値の1倍以上5倍以下の罰金に処す。森林ないし草原の補植を拒絶した場合や補植後に国家の関連規定と符合しないことが明らかになった場合は、関連部門が補植を代行し、経費は違反者の負担とする。

第27条　処罰を受けた人間が行政処罰の決定に不服がある場合、法に基づいて行政による再討議の申請あるいは行政訴訟を起こすことができる。また行政処罰の決定を履行しない場合には、行政処罰の決定を行った行政機関が裁判所に強制執行を申請する。

第5章　罰金および没収財産の管理

第28条　罰金および没収財産は財政専用の罰金没収財産受取書を使用しなくてはならず、罰金および没収財産は一律に旗財政に納入する。旗財政は専用口座に預入した後、100％の比率で処罰を行った部門に返却し、禁牧と草畜平衡管理の経費とする。

第29条　禁牧検査チームの監査あるいは個人の通報を経て処理した事件の罰金は、すべて旗財政に納入するとともに、通報者には10％の報奨金を与える。

第6章　附則

第30条　本実施規則は旗の林業・牧畜行政主管部門が解釈の責任を持つ。

第31条　本実施規則は発布の日から施行され、本実施規則と抵触する本旗の関連する禁牧布告と実施規則等は同時に廃止される。

「市弁法」と「旗弁法」の関係を考えると、前者の制定は2005年、後者のそれは2007年となっている。また「旗弁法」の第1条には、「市弁法」に準拠していることが明示されている。旗は地方行政の階層構造上、市の1つ下位に位置しており、市の直接的な統轄を受けていることから判断しても、「旗弁法」が「市弁法」の発布を受け、具体的には「市弁法」第30条に依拠して、制定されたものであることは明白であろう。なお、「旗弁法」には「市弁法」には含まれていない禁牧関連の規定も含まれているが、「市弁法」26条にも禁牧への違反に対する罰則は言及されており、基本的には「市弁法」が「旗弁法」の直接的な親規定であるとみなすことが可能であろう。

両者の構成上の異同に着目すると、いずれも6章・31条からなり、各規則の章の間にはある種の対応関係が見出せ、また表現上の類似点も少なからず指摘できる。しかし、条文の扱う内容の配分に関しては大きく異なっている。そしてその違いが、それぞれの規則文書を発布した地方政府の思惑あるいは力点を反映しているものと判断される。

いずれも第1章は共通して、規則文書の目的・適用範囲・定義・権利義務などが記されている。また、例えば「市弁法」第3条と「旗弁法」第5条における草畜平衡の定義のように、共通する表現も多い。また最終章の第6章も、解釈権と施行日などの記載であり、基本的に両者に共通していると言えるだろう。ただし、これらの類似性は両者に限定されたものではなく、中国における規則文書に多かれ少なかれ共通するフォーマットである。

一方、「市弁法」第2章・第3章における草畜平衡の算定および改定方法に関する記述に対応するのは「旗弁法」第2章であるが、規定の詳細さおよび具体性については「市弁法」にはるかに及ばない一方、「旗弁法」第2章では章タイトルの「禁牧と草畜平衡」とは直接的な関連性が見出しがたい経営権の譲渡に関する条文（第14条）が見受けられる。これは、「市弁法」において草畜平衡の算定方法などが具体的に示され、また算定の実施主体は旗県レベルであると明記されているので、「旗弁法」では再解釈の余地がなかったものと解釈しうる。

それと対照的なのが、「市弁法」第4章と対応関係にある「旗弁法」第3章である。「市弁法」の表記が非常に抽象的であるのに対し、「旗弁法」の記載は圧倒的に具体的である。草畜平衡の算定方法等との対照において、「旗弁法」第3章の「職責と処分」に関しては、市ではなく旗レベルの行政機関がイニシアティブを握っており、それゆえに具体的な規定がなされているものと想像される。

こうした前提で、「市弁法」第5章と「旗弁法」第4章を比較すると、興味深い事実が明らかになる。まず、「市弁法」の条文にはインセンティブつまり奨励金に関して3条が割かれているのに対して、「旗弁法」では第20条に表彰に関する事項が簡単に触れられている以外、他は全てが罰則に関する規定である。しかも罰則に関する規定の方が明らかに具体的かつ記載内容が多岐にわたる。これは奨励金が財政支出を伴うのに対し、罰則に伴う罰金は財政収入をもたらす点と関連があろう。これを裏づけるように、罰則に関する規定は「市弁法」と比較して「旗弁法」の方が厳しく規定されている。

例えば、禁牧の違反者に対する罰則規定である「旗弁法」第23条における「毎回ヒツジ単位ごとに10元」は、「市弁法」第26条の「1頭あたり5元以上10元以下の罰金」の最高額であり、さらに「旗弁法」には「市弁法」では言及されていない放牧者への「300元を下回らない罰金」、本人の牧地外での放牧や夜間の放牧に対する処罰の倍増、家畜の差し押さえと屠畜処分といった厳しい措置が、具体的に示されている。さらに「旗弁法」第26条には、同行為による森林および草原資源への損害に対する罰則も別途規定されており、損害を与えた以上の補植（株数もしくは面積の1～3倍）や罰金（損害額の1～5倍）が科されることになっている。

また草畜平衡責任書の締結拒否に対する罰金も、「市弁法」第24条の「500元以下の罰金」に対し、「旗弁法」第24条では「500元の罰金」と親規定の最高額が採用されており、牧養力を超えた家畜に対する措置も「市弁法」第25条では「1ヒツジ単位につき30元の罰金」とのみ規定されているのに対し、「旗弁法」第25条では「ヒツジ単位あたり30元の罰金」に加えて家畜の屠畜処分が定められている。

さらに、「旗弁法」のみに存在する独自の規定が第5章であり、ここには2条しかないが、章のタイトル通り罰金と没収財産の管理が具体的かつ詳細に規定されている。ここで注目すべきは領収書や口座が指定されている点や、通報者へのインセンティブが書かれている点であり、あたかも牧民からの罰金を含む政府からの予算が適正に取り扱われないケースが予見されているかのような筆致の条文となっている。

なおウランチャブ市とシリンゴル盟においては、2004年現在、草畜平衡政策への違反者に対する罰金が郡政府の財源となるので、地方政府は草畜平衡政策を非常に重視しており、取締りが熱心に行われていたという報告がある［孟淑紅編著 2011: 167］。本節で言及した諸規則が制定されたのは上記調査の直後になるので、ある意味で当時の現状、つまり熱心すぎる取締りや罰金の用途外流用への対策という側面も予測されるが、それでも罰金が地方政府にとって草畜平衡政策導入の動機づけとして機能し続けていた点は否定できないだろう。

また、筆者が現地調査を実施した2009年以降の状況においても、インフォーマントの「地方幹部が禁牧や草畜平衡を実施するのは、草原を守りたいのか、金が欲しいだけなのかわからない」(SU08、2013年調査）という発言のように、牧民の視点からもこれらの政策は罰金や上級政府からの補助金にこそ意味があるのだと理解されている可能性が高い。ただし、禁牧や草畜平衡においては、すでに触れたように牧民にも所有する牧地面積に応じて補助金が支給されており、特に補助金額の高い禁牧地区に関しては、第7章で検討するように家畜売却の収入に匹敵するほどの補助金を得ているケースもあるので、牧民自身も単純に禁牧や草畜平衡に否定的な態度を示すわけではないのが実情である。

また、草畜平衡の根拠になっている牧養力については、基本的には「24～30ムーの牧地で1ヒツジ単位」というのが旗内における標準になっているようだが、「夏営地は12ムー」(2011年調査事例)、「1998年から24ムーだったが2012年から37ムーになった」(2014年調査事例）などのように、いくつかのバリエーションがある可能性が窺われる。ただし、「市弁法」第12条に規定されているように、個別の牧民世帯レベルで牧養力を算定するような細かい作業は行われていないようである。「市弁法」によれば草原の類型ごとの牧養力は旗県レベルが算定を行うと規定されているが、牧民世帯レベルでの牧養力をどのレベルの政府が算定するのかは「市弁法」にも「旗弁法」にも規定されていない。おそらくはその結果として、牧民世帯レベルでの牧養力の算定は実施されず、旗県レベルが算定した草原の類型ごとの牧養力がそのまま適用されているものと理解しうる。

第3節　郊外化の事例1（ウランチャブ市）

本節では、禁牧と牧民のツーリストキャンプ経営による収入源の多角化、つまり郊外的な傾向の発生について事例データに基づいて検討する。

すでに述べたとおり、四子王旗で現地調査を行ったソドスチンらは、現地の農牧業の変容と環境保全政策との関連を議論する中で、現地での禁牧政策に言及した。四子王旗は南部が農業地域、中部から北部が牧畜地域となっている。それゆえ、ソドスチンらの調査対象インフォーマントは、南からチャガーンボラグ郡中心地（王府集村）の農耕民13世帯、「近郊地域」チャガーンボラグ郡の牧民3世帯、「中間地域」チャガーンオボー郡の牧民3世帯、「周辺地域」ノムゴン郡の牧民3世帯となっている［蘇徳斯琴・小金澤・関根・佐々木 2005: 85］。無論、これら4地域には農地および牧地の有無および面積、禁牧の度合い、現金収入を得る手段などにおいて差異がある。

その中で興味深い事実は、牧地の面積が「中間地域（5000ムー以下）＜近郊地域（5000～1万ムー）＜周辺地域（1万ムー以上）」となっており、必ずしも旗中心地からの距離と牧地面積が反比例の関係になっていないこと、にもかかわらず「中間地域」では禁牧が行われていないこと、「近郊地域」には禁牧補助金に加え観光ゲルを建てツーリストキャンプとして現金収入を得ている事例があること、などである。

これらの事実から、禁牧は少なくとも郡単位での多様性が想像される。つまり、それぞれの郡のおかれた条件によって各郡内で実施される禁牧の動機や実態、牧民の対応戦略、そしてもちろん環境政策としての実効性に多様性がもたらされるわけである。さらに、同一郡内においても、その政策実行は時間の経過により差異がある。

たとえば、筆者は2009年2月に四子王旗チャガーンボラグ郡で現地調査を行ったが、そこでソドスチンらが報告している2004～2005年の状況よりも禁牧が強化されている事例を見出している［蘇徳斯琴・小金澤・関根・佐々木 2005: 85-87］。

具体的には、四子王旗政府が2008年より季節的な禁牧から通年の禁牧に切り替えを推進していたのだが、現地の人々はそれに「絶牧」という名称を与えていた。これはモンゴル語の会話でも「チュエムー」と呼ばれており、「放牧の絶滅」つまり恒久的な放牧の禁止、という意味合いを持つ、どぎつい表現である。現地のインフォーマントも、これは政府の正式な用語ではないだろうと認識しつつも、調査当時、一般的な用語として定着していた。

そこで以下では、筆者自身の調査データに基づいて、2009年2月時点の禁牧政策をめぐる現地の状況について、特に地方政府の政策実行と牧民の対応、およびその背景となる現地社会の特徴に焦点を当て、分析を行うこととしたい。

筆者は2009年2月に、内モンゴルの区都フフホトから北に約100 km、四子王

地図6-1　本節で言及する地名およびインフォーマントの分布

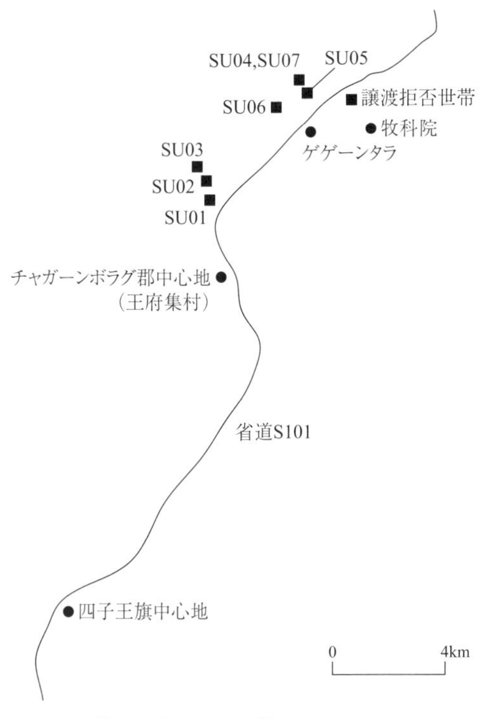

旗の中心地ウラーンホア鎮から約20 km離れた、ゲゲーンタラの大規模ツーリストキャンプの南北に広がる牧畜地域において聞き取り調査を行った（地図6-1）。

2011年2月に筆者の目視で確認したところでは、当ツーリストキャンプには40ほどの観光用ゲルが立ち並んでいた。観光用ゲルは、ゲゲーンタラの大規模ツーリストキャンプでは通常の居住用ゲルの1.5倍ほどの大きさのコンクリート製であったが、周囲に点在するゲル数5～10程度の小規模ツーリストキャンプでは、コンクリート製と鉄製の骨組みにゲル風の覆いをかぶせるタイプの2種類が確認できた。ただし後者については、筆者の調査時期が冬季であったので、覆いの材質などについては実見できなかった。衛星写真で確認すると、調査地域の西側から南側にかけては通常の畑と思われる農耕地が延々と広がっている。また、所々に見える円形の緑地はセンターピボット灌漑の農耕地である。これを見ても、調査地点が農耕地域と牧畜地域の境界域に存在することが明らかである。

表6-1　インフォーマントの基本状況

	調査年	所在地	牧畜労働者	牧地	家畜	観光用ゲル
SU01	2009	夏営地	なし	2000ムー（133ha）	ウシ1、ウマ2、ブタ18	あり
SU02	2009	夏営地	あり	4800ムー（320ha）	小家畜440、ウシ10	あり
SU03	2009	夏営地	あり	6000ムー（400ha）	小家畜390、ウシ4	あり
SU04	2009	賃借地	あり	2000ムー（133ha）	ウシ17	あり
SU05	2009	冬営地	あり	4500ムー（300ha）	小家畜400、ウシ20	あり
SU06	2011	冬営地	あり	4000ムー（267ha）	小家畜200、ウシ4	あり
SU07	2011	冬営地	なし	2000ムー（133ha）	小家畜260、ウマ15	なし

行政単位としては、調査地域は四子王旗チャガーンボラグ郡ゲレルトヤー＝ガチャに属する。なお、調査地点の近くを通っている省道S101号線は2車線の舗装道路であり、フフホト市から車で2時間、旗中心地ウラーンホア鎮からは20分ほどの所要時間である。2015年夏にはウラーンホア鎮からゲゲーンタラまでの4車線化が完成していた。なおチャガーンボラグ郡中心地（王府集村）は郡の南端、S101号線と農牧境界線の交点に位置する。

筆者が現地で聞き取り調査を行ったインフォーマントの基本状況は、表6-1のとおりである。煩雑を避けるため、表で示す事項は基本状況のみに限定しており、住居形態のように全てのインフォーマントに共通する事項および、特に詳細な説明を必要とする事項に関しては、本文で記述していくことにする。住居の形態については、全てのインフォーマントがレンガ造りの固定家屋に居住していた。SU01によれば、夏営地の住居がゲルから固定家屋に移行したのは1980年以降であるが、冬営地の住居についてはそれ以前から固定家屋が存在したとのことであった。つまり現地では、少なくとも人民公社期の末期には冬営地に固定家屋が存在しており、その意味でシリンゴル盟の状況とは移動性の低下時期に関して違いがあると推測される。調査地一帯では、牧地は全て有刺鉄線の柵で囲まれていた。

まず、彼らの民族籍と調査言語について簡単に説明したい。調査言語については、筆者が調査の最初にインフォーマントに選択してもらった結果であり、必ずしもインフォーマントがモノリンガルであるということを意味していない。むしろ、ほとんどのインフォーマントが漢語とモンゴル語の双方を多少なりとも理解するのが実態であるが、SU01とSU05には漢語を使って調査を行った。

SU01の祖父は山西省の出身で、祖父の代に内モンゴルへ移住してきた。SU01自身は四子王旗の農耕地域であるチョグウンドゥル郷で生まれ、1954年に調査地へ移住している。一方、SU05はフフホト市の西に位置するトゥメト左旗で生まれており、トゥメト左旗では農耕民だったが1950年に調査地へ移住したという。2人とも、調査地への移住後は牧民となって現在まで至っている。こうした事例からも、フフホトから遠くない農耕地域は、民族籍を問わず漢語が卓越する空間であることがうかがえる。彼らは人民公社期にも現地で牧畜を行っていたので、改革開放以後に現地の草原を分配されている。また調査当時SU05の牧畜担当者は娘婿（モンゴル族）であり、娘婿にはモンゴル語でインタビューを行った。娘婿によれば、牧地の分配は1人1500ムー（10 ha）程度であったというので、第3章のシリンゴル盟の事例と比較すると、最小規模ではないがかなり狭い部類であることがわかる。

彼らの主たる収入源のうち、誰にでもアクセス可能なものは牧畜に関連する家畜の生体やカシミアの売却、ツーリストキャンプ経営による観光収入（宿泊代、飲食代、乗馬代など）である。今回の7事例でも、関わり方は多様であるが、牧畜と観光のいずれにも関わらない牧民が存在しなかったことからも、その重要性は明らかであろう。それに、郡幹部など公務員であれば給与所得が、牧地の賃貸しが可能な程度に畜群の規模を縮小すれば牧地の賃料が、そして禁牧政策に同意して郡政府と契約を交わせば補助金が加わることになる。

上記収入源のうち、彼らの牧畜スタイルについては、彼らの草原保有に関する特異な現状を指摘しておく必要があるだろう。表6-1を見ると、彼らが有している草原の面積は、ソドスチンらが報告した同郡の事例と比較して小さい［蘇徳斯琴・小金澤・関根・佐々木 2005: 86］。この背景には、彼らの居住地が農牧境界線上に位置するがゆえ、人口密度が相対的に高く、元々分配された面積が小さいという可能性はあるが、もう1つの要素として、彼らの牧地がそれとは別の事情で狭小化している点も挙げられる。

これは表6-1の「所在地」欄に対応するのだが、彼らが草原を分配された当時（1980年代前半）は、各世帯が夏営地と冬営地の2カ所、同面積の草原を季節牧地として割り当てられていた。ところが、その後家族構造の変動に対応して牧地の調整がなされなかったがゆえに、2つの牧地を家族内の複数世帯で分割して利用するケースが頻発しているようである。現に、今回のインフォーマントに関しては、SU01、SU02、SU03、SU05でその事実が確認できた。

たとえばSU01であれば、旧夏営地（現住地）の北15 kmの地点に2000ムーの旧冬営地が存在したが、2002年からそこは娘夫婦が居住しているので、SU01が利用することはできなくなっている。またSU03の場合は、旧夏営地（現住地）の北東25 kmの地点に6000ムーの旧冬営地が存在したが、結婚した弟2人がそちらで放牧するようになったので、1992年頃からは現住地のみを通年牧地として利用するようになったという。その他のインフォーマントに関しても、夏冬いずれかの牧地を自らが利用し、残りの牧地は息子（SU05）や兄弟（SU02）など近親者に与えてしまっている。

一方、SU06とSU07は別の事情で牧地を失っている。かれらの冬営地は北東＝南西方向に走るS101号線の北西側にあるが、夏営地はS101号線の南東側、ゲゲーンタラのツーリストキャンプの北にあった。ここは10世帯ほどの牧民が共同で使っていた夏営地であったが、2001年に「内モンゴル農牧業科学院科研基地」（現地では牧科院と呼ばれている）というヒツジの放牧実験や飼料作物の栽培などをする実験農場が作られ、結果として夏営地を失った。SU06によれば政府（旗もしくは郡）の決定で、牧民側はただ承諾を求められただけであるという。SU06とSU07は承諾して書類にサインしたが、中には譲渡を拒否している世帯も存在するという。

SU06、SU07から牧科院まではそれぞれ5 km、6 kmしか離れておらず、また上述の譲渡拒否の世帯からは3 kmしか離れていない。譲渡拒否の世帯は道路の南東側に存在するので夏営地に固定家屋を建てたケースの可能性もあるが、現地にはSU03のように長距離移動していた人々と、短距離移動をしていた人々が混在していたものと思われる。そして後者の冬営地が同エリア外であった事例が存在しないことから、基本的に同地は夏営地であり、諸般の事情で冬もここで過ごす牧民が存在したのであろう。ツーリストキャンプの営業期間が夏季であることを勘案しても、ここが夏営地であったことは合理的である。というのも、ツーリストキャンプで食べさせる肉や乳製品、あるいは騎乗させるウマは、近くに牧民世帯が存在しないと供給困難であるからである。

SU06によれば、夏営地を譲渡した世帯には、元々の牧地面積とは関係なく、契約時に2000ムー分の補償金が支払われた。1ムーあたり年1元、27年分なので5万4000元という計算になる。SU02によると、1998年に牧地の2回目の契約が行われたというので、27年という期間は、彼らの土地の請負期間（30年）に対応しているものと判断される。

一方、SU04の事例は特殊である。これは、ウラーンホア在住の公務員SU04（モンゴル族）がツーリストキャンプを経営するため、SU07の牧地を借り上げていたというのが実態である。SU07は2009年秋までウラーンホア鎮で食堂を経営しており、空き家と草原をSU04に貸し出していた。SU04は土地を通年借りて牧畜労働者に管理させ、夏季はさらにツーリストキャンプを同地で営業するため、従業員も雇っていた。

なお禁牧に関しては、調査当時、現地は通年の禁牧、つまり「絶牧」の対象地であった。ただし、SU07の牧地は禁牧の対象外であった。SU07によれば、彼の牧地は丘の北側にあり、S101号線から離れているので対象外だという説明であった。現地における禁牧は2002年から夏季のみ半年間を対象として実施された。2004年の孟らの調査報告によれば、四子王旗チャガーンボラグ郡では道沿いの牧戸に対し、5月から10月ないし11月まで牧地を利用禁止としていたと述べている［孟編著 2011: 166］。

もし禁牧を環境政策として考えるなら、優先して放牧禁止とするのは冬季である。草の成長期である夏季とは異なり、冬季は牧地に残っている枯草を食い尽くせば地表は裸地となり、結果として黄砂が発生しやすい条件を提供するからである。だが郡幹部のSU03によれば、現地の禁牧は観光政策の一環として実施されのだという。つまり、外来者に草が高く茂った草原を見せるために放牧を禁止したのである。ただし筆者の調査当時、禁牧対象地を拡大する計画が検討されており、そこでは観光地とは関係ない場所も入っているとのことであった。

現地における禁牧は2008年より通年つまり「絶牧」に切り替えられたという。ただし、実施状況についてはそう単純ではない。というのも、「絶牧」の実施と同時に補助金の見直しが行われたが、禁牧の補填として支給されていた2008年までの補助金と比べて金額が上がらないことに対し、一部の住民が反発しているからである。補助金の金額についてはインフォーマント間に多少の見解の不一致が見られたが、郡幹部であり信頼性が高いと思われるSU02の語った内容を紹介すると、2008年までの補助金は毎年「4.95元／ムー」であったが、現在は毎年「4.2元／ムー＋1000元×世帯人数」であるという。

この数値を仮に世帯人数4人のSU01と5人のSU03に適用して試算すると、SU01の場合は2007年までが9900元であったのに対し2008年以降は1万2400元、SU03の場合は2007年までが2万9700元であったのに対し2008年以降は3万200元となる。つまり、放牧禁止期間が2倍に増えたことに見合う補助金の増加は見られないと言えるだろう。

その結果、SU01は2008年からの「絶牧」の契約を郡政府と締結していないと回答していた。また同じく禁牧対象となっている冬営地（2000ムー）は、2008年より他人に貸している（2000元／年）という。またSU02、SU06に加え、2009年調査時には禁牧が通年になったと語っていたSU03も、2011年の調査時点では口をそろえて禁牧は夏季のみであると回答しており、少なくとも2011年時点で、旗政府が現地の牧民に対して守らせようとしていたのは夏季のみであったことが窺われる。事実、2009年も2011年も筆者が訪問したインフォーマントの牧地では、冬季は家畜の放牧を行っていた。つまり、規則上はともかく、実際上は従来の政策を強化していない可能性が高い。

逆に言えば、夏季の禁牧は強く求められており、牧地での放牧は困難となっている。彼らが禁牧を受け入れた上で、現地での生活を確保するための牧民側の対応の1つが、ツーリストキャンプ経営である。ソドスチンらによれば、四子王旗政府はツーリストキャンプの登録・許可制度を取っているが、営業に関する指導は衛生面に関してのみで、営業場所などに対する規制などは存在しないという［蘇徳斯琴・小金澤・関根・佐々木 2005: 87］。ただし筆者の調査した限り、ツーリストキャンプが集中しているのはゲゲーンタラ周辺のみである。

SU01は、禁牧とツーリストキャンプ経営の開始に明確な関連性を意識しているインフォーマントであった。2002年、夏季の禁牧が実施されると彼らはヒツジを売却し、ツーリストキャンプを始めたという。彼らが現在所有しているウシは搾乳用で、モンゴル式の乳茶（スーテーチャイ）を供するために利用している。また、ウマは乗馬用であり、SU01によると、乗馬代は1回50元が現地の相場であるという。なおSU02のようにウマを持たない牧民が経営するツーリストキャンプの場合は、別の牧民がウマを連れてくるとのことであった。例えばSU07は調査事例でツーリストキャンプを経営していない唯一の世帯であったが、夏季はウマをツーリストキャンプに持ち込んで収入を得ていた。現地へ同行した運転手（モンゴル族、フフホト在住）によれば、調査地近辺でツーリストキャンプを経営していない世帯がむしろ珍しい、とのことであった。

ツーリストキャンプの収入については、インフォーマントによって回答にばらつきがあり1シーズン（3カ月ほど）で2万〜10万元ほどの収入となっているようである。

また、短期とはいえ禁牧実施下で牧畜を続けていくための対応策が、飼料畑の開墾および利用と牧地の賃借である。前者については、アワ（谷草）やトウモロコシ（玉米）などを栽培するのが一般的であり、SU03（255ムーの畑を所有）によれば、一部灌漑地も存在するという。SU02（100ムーの畑を所有）によれば、2008年は8万斤（40 t）弱の収穫があったので飼料を購入する必要はなかったが、収穫の悪い年だと追加で飼料購入が必要であるという。ただし、現地では2008年から新規の開墾は禁止になったという。

一方、牧地の賃借については、第1節で言及した禁牧政策の問題点を論じた先行研究でも指摘されているように、現地では禁牧が局地的に適用されているがゆえに可能となっている。SU02によれば、郡西部の、S101号線をはじめとする道路の近くだけが禁牧の対象地であり、東部は道路沿いであっても禁牧は適用されていないという。従って、近くは郡内の禁牧非適用地、遠くは近隣の郡で牧地を賃借し、そこに畜群と牧畜労働者を送り込んで夏季の半年間放牧させる、という牧畜のスタイルが一般的であった。なお牧地の賃借は、調査事例のうちSU02、SU03、SU04、SU05で実施していた。SU07の土地を通年で賃借していたSU04を除けば、全て夏季の牧地のみの賃借である。

賃借する牧地も、当然ながら無主の草原ではないし、そもそもそのような土地はすでに四子王旗には存在しない。比較的広めの草原を持ってはいるが家畜の少ない、すなわち裕福でない世帯や、2009年時点のSU07のように、別の場所で生活しているので草原を利用しない世帯が貸主の候補者となる。たとえばSU03は、賃借する世帯の条件として、6000～7000ムーの草原を持っていて、家畜数は200～300頭であると述べていた。

賃借料については、上述したSU01の事例は格安に属するようであり、SU02は2009年夏に、現住地から5kmほど離れた非禁牧の草原4000ムーほどを、ムーあたり1シーズン1.5～2元で借りる予定であるとのことであった。なお、SU02は2008年の夏、チャガーンボラグ郡の北東に隣接するバヤンチョクト郡のエヒーンオス＝ガチャ（調査地から50kmほどの地点）に牧地を借りたと語っており、賃借する草原は年々一定ではないことが窺える。こうした現実に対してSU02の牧畜労働者は、「今年の夏は借りる土地がないかもしれない」と評価していた点を勘案すると、賃借する牧地の変動は借り手のフレキシブルな対応とも解釈できる一方、むしろ毎年「綱渡り」的に牧地を確保している要素が大きいとも解釈しうるだろう。

また牧地の賃借方式については、SU03は「6月から11月の間の5～6カ月、ヒツジ1頭につき毎月5元支払う」と語っていたから、土地の広さで計算する方法と家畜頭数で計算する方法の2種類が並存しているものと思われる。

賃借料についても、上述のSU02やSU03の事例が現地の相場に近い価格とは思われるが、チャガーンボラグ郡北端のバヤンボラグ＝ガチャに2008年まで住んでおり、現地に草原も保有しているSU02の牧畜労働者は、その草原の半分を無料で使わせていると述べていた。ただしバヤンボラグ＝ガチャは、郡南端に位置する調査地とは立地条件が異なる上、今回の調査では草原の現状や面積、使わせている相手との関係性なども確認していないので、これ以上の分析は不可能であるが、牧地の賃貸借においては、様々な条件に応じて多様な対価が設定されていることが窺える。

牧畜労働者について補足的な説明を行いたい。表 6-1 を見ても明らかなように、調査地の牧民で、牧畜労働者を雇用しない事例は少数派に属する。特にヒツジ・ヤギという、日々の放牧において人間の監視が必要な畜種を保有する人々に関しては、今回の調査では全事例において牧畜労働者を雇用していた。2009 年の調査時点では、牧畜労働者は 2 人が漢族、2 人がモンゴル族で、全ての牧畜労働者がモンゴル語での会話が可能であった。ただし、SU05 が 2011 年に雇っていた 2 人の牧畜労働者（漢族）はいずれも四子王旗出身者だが、漢語しか話せないので、必ずしもモンゴル語の能力は必須ではなかった。彼らは全て、雇用者の提供する固定家屋に居住していた。なお調査当時の牧畜労働者の給与は 1 人で月に 1000 元程度であった。

牧畜労働者は、長年牧畜地域での生活歴のある人々であるが、外地の出身者も少なくない。たとえば SU02 の牧畜労働者は武川県（フフホト市）、SU04 の牧畜労働者はホルチン左翼後旗（通遼市）、SU05 が 2009 年に雇っていた牧畜労働者はチャハル右翼後旗（ウランチャブ市）であった。なお SU02 や SU03 の牧畜労働者は比較的長期間雇用されていたが、SU05 の牧畜労働者は後述するように半年のみの契約であり、また SU04 の牧畜労働者は秋にツーリストキャンプが終了した後、牧地が SU07 に返還されたので家畜と共に別の賃借牧地へ移動したという。

この事実は単純に調査地の「条件のよさ」、つまり現地の牧民全般が比較的恵まれた経済条件にあることを示すものではなかろう。というのも、SU02 や SU05 の牧畜労働者がそうであるように、自立した牧民として生活できない人々は、他所へ移住して牧畜労働者となっているか、あるいは都市へ出稼ぎに出ていると考えられるからである。実際、SU07 は 2009 年秋まで旗中心地で働いており、SU07 の家屋の北 200 m にも廃屋と家畜囲いが残っていたが、ここも土地が狭くて収入が少ないので、牧民をやめて旗中心地へ行ったという説明であった。

たとえば SU05 の 2009 年の牧畜労働者は、故郷の牧地は禁牧対象ではないが 1000 ムーしかないので、2002 年に牧地を母方オジへ 10 年間 6000 元で賃貸しし、自らはフフホトで出稼ぎをしていた。その後、人づての紹介で 2008 年 11 月より半年契約の牧畜労働者となった、という経歴の持ち主である。このような選択を行う牧民が、四子王旗の調査地にも存在するであろうことは想像に難くない。

表6-2　調査事例における家畜数および家畜密度（2008年。SU06、07のみ2011年）

	家畜（MSU）	MSU/ha
SU01	20	0.15
SU02	500	1.56
SU03	414	1.04
SU04	102	0.77
SU05	520	1.73
SU06	224	0.84
SU07	365	2.74

一方で、移住は生活の困窮だけが原因とは言い切れないことも事実である。SU03やSU05は旗中心地に家を持ち、冬季は基本的に旗中心地で生活しており、家畜は牧畜労働者に放牧させている。SU05の娘婿によると、現地では50歳くらいになると、旗中心地に家を買って移り住む人が多いという。そうした牧民は都市に家を買っても牧民戸籍は残したままである。当時は家を買ったりすれば簡単に都市戸籍に変更できたが、そうすると牧民としての土地占有権がなくなるので、皆手放さないという。第7章でも検討するが、こうした事例は生活に余裕がある階層の行動である。生活に余裕がない階層では、草原に空き家を残して誰も残らない。そして草原に借り手があるかないかは、ひとえにその草原の立地にかかっているようである。

四子王旗チャガーンボラグ郡の事例では、彼らの経済的余裕の源泉は狭義の牧畜による収入だけでなく、公務員としての給与やツーリストキャンプ経営の収益なども含まれていた。こうした経営の多角化は、彼らの牧地の立地が旗中心地という都市空間に近いこと、つまり郊外であるがゆえに成功していると思われる。

彼らの牧地は郊外にあり、また牧畜以外での収入源があるので、元来2カ所あった牧地を兄弟などで分割し、それぞれが経営することで牧地の狭小化を可能とした。表6-2は、四子王旗チャガーンボラグ郡の調査事例における家畜数および家畜密度を示したものである。このうち、豚を飼養しツーリストキャンプの経営に特化しているSU01と、同じく借地でツーリストキャンプを経営しているSU04は例外とすべきであろうが、それ以外の事例においても表3-3で挙げたシリンゴル盟の事例と比較すれば、明らかに家畜数は少ない。この家畜数で牧畜労働者の雇用が可能であったり、牧地の賃借が可能であったりする理由は、とりもなおさず牧畜以外の収入が存在するからである。

ツーリストキャンプのほか、SU01のように土地を貸したりできるのも郊外ならではの特徴であろう。一方、公務員などの給与や、禁牧の補助金などは郊外でなくとも受け取ることは可能である。ほかにも次節で検討するように、馬乳酒なども郊外ならではの収入源であるが、四子王旗においては馬乳酒の製造・販売例はみられなかった。ただし、自らの経営するツーリストキャンプで乳製品を出す事例はSU03などで見られ、畜産品の多角化という意味でもシリンゴル盟の事例とは異なっている。彼らは家畜頭数が少ないので、カシミアや家畜の生体販売は多くない。

一方、家畜密度を見ると、第3章で挙げたシリンゴル盟の例と比較すれば明らかに低いことが理解できる。これは禁牧の実施により飼料もしくは牧地の確保など、コスト上昇が家畜頭数を減らす圧力となったのとともに、補助金の存在ゆえに家畜頭数を減らしても構わない余地があったからと思われる。

なお調査当時、草畜平衡の厳密な実施は行われておらず、2011年の調査時にSU07が、2008年ころから30ムー／ヒツジ1頭の割合で草畜平衡を実施するという計画が出ていると述べたのみであった。上記の割合は面積比に直せば0.5頭／haであり、SU01を除けばクリアできていない数値である。なお、7章でみるように草畜平衡の実施には補助金を伴うケースが多いが、金額的には安い。それと比較すればチャガーンボラグ郡の調査地は、実質的に半年のみの放牧禁止で禁牧の補助金を得ているという意味で、優遇されているという解釈も可能である。これも、観光開発が重点政策の1つに含まれている西部大開発の文脈で、ツーリストキャンプ振興の一環として行われている事業であると理解すれば納得がいくだろう。また、政府が通年の禁牧を導入しようとしてもうまく行かず、夏季の禁牧のみで放任しているのも同様の理由によるだろう。

逆に言えば、禁牧対象外であるSU07には調査当時、禁牧の補助金も草畜平衡の補助金も出ていなかったことになる。もちろん、牧民に支給される補助金はそれ以外のものもあるのだが、金額的に禁牧や草畜平衡の補助金の方が大きい。SU07が相対的に高密度で家畜を飼っているのも、またSU07の隣の世帯が旗中心地へ移動してしまったのも、補助金がない点が圧力となっているとすれば理解可能だろう。このように、2000年以降の内モンゴル牧民が牧畜を行う際、放牧に対する各種規制や補助金は非常に大きな影響を与えるファクターとなっているのである。

同様に大きな問題が、牧地は実質的に私有化されたものの、その私有権が実は脆弱であるという点である。この点は牧科院の土地収用に関連して述べているが、現地ではそれ以外に牧地の私有権に関わるエピソードがあった。

SU01、SU02、SU03によると、四子王旗政府は2007年に生態移民を試みたことがあったという。彼らの話を総合すると、四子王旗は本来、生態移民の対象地域ではなかったが、旗中心地ウラーンホア鎮の町外れに生態移民向けの住宅を建設し、移住する牧民を募った。

この住宅は1戸建てで、牧民が生態移民として移住する場合、価格の50％を政府が補助することになっており、平屋であれば1.8万元で購入できたという。SU02は、この価格はウラーンホア鎮の中に住宅を買うよりは安いが、牧民の感覚としては高価であると述べていた。また、一般の牧民が町に移住しても生計の手段がないので、牧民をやめてこの住宅へ移住した者は皆無であった。旗政府は結局この住宅を、ウラーンホア鎮で商売などを営んでいる人に安く売却したり、貸したりしたという。

この失敗に終わった生態移民計画に関して、旗政府は生態移民によって牧民が放棄した草原をまとめて大規模なツーリストキャンプを計画し、企業などに請け負わせることで収入を得ようとしていたのではないか、という噂があった（SU01の妻）。これが事実であるかどうか、筆者には確認の手立てはないが、少なくとも現地の牧民が旗政府の政策に対し、どのように認識しているのかを示す1例として興味深い。一般的な傾向として四子王旗の牧民は、ウランチャブ市政府では漢族の影響力が強いので、下位レベルの旗や郡の幹部は、モンゴル族であっても牧民に同情的ではないのに対し、シリンゴル盟では盟レベルにもモンゴル族幹部が多く、都市から離れれば牧民がマジョリティなので、牧民への待遇が良いと考えている。

また、複数のインフォーマントが旗レベルの政府から牧民への草原の請負期間が30年など、有期であることに懸念を表明していた（SU07など）。請負期間が満了した際に更新されず、保有権・利用権が政府に回収されてしまうのではないか、と牧民は恐れているのである。確かに、「内蒙古自治区草原管理条例実施細則」などの文章化された法令に目を通すと、請負更新時の取り扱いに対する言及はなく、請負者の権利が継続的に保障されるのか明確ではない。牧科院や第8章で述べるような土地収用の例を見る限り、牧地の収用は30年を待たずとも発生する可能性がある。その意味で、彼らの牧畜は多様な不安定要素を抱えつつ、それでも継続しているのだと言えるだろう。

本節ではウランチャブ市四子王旗の農牧境界地域で筆者が実施した調査事例に基づき、制度的な制限と牧民側の牧地の分割相続等といった個人の置かれた諸条件が複合して牧畜のみでは生計を立てづらい状況を招来し、その結果として牧地の貸借にとどまらず、ツーリストキャンプの経営などといった牧畜以外の収入源を模索していることを指摘した。すなわち、都市に近く、従来の畜産品以外でも収入源が確保でき、牧地面積や禁牧政策から飼養できる家畜頭数が制限されるという状況下で、制度と個人の置かれた諸条件はモンゴル国とは異なるものの、別の経路で郊外的な牧畜戦略が成立したと考えられるのである。

ただし、内モンゴルにおける郊外の空間がどれほどの普遍性と広がりを持っているかは、明らかであるとは言えないだろう。この点については、次節でシリンゴル盟における馬乳酒の販売状況を例として検討したい。

第4節　郊外化の事例2（シリンゴル盟）

本節では、内モンゴルの郊外を特徴づけると考えられる収入源の多角化について、シリンゴル盟における馬乳酒の販売を例として検討したい。後述するように、内モンゴルにおいて馬乳酒はモンゴル国以上に生産地域が限定され、元来シリンホト市（旧アバハナル旗）とアバガ旗でのみ生産されていた。その生産の空間分布は現在でも変わらないのだが、近年、かつては商品として売買されなかった馬乳酒が流通するようになってきた。馬乳酒はその商品としての特性上、広域の流通が容易な乳製品ではない。それゆえ、モンゴル国においては基本的には郊外のみで販売がなされているが、内モンゴルにおいても同様な傾向を伴いつつ、近年の市場経済の浸透あるいは輸送・通信テクノロジーの発達を背景として商品化が進行している。

まずは家畜の乳を原料とする乳酒の生産方法について見てみよう。世界的な観点から見て、乳酒が製造されているのはモンゴル高原のほか、カザフスタン・キルギスなどの中央アジア地域、ロシアのサハ・タタールスタンなどユーラシア大陸北方域に限られており、平田昌弘は、その原因は乳文化の発祥地となった温暖な西アジアと比較して、酵母の活発な活動を可能とする冷涼性にある、と指摘する［石井 2011: 23、平田 2013: 381-386、高倉 2012: 212, 250］。筆者らの実見でも、こうした乳酒は搾乳後に数時間静置し常温に冷やしてから発酵に回されるので、高温の環境下では容易に腐敗するなど乳酒の製造が困難であると思われる。なお発酵に用いられる容器はフフールと呼ばれる皮袋（モンゴル国）、プラスチック製の円筒状の容器（モンゴル国）、木製の円筒状の容器（内モンゴル）、陶器製の甕（内モンゴル）などであり、スターターとしてはすでにでき上がった乳酒のほか、穀物を発酵させたものや市販のイーストを利用するケースもある［小長谷 1992:

193]。

乳酒が生産される季節は搾乳が盛んに行われる夏季から秋季にかけてであり、冬季になると乳酒は生産されないが、翌年に再び乳酒を作るシーズンになった際には必ずしも乳酒をスターターとして生産を開始する必要はないので、乳酒を越冬保存しておかなくてもいい。つまり乳酒はシーズンごとに飲みきってしまって構わないものであるが、後述するように、地域によっては凍結保存した乳酒を融かして旧正月を祝う際に飲んだり、一部を春まで保存しておいたりするケースも見受けられる。なお、乳酒の生産には1000回単位の撹拌が必要であるが、これは酸素を供給して乳酸菌と酵母菌数を増やすためである［平田 1993: 151-152]。また馬乳酒の場合には1回に1頭の母ウマから搾乳できる乳量が500 g程度と少ないので、昼間は2時間おきに搾乳する手間も必要となる。この搾乳と撹拌の手間により、乳酒の中でも馬乳酒は特に大規模に生産しようとすると相当な労働力を割く必要のある乳製品である。

馬乳酒は、モンゴル高原の中でも生産地域の空間的偏差が存在する。モンゴル国に関しては第7章で詳述するが、内モンゴルに関しては、馬乳酒の生産が20世紀前半より極めて地域限定的であったことがいくつかの報告より窺われる。

例えば東部内モンゴルに関する初期の網羅的な概説書『蒙古地誌』の下巻では、現地で生産される乳製品が列挙されているが、馬乳酒への言及はみられない［柏原・浜田 1919: 285-286]。

また1940年代に張家口の西北研究所をベースに内モンゴル中部で現地調査を行った梅棹も、馬乳酒に関してはほとんど生産されておらず、確実な生産事例として「（西スニト旗の）徳王府、東スニト旗の活仏、アバガ旗」などを挙げるに過ぎない。このうち、王府や寺院では宗教儀礼と結びついた特殊な用途のために馬乳酒を用いると述べ、一般の飲用とは異なる点を指摘している。ただし、先行研究やモンゴル人からの伝聞情報で生産地として挙げているアバガ旗に関しては、「馬群を持つ家でこれを作る家がよくある」、「比較的さかんにつくるらしい」と述べ、日常的な飲用の可能性を示唆している［梅棹 1990f: 376-377]。

水谷は1996年に内モンゴルで乳製品の生産に関する調査を行っているが、内モンゴルで馬乳酒を生産しているのはシリンホト市のみであると述べており、シリンホト市東部のモドン牧場で馬乳酒の生産を実見している［水谷 1997: 58]。ただし、水谷は調査行程の都合上、アバガ旗は訪問していない。現在のシリンホト市は清朝〜民国期のアバガ左翼旗の領域を含み、現在のアバガ旗は同じくアバガ右翼旗の領域を含む［柏原・浜田 1919: 地図26, 779-792］ので、内モンゴルで馬乳酒を生産しているのが「シリンホト市のみ」であるという認識は厳密には問題があるものの、梅棹の記述と大きな齟齬はない。なお、同じシリンゴル盟の、シリンホト市の東隣にある東西ウジュムチン旗も水谷は訪問しているが、少なくとも水谷が訪問した牧民に関する限り馬乳酒は生産されていなかった［水谷 1997: 63-68］。

馬乳酒は従来、長距離を運搬して売買される商品ではなかった。20世紀前半の状況についてみると、少なくともモンゴル高原から域外への流通品目の中に、乳製品全般が含まれていなかったことは明らかである。後藤の1930年代の調査によれば、モンゴルにおいて商取引に従事する商人（蒙古行）の取引形態としては、家畜や毛・皮などと引き換えに雑貨その他を信用取引で売り込むとある［後藤 1968: 372-375］。こうした家畜は中国内地まで歩いて移送され、肉として消費されるか役畜として利用される。乳製品は、消費者である漢族の食生活の中に乳製品が存在しないことからも、取引対象とはなっていないことが容易に想像される。馬乳酒に至っては、液体を収容する容器を必要とするので輸送に向かない点や、醸造酒の性質上、日持ちの悪さを考慮すれば、そもそも長距離の移送を試みる対象ではなかったと理解されうる。

第7章で述べるように、モンゴル人民共和国において馬乳酒の長距離輸送が始まるのはネグデル期であり、その背景にはウランバートルの都市化により、生産地とは別の場所で馬乳酒をほしがる人々の出現があった。内モンゴルにおいて都市域の拡大が顕著になるのは2000年以降の積極的な開発政策の導入以降である。ただしシリンゴル盟に限れば、シリンホト市は、寺院（貝子廟）しかなかった場所に中華人民共和国成立以後、都市が建設された場所であり、2000年以前に流入した15万人強の人口にアバガ旗・アバハナル旗の牧民が含まれなかったとは言い難い（グラフ6-2）。

具体的にシリンゴル盟で馬乳酒の都市への輸送が開始された時期は明らかでないが、その契機となったのは馬乳酒の医薬品としての利用である。たとえば小長谷は、シリンホト市のモンゴル医学研究所における馬乳酒の利用例を紹介している［小長谷 1992: 218］。後述するように、筆者の事例データの中で馬乳酒の販売開始が最も古いのは1980年代からであり、遅くとも人民公社期の末期には馬乳酒の長距離輸送を開始していた可能性が高いだろう。

本節で取り上げる馬乳酒の流通事例は、筆者が2015年8月にシリンゴル盟シリンホト市およびアバガ旗で実施した訪問調査データに基づいている。すでに述べたとおり、シリンホト市とアバガ旗は古くより馬乳酒の生産が確認されて

グラフ 6-2　シリンホト市の人口推移（単位：万人）

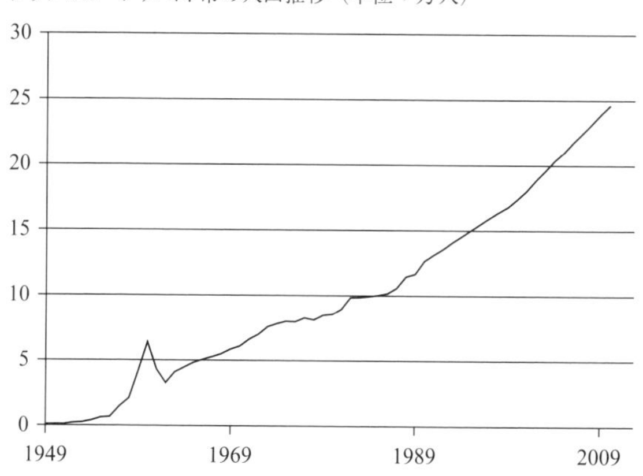

出典：[錫林浩特市誌編纂委員会編 1999:92]
およびCITY POPULATION (http://www.citypopulation.de)

いる地域であり、逆に内モンゴル自治区の他地域では家畜の搾乳そのものが行われなくなっている場所も少なからず存在するので、当該地域を調査地として選定した。なお、シリンホト市はシリンゴル盟の中心地として17万人（2011年現在）[88]の人口規模の都市と1.5万 km^2 の土地を、アバガ旗は中心地に人口2万人（2011年現在）の小都市と2.7万 km^2 の土地を擁する行政区であり、土地の大部分が牧地として利用されている内モンゴル自治区でも典型的な牧畜地域である［内蒙古自治区統計局編 2012: 684, 686］。

訪問世帯は、シリンホト市では共同調査者であるバト博士（内蒙古大学経済管理学院）の知人1世帯、アバガ旗では現地案内人であったアバガ旗民族中学校のオール氏の紹介による5世帯である（地図6-2）。シリンホト市やアバガ旗で馬乳酒を生産する世帯が多いとはいえ、オール氏や訪問世帯の人々によれば生産世帯は「1つのガチャで数世帯から10世帯程度」であり、外部に販売するほどの生産規模の世帯はさらに少ないとの認識であった。1つのガチャにおける牧民世帯数は、筆者の四子王旗・西スニト旗の調査事例では80～200世帯程度と幅があるが、数世帯から10世帯という数字は10%を下回るレベルであると考えられる。

こうした馬乳酒生産世帯の少なさは、ウマ群を所有しているにもかかわらず

88　ここで挙げた人口は登録人口なので、実態とは多少なりとも乖離している可能性がある。なおグラフ6-2で示した人口には現地の戸籍を持たない外来人口が含まれている。

地図6-2　調査世帯等の分布および主要道路

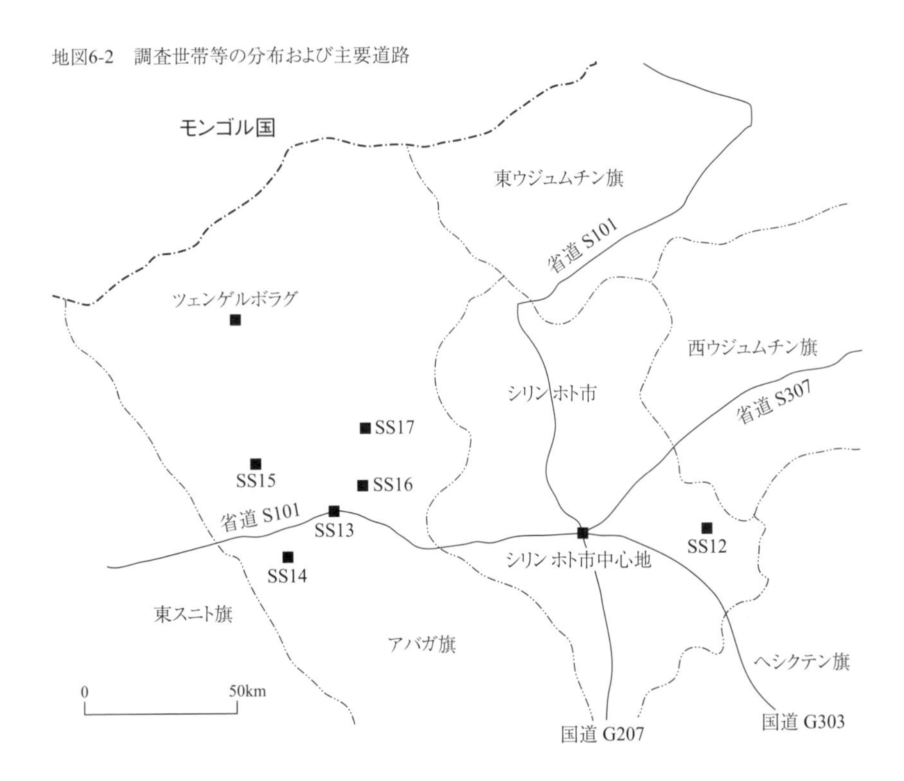

搾乳しない世帯が存在することもあるが、それ以前に、ウマそのものが飼養家畜として選択されにくい内モンゴル自治区の現状を反映している。SS16 の事例では 2008 年より乗馬クラブと馬乳酒の生産、およびウマの生体販売を開始しているが、これは婚姻により妻の牧地を継承した SS16 が、現地のウマの減少を危惧して着手した事業であり、SS16 も「ウマはあまり儲かる動物ではない」と語っている。また騎乗用としてのウマの活用も、現在ではバイクなど内燃機関を利用した移動手段の普及と牧地の固定化により、「ウマに乗っていく場所がない」が「雪が降る冬だけはウマに乗る」(SS12) 程度の利用にとどまっており、すでにウマは牧畜生活に必須の家畜ではなくなっている。なお第 4 章でみたように、同様の現象はモンゴル国の郊外でも発生している。

地図 6-2 で示しているツェンゲルボラグは、SS13 の牧地が存在する場所で、馬乳酒の生産世帯が比較的多い地域であると現地では認識されている。表 6-3 では SS13 の所属行政単位はバヤントグ郡となっており、ツェンゲルボラグはガ

表6-3　各世帯の牧地の所属行政単位および生産・販売履歴

	牧地の所属行政単位	製造開始	販売開始
SS12	シリンホト市バヤンシル牧場	昔から	1980年代から。本格的に売り出したのは2000年代から
SS13	アバガ旗バヤントグ郡	昔から	2012年に旗中心地で馬乳酒バーを開店、それ以前はナーダムや宴会の時に販売
SS14	アバガ旗ビリグト鎮	昔から	2010年
SS15	アバガ旗ビリグト鎮	昔から	基本的に自家消費用だが、頼まれて売ることもある
SS16	アバガ旗ビリグト鎮	2008年	2008年、乗馬クラブも併設
SS17	アバガ旗イフゴル郡	2015年	自家消費のみ

チャの名称となっているが、第1節で述べた郷鎮レベルでの行政単位の合併が行われた2000年代前半まではツェンゲルボラグ郡であった地域である。また同様に、SS14とSS15は旧ボグドオーラ郡、SS16は旧バヤンチャガーン郡、SS17は旧エルデネゴビ郡と、旧アバガ旗の全域にわたり行政単位の統合が行われたことと、旗中心地ビリグト鎮の管轄地域が大幅に拡大したことが看取される。

SS13の所在地として示してあるのは旗中心地にある自宅兼店舗（馬乳酒バー）の場所である。ただし自宅はツェンゲルボラグにもあり、夏は旗中心地、それ以外の季節はツェンゲルボラグで生活している。なおSS13のウマ群は、夏はアバガ旗中心地から30 kmほど離れた友人の牧地で放牧しているとのことであった。

各世帯の牧地の所属行政単位および生産・販売履歴をまとめたものが表6-3である。大まかな傾向として、都市空間から離れると馬乳酒の売れ行きが下がること、本格的な販売は過去10年の傾向であり、また販売世帯の中には従来馬乳酒を生産していなかった牧民の新規参入も認められることが看取される。1980年代から馬乳酒を販売していたSS12は、1990年代までは自前で輸送手段を持っておらず、都市から買い付けにやってくれば売っていたが、2000年に自動車を買って自前の輸送手段を持ち、また携帯電話の電波が届くようになったので本格的に販売を開始したと言う。また2010年から馬乳酒の販売を開始したSS14は、当初ウマの生体販売を目論んでウマを増やしたが、ウマの相場が下落したので利益の見込める馬乳酒の生産に切り替えたと言う。なおSS13の牧地が存在するアバガ旗北部のツェンゲルボラグには馬乳酒の生産者が数世帯存在するが、馬乳酒を生産しても現地で売れないので、馬乳酒を販売している牧民は全て市場である旗中心地の近くへ移動して生産しているとのことであった。

表6-4は、世帯主の年齢および各世帯の基本的な生産状況を示したものであ

表 6-4　各世帯の基本的な生産状況

	年齢	搾乳労働者	機械	搾乳頭数	製造期間	日販売量
SS12	35	地元の青年（親は郡外から移住）	あり	30	6 月初～ 10 月初	100kg
SS13	46	モンゴル国（ヘンティ）	あり	75	6/1 ～ 9/1	85 ～ 90kg
SS14	28	モンゴル国（セレンゲ）	あり	13	6/7 ～ 11 月初	50 ～ 55kg
SS15	70	雇っていない（自分で製造）	なし	4	6/20 ～ 10 月	自家消費
SS16	38	モンゴル国（スフバートル）	なし	25	6/20 ～ 9/4	75kg
SS17	63	雇っていない（母ウマを預託）	なし	1	7 月～終了未定	自家消費

る。すでに述べたとおり馬乳酒の生産で重要な労働は搾乳と攪拌である。現在の内モンゴル自治区では、販売を目的として大規模に生産している牧民においてはメスウマの搾乳と放牧を担当する労働者の雇用と、15 分で 1000 回攪拌できる馬乳酒製造機の導入が常態化していることがわかる。牧畜労働者に関して近年はモンゴル国から労働者を雇用する傾向が見られるが、これは過去 2 ～ 3 年で広まった現象であり、それ以前は内モンゴル自治区内で労働者を確保するのが一般的であった。なおモンゴル国から労働者を雇用する最大の理由は牧畜労働者の不足であり、一般に人づてに労働者を見つけてくるという。

表 6-4 では自家消費となっている SS17 の事例では、メスウマ 1 頭を息子の友人に預託しているが、預託先では 20 頭のメスウマをモンゴル国の労働者を雇って搾乳しており、攪拌は手作業で行っている。SS17 は、生産された馬乳酒を必要に応じて貰い受け、自家消費している。SS17 がメスウマを預託している理由は、ウマが搾乳に慣れるまでは搾乳が難しいためだという。この世帯は馬乳酒の生産には 2015 年から関与しているが、400 頭近くのウマ群を所有しており、ウマの生体販売で主たる収入を得ている。つまりウマはいたが搾乳はしていなかった、というケースである。

一方、自家消費を主目的として馬乳酒を生産している SS15 については、本人が高齢なこともあり、高血圧治療など健康目的に飲むことが強調されており、また旧正月での飲用にも言及するなど、いわゆる伝統的な生産者の馬乳酒に対する意識を垣間見ることができた[89]。この世帯も現在は 20 頭ほどのウマしか所有していないが、1999/2000 年のゾドで被害を受けるまでは 70 頭のウマ群を持っていた。メスウシの数も多く牛乳から蒸留酒も製造していたという。ただし、

89　一般に内モンゴル自治区における馬乳酒の名称は「チェゲー」であるが、SS15 のみが「(メスウマの) アイラグ」という名称で言及していた。SS15 は牛乳を原料とした乳酒 (メスウシのアイラグ) も生産し、SS15 の主人は「アイラグが (醸造した乳酒に対する) 元来のアバガの語彙である」と述べていた。

現在でも牛乳の醸造酒は製造しているから、馬乳酒を選択的に残したというよりは蒸留酒の生産を止めたと理解すべきだろう。また今回の調査データから、一般に若い世代の牧民ほど馬乳酒の販売に熱心である傾向が窺われる。

モンゴル国からの労働者の出身地について、調査事例に関しては東部のヘンティ県・スフバートル県や北部のセレンゲ県といった、第7章で示すデータでは馬乳酒の大産地とはみなされない地域である点が興味深い。むろん彼らはウマの搾乳や馬乳酒が作れるということで雇用されているわけであるが、出身地が馬乳酒を大々的に販売する長期生産地でないことや、あるいは彼らの出身地での家畜所有状況などが影響していることが想像される。労働者の年齢層は30歳前後から40代半ばまでであり、SS14の事例では4歳と2歳の子供を連れて来ていた。SS16の事例ではスフバートル県在住の男性とウランバートル市在住の姉が2人で来ており、家畜の扱いは心得ているものの、モンゴル国内では必ずしも家畜の飼養で生計を立てている人々ではない可能性が窺われた。なお、搾乳方法については必ず最初に仔ウマによる催乳を経るモンゴル国式と、個体によっては催乳なしで搾乳を行うアバガ式の違いが認識されており、モンゴル国出身の労働者はモンゴル国式で搾乳を行っていた。一方、馬乳酒の生産方法についての地域差は認められず、彼ら自身も全く同じであると認識していた。

馬乳酒製造機の導入は2014年頃からである。これは人力による撹拌作業を動力に置き換えただけの単純な機械であり、価格は2000元（約4万円）と安価であるが、電線が引き込まれていないと使えないので、すべての牧民が購入しているわけではない[90]。SS13の事例では、ウマを放牧している牧地ではモンゴル国からの牧畜労働者が搾乳に従事しているが、そこには電線が引き込まれていないので、自動車で馬乳のまま夜間に旗中心地まで運び、店舗裏手に設置した製造機で馬乳酒に加工している。内モンゴル自治区では一般的に販売用の馬乳酒は搾乳間もない、発酵の進んでいないものが好まれる傾向があり、SS17の主人は「今日搾った馬乳は明日出荷しなければいけない」と語り、SS16の主人は「都会の人は乳の香りがするくらいの弱い発酵のものを好む」と述べていた。またSS15以外の事例では、馬乳酒を大型の電気冷凍庫に保存することで発酵を止め、モンゴル国で一般に見られるような発酵の進んだ、酸味の強い状態になる

90　電線の引き込まれていない世帯では風力や太陽光で発電し、バッテリーに蓄電している。牧民宅への電線の引き込みは内モンゴル自治区で定住化が完了した1990年代後半より始まっているが、一般的に電線や電柱など引き込みに必要な費用は牧民の自己負担である。

前の味を保持しようと努めていた。もちろん、電気冷凍庫も電線の引き込みが必須である。なお冷凍庫での保存は、旧正月時期の馬乳酒の販売も容易にする。SS16によれば、旧正月期の販売価格は夏季のおよそ1.5倍であるという。

また生産期間については、2015年より生産を開始したSS17を除けば6月に生産を開始しており、終了期間にばらつきが存在する点も含めてモンゴル国と大きな差は見出しがたい。終了の理由づけについては、特に早期に終了する事例において「ウマを太らせるため」(SS13)、「草が乏しい」(SS16) に加え、「9月になると学校が始まるので牧畜労働者が帰国する」(SS13、SS16) と、労働者側の都合にも言及がなされていた。長期間の生産を目指していれば、SS14のように当初から長期の契約に応じる労働者を確保すればいいだけであるが、逆に言えば、自身が搾乳して細々と自家消費用の馬乳酒を製造するよりは家畜の栄養状態や牧地の保全が優先されると解釈すべきだろう。

表6-4の日販売量と馬乳酒の生産日数より、牧民の年間販売量が推計可能である。積極的に販売を行っている4世帯の場合、年間で5～12t程度が販売されている。内モンゴルでの卸値は500 g (1斤) で10元であり、モンゴル国における卸値 (1ℓで1000トゥグルク：2014年筆者調べ) の6倍以上 (円換算による比較)[91] となっている。以下ではSS12を例に、馬乳酒生産の収支を試算してみる。

SS12に関する試算の収支条件は以下のようになっている。ここでは6月初めから10月初めまで、約120日間馬乳酒を製造・販売している。居住地はシリンホト市内であるが、主な販売先はアバガ旗の乳製品店である。他にフフホト市のレストランにも販売しており、こちらは売値が500 gで12元と若干高価であるが、出荷量が少ないので試算ではすべて上述の500 gで10元という価格を適用する。買い手の電話注文に応じて出荷しており、1日の平均出荷量は100 kg (200斤)、シリンホト市内まで自身が自動車で運び、そこから運送業者に委託してアバガ旗もしくはフフホト市まで輸送している。また馬乳が不足するため、1日40 kg (80斤) ほど近隣の牧民から馬乳を購入し、自家で発酵させている。近隣の牧民が自身で馬乳酒を生産せずに馬乳を売る理由は馬乳酒の販売先の確保が容易でないことや、運搬手段や時間の都合で馬乳酒を出荷できないからであるという。なお、馬乳の買値は500 g (1斤) で9元である。上述した馬乳酒の運搬代 (燃料代および業者への輸送量) と馬乳の購入費のほかに、目立った経費としては労

91 双方を単純に円換算すると、モンゴル国では1 tで約6万円、内モンゴル自治区では150 kgで約6万円となる。

働者の人件費がある。人件費は月に3500元であり、SS12では搾乳の有無を問わずウマ群の管理のために通年で雇用している。

まず粗収入を計算すると、10元×200斤×120日＝24万元である。一方、支出はアバガ旗までの輸送費が500g（1斤）で1元なので2.4万元、シリンホト市中心部への往復（120km）のガソリン代は平均燃費を10km／ℓ、価格を6.23元／ℓ[92]で120日分と計算すると、6.23元×12ℓ×120日＝8971.2元となる。また人件費は3500元×12カ月＝4.2万元、馬乳の購入費は9元×80斤×120日＝8万6400元となる。粗収入からこれらの支出を差し引くと、7万8628.8元が純収入となる。なおSS12は、馬乳酒は1日600元くらいの純収入をもたらすと語っており、この試算（7万8628.8÷120＝655.24元）はインタビューのデータとも大きな齟齬はない。また彼らの収入の半分がこの馬乳酒から、残りの半分が家畜（ヒツジ300頭、ウマ70頭所有）の生体販売からもたらされるとのことであったが、年間の純収入が15万元を超える世帯は、現地の牧民としては比較的裕福な部類であるという。彼らが馬乳酒の販売で収入を倍増させているという事実が、馬乳酒販売の重要性を如実に示していると言えよう。

他の牧民においても馬乳酒の主な売却先はSS12と同様、都市部の乳製品店であると回答していた。乳製品店と牧民との間にはある程度固定的な関係が存在し、持続的な関係を維持することが志向されている[93]。場合によっては馴染みのない業者ないしは消費者が生産者の元に直接買いつけに来るケースもある。これには購入者が知り合いである場合と、そうでない場合とがあり、特に親しい友人などの場合は一般の市価より安い価格で売却することもあるという（SS15）。また乳製品販売店は仕入れた馬乳酒に500g（1斤）あたり3～5元程度の利益を乗せて販売するので、消費者にとっては卸値で購入するより安価である。ただし燃料代などを考慮すると、消費者レベルで利益が出るほどの大量購入をするケースは少ないと思われる。例えば筆者の調査中、SS13の店に個人客が持ち帰りで購入したことがあった。購入量は12.5kg（25斤）、価格は500g（1斤）あたり15元であった。これをアバガ旗中心地郊外の牧民世帯まで直接購入に行くと

92　調査時のシリンホト市でのガソリン価格に基づく。

93　辛嶋はモンゴル国の牧民が肉の売却において知り合いの商人との取引を優先させる傾向を、機会費用の引き下げを目指したものであると指摘している［辛嶋 2010: 198-206］。内モンゴル自治区においても牧民は取引相手との信頼関係の有無を重視しており［児玉 2000: 294］、本論で論じた馬乳酒の取引についても同様の傾向として理解できるだろう。

500 g（1斤）あたり12元で購入できるが（SS14、SS16）、差額75元のうちガソリン代で30～60元程度必要である（SS14、SS16）ことを考慮すれば価格での説明は難しく、味などの品質や人間関係（例：親族、友人、知人）といった要素が大きいと想像される。

一方、販売先の広がりについても人間関係は欠かせない要素である。SS12のフフホトへの出荷先は知人を通じて確保したものであるし、SS14は旗中心地に居住していた経歴がある上に漢語も流暢に話すので、個人の買い付けが多いと語っていた。SS16は内モンゴル南部のオルドス市や東部の通遼市などへも馬乳酒を出荷しており、またモンゴル国スフバートル県の知事を迎えた経験などもあるが、それには妻がシリンゴル盟の人民代表大会委員であることと無関係ではないと案内人は解説していた。またSS13のウマ群が夏に放牧されている草原は仲の良い友人から無償で借り受けているとのことであり、旗中心地での馬乳酒バーの経営も人間関係抜きには成立困難であることが示唆される。

もちろん、SS14が語るように、近年は過当競争気味で馬乳酒の価格が下落気味であることや、馬乳酒の味で生産者が選別されて誰でも売れるわけではないというのも事実だろう。その意味で、すべてが人間関係の論理で構成されていると理解するのも早計である。現時点では、馬乳酒販売を目的とした大規模生産者になれる条件として、販売先に関する見通しは重要であり、それゆえに誰でも参入できる市場ではなく、結果として地域社会レベルで見れば生産者は少数に限られていると解釈すべきだろう。ただし、参入できる層に限れば、馬乳酒販売はやはり郊外でのみ成立する収入源であり、コストに直結するという面で立地が重要となる。

これをモンゴル国の郊外と比較すると、郊外への参入の自由度においてモンゴル国の高さが際立っているが、これは土地制度の違いに由来するものである。馬乳酒の生産規模は内モンゴル自治区と比較して小規模のケースが多く、あまり豊かでない層の現金収入獲得手段という意味合いが強いものと解釈できる。これは、一定の資産（例：家畜、現金）や人間関係を持っている内モンゴルの馬乳生産者とは対照的である。

表6-5は、インフォーマントの所有牧地と賃借牧地などを示したものである。これを第3章のデータと対照すると、彼らはシリンホト市、アバガ旗それぞれの基準からすると平均よりは広いレベルの牧地を所有していると言えるだろう。特に大々的にウマを飼養しているSS13、SS16、SS17においては大規模な牧地の賃借を行っている。この事実は、周囲に牧地を貸す牧民（あるいは元牧民）が存在

表6-5　インフォーマントの所有牧地と賃借牧地（単位：ムー）、所有ウマ頭数など

	牧地	借地	ウマ	MSU	MSU/ha
SS12	3000	0	70	790	3.95
SS13	3万7000	2万	200	2220	0.90
SS14	1万2000	0	90	1328	1.66
SS15	1万5000	0	20	948	0.95
SS16	2万6000	1万	160	2720	1.57
SS17	3万	1万	400	2950	1.48

することを示唆しているが、彼らの牧地の分散状況を見れば、こうした階層はどこにでも存在するのだと言えるだろう。

一方、haあたりの家畜数は彼らの借地、小家畜およびウシの所有頭数も加味して算出している。これを見る限り、SS12を除いたインフォーマントについては、四子王旗の事例と比較して傾向としては高めであるが、極端に高いとは言えない。突出して高いSS12に関しては、現地でも草畜平衡は実施されており、ヒツジ1頭で26ムー（haあたり0.58頭）と定められていること、補助金は1ムーあたり約1元受け取っていることを確認している。従って、草畜平衡は厳密には守られていないことが推測される。

もちろん、「市弁法」第12条で見たように、乾草を購入すれば草畜平衡は達成できるはずだが、上記規定では半年少々の寒冷期の間で1ヒツジ単位あたり400kgの乾草と定められている。しかしSS12より頭数が多く、haあたりの家畜数が少ないSS13ですら15万斤（7.5t）、つまりヒツジ19頭分にも満たない購入量である。SS14が属するビリグト鎮ではヒツジ1頭で52ムー（haあたり0.29頭）とSS12より条件が2倍厳しく、また後述するように、15万斤という購入量は他の事例と比べても多い部類に属する。

15万斤の乾草を購入するのにSS14は8万元を費やしている。仮にSS12が同じ量の乾草を購入すれば、彼の家畜生体売却の利益はほぼゼロとなり、非現実的な数字である。SS12自身、量は詳らかにしなかったが乾草を購入していることは認めていた。一方で「国の決めた標準で家畜を飼えば生活できない」とも語っていた。なにがしかの飼料を購入したうえで、この程度の家畜数および家畜密度で牧畜を行うのが、現在の内モンゴルでのバランスの取り方なのであろう。多くのインフォーマントが、政府の算出する草畜平衡にウマは算入されないという見解を示しており、その観点から見れば、彼らの政府見解レベルでの家畜密度は3～5割程度低下する可能性がある。ただし、第7章で改めて論じるように、禁牧が設定されていない地域の草畜平衡については、諸般の事情に

よりそもそも順守されていない可能性が高い。

SS12とSS13の家畜密度の差は、都市からの距離を反映しているものと思われる。そこには単なる物理的な距離だけでなく、シリンホト市（17万人）とアバガ旗中心地（2万人）という規模の差、あるいはツェンゲルボラグが国境地帯であるという要素も加味すべきであろう。家畜密度の広域的分布については第7章で検討するが、いずれにせよ、都市に近くなければ馬乳酒は売れないという事実は重要であろう。またSS12に関しては、自身が馬乳酒を売っているだけでなく、周囲の牧民から馬乳を購入している点も重要であろう。自ら馬乳酒販売に参入しなくても、こうした形で馬乳酒に関われる牧民（つまりウマを所有する牧民）がSS12の周辺には存在するということだろう。

本節での論点を郊外化という視点でまとめると、以下のようになる。内モンゴル自治区においても1980年代以降、馬乳酒を都市部へ流通させる牧民が出現し始めたが、本格的な流通は過去10年の現象である。生産地域はシリンホト市とアバガ旗に限定され、その中で都市に近い少数の牧民が販売目的で生産している。つまり、馬乳酒は郊外の富裕な牧民にとっての選択肢の1つとして位置づけうる。遠隔地での馬乳酒生産も継続しているが、生産地域が限られるうえ、地域内でも少数の牧民が自給自足的に生産しているのが現状である。

このように、内モンゴルの郊外ではなんらかの形でマーケットの近さを利用した現金収入源と結びついていれば、牧民としての持続性を高めることができる。逆に、そうした収入源を持たない牧民にとっては、牧地面積が牧畜戦略を大きく規定すると思われる。この点が、第7章で比較検討するように内モンゴルの遠隔地における牧畜を特徴づけると想定される。

第7章　モンゴル国および内モンゴルの遠隔地における牧畜戦略の実践

第1節　オンゴン郡における遠隔地化の検討

第4章、第5章ではモンゴル国において、市場経済の浸透という制度的な変更と、ゾドを代表とする自然災害による突発的な個人の置かれた諸条件の変更が相まって郊外化が進み、またそれ以外の地域においても種々の影響が発生したことを指摘した。本章では、モンゴル国における郊外出現の結果、異なった牧畜戦略の実践地である遠隔地がいかに成立し、またどのような牧畜戦略を実践しているのかについて、スフバートル県オンゴン郡の2008年の調査データと過去の状況との比較によって検討する。

第1章で述べたように、遠隔地は、社会主義時代はもとより革命前の状況においても、牧民の居住地であり続けてきた。むろん、現在の遠隔地が社会主義時代の状況と同じでも、また革命前の状況と同じでもないことは明らかである一方、場所の同一性に起因する自然環境の同一性により、そこで行われる牧畜のスタイルに、革命前から現在に至るまである種の連続性を見出すことは可能であると思われる。ただしそれを「同じ」と括ってしまうことは、実際には時代・状況に応じて常に変化し続けている遠隔地の牧畜を、ある種の伝統論のような非常に固定的な枠組みによって理解してしまうという誤謬をおかす危険性が高いと筆者は考えている。

本節で筆者は、手続き論として遠隔地における21世紀、すなわちグローバル資本投下期の牧畜戦略は郊外と同様、なんらかの点で移行期の牧畜戦略とは異なっていると仮定することを議論の出発点としたい。結論として、遠隔地では移行期的状況が継続しているという可能性を排除するものではないが、筆者の見通しとしては、移行期とは物質的な生活条件が明らかに同じでない以上、遠隔地の牧畜戦略にもグローバル資本投下期を特徴づけるなんらかの変化が発生しているだろうと予測している。その上で、変化していないものがあるとすればそれは何なのかを明らかにしたいと考えている。

地図7-1　2001年のインフォーマント分布（筆者のハンディGPSデータによる）

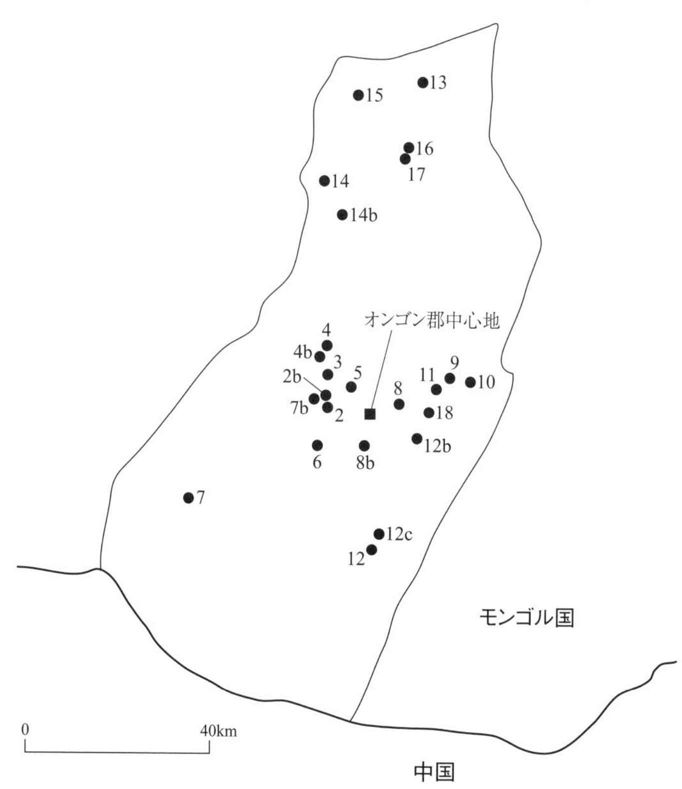

第2章で1990年代の営地情報の復元を実施したので、本節では2001年夏と2008年夏における調査世帯のGPSデータを地図上にプロットして作成した地図（地図7-1、地図7-2）および、両年の調査地点の異同を表7-1に示す。現地の人々の認識では、2 km以下の距離差は「同じ場所」として認識されることが多い。またプロット地点はNS12を除いて夏営地・秋営地である。

すでに述べたように、オンゴン郡の領域は東西約60 km、南北約130 kmに及ぶが、人口分布は均一ではない。オンゴン郡では第1～第3バグが牧民バグであり、第1バグが南東部、第2バグが北部、第3バグが南西部に位置し、牧民は平時、各バグの領域内で移動牧畜を行っている。第2バグ中心地のシャルブルドには小学校や若干の固定家屋が存在するが、その規模は数戸程度と極めて小さく、商店なども存在しないなど、定住地域とは呼び難い。

地図7-2　2008年のインフォーマント分布（筆者のハンディGPSデータによる）

一方、第4・第5バグは郡中心地の定住民のバグである。郡中心地には郡政府のほか、学校、病院、銀行、郵便電話局、商店、ホテル、ガソリンスタンドなどが揃っており、第5バグ所属の住民はこれらの施設に職を有する者、あるいは定職は持たないが時折ウランバートルや中国国境方面に出向いて交易などを行う者、そして彼らの家族や学校に通う牧民の子供の面倒を見る老人などで構成されている。

また、オンゴン郡は国境沿いであるので、郡中心地の東側に隣接する形で国境警備隊の駐屯地が存在する。それゆえ、第5バグとは別に駐屯地に居住する軍人およびその家族で構成されている第4バグが存在するが、日常生活においては第4バグと第5バグの住民は全く区別されない。各バグの人口構成は表7-2に示した通りであり、総人口の約3分の1が郡中心地に居住し、残りの3分の2

表 7-1　2001 年と 2008 年の調査地点の異同

	2001 年と 2008 年の調査地点の距離	備考
NS01	データなし	本人はソム中心地（2001 年、2008 年とも）
NS02	2km 以下（2 ～ 2b 間）	2001 年 2b は姉の夫、2008 年 2b は弟（地名により地点推定）
NS03	5km 以上	2008 年 3b は三男
NS04	5km 以上	2001 年 4b は弟
NS05	10km 以上	
NS06	5km 以上	
NS07	40km 以上	2008 年の夏営地の場所はオトル、2001 年 7b は母・弟
NS08	10km 以上	2001 年 8b はオトル先
NS09	10km 以上	
NS10	2km 以下	
NS11	データなし	所在不明（2008 年）
NS12	同一地点	春営地、2001 年 12b は夏営地、2008 年 12b は秋営地、12c は冬営地（2001 年、2008 年とも同一地点）
NS13	データなし	本人はチョイバルサン市
NS14	2km 以下	2001 年 14b は息子
NS15	2km 以下	
NS16	2km 以下	
NS17	2km 以下	
NS18	2km 以下	

表 7-2　オンゴン郡のバグ別人口構成（2007 年末）

バグ No.	世帯数	総人口	男性	女性	備考
1	213	873	449	424	南東部牧民バグ
2	160	652	320	332	北部牧民バグ
3	224	869	442	427	南西部牧民バグ
4	181	696	344	352	中心地（軍人）
5	168	626	311	315	中心地（民間人）
合計	946	3716	1866	1850	

出典：国家統計局

が草原で生活している。厳密に言えば、これは住民登録レベルでの分類であり、特に夏場などは、第 4・第 5 バグの住民であっても郡中心地を離れて草原で牧畜を行っているケースも珍しくはない（例：NS01）。逆に、子供の通学などの理由で、郡中心地で定住生活を送る第 1 ～第 3 バグの住民も存在するが、大雑把な傾向としては上記のような理解で差し支えないだろう。

さて、この数値と 1990 年代末の数値を比較すると、いくつかの興味深い事実が浮かび上がる。筆者は 1998 年夏の調査において、当時の郡政府関係者からオンゴン郡の総人口 3800 人のうち約 2000 人が郡中心地のハビルガ在住である、と教えられた。この数字は口頭で示された数字であるが、彼らが根拠としている

表7-3　オンゴン郡とモンゴル国における人口の推移

年	オンゴン郡（人）	モンゴル国（万人）
1997	3766	227.0
1998	3842	229.2
1999	3879	231.3
2000	3849	238.0
2001	3779	239.9
2002	3746	243.2
2004	3728	253.3
2007	3716	268.4

出典：国家統計局

数値は年末の国家人口センサスであり、その意味では表7-2の数値とデータソースは同一である。また表7-3の統計数値と対照しても、数値としては正確であることがわかる。とすると、1998年には人口の約半数が郡中心地に居住していたのに対し、2008年には郡中心地の人口が数的にも、比率的にも激減していると解釈しうるだろう。

さらに表7-3でオンゴン郡全体の総人口の推移を確認すると、1999年から発生するゾドを転機として、人口が増加から減少に転じていることが看取できる。しかも1999年末から2002年末までの3年間に133人もの人口減少が発生している。なお、1999年から2007年までのモンゴル国全体の人口増加率は16.0%であり、仮にこれと同じ増加率でオンゴン郡の人口が変動していれば、2007年の計算値は約4500人となる。つまりオンゴン郡ではゾド以後のグローバル資本投下期において全体的な傾向として社会的減少が見られるが、特にゾド直後の人口流出が顕著であったと言えるだろう。

ただし郡中心地ハビルガの人口変動からもわかる通り、バグ単位での人口動態は必ずしも郡全体の傾向とは一致していない。筆者が人口に関する情報を有している第1バグを例にとると、1998年夏の聞き取り時点では170世帯、700人であった。これと2007年末の数字を比較すると、世帯数で25.3％、人口数で24.7％の増加を示している。この傾向は、1998年における郡中心地ハビルガ以外の推計人口（1800人）から2007年末における第1～第3バグの合計（2394人）への増加率33％とも近い数字であり、牧民バグの人口数はモンゴル国の平均値を上回るペースで増加している。

筆者の調査範囲においては、21世紀に入ってから定住民が新たに牧民化した事例は見聞しなかった。ただし後で述べるように、筆者の2008年の調査は既存調査世帯の再訪であった。それゆえ技術的問題として、前述のような事例を補足できるとすれば、既存のユニット（ホトアイル）に元定住民が加わるケースのみであり、元定住民が独立してユニットを構えるような事例は補足できないことも事実である。だが筆者の2008年の調査範囲においても、2001年以降に郡中心地から郡外の都市へ移住した事例（2例）、牧民が郡中心地や郡外へ移住した事例（4例）を見出している点を勘案すれば、牧畜地域においては、1990年代以来の住民が牧畜を続けている、もしくは移出しているのが現状であり、人口増加は、モンゴル国全体より高率の自然増が社会減を上回っているからであると推測できる。

このような、オンゴン郡のマクロな人口動態を要約すれば、以下のようになろう。移行期には順調に増加していた人口が1999/2000年のゾドを契機に激減し、郡全体ではグローバル資本投下期を通じて緩やかに減少している。特に減少が著しいのは郡中心地であり、そこでは郡外への大幅な人口流出が発生しているのに対し、牧畜地域では比較的安定して推移している。ただし、牧民は移行期に牧民であった世帯構成員によって継続されており、郊外のようにグローバル資本投下期にも新規参入の牧民が出現している地域とは異なっている。

郡中心地から人口が流出している要因は何だろうか。筆者が上で挙げた事例（2例）の場合は、世帯主が2人とも年金生活者であり、うち1人は元教師で娘夫婦が住むウランバートル市バガノール地区[94]、もう1人は元軍人でウランバートル市内に移住していた。前者は牧民としてオンゴン郡内で放牧生活をしていた息子2人の世帯[95]も伴って移住しており、息子たちはバガノール郊外で牧民として生活しているという。このように、高齢かつ資金に余裕のある人々が、住環境の整った都市空間へ移住していることが少なくとも人口流出の一因であることがわかる。彼らはオンゴン郡に社会主義時代より居住していた人々であったが、牧畜を生業としていなかった点が共通している。むろん、彼ら自身も多少の家畜は所有していた[96]のだが、オンゴン郡に居住し続ける理由の乏しかった人々であるとも言えよう。

その他の要因としては、郡中心地に仕事がないということが大きく影響している。これはオンゴン郡の調査事例ではないのだが、筆者が2009年に現地調査

94　バガノール地区は行政上ウランバートル市に属するが、ウランバートル市中心部から100 kmほど東に離れたトゥブ県内の飛び地である。バガノールには炭鉱があり、都市空間として住宅などが整備されている。

95　NS02の姉の夫とNS12の次女の婿である。

96　家畜は牧民の親戚や友人に預託していた。

を行ったモンゴル国南部のウムヌゴビ県ハンボグド郡などでは、郡中心地に居住している人々が大挙して金の個人採掘者（ニンジャ）の仕事をしていたというエピソードが語られていた。ニンジャの方が当たれば利益が大きいという理由もあるが、郡中心地に住む人々はそれだけ収入源が少ないという事情が背景として存在する。2009年現在、ハンボグド郡は鉱山[97]と中国との国境貿易でにぎわっており郡中心地はむしろ人口が増加していたが、隣接する諸郡においては、オンゴン郡以上にさびれた外観の郡中心地も存在し、そこでは政府関係者などが口々に、ハンボグド郡とは異なり郡中心地には仕事がないと語っていた。

ただし、2008年のオンゴン郡のインフラは、遠隔地諸郡の中では比較的恵まれていた。というのは、ウランバートルを中心とする「中央システム」送電網が届いていたからである。2008年当時、郡中心地に携帯電話のアンテナが立っているのは普通のことになりつつあった。それと比べて中央システムの送電網はなかなか整備されず、オンゴン郡のようなウランバートルから離れた地域では、郡中心地といえども送電網が整備されているのは珍しい方であった。地域的例外もあるが[98]、基本的に中央システムの送電網に接続されていない郡中心地は自前のディーゼル発電機によって電気がまかなわれ、大抵それは日中や夜間の限られた時間のみに供給されていた。

それと比べて、停電でない限り電気が24時間供給される中央システムの送電網は、それが存在しない郡中心地と比較して明らかに魅力的であった。実際、2008年の調査時、オンゴン郡中心地のあるインフォーマントが2007年に中央システムの送電網と接続されたことに言及した際、「今やインターネット以外すべて来ている」と述べていた。また後で詳述するがNS02は、郡中心地に送電網が接続された際に電気技師の職に就き、牧民をやめて郡中心地に移住してきた。おそらく彼は非常に幸運な部類なのであろう。オンゴン郡が比較的インフラに恵まれているとはいっても、都市とは比べ物にならないのも事実であり、郡中心地に定職を得て移住してくる人より、収入を求めて郡中心地から郡外へ移住していく人の方が多いことは人口動態から類推しても明らかである。

続いて牧民の具体的事例の検討に移りたい。本節で取り上げるのは地図7-1と地図7-2で示したオンゴン郡内の合計18ユニットである。基本的には第2章で

97　ハンボグド郡にはモンゴル国最大級の銅山であるオユトルゴイ鉱山が存在する。

98　たとえば同国西部のオブス県では、2005年現在ロシアから国境を超えて送電線が引かれていた。なお、モンゴル国の牧畜地域では電気は風力や太陽光、あるいは小型のガソリン発電機によって自前で調達すべきものとされている。

扱ったユニットと同じであるが、NS12の長女の婿であるNS18を、本節では新たに別項目で扱うこととした。NS18は、冬営地・春営地はNS12の固定施設を利用しており、季節移動などについてもNS12の指示を受けていることから、完全には独立したユニットではなく、依然としてNo.12のホトアイルの構成世帯と解釈すべきであるが、2008年夏季には自分の家畜のみを連れて別個の営地を構えるなど独立の萌芽が見られたので、No.12とは別の事例として扱っている。

筆者がこれまでオンゴン郡で行った現地調査で訪問した牧畜ユニットは、特に1998年調査分に関しては他にもいくつか存在する。ただし、他の事例では単一年の調査データしかなく、本節のテーマである移行期とグローバル資本投下期の断絶性と継続性を検討する事例としては有用性が低いと判断し、取り上げていない。本節では1998年、2001年、2008年の調査データを主として取り上げるが、1998年は移行期、2001年は移行期とグローバル資本投下期の境界的時期、2008年はグローバル資本投下期に相当すると解釈可能である。

なお、オンゴン郡牧民における牧畜の継続性及び断絶性を検討する手がかりとしては、彼らの牧畜ユニット構成と家畜数の変動を主に取り上げる。言うまでもないことだが、これらは牧民の牧畜戦略と密接に関連する要素である。

まず、表7-4に18事例の基本情報、ネグデル期の職業、1998年夏季のグループ構成などについて示す。第2章で述べたとおり、世帯主はすべて男性である。また社会主義時代の職業のうち、「牧民」とのみ記載されているものは小家畜（ツジ・ヤギ）群の放牧を担当していたことを示し[99]、「ウマ」「ラクダ」の記載があるものは、ネグデル期の一時期、ウマやラクダの放牧担当者[100]であったことを示している。後者について特記してある理由は、ウマやラクダの放牧担当者は専門性の高い職業として認識されていたからである。なお、彼らも任期以外の時期は小家畜群の放牧も行っている。

生年については、NS18を除けばそれぞれのグループにおける1998年当時のリーダーに関するものである。後述するが、彼らの中には2001年には別ユニットの構成メンバー（非リーダー）となっていた者や、2008年には他界していた者も含まれていることをあらかじめお断りしておく。

表7-4から明らかなとおり、リーダーはネグデル期以来の生粋の牧民が圧倒的に多数を占めている。ただし、これはグループを構成するすべての世帯がネグ

99　モンゴル語では「ホニチン」（ヒツジ飼い）と呼ばれているが、ヒツジはヤギとの混成群を構成しているので、実際には小家畜の放牧担当である。

100　モンゴル語ではそれぞれ「アドーチン」「テメーチン」である。

表7-4　インフォーマントの基本情報

	生年	バグ	ネグデル期の職業	1988年夏季のグループ構成	備考
NS01	1946	5	病院会計	1世帯	冬季は郡中心地居住、息子2人が放牧
NS02	1972	3	中等専門学校生	2世帯（本人、姉の夫）	電気技師の資格あり
NS03	1933	3	牧民	4世帯（本人、息子3人）	
NS04	1944	3	牧民（ラクダ）	3世帯（本人、弟、息子）	
NS05	1936	3	牧民（ラクダ）	2世帯（本人、息子）	
NS06	1926	3	牧民	2世帯（本人、息子2人、孫）	
NS07	1974	3	生徒	3世帯（本人、母、母の弟）	
NS08	1943	1	牧民（ウマ、ラクダ）	2世帯（本人、息子）	
NS09	1937	1	牧民（ウマ、ラクダ）	4世帯（本人、息子、妹の夫、娘婿）	
NS10	1933	1	牧民（ウマ）	2世帯（本人、嫁）	息子は死亡
NS11	1960	1	ネグデル雑用係	1世帯	視力に障害あり
NS12	1935	1	牧民	2世帯（本人、娘婿）	春営地に残留、息子2人と娘婿（NS18）が夏営地に移動
NS13	1962	2	牧民（ウマ）	3世帯（本人、母、妻の姉の夫）	母のゲルに弟世帯も同居
NS14	1921	2	牧民	2世帯（本人、息子）	
NS15	1933	2	牧民（ウマ）	3世帯（本人、娘婿、息子）	
NS16	1961	2	牧民（ウマ）	1世帯	
NS17	1941	2	牧民	2世帯（本人、息子）	
NS18	1960	1	ネグデル運転手	3世帯（本人、妻の弟＝NS12の息子2人）	リーダーはNS12

デル期以来の牧民であることを示しているのではない。たとえばNS02の姉の夫世帯、NS12の娘婿（次女の婿）世帯、1998年当時はNS12のホトアイルの構成世帯であったNS18（NS12の長女の婿）などは社会主義崩壊まで郡中心地に居住していた。つまりオンゴン郡で移行期に牧民化した人々は、その多くが旧来の牧民とホトアイルを構成することで彼らの牧畜インフラを使用し、また彼らの牧畜技術に依存しつつ、牧民として生活していくことを選択したようである。それを可能にしているのは姻戚関係などの社会的ネットワークの存在である。こうした社会的ネットワークを持たない人々の場合、独立して牧畜を開始せざるを得なかった状況も想像できるが、調査事例から判断する限り、オンゴン郡においては多くの人がネグデル期以来の牧民との社会的ネットワークを有していたと考えられる。

1998年に上記のようであったユニット構成が、2001年および2008年にはどのように変化したであろうか。まず1998年から2001年にいたる変化を明らかに

表 7-5　2001 年のグループ構成および変化要因

	2001 年夏季のグループ構成	変化要因	備考
NS01	データなし		
NS02	1 世帯	一時的分割	姉の夫は 500m 離れた地点で放牧
NS03	2 世帯（本人、息子）	一時的分割	息子 2 人は 1km 離れた地点で放牧、冬営地は同一
NS04	2 世帯（本人、息子）	一時的分割	弟は別地点で放牧、冬営地は同一
NS05	2 世帯（本人、息子）		
NS06	4 世帯（本人、息子 2 人、孫）		
NS07	4 世帯（本人、父方イトコ 2 人、父のイトコ）	ホトアイル再編成	リーダーは父方イトコの 1 人、母は弟および妹の夫と別地点で放牧
NS08	2 世帯（本人、息子）		
NS09	4 世帯（本人、息子、妹の夫、牧畜労働者）	構成メンバー増加	牧畜労働者は郡中心地に住んでいた親戚関係のない若者、娘婿はドルノド県に家畜を連れて移住
NS10	2 世帯（本人、嫁）		
NS11	3 世帯（本人、弟の妻の兄、弟の妻の姉妹の夫）	ホトアイル再編成	リーダーは弟の妻の兄
NS12	1 世帯	分割パターンの変化	春営地に残留、息子 2 人は夏営地(1)、NS18 と次女の婿は異なる場所の夏営地
NS13	2 世帯（本人、妻の姉の夫）	構成メンバー減少	母は郡中心地、母と同居の弟はウランバートルへ移住
NS14	2 世帯（本人、息子）		同居の息子は末息子、1998 年に同居の息子（次男）は離れた場所で 1 年中分割群を担当
NS15	2 世帯（本人、息子）	構成メンバー減少	娘婿は 8km 離れた地点で放牧
NS16	1 世帯		
NS17	3 世帯（本人、息子、婿）	構成メンバー増加	娘婿は 2000 年から合流、元々は自分の母および兄弟と放牧していた
NS18	2 世帯（本人、義理の弟 = NS12 の娘婿）	分割パターンの変化	リーダーは NS12

するため、表 7-5 に 2001 年の状況および変化要因などを示す。

ここから明らかになることは、ユニットの抜本的な再編成に至っている事例は NS07 や NS11 など少数であり、それ以外のユニットについては、リーダーやその息子・娘婿から構成される中心的なメンバーは不動で、リーダーから関係の遠い親族・姻族や牧畜労働者といった周辺的な構成メンバーが出入りしているという実態である。NS07 はゾドの影響で 2001 年現在では所有家畜数が MSU 換算で 224 頭と、自立した牧民として生活できるレベルではなくなっていた。また、NS11 は 1998 年時点での MSU 換算が 80 頭と、ゾド以前の状況ですでに自立的には生活困難なレベルであった。NS11 は元々目が悪く、ネグデル期においても郡中心地において雑用係的な補助的労働のみを任されていた人物である。

そのほか、ホトアイルの一時的分割が目立つのは、2001年夏は干ばつの影響で草生が悪く、家畜の密度を下げる必要があったからであり、これは恒久的な分裂を意味するものではなかった。第5章で述べたように、オンゴン郡はモンゴル国の他地域と比較して1999/2000年のゾドの被害が軽微で、2000/01年のゾドも郡レベルとしてはあまり深刻ではなかったこともあり、この時点において牧畜はユニット構成面に関する限り、移行期的状況から大幅な変動を示しているとは言えないだろう。

次に、2001年から2008年にいたる変化を検討しよう。表7-6は、2008年の状況および2001年の状況から2008年の状況にいたる変化要因などを記したものである。

表7-6で目立つのは、本人の死去および移住である。まず前者の方から検討すると、かつてのリーダーが死去した場合、その子供が継承して牧畜を継続していることが看取できる。NS03のようにホトアイルの分割が発生している事例も存在するが、NS06、NS10およびNS15のようにリーダーの死去がホトアイルの分割を惹起していない事例の方が多数を占める。さらにNS05やNS08なども子供が1人しかいないわけではないし、NS14ではリーダーが存命中にホトアイルの分割がなされているので、本人の死去は牧畜という生業の継続性に大きな影響を与えてはいないと言えよう。

こうした事例が示しているのは、彼らは移行期やグローバル資本投下期という時代性とは関係なく、牧畜を続けているという継続性である。その意味では構成メンバーに変化があった事例（NS04、NS09、NS16）や、兄弟が再び2世帯でホトアイルを結成したNS07も同様に理解できる。また、高齢のリーダーが郡中心地へ移住したNS17も、地域社会における世代交代の一環として理解すべき現象であろう。

一方NS02は、それとは異なる2つの事象を含んでいる。1つはNS02の姉の夫、すなわちバガノール地区へ移住した元教師の息子である。彼はNS12構成メンバー（次女の婿）と兄弟で、2008年当時はバガノール地区の郊外で放牧を行っていた。放牧していた家畜は、オンゴン郡で自分たちが所有していた家畜と、バガノール地区のアパートに居住している父親（元教師）の預託家畜である。つまり、彼らはバガノールで郊外化現象の一端を担っているのだと解釈できる。この意味において、遠隔地たるオンゴン郡は郊外への牧民の供給元として機能したことになる。

表 7-6　2008 年のグループ構成および変化要因

	2005 年夏季のグループ構成	変化要因	備考
NS01	1 世帯（息子）	移住	妻の年金が出たので郡中心地へ
NS02	1 世帯（弟）	移住	2007 年秋に郡中心地へ移住し電気技師となる（母も同居）、姉の夫は 2004 年にバガノール地区へ移住
NS03	1 世帯（息子）	本人死去	2005 年に兄妹 3 人が独立、末息子が父のゲルを相続（妹も同居）
NS04	3 世帯（本人、息子、娘婿）	構成メンバー増加	娘婿は 2007 年から合流、弟は死去
NS05	1 世帯（息子）	本人死去	
NS06	4 世帯（息子 2 人、孫 2 人）	本人死去	2006 年死去、ホトアイルの分割は発生せず
NS07	2 世帯（本人、弟）	ホトアイル再編成	母はウランバートルへ移住
NS08	1 世帯（息子）	本人死去	
NS09	3 世帯（本人、息子、妹の娘の夫）	構成メンバー増加・減少	牧畜労働者は 1 ～ 2 年で分離、妹の娘の夫は 2004 年から合流
NS10	2 世帯（息子 2 人）	本人死去	牧畜労働者を雇用しているがウマ群と別行動中
NS11	所在不明	生活困難？	ホトアイルを転々とし郡外へ移住？
NS12	1 世帯	構成メンバー増加・減少、分割パターンの変化	春営地に残留、息子の 1 人は就学期の世話のため郡中心地へ移住、娘婿（次女の夫）は 2004 年にバガノール地区へ移住、娘婿（三女の夫）が 2002 年から合流、息子 1 人と娘婿（三女の夫）は秋営地
NS13	1 世帯（妻の姉の夫）	移住	ドルノド県チョイバルサン市へ移住、家畜は妻の姉の夫に預託、母は郡中心地、弟はダリンガン郡で商売
NS14	3 世帯（本人、息子、孫）	構成メンバー増加	孫は 2008 年に結婚して世帯を構える、次男は独立し 3km 離れた場所で放牧
NS15	3 世帯（息子 3 人）	本人死去	リーダーは兄弟の 2 番目（2001 年時点では結婚していなかった息子の兄の方）
NS16	2 世帯（本人、牧畜労働者）	構成メンバー増加	牧畜労働者は妻の親戚、2007 年 10 月から雇用
NS17	1 世帯	移住	就学期（孫）の世話のため郡中心地へ移住、婿とは 2008 年春に分離
NS18	1 世帯	独立傾向増大	夏のみ自分の家畜を連れ独立して放牧、冬営地・春営地は NS12 に合流

もう 1 つはホトアイルのアハラクチであった NS02 自身である。すでに述べたように、オンゴン郡中心地に中央システムの送電線が引かれてきたことを契機に牧民をやめ、郡中心地に移住して電気技師として勤務を始めた。これもグローバル資本投下期的状況の一環として、モンゴル国で再びインフラ整備が開始したことが背景にある。彼が所有していた家畜は、既婚の弟が引き継いで 1 世帯

で放牧を続けている。

NS02は1993年に「優秀青年牧民」として表彰を受けたことがあるなど、牧民としても有能であった。ただし彼自身は、電気技師になるために中等専門学校に通ったが、社会主義体制崩壊で夢を断たれたと感じており、内心忸怩たる思いで10数年間を過ごしていたようである。彼の牧畜技術は移行期の初期に祖父から学んだものであり、父親は銀細工職人で定住生活者であった。2008年の調査時に筆者が郡中心地でNS02と会った際、牧民時代にはほとんど見せることのなかった笑顔で、ようやく自分のやりたい仕事に就けたと語っていた。

ところで、このNS02と関係する2事象（3人）に共通する事項として、彼らがいずれも生粋の牧民の子供としてではなく、定住地域の世帯出身であることが指摘できる。そしてこの点はNS13にも共通している。彼の父親は1964年から25年間、オンゴン郡でネグデルの経済専門家として働いており、ナーダムに出場する競走馬のオヤーチ（調教師）としても有名であった。NS13は、そうした父親の希望もあって社会主義時代に牧民となり、ネグデル解体時にはウマの放牧担当者であったが、弟は高等師範学院を卒業して教師となるなど、むしろ定住生活に親和性の高い家庭環境であったことが想像される。

NS13は、2008年にはモンゴル国東部の中心都市であるドルノド県チョイバルサン市に移住していた。現地での生活方法については未確認であるが、家畜はオンゴン郡に残している点から判断して、残した家畜の収益により、都市で生活できるだけの収入は確保できているものと思われる。NS13の家畜を預託されている妻の姉の夫は、2008年の調査に同行した案内人（オンゴン郡在住）によると、実質的にはNS13の牧畜労働者であるという。

またNS13の弟は、オンゴン郡の東隣のダリガンガ郡で教師となった後、ダリガンガ郡政府の事務長職を得ていたが、1997年に辞して牧民となった。筆者の1998年調査の時点では、彼はNS13のユニットに所属し、母の面倒を見ながら牧畜をしていた。しかし彼は、2001年調査の時点では妻が体調を崩したためウランバートルへ移住しており、2008年調査の時点ではダリガンガ郡中心地で交易に従事していた。

NS01の世帯もこうしたカテゴリーに近い存在である。NS01の妻は教員であり、夫婦とも夏以外は郡中心地に居住していた。従って、彼らの所属バグは一貫して第5バグであり、統計上は定住民である[101]。2008年現在NS01の家畜を放

101　オンゴン郡の公式統計では、第4バグ・第5バグには「マルタイ」（家畜保有）の世帯

牧していた息子も、所属バグは第5バグである。ただし、単に高齢を理由に郡中心地へ移住するという現象は元牧民のNS17でもみられるので、定住地域への移住は元定住民に限られた現象ではない。またNS18のように、元定住民であっても自立した牧民としての地歩を固めつつある事例も存在するので、元牧民・元定住民というネグデル期の居住形態をベースにした住民の区分が現状の居住形態に与える影響は否定できないものの、決定的とまでは言えないだろう。

ただし、ウランバートル市やバガノール地区、あるいはチョイバルサン市というような都市空間へのアクセシビリティという点については、両者に少なからぬ差があると推測される。元定住民は、都市での生活を可能とする知識や年金、あるいは社会的ネットワークという点で、元牧民より一日の長があると思われる。そもそもネグデル期において、郡中心地で定住生活を送っていたのは多くが専門的知識や技能を持った人々であり、彼らがそれを身につけたのはウランバートル市やチョイバルサン市といった都市空間であった。移行期には牧民生活に優位性を見出していた彼らが、グローバル資本投下期になって都市生活の利便性が回復されつつあった状況下において、住地として都市空間を選択するのは元牧民よりは容易であっただろう。少なくとも彼らは、なんらかの見通しがあって都市へ移住していったと想像される。

こうした障壁は、都市空間の側にのみ存在するわけではない。少なくともオンゴン郡において、自立した牧民として成功するためには、依然として元牧民あるいは牧民世帯の出身であることが有利な条件として働いている。たとえばNS12のリーダーが所有する冬営地・春営地の家畜囲いや井戸といった固定施設は、ネグデル期にも彼が利用しており、ネグデル解体時の私有化に際して入手したものである。もちろんその後のメンテナンスの賜物でもあるが、2008年調査時において、彼の冬営地・春営地は第1バグの中でも最も施設面での整備が行き届いた営地であると自他ともに認識していた。冬営地・春営地の良否は、冬場の家畜の死亡率に少なからぬ影響を与えるファクターの1つである。こうした生粋の牧民たちは、単に土地をよく知っており経験があるというだけでなく、自分たちが長年使用している営地や牧地の優先的な利用権のようなものも非公式的にではあるが主張しうる立場にあるようである。

たとえば2008年の調査では、2004年から2007年ころまでオンゴン郡では干ばつに見舞われ、多くの牧民が郡外へ長期のオトルを行っていた。郡政府関係

は存在するが「マルチン」（牧民）の世帯は存在しない。

表 7-7　1990 年代後半と 2008 年の所有家畜頭数の規模

	1998 年夏 MSU（No.2,12 は 1997 年）	2008 年 MSU（No.6 以外は 2007 年末統計）	備考
NS01	255	—	
NS02	1100	526	本人所有分
NS03	2607	1543	次男所有分、三男は 551
NS04	1580	882	
NS05	1705	534	四男所有分、次男は 1,078
NS06	1825	1900	ホトアイル合計値、長男個人所有分は 145
NS07	931	515	兄所有分
NS08	638	757	本人所有分（2008 年春に死去、末息子に継承）
NS09	2733	1076	本人所有分は 300
NS10	1507	2003	三男所有分
NS11	80	—	
NS12	3624	1353	本人所有分
NS13	2883	655	本人所有分
NS14	1281	842	本人所有分
NS15	675	534	次男所有分
NS16	992	2546	
NS17	766	415	本人所有分
NS18	—	414	

者の 1 人は、郡の牧民の 80 % が郡外に 2 〜 3 年間オトルに出ていたと筆者に語った。ところがそうした状況の中で、NS12 や NS14 といった、多数の家畜を所有し、かつ経験豊かな牧民はオトルに行っていない。NS12 は筆者に、他の牧民がこぞってオトルに出たので、普段より大面積の草地が利用できたので飼料には困らなかったと説明したが、こうした選択肢は誰にでも開かれていたかどうかは不明である。あるいは郊外の牧民と類似の論理で、NS12 や NS14 は、移動しないことで自らの営地や牧地に対する排他的な利用権を確保し続けていると解釈すべきであるかもしれない。

いずれにせよ、上述のような元牧民の優位性は遠隔地における牧畜の特徴を示していると思われる。そこで次に各事例の家畜頭数の規模とその変遷について確認し、遠隔地の牧畜における特徴をさらに詳しく検討したい。

表 7-7 では、1990 年代後半と 2008 年の所有家畜頭数の規模を事例ごとに示している。この表で示している 2 つの数値は完全に同じ質のデータではないので、分析の前に多少の説明が必要である。

前者のデータはNS12を除いて1998年の数値であり、一部の例外を除いて[102]聞き取り調査で得た営地単位での家畜頭数をMSU換算したものである。それゆえ、ユニットにおいてリーダーが実際に管理している家畜がほぼ含まれているものと思われる。その中には、リーダー所有の家畜に加えて、ホトアイルのメンバーである息子や娘婿などの家畜、牧畜労働者の所有家畜、そして当ホトアイルに家畜を預託している定住民の所有家畜が含まれている可能性がある。ただし、筆者が預託家畜について聞き取りを行ったいくつかの事例データから[103]、牧畜労働者の所有家畜や定住民の預託家畜は、数的には微々たるものであると想像される。

一方2008年のデータは、NS06を除けばオンゴン郡の家畜所有台帳に記載された数値を記している。それゆえ、複数世帯からなるホトアイルにおいては、リーダーが息子や娘に譲渡し、所有名義の変更された家畜は含まれていない。ただNS09に関しては、聞き取りで息子名義の家畜頭数が確認できたので、息子名義の家畜も加えてある。それゆえ、両年の家畜数の比較は、ある事例においてはリーダー所有の家畜数の増減を推測しうるケースも存在するが、別の事例においてはあまり意味をなさないケースが存在するので注意が必要である。概して、ホトアイルの構成世帯数が多いほど、両年の数値を単純に比較する意味が薄れると理解してよかろう。

その意味において、家畜が確実に減少していると推測しうるのはNS04、NS09、NS13であり、そのほかについては2008年の調査データが存在する事例に関する限り、減少しているかどうかは判断できない。逆に、NS10やNS16においては確実かつ大幅に家畜数を増やしている。従って、所有家畜頭数は全体的には1998年と変わらないレベルを保っているのではないかと想像しうる。その中で目立っているのは、1998年のNS01やNS11の頭数の少なさである。前述のように、ゾドで大きな被害を受けたNS07はなんとか頭数を回復しつつあるが、NS01のように年金のサポートがないNS11は2008年時点ですでにオンゴン郡外に移住してしまっていると推定される。つまり、零細規模の家畜所有者は他の収入源を持たない限り、牧地から淘汰されていっていることが窺える。

また、NS18も独立傾向が増大しているとはいえ、2008年時点でも家畜頭数は

102 1998年の所属ユニットのデータから除外したのは、NS02の姉の夫（2008年にはバガノール在住のゆえ）、NS04の弟（ユニットからの独立傾向が強いゆえ）、NS12の次女の婿（2008年にはバガノール在住のゆえ）のデータである。

103 例えばNS12など。

表 7-8　遠隔地と郊外における牧畜経営規模の比較（MSU）

	オンゴン 1988 年	オンゴン 2008 年	ボルガン 2007/2008 年
事例数	17	16	20
最大値	3624	2546	1494
最小値	80	414	90
平均値	1481	1031	519

少ないほうであり、他事例と比較する限りにおいて、完全に自立ができるレベルの家畜頭数ではないと思われる。NS18 は元定住民に分類される経歴の人物である（表 7-4）。詳細な事情はさておき、高齢ゆえに家畜を息子たちに譲ってもなおヒツジ換算で 1000 頭以上の家畜を有する義父と比較すれば、社会主義体制崩壊後 15 年以上を経てもなお両者の懸隔は大きい。NS18 も、義父の支援があってこそ牧民を続けられている存在ではないかと想像される。

一方、オンゴン郡という文脈を離れて彼らの所有家畜頭数を考えた場合、郊外の牧民と比較して明らかに数が多いと思われる。というのも、既に述べたとおり、郊外の牧民は乳製品を販売して現金収入を得られるのに対し、オンゴン郡のような遠隔地では、牧民の現金収入源は家畜生体とカシミアの売却に限られるからである。つまり遠隔地においては、牧畜の経営規模が郊外と比較して大規模ではないかと推測されるので、確認のため両者のデータを比較してみたい。ここでは 1998 年のオンゴン郡、2008 年のオンゴン郡、そして第 4 章で検討したボルガン県の郊外地域（2007 年および 2008 年）の事例数、最大値、最小値、平均値を算出し、表 7-8 に示す。

こうして比較すると、2008 年のオンゴン郡における経営規模は、最大値・最小値・平均値のいずれをとっても郊外よりはるかに大きいことがわかる。ことに、1998 年の NS11 とほぼ同数の家畜頭数でも、郊外ではグローバル資本投下期においてもなんとか生存できており、また NS18 のレベルでも平均値を若干下回る程度であるという点は示唆的である。なお第 5 章で検討した ND03（ホルド郡）の、2009/10 年のゾド直後の経営規模（MSU 換算 460）は、2008 年の NS18 と大差ないレベルである。つまり、遠隔地で牧畜のみで生活するには余裕のないレベルであったことが推測される。

グローバル資本投下期の遠隔地においては、郊外では生活しうる経営規模の牧民であっても、生活困難者もしくは周縁的な存在としてしか生存できないのである。遠隔地において自立的に生存しうるのは、郊外と比較して圧倒的に大量の家畜を擁する牧民のみであり、またこうした牧民は、少なくともオンゴン郡に限れば、その多くがネグデル期より牧畜に関わっていた人々である。
本節では、スフバートル県オンゴン郡を例に、主として移行期とグローバル資本投下期における牧畜の継続性と断絶性について検討を行った。その結果、ネグデル期以来の生粋の牧民世帯出身者を中心に、多数の家畜を擁する牧民が中心となって牧畜を行っている現状が明らかになった。彼らはネグデル期にも、そして移行期にも牧民であったという意味において、継続性を有している。特に彼らの社会的再生産面に目を向ければ、こうした元牧民世帯の出身者は、着実に次世代への継承を進めつつあると言えるし、家畜頭数面に関しても、単純に全体が増加する、あるいは減少するという傾向は見出せないものの、全体としてはある程度の安定した範囲で推移しているように見受けられる。
言うまでもなく、こうした牧民たちはオンゴン郡の遠隔地という条件下で、グローバル資本投下期には必須の物資となったトラック、発電機、テレビといった物資を購入しつつ、家計が破綻しないだけの牧畜を実践できている。筆者の2008年の調査は、北京オリンピックの開催期間中だったが、少なからぬインフォーマントが衛星放送でオリンピックのテレビ中継を流しつつ筆者のインタビューに答えていた様子は、牧民のゲルに発電機など存在しなかった1990年代の様子を知る者としては隔世の感があった。
筆者は1990年代、ネグデル期に長年牧民であった人々から過去の牧畜の話を聞いたところ、多くの牧民がネグデル期に各世帯に割りあてられた家畜数は非常に多かったと答え、それと比べたら調査時の私有家畜の放牧など「遊びのようなもの」(NS15の妻) と表現する牧民も存在した。おそらく、こうした状況で牧畜の技術を身につけ、結果を出してきた牧民というのは、ネグデルの手厚いサポートが存在したこともあるだろうが、やはりネグデル期に相当な牧畜技術を蓄積してきたものと想像される。そしてその成果が現状に直結しているのだろう。
なお、皮肉なことであるがNS15は1998年時点も、また次男が畜群を継承した2008年時点においても、現地社会では貧困層に属することから、ネグデルという外的干渉が消滅した移行期以後、「遊びのように」牧畜を実践する牧民も存在することが窺える。事実NS15は第4章で述べたように、2000/01年のゾドにおいて、ウシの75%、ヒツジ・ヤギの30%を失うという大損害を被っている。
ホトアイルのリーダーは上述のごとき元牧民が多数を占めている一方で、それ以外のホトアイル構成世帯の中には、少なからぬ元定住民が存在する。彼らは1990年代つまり移行期以来、牧民であり続けているが、牧畜において総じて元牧民ほどの成功は収めていない。無論、その中でも徐々にではあるが家畜を増やして牧民としての地歩を固めつつあるNS18のような者もいるが、その一方で、グローバル資本投下期になると都市や郊外、あるいは郡中心地へ移住し、生活面で牧畜に依存する比重を下げている者も出現している。特に都市空間へのアクセシビリティという点においては、専門性の高い職業についていた元定住民および、そうした世帯の出身者に優位性があることが看取される。

こうした両者の関係を見ると、元牧民が都市へ入り込むにはハードルが高く、逆に元定住民が牧民として成功するにも同じくハードルが高いと言える。結局のところ、その境界を越えることではなく、ある種の回帰傾向を強めることで成功している者が多いというのが遠隔地におけるグローバル資本投下期的状況である。そしてそれは、多くの人々が牧民を目指そうとした移行期的状況とは異なっている。

第1章で述べたように、佐々木によれば、同様の傾向はシベリア少数民族の猟師にも見られるという。シベリアでは多くの都市民が食料を求めて猟師となったが、それはあくまでも体制転換期の緊急避難的な行動であって、その後流通が安定すると生来の先住民系の猟師を除いては撤退した。つまり1990年代に見られた一見自給自足的な狩猟漁撈生活、あるいは牧畜生活は、それまでの流通網が崩壊したことによる緊急避難であって、それが回復するとともに自給自足的な性格は後退したという［佐々木 1998: 13-15］[104]。その意味において、モンゴルも例外ではなかった。

ただし、これだけではもう1つの重要なアクターを忘れている。すなわち上記いずれのカテゴリーからも疎外されている人々の存在である。こうした人々の中には、元定住民ではあるが都市空間へのアクセスを容易にするような専門的な職業ではなかった者や、牧民としての期間もしくは意欲の問題から、牧畜技術を蓄積してこなかった者などが含まれていると想像される。また彼らは同時に、牧民になるにせよ定住民になるにせよ、モンゴル社会で生きていくために重要な社会的ネットワークに乏しい人々であるとも考えられる。これは特に、良くも悪くもネグデルからの干渉がなくなった移行期以降に若年期を過ごした

104　このような現象はソ連崩壊後の1990年代に特徴的な動きではなく、時代や地域を通じて体制変換期の流通網の崩壊に伴う普遍的な現象である可能性が高い。佐々木によれば、シベリア少数民族は帝政ロシア時代よりすでに商業的狩猟などの形で広域経済圏の中で生活していたが、ロシア革命後の混乱期にも、彼らはやはり生活のために自給自足的な狩猟漁撈やトナカイ飼育に頼っていたという［佐々木 1998: 15; 2009: 110］。

人物にとって、大きな問題となる。
たとえば1998年の時点で貧困な牧民であったNS11（1960年生）は、2008年調査時にはオンゴン郡には居住しておらず、郡外へ移住しただろうことは確認できたが、移住先などの情報に関しては、少なくとも一般の住民にはわからない、あるいは関心のない事項であった。第2章で述べたように、NS11は1999年より別のホトアイルの構成世帯となっており、自立性を喪失していた。こうしたリーダー以外のホトアイル構成世帯のうち、リーダーと親族関係も姻族関係も存在しない世帯は貧困者の救済措置としてホトアイルに組み入れられたケースが多いが、こういうケースでは、1つのホトアイルに固定せず、ホトアイルを転々とすることが多い。NS11においても、2001年調査時には1999年とは異なるホトアイルの構成世帯となっており、ホトアイルを転々とした末に、郡外へ移住したものと思われる。
同じく、2001年にはNS09のホトアイルで生活していた当時20代の牧畜労働者も、孤児で2001年春までは郡中心地に居住していた無職者であったというが、彼の移住先についても2008年調査では確たる回答を得ることはできなかった。NS11は視力に障害を抱えていたので、牧畜空間でも定住空間でも経済的に自立しづらいマージナルな存在であったが、この牧畜労働者のように孤児というのも社会的ネットワークに乏しく、同じくマージナルな存在となりやすいことは容易に想像できる。このケースでは、NS09のリーダーが個人的に依頼して自身のホトアイルに招いたが、結局1～2年でホトアイルを出て行ったとのことであった。
一方、NS16（1961年生）のように社会主義時代に牧民として独り立ちしていた人物は、ネグデルの持つ干渉性ゆえに、社会的なネットワークの乏しさを克服する機会を持つことができた。彼は小さい頃に父親を亡くし在学中は貧困であったが、ネグデルの牧民となり、社会主義体制崩壊時にはブリガードのウマ放牧担当者のリーダーとなっていた。つまり社会主義時代に彼は牧畜技術の基礎を習得することに成功していたのであり、社会主義体制崩壊後も私有家畜を地道に増加させることで、2008年の調査時には大規模家畜所有者の証である「1000頭牧民」の称号を得るに至っている。
ところが、その下の世代となると、上述の牧畜労働者のように、社会的ネットワークの有無が牧畜技術の習得、あるいは家畜増加に対して大きく影響している。NS02（1972年生）のように、移行期の初期に牧民であった親族や姻族の援助を受けられた者は、彼らのホトアイルの構成メンバーとして牧畜技術を習得し、冬営地などの固定施設を利用しながら家畜を増加させることができた。特にNS02の場合は、最終的には祖父から固定施設を継承するという幸運にも恵まれた。

ところがNS07（1974年生）の場合は、1995年に牧民であった父を亡くすと、NS02ほどの技術も習得していなかったことも災いし、2000/01年のゾドではウシの半分以上、ヒツジ・ヤギの4割を失う損害を被って、自らは父方イトコのホトアイル構成メンバーとなり、弟と母は妹の夫とホトアイルを構成して、いったんは父から継承した従来のユニットが解体した。NS07が弟と2世帯でホトアイルを再結成するのは2007年のことであるが、家畜数は多いとは言えず、なんとか牧民を継続しているというのが実態である。これらの事例を見ると、1970年代以降に生まれた牧民の牧畜技術習得に関して、その成否を大きく左右しているのは、本人の意欲や能力だけでなく、どのような人物を親族・姻族として持ち、どのような条件で牧畜を行えるか、という側面が大きいのは否定しがたい。

ところで、上述したようなマージナルな人々は郡外へ出て、どこへ行ったのだろうか。彼らはグローバル資本投下期に入り、オンゴン郡という空間から撤退したことは確実だが、それでは蓋然性の高い移住先はどこかと問えば、やはり都市空間、あるいは郊外ではないかと考えるのが自然であろう。つまり、NS02やNS12の構成メンバーであった元教師の息子たちと同様の移住パターンである。

こうしたマージナルな人々は都市での生活の見込みがあって移住していったというよりは、オンゴン郡における厳しい現状からの好転を目指し、ある種の賭けで移住していったと思われる。筆者自身は、都市空間でこうした社会層の人々を直接見知っているわけではないが、第4章で述べたNK02は、西部のオブス県から逃れるようにして東へ移住し、結局ダルハン郡北部の草原（郊外）に落ち着いたが、彼もなんらかの見通しがあって移住を始めた人ではなかった。

なお、筆者が個人的に知るウランバートルの人々、つまり高等教育を受けメディアリテラシーも高く、生活も比較的安定しているような人々の認識では、今日のモンゴルにおける都市空間の膨張は、遠隔地では生活ができないので都市空間へ流入してくるような人々が主たる原因であるとされている。実際、彼らの流入先と考えられるウランバートル市北部に広がるゲル集落は1990年代以降、拡大の一途をたどっている［小金沢ほか 2006: 89-90］。こうした移住者の中には、牧民のみならず、郡中心地から流出していった定住民も含まれている。言うまでもないことだが、グローバル資本投下期に特に顕著な都市空間への人口増加とオンゴン郡中心地における人口減少は、どこまで直接的であるかは明らかではないものの、なんらかの回路を通じてリンクしているのである。

すなわち、グローバル資本投下期における遠隔地の牧畜は、主要な牧民に注目してミクロ的に見た場合には継続性が目につくが、その背景としての地域社会全体に着目した場合、移行期とは明らかな断絶性が存在すると言えるだろう。それは主要牧民以外の人々を中心とした人口流出であり、要因としては牧民以外の職に乏しく、しかも牧民であっても郊外と比べて大規模な家畜群を所有しないと生活が成り立たないというハードルの高さが指摘できる。またこのハードルの高さは、1999/2000年から始まるゾドという短期間で多くの所有家畜を喪失する災害や、21世紀以降の商品流通の回復によって顕著になってきたと考えられる。

これを、単純に、厳しい生活条件と解釈してしまうのは不適切であろう。というのも、その条件をクリアできる牧民にとっては、人口密度も家畜密度も高い郊外で牧地争いや家畜盗難のストレスを抱えながら生きるのと、どちらが望ましい生活であるかは一概には言えないだろうし、ことにウマを愛する牧民にとっては、オンゴン郡のようなモンゴル国東部の平原は絶好の飼養環境だからである。

その一方で、グローバル資本投下期の遠隔地は、牧民の生存戦略を狭めているというきらいは否定できない。第1章で述べたように、かつてスニースは、人民革命以前のモンゴル牧民の牧畜戦略には、利益の最大化を目指す「利益中心的モード」と労働投下に対する生産性を向上させようとする「生業的モード」の2極が存在したと論じた［Sneath 1999: 225-228］。この議論は20世紀末のものであり、当然ながら郊外の発生を見越していない。現在の郊外は、スニースが述べたテクノロジー、つまり頻繁かつ長距離な季節移動ではなく、市場から常に離れないことで利益の最大化を目指している。

現在の遠隔地はNS15に見られるように、ある程度生業的な生き方を目指す牧民も含み込んではいる。ただし遠隔地では、生活を維持するのに最低限必要な家畜は増加している。その結果、どんなに生業的モードを実践したくても、一定規模の家畜を維持していくことが不可欠となっている。第2章で検討したように、季節移動のパターンは基本的にネグデル期のものを踏襲している。つまり以前ほどの振れ幅のある戦略類型を許容せず、「利益中心的モード」に近い生き方を選択せざるをえない空間になりつつあると言えるだろう。現に牧民も、それに近い生き方を選択している者だけが生存できている。場合によっては、

第5章でみたように、鉱山労働とも共存しながら利益を確保しつつ、牧畜を続けようとしているのである。

こうした遠隔地の牧畜において選択可能な生存戦略の狭小化を、1種の過疎化の表れとして理解することも可能であろう。その一方、郊外では顕著な人口集中が進行している。第3節で述べるように、遠隔地における選択可能な生存戦略の狭小化は内モンゴルでも発生しており、郊外では人口集中とは言えないまでも、人口や家畜の密度が高い牧畜が行われている。こうした過疎と人口集中の同時進行はグローバル資本投下期に住民をより「グローバル」に近い郊外側へ引き寄せ、第1章で言及した二重経済論で想定されていたような、従来の牧畜実践を何らかの形で保持しうる緩衝地帯を減少させていると理解できる。それに対して遠隔地側は経済性とは別の論理で人口を保持する術はあるのか、次節ではウマを事例として検討したい。

第2節　モンゴル国遠隔地におけるウマの社会的機能

本節ではモンゴル国遠隔地におけるウマの社会的機能について、前半はナーダムの競馬を例として、後半は馬乳酒を例として考察する。

第2章で触れたようにモンゴル国における郡という社会空間の成立と維持に貢献し、また特に東部においては牧民がウマを保持し続けたい、そしてその結果遠隔地に居住し続けたいと希望する動機として機能しているナーダムについて、その具体的な作用のあり方をオンゴン郡のナーダムを例として検討したい。なお、ナーダムにおける競馬は、内モンゴルの遠隔地に居住する牧民にとっても、そこに居住し続けたいと希望する動機として機能することがある。

本節で取り上げるオンゴン郡のナーダムに関する分析は、1997年7月に筆者が見聞したデータに基づいており、その意味では遠隔地成立以前のものである。ただし、少なくとも2008年にオンゴン郡でインフォーマントに確認した限りでは、その概要や意義づけに関して大きな変更はないものと思われた。実際、前節で取り上げたNS13（チョイバルサン市居住）や元教師（バガノール地区居住）など、かつてオンゴン郡内でオヤーチ（調教師）として知られた人物は、2008年もナーダムの時期になるとオンゴン郡を訪問してナーダムに参加していた。

現在、モンゴル国におけるナーダムといってまず想起されるのは「国家ナーダム」、つまりモンゴル人民共和国時代より行われている、人民革命（1921年）を記念して7月11日からウランバートルで行われるナーダムであるが、それも含めた一般的なナーダムの解説としては、蓮見治雄の説明がまずあげられよう。

> ナーダムとはモンゴル語で「遊び」の意味であり、夏の終わりをいろどるモンゴル最大の行事である。ナーダムとはモンゴル語で男の三つの遊びといわれる弓・競馬・相撲の三種の競技が行われる。これをみるために人々は何日でも、数週間もかけて集まってくる。
>
> 伝統的なモンゴルの習慣によれば、このナーダムというのはオボー祭りの一部として行われた。オボー祭りとはすべてのモンゴル族に共通する宗教行事であった。そのために、モンゴル国では1921年の革命後、中国内蒙古自治区では1950年代初めごろから、本来的に重要なオボーを祀る部分が禁止され、全体の一部であったナーダムだけがスポーツ大会として許可されていた［蓮見 1993: 131］。

個別事例を挙げれば簡単に例外を指摘できるが、社会主義時代のモンゴル人民共和国における国家ナーダムでは、現在のスタイルから想像されるより「スポーツ大会」色の強かったことを指摘しておくことは無駄ではあるまい。社会主義時代のナーダムに関するマイダルの描写からは、近代社会主義国家としての国家儀礼にふさわしい体裁のイベントであったことが窺われる。

> モンゴルにおける、現代のナーダムは、民族的なオリンピック競技を思わせる。ここでは、モンゴル相撲、競馬、弓術の試合が行われ、多種目にわたる現代スポーツ（バレーボール、バスケットボール、フットボール、競輪、陸上競技など）の競技会が開催される。
>
> 1921年以来、この祭典は、モンゴル人民共和国独立宣言記念日、すなわち7月11日にはじまり、数日間行われる。
>
> ナーダムは首都だけでなく、あらゆる都市、県や郡の中心地で祝われる［マイダル 1988: 123］。

井上邦子の指摘によれば、1990年代に入ってからの国家ナーダムは人民革命よりも「チンギス・ハーン以来の伝統」を強く打ち出したものへと変化し、実施競技がより「伝統的」な方向に変更されたという［井上 1998: 231］。実際、筆者が1999年8月にダリガンガ郡で実見した「アルタン＝オボーのナーダム」は政府発表の数字で6万人の参加者を数える大規模なナーダムであったが、モンゴル相撲、競馬、弓術以外の種目はダリガンガ風ファッション＝コンテストなどわずかであった。

ナーダムは必ずしもこうした国家レベル、あるいはマイダルの記述に見られるような国家レベルのナーダムに連動したものに限られるわけではない。地方政府やそれに類する団体によって、あるいは全くの個人によってすら開催されうる。その名目は、オボー祭り、称号授与記念、あるいはウスニィ＝バヤル（髪切り儀礼）と様々であるが[105]、いずれにせよ、主催者側の「名目」あってのナーダムである、という点は共通である。つまり、ナーダムのためのナーダムであってはならず、その開催には正当な「動機」が必要であり、その動機に基づいた広義の儀礼の一環としてナーダムが行われる、という論理構成になっている。

しかし、この論理づけはあくまでも主催者側の論理である。こうした主催者側のメッセージを、見物人や参加者は「共有すべきである」ことが求められるのであろうが、それは見物人や参加者が実際に「共有している」ことを保証するものではない。事実、見物人や参加者がナーダムに集合する動機が主催者側のメッセージと異なっていると推測される事例は、オボー祭りやチベット仏教の廟会といった、いわば「伝統的」な儀礼に伴うナーダムが行われていた時期の報告書からも見出すことができる。たとえば、1930年代初頭にシリンゴル盟で調査を行った水野清一は次のように述べている。

> オボの祭は大抵旧暦の五月の中頃に行はれます。廟の祭は五月から六月の候に区々行はれます。祭そのものの儀式はその社交的な賑やかな光景に打ち消されて誰も口に上しませんから、その時にその場に臨まなければわかりません。それと反対にその日には跳鬼、競馬、角力は必ずつきもので、祭とはこればかりが見物だと云はぬばかりにこのことに就いては生々と話し会ひます。或はそう云ふ所にこれ等の祭の意義があるのかも知れません［水野 1932: 84］。

105　筆者の実見したものとしては、1996年7月12日、赤峰市オニュート旗において開かれたガチャ主催、オボー祭りのナーダム（種目は相撲と競馬1種類のみ）や、1996年7月17日、シリンゴル盟アバガ旗で豊かな老夫婦が、2人の外孫の「3歳の髪切り儀礼」に付随して自費（2万元）で行ったナーダム、1998年8月2日、ウランバートル＝ナライハ間で行われた鉄道開通60周年記念ナーダム、2004年8月3日、ヘンティ県ダルハン郡で郡名誉オヤーチの称号を受けた老人が自費で行ったナーダム（実施は2歳馬と5歳のレースのみ）などの事例を挙げることができる。

これを読む限り、見物人や参加者にとっての意義は儀礼そのものではなく、むしろ非日常的な空間に現出する「社交」やナーダムなどの「見物」にあった、と理解しても不当ではなかろう。つまり、ナーダムとは、主催する側の動機と、見物・参加する側の動機という、場合によっては相違する動機が相互作用する場として営まれている、と言えよう。

本節の試みは、単なる個別のナーダムのプロセスを事例として紹介するのみにとどまらず、ナーダムをめぐる地域社会のダイナミクスをも分析することである[106]。具体的には、詳細なナーダムの流れとともに、その開催動機、および見物人・参加者の言動を記述することでそうしたダイナミクスを捉える、という方法論を採用する。なお、競技参加者については、筆者の調査地域が「競馬」に対してことさら強い愛着を感じる地域であることもあり、競馬に最も主体的に関わるオヤーチ（調教師）の言動が中心になることをあらかじめお断りしておく。

ここで紹介する郡のナーダムは、1997年7月11日と12日、つまり国家ナーダムと同一の期日にスフバートル県オンゴン郡で行われたものである。開催場所は郡中心地の西外れにある仮設の「ナーダム広場」（相撲場も兼ねている）であり、広場の北西300mほどの地点に競馬のゴール地点がある。行われた種目は相撲と競馬のみであり、開催動機については後述の具体的なプロセスでも明らかなように「人民革命76周年記念」であった。

ナーダムの具体的なプロセスは次のとおりである。時刻に関しては実測値であり、事前のプログラム配布などはなかった。また、本ナーダムの調査では7月5日に現地入りしていたので、競馬の予行演習に関するデータをあげておく。

7月7日

イフ＝オラルダーン開催。これは競馬のオープン戦であり、開催場所は本会場とは別で、郡中心地から北北東10kmにある高台上の草原。なお、7月3日には「バガ＝オラルダーン」というオープン戦が同様に行われた。「イ

---

106 従来のナーダム研究は、儀礼研究［例：槙 1941、後藤 1956］、個々の種目に関する研究［例：ボルドー 1998］、主催者の形態変遷に着目した歴史に関する研究［例：井上 1998］などの形で存在した。一方、ナーダムが行われる社会の文脈における相互作用や、そこから生み出される社会的機能に関する考察は皆無であった。かろうじて、文革時代の東ウジュムチン旗に関する記録を残した張の言及に、地域社会の文脈からみたナーダムの意義が述べられている程度である［張 1986: 103-113］。

フ＝オラルダーン」の場合、10：25 開始、17：00 終了。出走順はアズラガ（種馬）、イフナス（成馬＝6歳以上）、ソヨーロン（5歳馬）、ヒャザーラン（4歳馬）、シュドレン（3歳馬）、ダーガ（2歳馬）。

7月10日

牧民が郡中心地に集まり始める。彼らはゲル持参で、郡中心地北側の草原に幕営する。

夜、テレビとラジオで国家ナーダム記念コンサートを中継する。なお、10日以前は燃料不足により停電であった。

7月11日

9：15　郡中心地東郊に駐屯している国境警備隊の兵士100人ほどが会場へ向けてパレード。

10：15　アズラガがナーダム広場より、22 km 離れた出走地点へ向けて出発。この直前より人々が会場へ集まる

10：30　郡長の開会宣言。「人民革命76周年記念ナーダム」という言及あり。ナーダム会場正面に位置するVIP席には赤文字で「親愛なる皆様モンゴル民族の大祭典ナーダムおめでとう」と書かれた看板が掲げられている。

10：40　相撲の1回戦が始まる。参加者は64人で、6回戦までのトーナメント方式。

10：55　郡中心地の北東で出火。騎馬の者の多くが火事を見に行き、ナーダム広場の見物人は一時半減する。

11：40　アズラガ帰着。帰着前に相撲の試合は中断され、これより昼休みに入る。ただし、会場近くのナイマーチン（商人）は営業を続けている。

13：30　相撲再開、イフナスが25km離れた出走地点へ出発。

15：40　イフナス帰着

17：15　ダーガが12km離れた出走地点へ出発。

18：25　ダーガ帰着。この後に予定されていた本日の競馬の表彰は、結局人が集まらず明日へ延期された。

20：00　調教師たちが翌日の出走に備えて馬を放牧に出す。

7月12日

8：30　前日の表彰の予定時刻だが、結局誰も現れず再び延期。

8：50　兵隊が会場に到着。会場より「集まるように」とのアナウンスが繰り返されるが、誰も来ない
9：50　ソヨーロンが22km離れた出走地点へ出発。
10：00　前日の表彰が始まる。
10：45　相撲の3回戦が開始。
11：20　ソヨーロン帰着。これより昼休みに入る。
13：05　相撲再開、ヒャザーランが18km離れた出走地点へ出発。
14：10　ヒャザーラン帰着。
15：35　シュドレンが16km離れた出走地点へ出発。
16：50　シュドレン帰着。
17：10「表彰をするのでウマは集まるように」とのアナウンス。
17：55　競馬の表彰が始まる。
18：25　相撲の決勝戦（6回戦）。
18：35　相撲の優勝者、準優勝者の表彰で全プログラム終了。ナーダム中のみ日中も電気が来ていたが、14日より再び停電状態となる。

このナーダムへの見物人・参加者の関わり方を次に検討しよう。まず、人民革命76周年記念ナーダムであるという点に関してだが、そもそも郡長の開会宣言はスピーカーの不良によりほとんど聞き取れない、というのが事実であった。モンゴルの人々にとってはこのナーダムの公式的な意義は社会主義時代以来、言わずともわかっているものである。現地のインフォーマントにあえてこの点を問いただしたところ、人民革命はモンゴル独立と同義なのだから（民主化後の1997年当時に言及することも）問題はない、との回答であった。

ナーダムの見物人・参加者は、郡長の開会宣言になんらの感慨もなく、単に「始まりの言葉」としてのみ解釈していた。さらに、「人民革命」を想起させるもう1つの道具立てである国境警備隊のパレードにいたっては、ほとんど見物人がいないありさまであった。

見物人・参加者は自分に興味がある時にのみ広場へ赴き、それが終われば自宅や幕営地に戻るという往復運動を繰り返しており、最も多くの見物人が集まったのは競馬のゴール時と表彰式であった。実際問題、広場はVIP席以外には日よけがなく、炎天下で長時間見物をすることは苦痛である。また、郡中心地の住民にとっては家に戻ってテレビで国家ナーダムの相撲中継を見る方が面白い、と前節で言及した元教師のオヤーチD氏および彼の家族は語っていた。

さらに、見物人の多くがウマでナーダム広場へ出かけることを考え合わせれば、郡中心地と広場の間の1km程度の距離はなきに等しい。筆者は偶然、ナーダム広場で郡中心地北東部の家屋から煙が上がっているのを目撃したが、見物人のモンゴル人たちは即座に数十人がウマで現場まで駆けつけ、数分後には広場にも火事の状況が伝えられていたというエピソードは、彼らの距離感覚を推し量る上では示唆的である。

一方、見物人、参加者の構成については、いずれもオンゴン郡に関係する者がその大半を占めている。見物人に関しては、郡中心地に住む定住者、国境警備隊関係者、草原の牧民という狭義の「郡住民」に加え、この日が全国的に休日であり学校の夏休み期間にも当たることから、郡出身者とその家族も少なくない。見物人についての公式な発表はないので、概数であるが、郡中心地在住者（約2000人）はほぼ全員、加えて牧民も各世帯最低1人はナーダム広場に赴くこと、また、ある世帯内で郡外のウランバートルや県中心地在住の者が存在しないケースは稀であることから、郡総人口に匹敵する3000～4000人程度がナーダム見物に出かけていると考えて差し支えないだろう。この数字は、郡の日常生活を考えれば異常な人数であるが、ナーダムとしては中規模な部類である。

そうした規模の小ささに対応するように、参加者は競馬では大半がオンゴン郡内、それに隣接諸郡のオヤーチが混じる程度であり、相撲にいたっては地元の青年と国境警備隊の兵士としてオンゴン郡内に駐屯している兵士に限られる状態であった。ただし、競馬で騎乗する子供については、ウランバートルなどに住んでいるオヤーチの親族である場合も稀ではない。

少なくともオヤーチに関する限り、彼らの興味関心は競馬、それも自分の調教したウマの出走するレースに限られる。極端な言い方をすれば、それ以外はナーダム「本来」の意義も含めて「どうでもいいこと」であり、ナーダムの意義も自らのウマが出走したレースで勝てるかどうか、この1点に尽きる。オヤーチは競馬のオープン戦である「オラルダーン」の段階から、他のオヤーチと出会えばウマに関する情報交換を行っている。特に優秀なオヤーチは地元の「名士」であり、高齢者も少なくないことから、年齢に関する秩序の厳しいモンゴルの地方部では独自の階層を形成している。

このように、モンゴルの男性にとって、自分の調教したウマがナーダムで入賞することは威信の源泉である。しかも、オヤーチは牧畜という生業と切り離せない行為であるので、仮に国家ナーダムにウマを出走させ、入賞させるような傑出したオヤーチであっても、普段は自分の生まれ故郷の草原で牧民として生活している必要がある。また、手持ちのウマは1頭ではない。それゆえ、地元でオヤーチを自認する人々にとって自らの属する郡の公式レースである郡のナーダムにウマを出走させないことはありえない。それがまた、郡のナーダムの競馬で入賞することの権威性を高めているのだと言えるだろう。

これは、裏を返せば、なぜ郡のナーダムにおける相撲の権威性、あるいはオーセンティシティが低いのか、という問題の答えともなりうる。若いブフ（相撲取り）にとって、郡のナーダムで勝つことは、彼らのキャリアの第1歩に過ぎない。もちろん、それは彼らに相応の威信をもたらすことになるが、モンゴル国の相撲の位階システムにおいては、郡のナーダムで優勝してもらえる称号よりも国家ナーダムで5回勝ってもらえる称号の方が上である。また、相撲を取るのは身一つであるから、上位のブフはウランバートルに常住するのが普通である。しかも、1997年現在ブフのプロ化が進行しており、年数会のトーナメント戦が開催されているので、プロのブフはウランバートルに住む必要があった。それゆえ、郡のナーダムで催されている相撲より、テレビの向こうで行われている国家ナーダムの相撲が「面白い」ということになるのである。ただし、この相撲と競馬のバランスに関しては、この地方が特に良馬の産地だからである、という指摘をするインフォーマント（オンゴン郡出身、ウランバートル在住）もいた。

もう1つ、ナーダムに欠かせない「参加者」が存在する。それはナイマーチン、つまりトラックなどでウランバートルや国境町のザミンウードから雑貨や食品などの物資を運んでナーダム広場の近くで売りさばき、帰りには牧民から買い集めた皮革や毛などの畜産品を再び転売目的で輸送する行商人である。彼らはナーダムの時期以外にもオンゴン郡に来訪しては商売を行っているのではあるが、ナーダムの際には20台近い、つまり20組近くのナイマーチンが顔をそろえる点、また、それがナーダム広場近くに集合して荷台に商品を並べ、仮設「商店街」の様相を呈する点で日常とは異なっている。

また、酒類や飲料、菓子等の嗜好品の中には、1997年当時のオンゴン郡では通常見られない商品も多く持ち込まれるなど、非日常感の強い商品構成となっており、広場で催される競技と同様に人々を引きつける要素となっていた。この他、郡中心地の住民の中には、牧民を当てこんだ写真屋（ポラロイド写真を有料で撮る）や食べ物屋（ホーショール[107]を牧民の幕営地に売りにいく）を開業する者も存在した。

107 モンゴル風挽き肉入り揚げパン。

これらのデータから、郡のナーダムが持つ性格について考えていきたい。まず見物人や参加者の行動原理についてであるが、彼らがナーダムに集まる動機としては「楽しみ」や「個人的な名誉」が大きな位置を占めており、ナーダムを主催する側とは一線を画していることは明らかである。また、前者の顕著な特徴としては、個人の興味関心、あるいは個人的な社会ネットワークを背景としており、仮にナーダムの進行に首尾一貫した秩序なり原理なりが存在するのだとしても、むしろ見物人・参加者はそれを断片化する形で享受——まさにナーダムの語源であるとされる「楽しみ」のレベルで——しているのである。

しかしその一方で、ナーダムの格式、つまりオーセンティシティを決定している要素は何か、という問題に突き当たることになる。これは、直接経験レベルでは「見物人・参加者数の多さ」に求めうるのだろうが、すぐ次に、何が多くの見物人・参加者を集めるのか、という問いが容易に想定しうる。おそらくその答えは、郡のナーダムであればそれが「人民革命」の記念であり、国家ナーダムつまり国家の威信と直結している点に求められよう[108]。

裏を返せば、そうしたナーダムに多くの人々がオーセンティシティを感じ、見物人・参加者として参集するという事実こそが権威の主体に対する服従の表明であり、その意味において、主催者の動機はかなり迂遠な形ではあるが見物人・参加者、さらには個人的な利益を求めて集まるナイマーチンのレベルにまでも浸透している、とも言えるのではないだろうか。ここにおいて、一見ばらばらに見える各プレイヤーの織り成す、ナーダムという場におけるダイナミクスを統一的な視点から見渡すことが可能になる。

そもそも、牧民が散居しているモンゴルの地方社会において、「多くの人が集まる」ということ自体が常ならざる事態である。そこで可視化されるものは何だろうか。郡のナーダムの場合、主催者も、見物人も、参加者も全て郡を共通項とする人々であり、それゆえ、郡という地域社会が顕現するのだと考えられる。第1章で述べたように、郡という地域社会の単位は本来的に人民革命党政権によって上から作られたものであるが、現状としてはすでに住民のあるレベ

108　ナーダムのオーセンティシティの源泉は必ずしも国家のみに求められるとは限らず、オボー祭祀などの宗教的権威も同様に機能する。例えばオンゴン郡に隣接するダリガンガ郡で行われる「アルタン＝オボーのナーダム」では、筆者が調査した1999年には主催者側の発表で6万人が集まったと報じられた。また後述するように、伝説的なオヤーチとしての老公プレブジャブなど、歴史的な偉人を記念するナーダムも大規模なものになりうる。

ルのアイデンティティをも担うまでの存在になっている。そのプロセスにおいて、行政機構や教育システムなどと並んで郡のナーダムが提供する経験の果たした意義は無視しえまい。

次に、こうしたナーダムの参加者、つまり牧民の中でもオヤーチとしてのアイデンティティを強く持っている人物にとって、ウマを所有することの意味を考えてみたい。基本的に牧民の生活は家畜や獣毛、乳製品、皮革などを販売した収入によって支えられている。つまり、家畜は第一義的には生活手段であるということができる。特に、高値で取引されるカシミアを産出するヤギは収入の大きな柱となっており、その結果として特に2000年以降、顕著な頭数増加がみられる。

それに対して、ウマは少々様相を異にする。ウマで現金収入を得ようとすれば、第4章の郊外の事例で述べたように、馬乳酒を売るのが一般的である。すなわち、搾乳対象のメスが主たる収入源となる。例えば筆者がNB13に2007年春にインタビューした時、彼が所有するウマ100頭ほどのうち30頭がメスで、夏であれば馬乳酒で1日6万トゥグルク（2007年当時の相場で約6000円）の売り上げが可能であると語っていた。しかし、郊外に夏営地を構え、馬乳酒を売却しているNB13ですら、実際にはかなりの量を自分たちで飲んでしまい、現金に換えることは少ないという。後で検討するように、NB13が馬乳酒による収入を重視していない理由としては、富裕層に属するNB13はウシを大量に保有しており、家畜の生体売却で利益を上げられるからである[109]。ただし、ボルガン県郊外の牧民は、調査当時多かれ少なかれ馬乳酒を売却してした。

まして、去勢ウマや種オスは、時にナーダム用の競走馬として高値で取り引きされる、という話を牧民宅で耳にする一方、どんなに多くのウマを所有している牧民であっても、筆者はそれを転売用に飼養している事例を目にしたことも、また地域社会レベルでそういう牧民が存在するという具体的事例を耳にしたこともない。むしろ、彼らが決まって口にするのは、単にウマが好きで、ウマの調教を自ら行うことに喜びを感じており、それゆえにウマ好きはウマを増やすものだという、完全に経済的利益を無視したウマへの愛着である。

実際、ナーダムで入賞したウマを所有する社会的威信、あるいは自己達成感は、モンゴルの人々にとって非常に重要な意味を持っていると思われる。モン

109 NB13は牛乳も販売していたが、牛乳の売却益も彼にとっては重要ではないとのことであった。

ゴルの場合、ウランバートル在住の政府要人や大企業の経営者といった一握りの超富裕層[110]を除けば、ナーダムで入賞したウマを所有するということは即ち、自らオヤーチとしてウマを育て上げることを意味する。つまり、モンゴルの地方社会におけるウマ好きとは社会的に容認される存在であるだけでなく、むしろあるべき生活スタイルの実践者であるとも言えよう。

ここで、筆者が2004年にヘンティ県ガルシャル郡で聞き取り調査を行った、NK15（当時68歳、男性）の事例を紹介しよう。彼は、1960～1970年代に国家レベルでも名を馳せたオヤーチである。日頃は郡中心地に居住しており、生活の全収入を牧畜に頼る第一線の牧民とは立場が異なるが、所有家畜が小家畜（ヒツジ・ヤギ）100頭、ウシ20頭、ウマ60頭、ラクダ6頭（全て娘婿が放牧）というのは、モンゴルの常識に照らして突出してウマが多い。

ガルシャル郡は第5章で取り上げたイフヘット郡の東に位置し、遠隔地に分類できる地域である。当地は、伝説的なオヤーチとして有名な、通称「ウブグン＝ノヨン」(老公)、「ハルデル＝ジャンジン貝子」(ベイツ：モンゴル貴族の称号の1つ)プレブジャブの故地である。彼は1844年に生まれ、1885年にビシュレルト＝ザサク旗のザサク（旗長）職、つまり封建領主の地位を父親から受け継いだ貴族である。現代モンゴル社会においては、革命後の行政区画の変動を無視してビシュレルト＝ザサク旗とは現在のガルシャル郡に相当する地域であると一般に認識されており[111]、それゆえにガルシャル郡は名馬の産地、また腕の良いオヤーチを輩出する地域として名を馳せている［Цэвэгмэд 2000: 28-36］。

NK15の家畜頭数に話を戻そう。この数字は牧畜以外の収入源の存在が前提になっているものと想像される。というのも、小家畜100頭というのは純粋な牧民としては貧困な部類に属するが、貧困な牧民が60頭ものウマを所有することはありえないからである。生活必要頭数という面からのみ考えれば、ウマは10頭少々で十分である。また、牧畜で収益を追及する立場から見ても、ウマより小家畜もしくはウシを殖やすのが常道である。にもかかわらず、NK15は多数のウマを所有している。この事実から、NK15は経済的利益を犠牲にしてまでウマを持ちたい、という情熱の持ち主であることが容易に想像できるし、実際そうである。NK15は、オヤーチの最大の喜びは、レース前に人から「あなたのウマは優勝するよ」と言ってもらえることであるという。ナーダムの競馬で優勝す

110　彼らは郡などのナーダムで入賞したウマを高値で購入し、場合によっては調教師ごと雇用し、国家ナーダムなどで出走させることがあるという（2004年8月、NK15）。

111　ビシュレルト＝ザサク旗とガルシャル郡との領域の異同については岡［2002］を参照。

地図 7-3　モンゴル国における郡別の馬乳酒生産状況

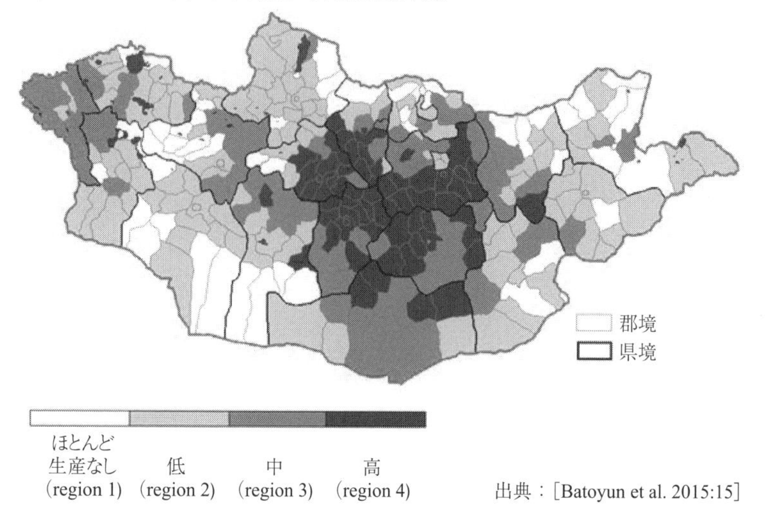

出典：[Batoyun et al. 2015:15]

れば、テレビや車といった賞品類が得られるし、あるいは富裕者から転売のオファーが来ることもありうる。つまり利益を得るチャンスが存在するのだが、そうした利益よりも威信や誇りのほうが重視されるのである。全てのモンゴル人がそうだとは言い切れないが、少なくとも、モンゴルの人々が威信や誇りの問題を抜きにウマを考えうるとは思えないし、ウマ好きであればあるほど、経済的問題は二の次になっていると断言しても過言ではない。本書で挙げる事例では、NK15 以外に NS13 や NK03 も同様の傾向を示している。

一方、馬乳酒は遠隔地の牧民にとって NB13 以上に自家消費の対象なのであるが、興味深いことに、モンゴル国において馬乳酒の産地と競馬の盛んな地域はほとんど重ならない。モンゴル国における馬乳酒生産の地理的偏差については、筆者らの共同研究プロジェクトにおいてバトオヨンが 2012 年冬に、自身が所属する気象水文局のネットワークを通じてモンゴル全国の 329 郡から各地の馬乳酒生産に関する質問紙調査を実施した [Batoyun et al. 2015]。地図 7-3 はその結果を 4 地域に分類し、図化したものであり、Region 1 は「ほとんど生産しない」に、Region 4 は「ほとんどの牧民が生産する」に対応している。

また生産状況は生産期間の長短とも対応しており、生産開始はいずれの地域においても 6 月もしくは 7 月であるのに対し、生産終了は Region 1 では約 8 割が 9 月までに終了するのに対し、Region 4 では 8 割以上が 9 月末を過ぎても生産

グラフ7-1　地域別の馬乳酒生産開始・終了時期

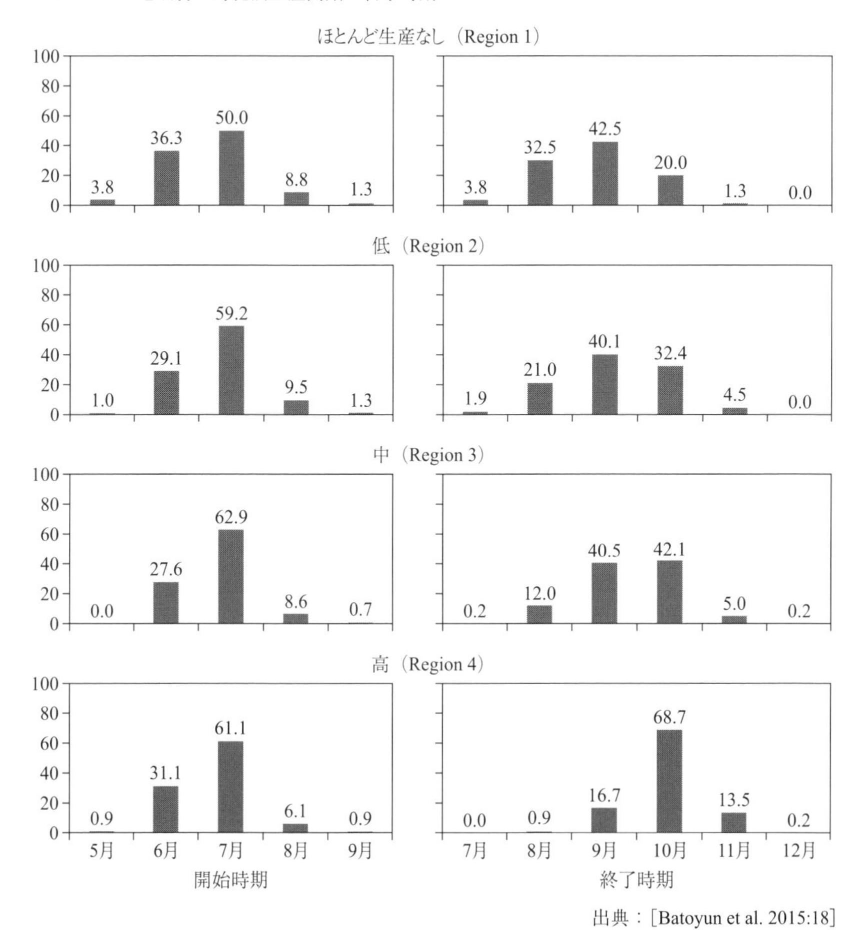

出典：[Batoyun et al. 2015:18]

を継続しており、11月に終了する牧民も1割以上存在する（グラフ7-1）。

こうした生産の空間的偏差は、単純にウマの飼育頭数の多寡から説明できるとは限らない。地図7-4はモンゴル国各郡のウマの密度（頭数／km²）を示したものであるが、この密度分布は、首都ウランバートル近辺から西へ広がる森林ステップ（ハンガイ）地域に関しては馬乳酒の生産状況と正の相関を示すと思われる一方、東部の草原地域ではウマの密度が高いにもかかわらず馬乳酒の生産は盛んではなく、逆に南部のゴビ地域はウマの密度が低いにもかかわらず盛んに

地図 7-4　モンゴル国における郡別のウマ密度

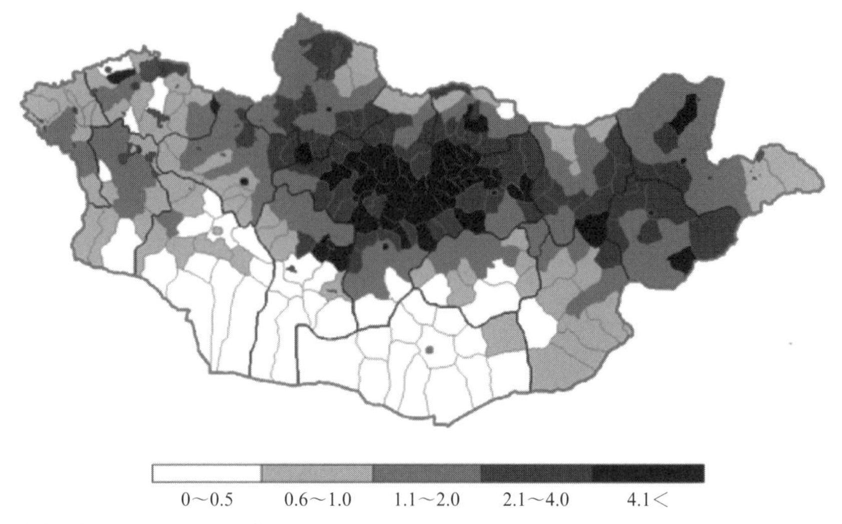

出典：[Batoyun et al. 2015:16]

馬乳酒を生産している。これらは、単にウマの多寡という要因のみならず、現地の文化的嗜好性によっても馬乳酒の生産が左右されていることを示唆している。

東部の草原地域でウマの密度が高いのは、当地がモンゴル競馬の盛んな地域だからであるが、彼らは競馬用のウマの調教に夏季の労働力の相当部分を割いており、それに加えて馬乳酒生産の労働力を確保するのは容易ではない。また乳製品一般に言えることだが、乳製品の生産は幼畜に飲ませる乳を人間が奪取することで可能となるので、幼畜の成長を第1に考える立場とは相いれないとされている。それゆえ、競馬用のウマの育成を優先する彼らは、無理をして馬乳酒を生産する必要はないと考えている。なお東部地域での唯一の例外は前述のガルシャル郡で、ここではウマの密度が高く競馬が盛んであるとともに、馬乳酒の生産も盛んである。

南部のゴビ地域は元来、馬乳の搾乳開始に伴う儀礼が盛んに行われていたが、これを、1970年代以降に社会主義政権がナショナリズム高揚のために全国規模で展開した新しい民族文化の創造過程で、モンゴル国標準の儀礼形態として再定義されていった経緯が上村明によって明らかにされている［上村 2002: 285］。このように、馬乳酒が民俗的な儀礼と密接な関連を有していた地域においては、東部地域とは反対に多少の無理をしても馬乳酒が盛んに生産されていたのだと理解しうる。なおゴビ地域では、ラクダの乳を原料とする醸造酒としての乳酒も盛んに生産されている。

内モンゴルにおいては馬乳酒の生産地域は今も昔も非常に限られているのに対し、モンゴル国においてはRegion 1ですら、わずかではあるが馬乳酒は生産されている。こうしたモンゴル国の状況を説明する要因も、儀礼が大きな影響を与えている。すなわち、7月11日に行われている革命記念ナーダムである。

すでに述べた通り、このナーダムは人民革命の記念として社会主義政権によって始められたナーダムであり、首都で行われる国家ナーダムをはじめ、下位の行政レベルである県・郡の中心地でも同一の趣旨で行われる、国家儀礼と呼んでも差し支えない競技会である。ここでは競馬の表彰に馬乳酒が必須である。モンゴル語で「アイラギーン・タブ」(馬乳酒の5頭）と呼ばれるが、競馬ではそれぞれのレース[112]で5着までに入ったウマと騎手を務めた子供、そして馬主が表彰される。表彰式の際には司会者が「マクタール」と呼ばれる祝詞を唱えながら椀に入った馬乳酒を騎手に手渡して飲ませるとともに、馬乳酒をウマにもふりかけて入賞を祝福するスタイルが確立している。革命記念ナーダムの直前ともなれば郡政府の建物前に馬乳酒の入った大きな樽が並べられることもある。また馬乳酒生産も、7月のナーダム前に1つの生産のピークが出現する。ナーダムのために馬乳酒を生産するという状況はRegion 1であってもRegion 4であっても同様である。モンゴル国全体で量はともあれ馬乳酒が生産されており、しかも生産開始時期に大きな差がない理由は、この革命記念ナーダムを目指して馬乳酒が生産されているためであると解釈できる。

なお、ガルシャル郡で馬乳酒製造が盛んな理由も、ナーダムと関連づけられる可能性がある。社会主義体制崩壊後、人々は様々な機会を名目としてナーダムを行ってきた。ナーダムに関する統計などが公表されているわけではないが、一般の人々の認識として、明らかにナーダムの回数は増加したという。そうした、民主化以降に開催されるようになったナーダムの1つに、老公プレブジャブを記念するナーダムがある。これはガルシャル郡で行われ、筆者の1990年代の調査でインフォーマントから確認できた情報を総合すると、少なくとも1993年、1994年、1997年に開催されていることが確認できる。筆者の1998年の調査（8

112　レースは年齢別に行われるほか、種ウマも別のレースで競われる。その結果、1つのナーダムで6種類ほどのレースが行われることになる。

月10日）の際、NS13は1997年8月27日に行われた上記ナーダムにウマを3頭出走させたと語っていた。彼によれば、このナーダムは東部3県（ヘンティ、スフバートル、ドルノド）のナーダムという位置づけになっており、1997年は600頭のウマが出走した大規模なナーダムであったという。こうした大規模なナーダムが8月末に行われていれば、馬乳酒の製造期間もおのずと長くなり、また盛んに製造されることが推測される。

一方、モンゴル国中部の森林ステップ（ハンガイ）地域では、馬乳酒はナーダムの儀礼食として以外に、日常食として大量に飲用されていることが知られている。たとえば、石井は2008年8月にウブルハンガイ県の牧民宅で現地調査を行い、そこでは1日に4ℓの馬乳酒が1人の牧民によって消費され、当該牧民は1日のエネルギー摂取量の70％前後を馬乳酒から取っていたと報告している。このような消費のあり方に対し、石井は馬乳酒を嗜好品ではなく、夏季の食料として位置づけている［石井 2010: 539-541］。

そしてRegion 4で遅くまで馬乳酒を生産している牧民においては、2番目の生産のピークは秋季、旧正月用に作り置きを生産する時期である。Region 4は夏季の日常飲料としても馬乳酒が大量に生産される地域であるが、同時に、旧正月の儀礼飲料としての馬乳酒生産が盛んである。ウブルハンガイ県北東部のブルド郡で社会主義時代の1983年に現地調査を行った小貫は、馬乳酒が旧正月に甕に入れてふるまわれていたことに触れている。当時、ブルド郡の馬乳酒は味が良いことで有名であり、夏季になるとネグデルの管理下で生産された馬乳酒が、首都ウランバートル市のレストランや公共施設との契約に応じ、盛んに出荷されていたという［小貫 1985: 148, 162-164］。

上述のように、モンゴル国では社会主義時代の後半期、ネグデルという公式的な生産・流通ルートに乗って馬乳酒が流通していた。第6章で述べたとおり、馬乳酒が広域的に流通するという歴史は社会主義革命以前にさかのぼるものではない。馬乳酒が広域的な移動を開始する要件として考えられるのは、以下の要素である。1）乳酒の生産域外に乳酒をほしがる人々が存在すること、2）生産者が域外の乳酒需要者の存在を知っていること、3）乳酒を輸送するための技術的裏づけが存在すること。これは乳酒の長距離移送を妨げてきた諸要因の裏返しである。まず1）に関してだが、これは歴史的には存在しなかった域外の乳酒需要者が出現することを意味している。モンゴル国に関しては、社会主義時代における都市人口の激増が第1の要因として、加えて馬乳酒を薬として利用する診療所が各地に作られたことが第2の要因として考えられる。第2の要

グラフ7-2　ウランバートル市人口の対モンゴル国総人口比（1935-2010年）

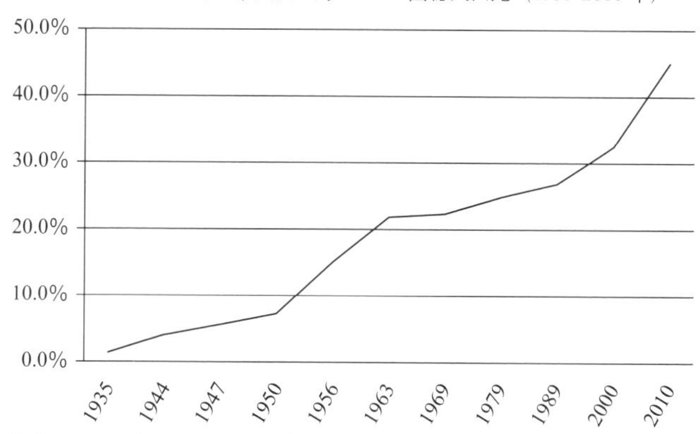

出典：エルデネスレン・バドラフ［1993: 32-118］

因については、小長谷がすでに馬乳酒による高血圧、結核、胃炎などへの治療法がモンゴル医学における1分野を構成しているのと、モンゴル国各地に馬乳酒診療所が存在することを言及しているので［小長谷 1992: 218-221］、本節では第1の要因について詳述したい。

モンゴル国の首都であり、モンゴル国民の日常会話ではしばしば「都市（ホト）」という単語1つで言及されるウランバートルの人口がモンゴル国の総人口に占める比率を示したものがグラフ7-2である。

ここから明らかなことは、ウランバートルの人口比は年々増大しているが、その中で特に顕著なのが1950～1963年と、2000年以降である。前者はモンゴル国においてコメコン体制内での計画経済の実施が本格化し、農牧業に関して1950年代末より全国でネグデルが組織され、工業化とそれを支える農畜産物の国家調達が加速された時期に相当する。後者は郊外化と関連するが、1999/2000年から3年連続で発生したゾドなどの影響で、経済の疲弊した地方からウランバートルへの人口流入が加速した時期である。

なお、ウランバートルの人口は1950～1963年の13年間に4倍に、2000～2010年の10年間には1.6倍に増加しているほか、後者の期間にはウランバートルの人口増加（48万人）がモンゴル国全体の人口増加（38.1万人）を上回っている。こうした人口増加は、地方在住者のウランバートルへの人口流入を抜きには説明がつかない現象である。そして、こうした流入人口の中には、馬乳酒を嗜む地域の人々が含まれていたと考えられる。さらに2）の要素と関連することであるが、彼らの親族のうち一部は、出身地で馬乳酒へのアクセスを保った生活を継続していたと考えられる。こうした条件は、少なくとも1960年代以降、つまりモンゴル国における社会主義集団化期であるネグデル期には揃っていたと思われる。

1）と2）の条件が揃えば、次に検討すべきは3）となる。馬乳酒は発酵が継続しているので炭酸ガスを発生する。それゆえに密閉性と耐圧性に加え、時に減圧が可能である容器は、社会主義時代はもちろん、筆者がウランバートルに滞在していた1990年代半ばにおいても個人で入手することは困難であった。つまり馬乳酒は輸送が困難な物品であった。

現在ではポリタンクが容易に入手でき、それに詰めて車に積載して運搬することが可能であるが、それでも運搬中の馬乳酒が噴出して車内を汚すことを嫌い、運転手は運搬に際してポリタンクの固定や頻繁な減圧を心がけるのが常であり、運転手によっては馬乳酒の運搬を快く思わず、可能な限り積載を断ろうとすることも珍しくない。こうした輸送のむずかしさが、馬乳酒の流通をネグデルが担った一因となったことは想像に難くない。実際、馬乳酒の生産が盛んな地域ではネグデルを通じて、例えばウランバートルや県中心地のレストランや学校、診療所などの公共施設と契約を結んで出荷されていた［小貫 1983: 164、冨田 2016: 37-38］。

繰り返しになるが、モンゴル国では1990年代初頭に社会主義体制の崩壊を迎えた。馬乳酒の大量生産地域における社会主義体制の崩壊は、ネグデルを通じた馬乳酒の生産・流通システムの崩壊を意味していた。一方で、1999/2000年のゾドを契機とする元牧民の人口流入などを経て、ウランバートルをはじめとする都市部は一層の地方出身者[113]を抱え、馬乳酒の潜在的な需要は着実に拡大したと思われる。

第4章で述べたように、ここでの馬乳酒の主たる生産主体は小規模な家畜頭数で牧畜を継続しようとする郊外の牧民である。特に馬乳酒や生乳などの液体物は、前述したように長距離輸送には不向きなため、都市から離れた牧民との競争が発生しづらい。馬乳酒はネグデル解体以後、公的な機関が大々的に馬乳酒を生産地から集荷し、都市部へ輸送することもなかった。こうした要因が、グローバル資本投下期に郊外に居住するようになった牧民による馬乳酒の生産

113 地方出身者の中には、地方に家畜を維持しつつウランバートルに物件を購入し、家族の一部がウランバートルに居住している富裕層も含まれるので、地方出身者が貧困層ばかりというわけではない。

と供給の開始へ向かわせたと想像される。

また上述した馬乳酒の大規模生産地に該当する地域には、首都ウランバートルおよびモンゴル国第3の都市であるエルデネトの郊外が含まれる。こうした地域の郊外で車を走らせていると、馬乳酒販売を行っている牧民の看板を頻繁に目にする。なお、馬乳酒の生産・販売は1990年代にも細々とではあるが存在していたことも事実である。社会主義体制崩壊以後、統計的資料がないのでモンゴル国全体での馬乳酒の生産量を把握することは困難であるものの、筆者のフィールドの実感としては、馬乳酒の生産は郊外化の進行と並行して増大している。これは馬乳酒の流通において、以前は都市の購入希望者が生産者の元に出向かなければ買うことができず、また現地へ行ってみない限り必要な量や質が確保できるか不確かであったのに対し、近年は郊外を中心に携帯電話の通信可能エリアが拡大し、購入者が牧民に電話で馬乳酒を注文し、それに対応して牧民が自ら都市へ持ち込むことが可能になったことも一因であると思われる。加えて、上述した密閉容器（ペットボトルなど）の入手が容易となったことも要因として指摘しうる。

話を遠隔地の馬乳酒生産者に戻そう。後述するように、彼らはネグデル期の馬乳酒生産体制を支えていた地域で現在も牧畜を行っている人々である。彼らは社会主義体制崩壊後、ネグデルを通じて馬乳酒を出荷することはなくなったが、一貫して自家用として馬乳酒の生産は継続していた。遠隔地には大規模な家畜群を有する牧民が点在するので、彼らの方が郊外の牧民よりも大規模に馬乳酒を生産できる。1990年代と比べれば、現在は馬乳酒を輸送するためのインフラは道路、自動車、容器のいずれをとっても大幅な改善が見られる。道路は舗装され、自動車の自己所有も普及し、密閉容器も個人で容易に手に入る。その気になれば、遠隔地からウランバートルまで自分の車で運搬することも無理な話ではないのが現状である。こうした状況で、遠隔地の牧民においても馬乳酒の販売を始める事例が存在する。

森永由紀らの2013年のインタビュー調査によれば、遠隔地に属するボルガン県サイハン郡・モゴト郡の牧民も、ナーダム時期を中心にウランバートルへ相当量を販売していたことが明らかになっている。グラフ7-3は、ボルガン県サイハン郡・モゴト郡における調査世帯47事例の馬乳酒生産量を横軸に、商品化率（販売量が生産量に占める割合）を縦軸にプロットしたグラフである。これを見てわかることは、5tまでの生産者に関する限り生産量が増えると商品化率の最大値が上がっていく点である。これはある程度の量は自家用に消費するため、生

グラフ 7-3　モンゴル国遠隔地における馬乳酒生産量と商品化率の相関図

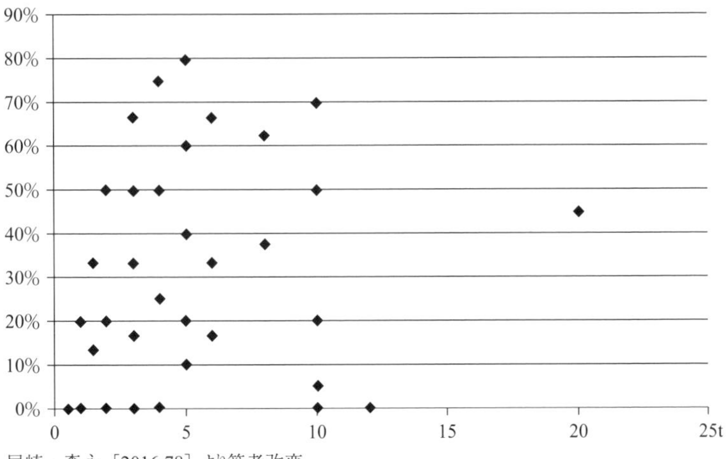

尾崎・森永［2016:78］より筆者改変

産量が増えないと販売に回せないことを示唆していると思われる。また生産量の多少に関係なく、全く販売を行わない牧民も存在する。商品化率の平均値は33%であり、多くの量が販売に回されているわけではないことが窺える。

彼らの馬乳酒販売の不熱心さは、2013年とは打って変わって干ばつとなった2015年夏には販売を取りやめる牧民が少なからず存在した点からもわかる。つまり彼らにとって、馬乳酒の販売は自家用を差し引いて余裕があった時にだけ行えばいい行為であり、生存に必須ではない。また旧正月用に生産した馬乳酒は2014年（2013年生産分）も2016年（2015年生産分）も自家消費や親族・友人への贈答用が中心であり、家畜の生体販売などで十分な収入源の見込める裕福な牧民に限れば、遠隔地での馬乳酒生産はあくまでも副次的な収入源の域を出ない。

2013年当時の価格ではヒツジ1頭の価格（オス成畜）と馬乳酒200 kgの価格がほぼ等しかった。1頭のメス馬から200 kgの馬乳酒を得るには、70日程度の搾乳が必要である一方、成畜300頭程度の中規模ヒツジ群を所有していれば、一般に1年で150頭程度の仔ヒツジが生まれる。両者を比較すれば、馬乳酒の販売額とヒツジの販売額は比較にならないことが理解できよう。ただし、彼らは馬乳酒を販売するとなれば、ナーダム前など確実に売り上げの見込める時期に集中して生産するというように、市場志向的な行動を取ることも事実である。

ボルガン県サイハン郡・モゴト郡は、ネグデル期にはネグデルを通じて大量の馬乳酒を出荷していた地域であった。現在でも流通範囲はネグデルが開拓した地理的範囲を踏襲するように、都市部への直送が主となっている。なお2000年代より、モンゴル国の舗装道路網整備が進行し、舗装道路へのアクセスが容易であれば都市部への運搬時間が大幅に短縮されたことは事実であるが、遠隔地の牧民の多くはこうした舗装道路から距離を置いて居住しているので、馬乳酒を容易に都市へ出荷できるとは言い難い状況に基本的な変化はない。

彼らの所有する自動車は、季節移動の際に利用するトラック（特に日本製の軽トラック）が主であり、馬乳酒の長距離運搬には向かない。冬季は馬乳酒を凍結させて運搬することが可能なので、運搬条件としては比較的容易ではあるが、現状では冬季に積極的に流通させるという傾向はみられない。今後、遠隔地の牧民が冷蔵トラックなどを使って馬乳酒の運搬、あるいは内モンゴルで見られるように馬乳を都市部に運搬して馬乳酒を生産し始めるようになれば状況は変化するであろうが、当面のところ、馬乳酒は遠隔地の牧民にとっては副次的な販売物であり、もっぱら郊外の牧民が都市への供給者であり続けるという状況が継続すると思われる。

つまり、競馬に使うにせよ馬乳酒を飲むにせよ、遠隔地でウマは専ら現金収入という経済的な目的以外に飼養されるのである。この事実は、逆にモンゴル国遠隔地の人口移動を抑制する効果がありうる。つまりウマを飼養するために遠隔地で牧民を続ける人々が一定数存在すると思われる。

また第6章で検討した内モンゴルの状況と本節で検討したモンゴル国での現状は、馬乳酒は旧来からの生産地域という民俗知識の分布状況と、郊外という空間特性の重なる地域でのみ商品化されているという点で類似性を示していると言えるだろう。

第3節　内モンゴルにおける遠隔地の牧畜戦略

本節では、内モンゴルにおける遠隔地の牧民の牧畜戦略について検討する。まず、第3章で取り上げたシリンゴル盟の牧民から、2000年以降の通時的変化を確認できる事例を取り上げ、検討したい。

筆者は、シリンゴル盟において2010年にSS04、SS06、SS08、SS11を再訪し、当時の牧畜実践の状況に関する聞き取り調査を実施した。また、SS06については2004年にも短時間訪問し、当時の状況について簡単に確認している。これらの変化状況に関する基本的データを示したものが表7-9である。

表 7-9　シリンゴル盟調査事例の変化状況

	調査年	小家畜	ウシ	ウマ	ラクダ	MSU	MSU/ha
SS04	1999	600	25	25	0	905	6.28
	2010	280	27	10	1	517	3.29
SS06	1999	700	50	10	0	1070	1.11
	2004	600	9	10	0	724	0.75
	2010	310	30	6	0	531	0.55
SS08	1999	700	140	40	3	1835	1.67
	2010	200	90	1	0	747	0.68
SS11	2001	700	60	20	3	1215	0.68
	2010	610	100	3	0	1230	0.68

次に、各事例について具体的なデータを示す。SS04は2010年現在、「乌珠穆沁羊选育户」(ウジュムチンヒツジ飼育世帯) という表彰板を家の中に掲げていたが、小家畜の数は大幅に減らしていた。1999年時に200頭いたヤギはゼロになっていた上に、牧草がないという理由でヒツジは3群に分けて知人に預託していた。預託契約は預けた頭数を返すというもので、増加分は全て預託先の取り分となるので、SS04にとってはヒツジを維持するための緊急回避的手段であることが窺える。一方、ウシは手元に残してあり、現在の収入源としてはウシにシフトしている様子であった。

2010年当時、SS04の娘2人はいずれも成人していたので、10年前と比べて多くの家畜は必要ないとはいえ、ヒツジを預託せざるをえない状況は将来的に経済的負担となることが予想される。仮にSS04本人は旗中心地などに固定家屋を購入して生活するにしても、娘の1人が残った牧地で牧畜を行う際には、郊外的な収入源の拡大が必要になってくると思われる。実際、シリンホト市の拡大と道路の高規格化により、2010時点でSS04の牧地からシリンホト市までは乗用車で90分程度で到着可能であった。ただしSS04の牧地は道路から奥まって位置するので、牧地でなんらかの収入源を確保するのは容易ではない。結局のところ、家畜の品種改良などで対応するほかないとのことであった。また、小家畜はほとんどがメス畜となっており、かつてのように去勢畜を保持しなくなった。

SS06は2004年当時、ウシも小家畜も1999年より減少していた。1999年から干ばつとなり、2000/01年にはゾドの被害にあったという。ウシを干ばつのため売却したと語っていたので、2004年時点の9頭が単純に被害からの回復を示していない可能性はあるが、仮に小家畜の2004年当時の現状をゾドからの回復とすると、2001年春時点では300頭を割り込むレベルにまで家畜が減少していたと思われる[114]。もちろんウシ同様、すべてがゾドによる死亡であると推測するのには無理があることは否定できないが、売却にせよ死亡にせよ、自然環境の悪化により望まない家畜の減少が発生したことは否めない。SS06 は、1999 年から干ばつ、ゾド、砂嵐（ショロー）に見舞われたと語った。

SS06 は頭数減少を品種改良によって補おうと考えており、2004 年、ヒツジの種オスにはウジュムチンヒツジを導入していた。なお 1999 年には SS06 の小家畜は 3 割程度がヤギであったが、2004 年段階ではその比率に大きな変動は見られなかった。

営地の利用法にも変化が生じた。冬営地は 3000 ムーあったが、他人に使わせ、金を取るようになっていた。SS06 によれば、冬営地は山の方で離れている上、飼料を使う期間が長くなったので冬営地を使う必要がなくなったという。冬の放牧地は有刺鉄線で囲った牧地の中、家畜囲いの裏手をさらに有刺鉄線で囲い、2 月と 3 月は小家畜を囲いの中で飼料を与えて放牧していた。彼はそれを「禁牧（チンムー）」であると称していた。なお冬場の飼料は乾草を 4 ～ 5 万元ほど買っているが、全て飼料で飼うには 12 万元くらいかかるので、牧地の草と併用しているとのことであった。

また 1999 年当時はシリンホト市で専門学校生だった息子が牧畜を手伝うようになっており、牧畜労働者は雇用しなくなっていた。冬営地へ行かなくなった一因として、牧畜労働者の不在も影響しているものと思われる。

2010 年になると家畜構成に変化が見られた。ヤギの比率が大幅に下がり、小家畜全体に占める割合は 3% 程度となっている。これは後述する SS11 の証言にもあるように、カシミアの価格下落が影響しているものと思われる。2010 年調査当時、SS06 は 1 番収益が出るのはヒツジ（ウジュムチンヒツジ）であり、春に出生する仔畜も含めれば小家畜は 600 頭になると語っていた。つまりほとんどがメスとなっており、去勢オスはほとんど存在しない状態であったことが窺える。これも去勢オスを大きく育ててから肉として食べるかつての自給自足的な家畜利用方法が極限にまで後退し、限られた土地での家畜売却による収益を極大化することで性比が変動したものと思われる。

当時、SS06 の 1 番の関心事は電力線の導入であった。郡中心地までは電力線が来ているが、そこから自宅まで 3 km あって、電柱が 30 本ほど必要であり、

114　第 3 章で計算した SS01 の年平均家畜増加率（30 %）を援用すると、$300 \div 1.3^3 = 273$ 頭となる。

資金がないので引き込むのは難しいとのことであった。ソーラーパネルではテレビと電話くらいの電力しか賄えず、電力があればモーター井戸の稼働も楽になるとの見解であった。SS06は飼料を栽培していないので、家畜への水やりを念頭に置いているものと思われる。

SS06が資金不足を語る理由は、シリンホト市内のアパートを購入予定であることも一因である。2011年に孫が小学校へ入学するのを期に牧畜は息子に任せ、SS06夫婦はシリンホトで孫の面倒を見ながら暮らす予定を立てており、その準備としてシリンホト市に建築中のアパートを購入するとのことであった。筆者の2013年の四子王旗における調査データでは、旗中心地ウラーンホア鎮のアパートの分譲価格は1 m^2あたり2800～3000元であり、比較的小さめのアパートの床面積が60～70 m^2程度であった。つまり20万元程度で都市部のアパートが入手できるのだが、それを購入するにはヒツジ（当時1頭1000元程度）で200頭ほど必要になる。これはSS06の所有する家畜規模で考えると、購入できる金額ではあるが、ほかに資金を振り向ける余裕がないことは容易に想像できる。

SS06の子どもは2人で、娘（西ウジュムチン旗在住）はすでに結婚しているので、息子がこの牧地全てを継承して牧畜を継続することになっていた。

SS08の固定家屋には2010年の調査当時、電力線が引かれていた。2003年に引いたとのことで、屋内にはテレビのほか冷蔵庫、電気炊飯器まで揃っていた。またSS08はモーター井戸も所有しており、当時は井戸も電力で稼働していた。SS08の居住地域では、ほとんどの世帯に電力線が来ているとのことであった。

SS08は娘が2人いたが、下の娘は西ウジュムチン旗で牧民をやっており、上の娘のみが残っていた[115]。1999年当時に実施していた家畜預託については未確認であるが、牧畜労働者はいなかった。ウシは改良種に切り替えるため、種オスを購入したという。

2009年、以前から飼料を植えていた畑にニレ（ハイラース）の幼木を100本ほど植えた。夏になると美しいし、砂嵐を軽減することを期待して植えたという。

SS08が家畜を減らしたのは彼の年齢によるせいもあるが、一方で乾燥が強く、飼料の確保などで経費がかかるので頭数を押さえているという要素も否定できない。SS08の自宅の周辺には空き家が見受けられたが、貧乏で都市へ働きに行っている牧民の家屋であるとの説明であった。2010年と1999年の調査時はほぼ同

115　上の娘の生活拠点の場所、および婚姻関係の有無は未確認であるが、調査時にSS08の自宅で会っている。

じ道を通ってSS08の自宅まで行ったが、1999年には空き家は見られなかった。ただし1999年当時も、SS08は100頭程度の家畜規模ではほかの仕事をしなければ生活できないと言っていたから、こうした貧困層が都市へ出たまま戻ってこなくなった結果であると理解できる。

SS11については、1999年の調査当時にゲルが立っていた場所に固定家屋が2軒建築されており、こちらが生活拠点となっていた。1つは2003年に建設され、もう1つは2009年に建築された。調査当時前者にはSS11夫婦と母、次男夫婦が、後者には長男夫婦が居住しており、牧畜労働者は雇わずに2人の息子夫婦が牧畜を行っていた。なお娘は婚出したので、将来的に牧地は2人の息子が分割（1万3500ムーずつ）するだろうとのことであった。

SS11でも小家畜の構成比におけるヤギは激減しており、2008年には300頭くらいいたヤギをほとんど売却した。また去勢オスも調査当時は減っており、その結果として仔畜が生まれると小家畜数が7割程度増加して1000頭を超えることになる。メスの比率を上げたのは冬季の飼料消費を節約するためである。SS11は1999年当時、畑で飼料栽培を行っていたが、雨が少ないとモーター井戸を使って灌漑しなくてはならず、購入するのと大差ないので2010年当時は栽培をやめていた。

SS11はヤギを減らす一方、ウシを増やしていた。当時、仔ウシは1頭2000元で売れるとのことであった。またウマとラクダは使い道がないので減らしたとの説明であった。

以上、4事例ではあるがいくつかの傾向が見て取れる。まず家畜頭数については、SS11を除けば半減に近い状態である。この要因には生活サイクルや都市での住宅購入など突発的な事情が考えられなくはないが、全般的に家畜を減らしているという印象は否めない。特にSS04を除けば、1 haあたり家畜密度が0.5〜0.6という非常に低いレベルに収斂しており、また数値的にも近い。この背景としてはSS06の「禁牧」発言から窺われるように草畜平衡の影響も疑われるが、この点については2013年および2014年の調査データを使ってさらに検討したい。

また牧地の分割が起こるのが明白なのは、巨大な牧地を持つSS11のみである。SS04に至っては牧地の継承者も明確でなく、家畜密度の高さを考慮すれば最終的に兄に牧地を譲るなど、牧畜からの撤退も考えられる状況である。SS06のように冬営地を貸し出す例もあり、牧地の広さが絶対的な優先事項ではないものの、1世帯あたりの牧地面積が1990年代末よりも制約要素として機能している状況が窺える。SS04の家畜預託の条件が非常に厳しく、家畜を殖やせる条件で

表 7-10　オンゴン郡とシリンゴル盟の比較

	1998/99 年			2008/10 年		
畜種	小家畜	ウシ	ウマ	小家畜	ウシ	ウマ
オンゴン	591.5	76.1	60.8	599.1	29.7	40.0
シリンゴル（4 事例）	675.0	68.8	23.8	350.0	61.8	5.0
シリンゴル（11 事例）	535.5	40.7	17.6	—	—	—

はない点も同様の減少であろう。

また牧畜労働者の雇用事例がなくなっている点も注目に値する。これも後述するように、牧畜労働者を雇用するための給与条件が上昇した点が大きく影響していると思われるが、いずれにせよ、多数の家畜を有し、牧畜労働者を雇用するのが常識だった 1990 年代末の状況と比較すれば隔日の感がある。

これは、本章第 1 節で取り上げたオンゴン郡の事例と比較してみればさらに納得できる。表 7-10 はオンゴン郡とシリンゴル盟の畜種別家畜頭数の比較である。本表はこれまでの MSU 換算ではなく、実頭数の平均値を算出している。なおシリンゴル盟のデータに関しては、SS04、SS06、SS08、SS11 の 4 事例から算出した数値と、11 事例から算出した数値（1998/99 年のみ）の両方を掲げている。

これを見れば明らかなように、筆者が 2010 年に再訪したシリンゴル盟の 4 事例は、1999 年段階では裕福な層に属する世帯ばかりである。彼らがウマを減らした理由は専ら移動手段の機械化であるとしても、小家畜の減少が顕著である。逆に言えば、ウシの頭数はさほど減少していない。SS06 のようにヒツジが最も収益が上がるという意見がある一方、SS11 は意識的に小家畜からウシへシフトしており、SS04 も残したのはウシのみなので、ある種の大型家畜重視の傾向が出現している可能性が窺える。

オンゴン郡も全体的には家畜を減らしている。その中で小家畜の頭数が変わらないのは、彼らの牧畜が小家畜の生体売却とカシミアが主たる収入源であることと関係があると思われる。実際、スフバートル県のヒツジはウランバートルの市場で 1 種のブランド品扱いであり、他県のヒツジより高値で取引されている。また、西部から運ばれてきたヒツジをスフバートル県ナンバーのトラックに乗せ換え、スフバートル県のヒツジのように装って売却する例もあるという[116]。

小長谷は、移行期になってモンゴル国全体でメス畜の比率が高まっており、

116 2012 年、上村明氏（東京外国語大学研究員）の個人的教示による。

これが商品化率の高さや都市化の進展を反映していると言う。これは上述の内モンゴルの事例からも窺い知ることができるが、小長谷の示した2010年のデータによれば、スフバートル県はメス比率が低く、その意味では遠隔地の代表的な地域として理解することが可能であろう［小長谷 2013: 93-95］。

またウシの頭数は激減しており、これは2000/01年のゾドと、その後の干ばつの影響により牧民が以前よりウシを減らしていることを示唆している。第2章で述べたとおり、ウシはオンゴン郡においてネグデル期に増加した家畜であり、また第5章で述べたように、ウシはゾドに対して非常に脆弱な動物である。

その一方でウマの頭数の減少が少ないのは、ウマが移動手段として利用され続けているという状況に加え、前節で述べたように彼らのウマ、特に競走馬に対する愛着ゆえであろうと想像される。第4章で取り上げた郊外の事例では、表4-1で見た通り、ウマが10頭以下という事例が過半数を占め、ウマを持たない牧民も2例存在した。一方のオンゴン郡では、2008年においてもウマが10頭以下の事例は郡中心地に居住するNS02と経済的に豊かでないNS07のみで、10年間で家畜を大幅に増やしたNS16は181頭、チョイバルサン市に移住したオヤーチNS13も40頭のウマを保有している。

経済動物としての小家畜とウシの減少を考えた場合、オンゴン郡におけるウシの変化（対1998年比39％）はオスの全頭数以上の減少を示しており、その意味では純減であると言えよう。一方で、シリンゴル盟における小家畜の変化（対1999年比51.9％）は、すべてのオスを減少させることでかなりの部分が吸収できると考えられる数値である[117]。その意味において、シリンゴル盟における小家畜の減少は、見た目ほどの減り幅を持っていない可能性もある。だがそうだとしても、2010年現在の内モンゴルにおける牧畜が、1999年現在と比較して経済的にも、おそらく環境的にも、余裕の少ない形態であることは否定できないであろう。彼らは余裕の減少を家畜の回転率の向上で補い、生活レベルの維持を最大限に図ってきたのだと理解できる。

引き続き、筆者が2013年と2014年に四子王旗と西スニト旗、エレンホト市で現地調査を行った事例データを参照し、内モンゴルにおける遠隔地と郊外の境界に関する検討を行いたい。第6章で検討したように、筆者は遠隔地と郊外の差異として経営の多角化を主要なメルクマールとしている。その意味で、以

117　小長谷によれば、2010年のモンゴル国全体におけるヒツジのメスの比率は49.6％、ヤギのメス比率は50.1％であったという［小長谷 2013: 95］。

表 7-11　インフォーマントの所属行政単位と禁牧

	旗	郡	備考	禁牧
SU08	四子王旗	チャガーンボラグ	旧チャガーンオボー郡	なし
SU09	四子王旗	チャガーンボラグ	旧チャガーンオボー郡	なし
SU10	四子王旗	ノムゴン	旧チャガーンオボー郡	あり
SU11	四子王旗	ノムゴン	旧チャガーンオボー郡	あり
SU12	四子王旗	ノムゴン		あり
SU13	四子王旗	ノムゴン	旧ジャルガラント郡	なし
SU14	四子王旗	ノムゴン	旧ジャルガラント郡	なし
SU15	四子王旗	ホンゴル		なし
SU16	四子王旗	ホンゴル	旧バヤンホア郡	あり
SU17	四子王旗	バヤンオボー		あり
SU18	四子王旗	ホンゴル	旧バヤンホア郡	あり
SS18	西スニト旗	ズルフ鎮	旧バヤンズルフ郡	あり
SS19	エレンホト市	ゲレルトオド	旧西スニト旗	あり
SS20	エレンホト市	ゲレルトオド	旧西スニト旗	なし
SS21	西スニト旗	サイハンタラ鎮	旧ドホム郡	あり
SS22	西スニト旗	サイハンタラ鎮	旧ドホム郡	あり
SS23	西スニト旗	サイハンタラ鎮	旧ドホム郡	なし

下で取り上げる事例は全て牧畜、しかも従来からの販売物である家畜生体（肉）や毛（カシミア）のみを収入源としている点で、前述のシリンゴル盟中部の遠隔地の牧民たちと牧畜経営のあり方は同一である。その一方で、彼らの牧地面積には大幅な差異が見られる。また、おそらくは政府の牧畜介入政策の結果と思われるが、家畜頭数に関しては決して多いとは言えない状況にある。むろん、彼らがそれでも牧畜を継続している以上、牧畜は彼らの必要とする収入を供給しえているのだと理解できるだろう。

第 6 章で触れたように、2000 年以降は郡レベルでの行政単位の統廃合が進行している。牧地の分配は 2000 年代の統廃合以前に所属していた郡の影響が大きいので、表 7-11 にインフォーマントの所属行政単位（旧所属単位を含む）と禁牧に関するデータを示す。

なお SU17 の所属するバヤンオボー郡は、ホンゴル郡に合併されていたものが 2013 年に再度郡として独立したものである。筆者の調査時、郡中心地に郡政府の 4 階建てのビルが建設中であり、周囲の泥壁造りのものが多い民家と好対照をなしていた。SU17 によれば、再度バヤンオボー郡ができて、禁牧の罰金が厳しくなったという。1 世帯で 3000 元くらい徴収されており、地方政府の収入になっている様子であると述べていた。

全般的に、郡の統廃合にせよ新規独立にせよ、行政単位の変動は住民にマイ

地図7-5　インフォーマントおよび主要地点名

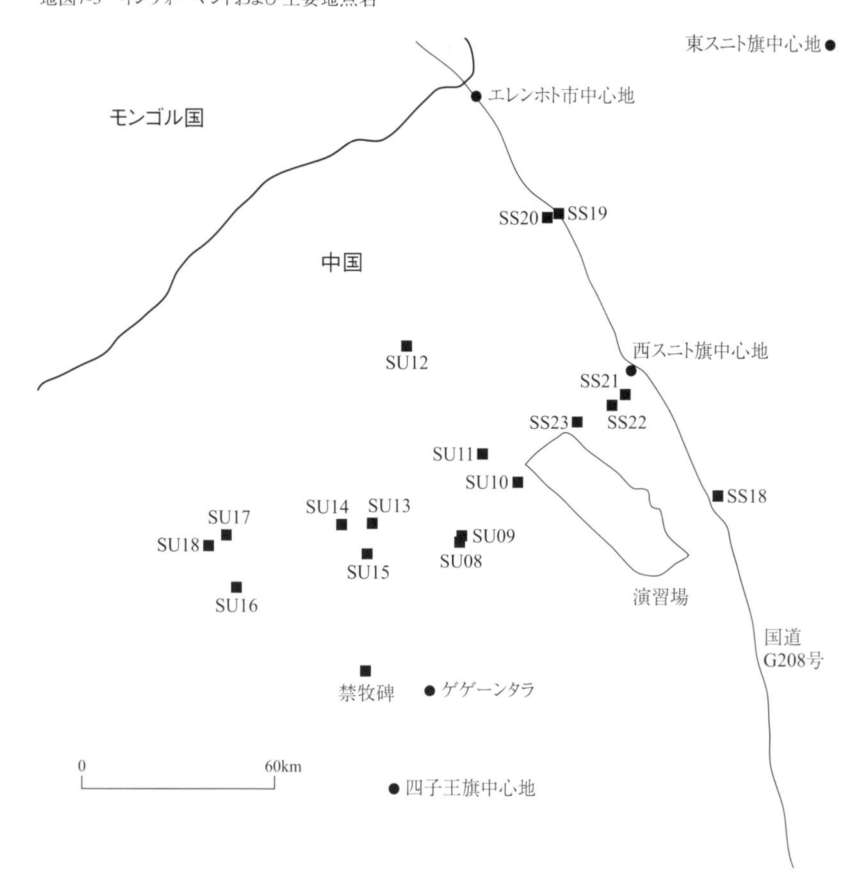

ナスの影響を与える機会となるようである。SU08の自宅は旧チャガーンオボー郡中心地から10分ほどの場所にあるのだが、現在の郡中心地までは50 kmの道のりを行かなくてはならなくなったという。それゆえ郡中心地への用事は3日がかりとなり、往復の燃料代で60元を要するという。2006年にチャガーンボラグ郡政府がSU08らに「チャガーンオボー郡」の身分証を発給した際には、身分所属の証明主体が存在しないと不利益を被る可能性があると郡政府へ抗議に行ったが、2013年になっても是正されないとのことであった。また、ホンゴル郡中心地から旧チャガーンオボー郡中心地へ伸びている道は、郡が統廃合されたために2013年当時も未舗装のままであった。

一方、ガチャの統廃合事例も存在する。SU16は農牧境界地域に居住する漢族牧民であり、彼が元々所属していたドゥルブ＝ガチャは漢族ばかり50世帯ほどのガチャだったが、SU18が所属するノムゴン＝ガチャと合併した。後者はモンゴル族のガチャで、SU18もモンゴル族である。

インフォーマントと主要地点の空間分布を地図7-5に示す。国道G208号線は中国とモンゴル国を結ぶ幹線道路であり、並行して鉄道も走っている（地図では省略）。

四子王旗における農牧境界線は、地図上の禁牧碑およびゲゲーンタラ付近を東西に走っている。ただし西部は川が北流しているので、SU16近くまで境界線が北上している。またスポット的にはSU16の北側[118]にも耕地が見られる。地図に示した「演習場」は、人民解放軍の演習場である。

インフォーマントの牧畜経営に関する基本的な情報を表7-12に示す。これを見る限り、各インフォーマントの牧地面積にはかなりのばらつきが存在するが、その原因としては1980年代の牧地分配に際しての面積や相続だけではなく、いくつかの要素が関係している。

例えばSU16とSU18を比較すると、彼らは等しく旧バヤンホア郡の所属である。南部は農耕地が広がり、SU16の所属する旧ドゥルブ＝ガチャは中部、SU18の所属する旧ノムゴン＝ガチャは北部にある。SU16によれば、彼の世帯は「老住戸」なので1人1200ムーの分配があったが、1960～70年代に移住してきた「新住戸」では1人900ムーしか分配されなかったという。SU16自身は、自らの1200ムーに加え、近隣にある兄（旗中心地在住）や他家の牧地を合計4000ムー借りて牧畜を行っている。

一方、SU18は2万ムーの牧地を有している。彼の現在の家族構成は父母、弟、妻、息子（中学生）の合計6人であるが、1980年代の牧地分配時には妻と息子はカウントされていない。当時はSU18の祖父母や姉妹がカウントされていた可能性があるものの、仮に1人1200ムーだとすれば16～17人の世帯成員が必要であり、この数字は現実的ではない。仮に8人とすれば1人2500ムーとなる。この数字は、旧チャガーンオボー郡の1人1600ムー（SU08）、旧ノムゴン郡の1世帯2万ムー［児玉 2003: 71］という数字と比較して、特に違和感のない数字である。なお、旧ノムゴン郡の分配に関するデータは児玉が1999年に旧ノムゴン郡で現

118　GoogleEarth™の衛星写真では、SU17の北北東45 km（先に言及した川の末端付近）に耕地が確認できる。

表 7-12　インフォーマントの牧畜経営に関する基本的情報（牧地の単位はムー）

	調査年	牧地	小家畜	ウシ	ウマ	ラクダ	MSU	MSU/ha
SU08	2013	8000	300	0	0	0	300	0.56
SU09	2013	9000	300	0	0	0	299	0.50
SU10	2013	1 万	300	0	20	0	428	0.64
SU11	2013	1 万 3000	200	5	0	0	226	0.26
SU12	2013	2 万 5000	280	0	70	160	1558	0.93
SU13	2013	7000	400	30	0	0	571	1.22
SU14	2013	1 万 6000	600	20	0	0	705	0.66
SU15	2013	6300	400	20	13	0	596	1.42
SU16	2014	5200	180	0	0	0	180	0.52
SU17	2014	2500	100	0	35	0	342	2.05
SU18	2014	2 万	290	0	10	0	353	0.26
SS18	2014	5400	330	0	0	0	327	0.91
SS19	2014	1 万 3670	150	0	0	0	150	0.16
SS20	2014	5000	600	0	20	0	740	2.22
SS21	2014	1 万	340	0	0	0	338	0.51
SS22	2014	2000	130	0	0	0	127	0.95
SS23	2014	6000	280	0	40	0	560	1.40

地調査を行った際に報告している数字である。児玉によれば、ノムゴン郡では 2 回目の分配にあたると思われる 1997 年に、1 世帯当たり 2 万ムーを分配したと述べている［児玉 2003: 71］。なお筆者の調査データでは、旧ジャルガラント郡所属の SU14 が 1988 年に 10 年契約で牧地を分配した後、1997 年に 30 年で再契約（2027 年まで）をしたと述べている。

SU12 も旧ノムゴン郡の住民であり、調査当時は冬営地に居住しており、冬営地 8000 ムー、夏営地 9000 ムー、北 30 km の地点に住む末息子が 8000 ムーの牧地を所有しており、合計 2 万 5000 ムーとの回答であった。SU12 は調査当時 60 代であり、1997 年の牧地分配に際しても 1980 年代の分配に際しても子供たちは存在し、1997 年当時には結婚していた可能性も否めない。従って、SU12 が SU18 より 25％広い牧地を利用している点に、特に矛盾は存在しないと思われる。

ところで、旧バヤンホア郡のインフォーマントの直近に居住する SU17 は、1 世帯で 2500 ムーと非常に牧地が狭い。SU17 は 50 代であり、兄弟 4 人で 1 万ムーの牧地を所有している。家畜分配の際に未婚で、しかも男性の兄弟ばかりだと、牧地の細分化の結果、すでにこのレベルまで所有牧地が減少しているという典型であろう。

むろん、すべてが SU17 のように息子だけで牧地を均分するとは限らない。第 6 章で取り上げた SU05 の場合、息子 2 人と娘 1 人がいるが、息子のうち 1 人が旗中心地に居住して SU05 夫妻[119]の面倒を見ているので、夏営地を 1 人の息子が継承し、冬営地では娘婿が SU05 の家畜とツーリストキャンプを管理している。また後述する SS18 のように娘ばかりの世帯の場合、娘婿たちで牧地を均等分するケースもある。一般的には、牧地の相続は息子に優先権があり、特に事情がない限り婚出した娘が実家の牧地を使うケースは稀である。

SU17 によれば、ガチャには 100 世帯くらいが居住しているが、旗中心地へ移住した牧民はほとんどいないという。SU17 の所属ガチャはほとんどがモンゴル族である。SU17 によれば、都市部へ移住すれば牧民ができないので行きたがる人はいない。ただし、子供の教育のために旗中心部へ移住した牧民は存在するという。なお調査当時、四子王旗の郡で小学校が存在したのはホンゴル郡のみであり、他郡の居住者は子供を学校に通わせるために旗中心地に住居と子供の養育者（主として子供の祖父母）を確保する必要があった。

一方、SU16 の居住する旧ドゥルブ＝ガチャでは 50 世帯のうち 20 世帯が不在で、都市部へ出稼ぎに出ていた。SU16 の場合、こうした都市への移住者の牧地を借りて牧地面積を拡大し、牧畜経営を成立させているわけであるから、移住者の存在は必須であるとも言える。また SU08、SU09 が居住する旧チャガーンオボー郡では元々 400 世帯あったが、現在は 100 世帯ほどしか残っておらず、都市部で雇われたり、家畜を売ったりして生活しているという。後者に関してはかつての郡中心地が無人化しているので、流出人口の全てが牧民ではないと思われるが、8000 〜 9000 ムーの牧地を 2 分するような事態が発生すれば、彼らのうち一部は確実に移住を決断すると推測していいだろう。

牧畜地域は一方的な人口流出ばかりではない。人口密度の低い旧ノムゴン郡などでは、漢族が牧民化して現地に流入する現象も見受けられる。SU12 によれば、彼の所属するガチャの 40 〜 50 ％が漢族であるという。実際、筆者の 2013 年の調査時にも旧ノムゴン郡南部は漢族牧民しかおらず、彼らはウシを中心に飼っているという印象を受けた。SU12 によれば、ウシには飼料を与えるので禁牧[120]は関係ないとのことであった。この禁牧・草畜平衡による規制と大型家畜に関する問題は後述するように、彼らの飼養する家畜種の選択に大きな影響を及ぼしている。

上述のように、4000 ムー程度の牧地では生活が困難であるとすれば、実際に

119 SU05 の妻は病気で旗中心地に居住していた。また SU05 も高齢（1931 年生）で旗中心地にいることが多く、家畜を含めた営地の管理はすべて娘婿に任せていた。

120 当時、SU12 の所属するガチャは禁牧であった。

その程度の牧地面積で生活をしている牧民のケースでは、何が移住を食い止めている要因なのだろうか。その1つとして考えられるのが、禁牧の補償金などの補助金の存在である。SS22は現在の所有牧地が最も少ない事例である。彼も元々兄弟4人で8000ムーの牧地を持っていたが、全員が世帯を構えて独立採算をとる中で牧地の細分化を余儀なくされた事例である。禁牧の補助金は四子王旗においては牧地面積に比例して支払われているのに対し（1ムーあたり5元程度）、西スニト旗においては1人あたりで支給されている。SS22は1人6658元、SS18は1人6657元と回答しているが、いずれも3人家族であるので、3人でほぼ2万元という水準である。これは四子王旗の4000ムー分の補助金に相当し、小規模な牧地しか持たない牧民にとっては明らかに有利な規定である。SS19によれば、エレンホト市でも同様に1人あたりで支給され、金額は郡により異なるが6000～1万元程度であるという。

無論、シリンゴル盟であればSS21のような事例は、補助金を貰いそびれていると理解することも可能である。だが、補助金本来の目的からすれば、牧地の少ない牧民に傾斜配分されるシリンゴル盟の分配方法が合理的であると理解できる。またシリンゴル盟ではSS20やSS23のように、禁牧を選択しない牧民もいる。彼らの特徴として牧地が大きいとは言えない一方で、オヤーチを自認して、ウマを相対的に多く保有している点が挙げられる。SS20によれば、内モンゴルではオヤーチとして競馬に出走させれば賞金を得られる機会があり、SS20自身は2014年に7万元近い賞金を稼いだという。ウマも単純に威信のための動物とはもはや言い難いが、少なくとも禁牧の補助金よりは魅力的な存在と認識されていることは間違いないだろう。こうした牧民は草畜平衡の補助金を受け取ることができるが、こちらは四子王旗と同様にムーあたりの計算で、金額はそれぞれ1.7元（SS20）、1元（SS23）であるという。

対照的に、ウランチャブ市では禁牧や草畜平衡の補助金は牧地面積に比例する。筆者の調査では、禁牧の補助金は1ムーあたり5～6元、草畜平衡の補助金は1ムーあたり1.2～1.5元であった。それゆえSU12やSU18の事例では、年間12万元を超える補助金を得ていた。逆に、牧地面積の少ない牧民は得られる補助金が少ない。

その最たる例がSU16であり、彼が得られる禁牧の補助金は1200ムー分でしかない。SU16によれば、2012年にはムーあたり6元が支給されたというが、それでも7200元にしかならない。また草畜平衡の補助金しか得られないSU13やSU15も年額8000元程度となっている。

ただしSU16に関しては、彼が得ている最大の補助金は禁牧ではない。2013年当時、彼の家屋の裏手には巨大な太陽光発電施設が稼働しており、彼は所有する牧地のうち900ムーを当該施設に提供している。その見返りとして2012年冬に1ムーあたり2460元の補償金、合計220万元あまりを一括で受け取っている。この数字は牧畜による現在の収入を4万元と見積もっても50年分以上に相当するので、SU16にとっては牧畜が補助的な収入という位置づけになっていると理解しても差し支えない。

SU17は、彼の牧地のうち100ムーが新しく建設された舗装道路として収用されたので、2012年に24万元を補償金として得ている。大規模な道路の補償金としては1ムーあたり2400元ほどが相場であるとのことで、彼は相場通りの金額を受け取ったわけであるが、これは、当初払われた金額（1ムーあたり830元）に不満を覚えたSU17が近隣の牧民を組織して郡政府へ交渉に行った結果として得られたものであるという。実際、補償金の支払い状況には世帯ごとの格差が存在するようであり、すべての世帯が満額を得られるとは限らないようである。たとえば牧地の境界に沿って幅10 mほどの舗装道路が3.5 kmにわたって建設されたSU18の場合、道路幅が小さいことと元々現場には未舗装路が存在したこともあり2000元しか得られなかったという。道路の舗装年次について詳細な確認は行わなかったが、路面の状況から判断して調査時から数年程度しか遡らないものと思われた。

またSS18は、近くを通る道路が2009年に舗装されたが、特に何も貰っていないという。ただし、この道路はSS18の居住するガチャ内に作られた銅山に接続する道路として、操業開始に合わせて舗装されたものである。SS18を含む近隣の10世帯は、鉱山から補償金の代わりとして無料で電力線を引かせ、利用料も無料であるという。上述したように、牧民世帯で電力線を引くのは羨望の事業である。このように、特に所有牧地の少ない層は補助金や補償金を牧畜に上乗せしつつ牧畜を営んでいる。だが、一方で彼らは補助金や補償金は恒久的な収入源とはなりにくいと認識しており、最終的にはいかなる形であれ牧畜の継続を望んでいることも事実である。そうした際に援用される技法は、1990年代から存在し、本書の第3章でも触れた牧地の借用やオトルである。

たとえば、SS18の牧地面積は5400ムーとなっているが、そのうち4000ムーは妻の実家が所有していた牧地で、自身の牧地は1400ムーである。妻は3人姉妹で、3人の婿が1万2000ムーの土地を3分割して利用している。SS18の家屋と妻の実家は9 kmほどしか離れておらず、SS18によれば自分の牧地だけでは生活できないので、彼の家畜はほとんど妻側の牧地で放牧しているという。

2014年は干ばつであり、SS22は5月から3カ月間、妻の実家のあるエレンホト市エレンノール郡にオトルへ出ていた。その際、1カ月にヒツジ1頭あたり15元、合計約6000元を支払ったが、相場は知り合いでも20元／頭・月くらいなので、格安であったという。またSU18は同年7月から150 km北のモンゴル国との国境地帯へヒツジ120頭（メス90頭、去勢オス30頭）をオトルに出した。知人の牧地で、金銭で対価を払わない代わりに仔畜は先方に譲渡する契約である。SU18によれば、普段は5～10月頃まで過ごす夏営地に干ばつで草が生えないので、苦渋の決断であったという。なお、四子王旗の事例では、約半数（SU11、SU12、SU13、SU14、SU15）が夏営地と冬営地を別々に所有していた。一方、西スニト旗とエレンホト市の事例では牧地は全て一塊であり、牧地の分配方法に地域性があることがここでも確認できた。

なお、SU11と同一ガチャに所属するSU10の牧地が一塊であるのは、夏営地（6000ムー）が2011年に演習場に収用されたからである。その際の補償金は1ムーあたり200元であり、補償金の安さが牧民たち、特に全ての牧地が収用対象となり移住を余儀なくされた牧民の反発を引き起こし、北京への陳情（上訪）を惹起した［尾崎 2012: 28-30］。

またシリンゴル盟中部の事例で見たとおり、現在の内モンゴルでは、牧畜労働者の雇用は皆無とは言えないまでも、非常にまれとなっている。上述の事例でもSS20が春のみ1～2カ月雇うと回答したのみで、常時雇用している事例は存在しなかった。基本的には自分が、あるいは子供がバイクなどを使って放牧をするのが一般的であり、オトルに際しても本人や兄弟が連れて行き、牧畜労働者にゆだねる例は見られなかった。彼らに牧畜労働者を雇用しない理由を尋ねると、「年に3万～4万元もかかり、高くて雇えない」（SU11）というように、多くは賃金が高くて払えないという内容であった。

一方で、「人が見つからない」（SS20）、「モンゴル人では他の仕事（車やトラクターなど）ができない人しか牧畜労働者をしない」（SS18）というように、人手不足を指摘するインフォーマントも存在した。いずれにせよ、高賃金かつ人手が見つからない状況ゆえに、現状では一般の牧民が牧畜労働者を雇用するのは困難な状況になっていることが本データからも看取できる。つまり一般牧民の収入は相対的に低下傾向にあり、1990年代のように気軽に牧畜労働者が雇える状況ではなくなっていると言えよう。現状として牧畜労働者が雇えるのは、ツーリストキャンプや馬乳酒といった特殊な収入源を持ち、かつ諸般の事情で労働力が必要な人々に限られる。その背景には後で検討するように牧民世帯の保有家畜の減少が影響していることは想像に難くない。

もちろん、すでに論じたように牧畜地域にも貧困層は存在する。1990年代は彼らが主たる牧畜労働者の担い手であったのだが、現状ではそうした労働者が高賃金となり、かつ見つかりにくいわけである。生活最低線を切った牧民は旗中心地などの都市部へ行って出稼ぎ労働者になると思われる。出稼ぎに関しては、2011年に四子王旗バヤンシル鎮のあるガチャ長が「出稼ぎすれば、3000～4000元くらい稼げる」と述べており、また出稼ぎ者の多い中国南部広州市における、2013年当時の一般工職の平均月給が2500元（年収3万元）であった[121]。こうした収入ライン（3万～4万元程度）が上記の牧畜労働者の賃金の参照枠として機能しており、また貧困な牧民が出稼ぎを決意する閾値として機能していることは想像に難くなく、またそれぞれの数字の間にも大きな矛盾は存在しないと思われる。ただし、一般に牧畜労働者が住み込みで食事や宿泊も雇用者側が提供するという労働条件を勘案すると、牧畜労働者は都市での労働と比較すると多少のプレミアムをつけないとなり手の見つからない、不人気な職種であると解釈することも可能だろう。

さて、内モンゴルの遠隔地草原に住み、かつ大きな牧地を持たない牧民にとってどの程度の収入が牧畜を継続するかどうかの分かれめなのか、さらに検討を進めたい。まずは彼らの収入面に大きな影響を及ぼす、家畜頭数及び牧地面積あたりの家畜密度から検討したい。

第6章で述べたとおり、内モンゴル牧民の現状は、一部の地域が禁牧に指定され、それ以外の地域は押しなべて草畜平衡が導入されている制度下で牧畜をしなければならなくなっている。そして制度的なプレッシャーを受け、あるいは干ばつなどの環境的要因に対応し、1990年代と比較して概して家畜頭数を減少させる傾向があることをシリンゴル盟中部の遠隔地の事例から確認した。2014年に調査したSS23も、調査当時は小家畜280頭とウマ40頭しか所有していなかったが、1999年頃には1000頭の小家畜と90頭のウマがいたという。SS23によれば家畜を減らしたきっかけは干ばつであり、小家畜を正藍旗の牧民に預けたので、その後2～3年間は頭数減少が続いたと語っていた。こうしたストーリーは、上述のシリンゴル盟中部の牧民の事例と重なると思われる。ただし、

121　日本貿易振興機構（ジェトロ）海外調査部調査レポート「第23回アジア・オセアニア主要都市・地域の投資関連コスト比較（2013年5月）」（https://www.jetro.go.jp/world/reports/2013/07001392.html）による。

1990年代末の干ばつが頭数減少の唯一の原因ではなく、西ウジュムチン旗中心部に居住する息子（24歳）に住宅を買い与えたことなども調査当時の家畜頭数へ至る原因として想定される。

2013年から2014年の調査で多くの牧民から聞いた話を総合すると、干ばつのような自然条件のみならず、近年の禁牧実施が家畜頭数に大きな影響を与えていると想像される。たとえばSU11やSU12は、2011年の禁牧実施前の家畜頭数に言及しつつ、禁牧によって家畜を減らさざるをえなくなったと述べている。具体的な頭数としては、SU11が小家畜600頭を200頭に、ウシ60頭を5頭に減らし、SU12は小家畜900頭を280頭に減らし、具体的な数には言及しなかったもののウマも減らしたという。ただしSU12はラクダを160頭所有しており、これは野外で飼っても問題ないという。またウマも夏営地で放牧していると回答していることから、少なくとも大型家畜の一部に関しては、禁牧本来の意義である屋外での放牧禁止の対象外であることが窺われる。SU12自身は、大型家畜の禁牧について「ウマは関係があるが、ラクダは関係ない」と語っている。

SU16は自らのヒツジを屋外で放牧しており、特に気にしていないと述べている。SS18が小家畜群を妻の牧地で放牧していることはすでに述べたとおりである。このように、牧民にもよるものの、禁牧本来の意義は遵守されないことが往々にしてあり、また政府側も必ずしも厳密に禁牧の実行を迫っていないと想像される。たとえばSU15は彼らの牧地で禁牧を実施しない理由として、「草の状態が良い」のに加え、「禁牧を実施したら生活できない」点を挙げていた。草畜平衡についても、同様の理由で実行していないと述べている。

またバヤンオボー郡が再建されて罰金が厳しくなったというSU17も、禁牧によって家畜頭数を減らし、1世帯でヒツジ100頭しか飼養できなくなったという。ただし、確かにヒツジは100頭しか飼養していないが、ウマを35頭飼養して収入源としている。

これらの事実から推測されることは、禁牧の実施が草畜平衡の厳密な実施と相当程度関連しており、それゆえに飼養可能な頭数が実質的に制限され、頭数減少をやむなくされるというストーリーである。むろん、1990年代と比較しておしなべて家畜頭数が減少している原因としては、草畜平衡がなんらかの影響を与えている可能性は推測される。ただし、その厳しさにおいて禁牧とは質的に異なると理解してよさそうである。

表7-13は、筆者の2013年および2014年の調査データを禁牧あり・禁牧なしで平均したものと、シリンゴル盟中部における、1999/2001年および2010年の調

表 7-13　平均牧地面積と平均家畜頭数などの比較（牧地の単位はムー）

	牧地	小家畜	ウシ	ウマ	MSU	MSU/ha
禁牧あり（2013/14）	1 万 1266	236	1	15	428	0.57
禁牧なし（2013/14）	8186	411	10	10	539	0.99
シリンゴル盟中部（1999/2001）	8973	536	41	18	903	1.51
シリンゴル盟中部（2010）	1 万 5038	350	62	5	756	0.75
四子王旗郊外（2009/11）	4250	338	8	3	403	1.42
馬乳酒生産者（2015）	2 万 500	633	16	157	1826	1.34

※ 2013 年、2014 年、2015 年の平均牧地面積には賃借分も含む

査、2009/11 年の四子王旗郊外の調査、2015 年の馬乳酒生産者の調査で得たデータのうち、牧地面積、小家畜・ウシ・ウマの頭数、MSU 換算値、および ha あたりの MSU について平均値を算出したものである。なお、2013 年、2014 年、2015 年の調査事例については平均牧地面積に賃借分を含めて計算している。特に馬乳酒生産者については広大な牧地を常時借りている事例が存在し、仮に借地を含めないで計算すれば、ha あたりの MSU は 1.98 まで上昇する。なお、馬乳酒生産者は全て禁牧を実施していなかった。

突出しているのは、禁牧を実施している事例の小家畜数の少なさと ha あたりの MSU の少なさである。平均牧地面積は決して狭くないにもかかわらず、小家畜の頭数は最低、ha あたり MSU も最低であり、禁牧なしの半分近い。禁牧が家畜頭数の減少を招いたという発言は、このデータからも裏づけられよう。その差額の幾分かは補助金が穴埋めしているが、後述するように完全に穴埋めできるとは言えないようである。その差額分を埋める努力が、ウマの多さに表れている可能性がある。SU17 の事例にみるように、現状では、ウマは、草畜平衡の対象としてウシやヒツジほど強く規制される家畜ではないようである。そうした制度の適用状況の違いに対応する形で、ウシはほぼゼロとなりウマが多く残っているのだと想像される。当然のことながら、禁牧を実施している牧民においてはウシの自家利用、つまり搾乳を行って茶に入れたり乳製品を作ったりすることもすでに取りやめている。

グラフ 7-4 を見ると、禁牧の牧民世帯においては牧地面積と MSU との間に一定の相関性（R^2=0.41985）が見いだされる。なお、唯一のラクダ保有者である SU12 がラクダは禁牧の計算には含まれないとの見解を示したので、このグラフの MSU に限りラクダを除外して算出している。一方、グラフ 7-5 で示された禁牧なしの事例では、両者の間に相関性は見出されない。

禁牧あり・なしいずれの事例においても、ラクダ以外の畜種の数を MSU に算

グラフ 7-4　禁牧あり世帯における MSU と牧地面積の分布

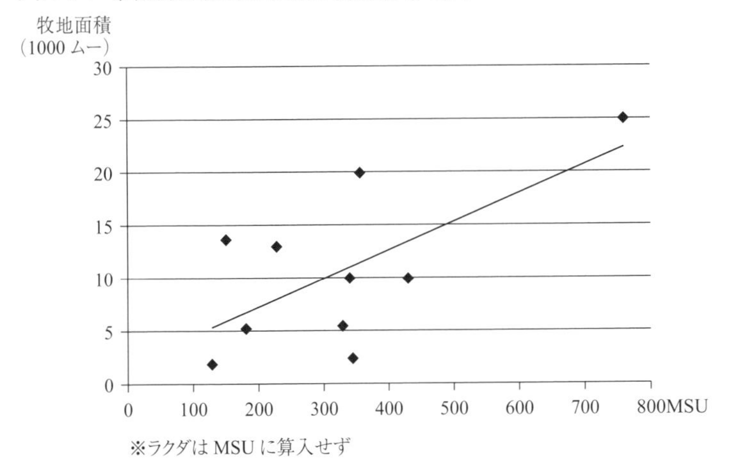

グラフ 7-5　禁牧なし世帯における MSU と牧地面積の分布

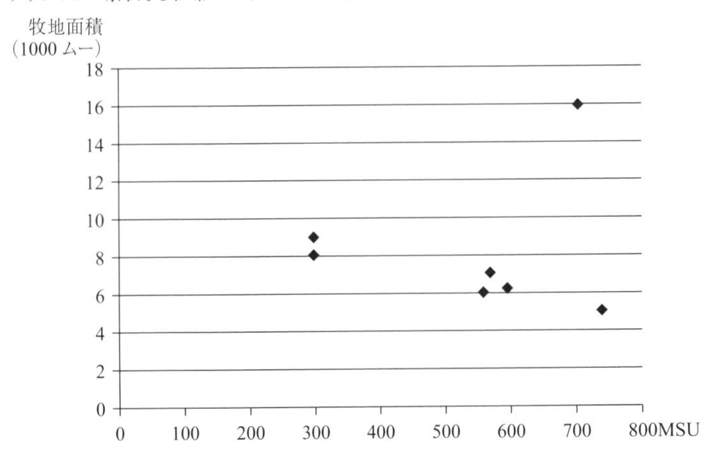

入しない試算も行ってみたが、グラフ 7-4 の組み合わせ以外に相関性は見いだされなかった。従って、ウマもなんらかの形で禁牧に関連する草畜平衡の影響は受けているのだと理解される。

グラフ 7-5 で興味深いのは、牧地との相関性よりも、MSU300 前後、600 前後、700 前後にデータが集中している点である。彼らはむしろ生活の必要から、こうしたラインを設定して自らの家畜頭数を決定している可能性が窺われる。

第6章で検討した規則上では、牧養力の計算には牧地の質や面積のみならず、購入飼料なども考慮して算定するように定めているものの、上述したように地方政府は日常的な放牧の有無を監視しているわけでもなく[122]、世帯ごとの飼料の購入状況をチェックしているわけでもない。こうした状況下で地方政府が仮に規定違反を根拠に罰金徴収を行おうとすれば、単純に牧地面積から計算できる、簡略化された草畜平衡しか取りうる選択肢はないのが現実であろう。草畜平衡に関して言及したインフォーマントの挙げた面積は、ヒツジ1頭につき24ムーから52ムーまでのばらつきがみられたが、四子王旗においてはSU07など複数の牧民が30ムーという数字を挙げていた。グラフ7-4で示した近似曲線の傾きは26.648であり、これはヒツジ1頭につき約27ムー増加することを意味しているが、この数字は前述のインフォーマントが挙げた30ムーという数字と近似しており、その点でも草畜平衡の影響が示唆される。

一方、禁牧なしの世帯におけるMSUと牧地面積に相関性が見いだされなかったという事実は、少なくとも当地では簡略化された草畜平衡を考慮せずに牧畜を行っていることを示唆している。仮に牧民が草の不足を意識すれば必要に応じて飼料を購入するなどして対応するものと思われるが、筆者の手持ちのデータからは牧地面積、MSU、家畜密度のいずれか、あるいは複数要素の組み合わせと、飼料の購入額との間に明確な関連性を見出すことはできなかった（例：グラフ7-6）。

その原因として、牧地ごとの草生の違いは、局地的な降水の差異や経年的な牧地の利用状況などで生じうるので、世帯ごとの差異が少なくないことが想定される。また飼料の購入に関しては前年秋から当年春（2013年の調査であれば、2012/13）にかけての購入量を聞き取っているので、その後の家畜売却などによるタイムラグの存在も否めない。干ばつ時には飼料の値段が高騰し、また購入元によっても価格の上下があるので、購入量と購入額の対応関係は一様ではない。こうした多数のパラメーターの存在が、飼料購入と他の事象との間に単純な相関性を発生させない要因であろうと推測される。ただし、なんらかの因果関係が推測される1要因として、干ばつ年と平年との飼料購入額の違いが見いだせる。たとえば平年であった2013年のデータに対して干ばつ年の2014年のデー

122 赤峰市の一部の旗などでは禁牧地域における規則違反を地方政府が監視しようとした試みがなされたが、牧民が夜間放牧などで対応したので、結局のところ監視は成功しなかったという（2009年2月、内蒙古大学経済管理学院講師バト博士の個人的教示による）。

グラフ7-6　飼料購入額と家畜密度（MSU/ha）の分布（禁牧あり・なし双方を含む）

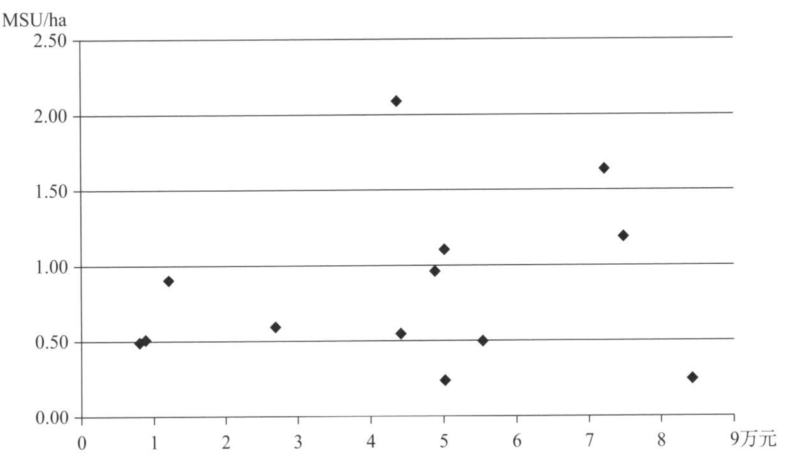

タでは、飼料の平均購入額は1.394倍となっている。

2012年春から2013年夏にかけて四子王旗ではおしなべて草生が良く、「今年は夏営地を使わない」(SU11)、「夏営地はウマを放し飼いにしているだけ」(SU12)、「草生が良いので夏営地に長く滞在している」(SU13) などの意見が出され、また飼料の購入量も少なめであった。一方、2014年春から同年夏にかけては四子王旗・西スニト旗を問わず干ばつ傾向であり、春に飼料を購入したほか、夏場のオトルも実施している。これらの状況から、両年の平均購入額の差異を生み出した一因として干ばつの存在が示唆される。

さて、引き続き別の年次データとの比較を行いたい。シリンゴル盟中部の2010年の事例と2013年・2014年の禁牧なしの事例は、牧地面積が2倍近く異なるのに対し、MSUでは4割程度の差しか見いだせない点が示唆的である。つまり牧民は、生活の維持を第1の目標に据え、それに必要な家畜を飼養しているので、単純に牧地面積に比例して経営規模を設定しているわけではないということになろう。むろん前述した禁牧あり世帯との比較同様、この差異は単に環境に対する圧力で解決しているわけではなく、飼料などの購入で補足している側面もあろうと思われる。仔畜を越冬させずに売却するなどの手段も考えられるが、それは結局、1斤いくらで取引される小家畜の売価の低下を招くことになる。後述するように、それは生活維持のためにやむをえない選択ではあるが、シリンゴル盟中部の経年変化を考えると、マージンのより少ない牧畜のあり方であろうと思われる。つまり後述するように環境変動、あるいは家畜売価の変動に脆弱であることが想像される。

ただし筆者は、シリンゴル盟中部の経年変化の原因を、単純に1990年代の環境負荷が大きかったので牧地が劣化したとは考えていない。彼らの自然環境あるいは社会環境への対応として現状があると理解しており、自然環境としての可能性や社会環境としての必要性があれば家畜密度を上げる可能性もありうると考えている。だが現状として、以前よりも家畜頭数を減らし、家畜密度を下げた牧畜を行い、それで生活を維持していることは確かである。そしてこうした可能性は、2013年・2014年の禁牧なし事例にも開かれていると考えている。

ついで郊外側のデータと比較しよう。四子王旗の郊外の事例では、禁牧の事例にもまして牧地面積が狭く、かつ家畜密度も高い。夏の放牧禁止に関してはそれなりの強制力を伴っていることが想像される。その中でこの家畜数を維持できる要因は、言うまでもなくツーリストキャンプ関連の収入であり、それを飼料購入、牧地の賃借などに回しているものと想像される。彼らが2013年・2014年の禁牧なし事例と比較してより狭い牧地で、より少ない家畜を飼養して生計を成り立たせている理由はこの点に尽きるであろう。一方、家畜密度については、1999/2001年のシリンゴル盟の事例と比較して突出しているわけではない。基本的にはコストはかかるものの、持続可能な範囲を見定めての牧畜と判断すべきだろう。

この点は、馬乳酒生産者も同様であろう。ウマの場合は成長が遅く、搾乳可能となるためには年数がかかるので、飼料購入や牧地賃借などのコストが小家畜よりもかさみがちである。その結果、小家畜の飼養頭数が増加し、さらにそれが家畜密度を増加させることになっていると思われる。彼らの中には遠隔地に広大な牧地を所有するSS13やSS17も含まれるが、それでも家畜密度が高いのはこうした事情によると推測される。ただし、家畜密度は四子王旗の郊外事例よりは低く、現在の内モンゴルの事例として突出した数値は示していない。

さて、こうした比較によって2013年から2014年の事例は、禁牧の有無にかかわらず家畜頭数は少なく、家畜密度も相対的に低い傾向が見いだされ、特に禁牧ありの牧民に関してはこうした傾向が突出していることが明らかになった。本節の最後に、彼らの牧民としての収支を概算し、彼らの牧畜経営の実態を分析したい。

ここでは彼らの牧畜の収支について、以下の項目から算出する。まず収入は補助金、家畜売却益、カシミアの売却益、ナーダムの賞金である。補助金については禁牧と草畜平衡、そして「低保」[123]と呼ばれる生活保護的な補助金のみを考慮する。家畜売却については、詳細なデータのあるインフォーマントについては彼らの語ったデータをそのまま援用した。また、家畜売却の詳細なデータに欠ける事例については、1）小家畜の年間増加率を70％とし、増加分をすべて売却する、2）売却数のうち、禁牧あり世帯は85％を仔畜が、禁牧なし世帯は75％を仔畜が占めると仮定し、3）成畜の価格を800元、仔畜の価格を400元として概算した。またカシミアについては、売却の具体的データに欠ける場合、1頭のヤギから400gが取れ、全量を1斤（500g）あたり170元で売却すると仮定して計算した。これら概算値は、詳細なデータを収集できた世帯の平均値をもとに作成した。ナーダムの賞金については、オヤーチであるSS20とSS23のみ適用される項目である。

一方、支出については飼料代、水代、借地代、オトルでの支払いを計上した。水代については、公共の井戸からの取水が有料であると答えた事例のみ計算し、自家所有のモーター井戸を稼働する費用や、水を運搬する費用は算入していない。また飼料代、借地代やオトルでの支払いは年間変動が大きいことが予想されるが、基本的に調査時の過去1年間の実費ベースで計算している。なお飼料代の詳細なデータに欠ける事例については、2013年調査分は4万元、2014年調査分は39.4％増の5万5760元と仮定して計算した。なお牧畜労働者については具体的な雇用事例がなかったので、計上していない。

また調査データに基づく収支計算のほか、2013年の調査事例については干ばつのシミュレーションとして飼料代を39.4％増加させた場合の試算を、また全ての事例について2014年レベルの支出に加えて家畜価格が70%まで低下した場合の試算を行った。後者については、内モンゴルにおいてモンゴル国からの肉の輸入開始が近年噂されており[124]、内モンゴルの牧民はそうなると肉の価格が値

123「低保」は最低生活保障の略語であり、一般には失業者や一時帰休者などの生活困窮者を対象とする生活保護のことを指すが［松久保 2001: 87］、調査地の文脈では「牧民最低生活保障」という、牧民世帯の老人や障害者にのみ支払われる補助金と認識されていた（SS18、SU17）。実際には生態移民のSS19にも支払われるなど（月額400元）、金額は少ないものの運用には不明な点が多い。

124 現実には、モンゴル国は口蹄疫という家畜感染症の常在国であるため、現状では日本など多くの国と偶蹄目（ヒツジ、ウシなど）の生肉に関する家畜衛生条件が締結される可能性は低い。ロシアは歴史的経緯や肉不足を背景に現在でも生肉（家畜生体を含む）の輸入をしているが、モンゴルから中国への肉の輸出は2015年に加熱処理された肉に限って実現したばかりである（JICAモンゴル事務所ニュースレター　2016年3月

表 7-14　調査世帯の収支概算および干ばつ・家畜価格下落のシミュレーション

	調査年	収支概算	干ばつシミュレーション（飼料代 39.4%増加）	家畜価格下落シミュレーション（70%まで下落）	補助金額
SU08	2013	2万6500	9155	−8845	1万
SU09	2013	6万4500	6万1346	4万3346	1万800
SU10	2013	7万7143	6万6556	4万8556	5万
SU11	2013	9万6800	7万9061	5万8661	6万6300
SU12	2013	28万8500	27万2732	21万8432	12万7500
SU13	2013	10万4400	9万603	5万6103	8400
SU14	2013	8万7770	7万2002	4万5002	2万4000
SU15	2013	9万259	7万4491	4万3591	7560
SU16	2014	6万4400	6万4400	3万9800	7200
SU17	2014	1万9510	1万9510	−215	1万5000
SU18	2014	13万9520	13万9520	11万1320	12万
SS18	2014	11万9580	11万9580	8万7180	1万9500
SS19	2014	4万9040	4万9040	3万7040	6万
SS20	2014	19万4900	19万4900	14万6900	8500
SS21	2014	7万9148	7万9148	4万6148	2万6628
SS22	2014	8424	8424	−4776	1万9974
SS23	2014	6万1400	6万1400	3万7400	6000

単位：元

崩れを起こすことを懸念している。2015年の調査時、SS14はモンゴル国のセレンゲ県でのヒツジ（成畜）価格を1頭500元と述べており、これは筆者が試算に使った800元の62.5％に相当する。また2014年には干ばつの影響で、ヒツジ（成畜）の価格が一時的ではあるが600元程度まで値崩れしたこともあるといい、70％までの価格下落は彼らにとって非現実的な数字ではない。表7-14は、彼らの牧畜の収支概算および、干ばつや家畜価格の下落のシミュレーションを示したものである。なお、補助金額とは彼らの収支計算のうち、禁牧ないし草畜平衡の補助金による収入分を示している。

これを見ると、少なくとも調査時の現状に関する限り、出稼ぎ賃金の目安とされる4万元の収支を下回っているのはSU08、SU17、SS22である。彼らは家畜が少なく、飼料やオトルの支出が多いなどの特徴がある。実際、SU08とSU09の差は飼料代の大幅な差（3万6000元）と牧地面積の若干の差（1000ムー）にほかならない。前者の差の原因については不明であるが、飼料代が牧畜の収支に致命的に影響することは明らかである。

号 https://www.jica.go.jp/mongolia/office/others/ku57pq00000ryrvg-att/newsletter_201603.pdf、2016/11/10閲覧）。

SU17については道路補修の補償金が出たので、牧民を継続しているという可能性が推測される。SS22についても同様で、本人から直接確認はしなかったものの、彼の住居は2012年に新しく作られた道[125]から300 mほどしか離れておらず、また彼の住居は新築であったことから類推して、彼の牧地が道路建設の土地収用にかかり、補償金が支払われたことは十分に想像できる。仮にこの類推が正しければ、SU17とSS22は補償金を取り崩す形で数年は調査当時の収支勘定で牧畜を続けられると想像される。

なおSS18によれば、禁牧の世帯を対象に大学生へ年間6000元の補助金が支払われており、SS18の娘も受給していた。これは学費とほぼ同額であり、少なからぬ収入源となる。SS22は調査当時中学生の娘がおり、こうした補助金もさしあたり牧畜を続ける動機になりうるものと想像される。

またSS19も牧畜の収支としては裕福ではないが、彼は生態移民の対象世帯として国道沿いに家屋を持っているだけでなく、エレンホト市内にもアパートを保有している。さらに2015年からは禁牧も終了するとのことであり、将来的に牧畜の規模拡大も見込めるので、事態はそう悲観的とは言えないだろう。

一方、干ばつ・家畜価格下落のシミュレーションに関して、前者は2013年の調査データに関する補正のみであり、大勢に影響はないと思われる一方、後者は多くの牧民の収支が3万～5万元のレベルにまで押し下げられ、牧畜を継続するか否かの判断を迫られる可能性が窺われる。SU10、SU11、SU17、SU18は家畜価格下落のシミュレーションにおいて新たに最終的な収支が補助金額を下回ると試算されたケースである。彼らとSS19、SS22およびSU08は計算上、家畜をすべて処分して補助金のみを受け取った方が多くの収入を得られることになる。

無論、これはフローの計算であり、実際にはストックとしての家畜の価値を考慮に入れる必要がある。母ヒツジ200頭の価値は1頭500元と計算しても10万元である。仮にこれを安値で手放し、その後に家畜の相場が好転することがあれば、買戻しにはより多くの資金が必要となる。例えば1頭800元であれば、16万元となる。もちろんヒツジは自家消費用として肉にすることもできる。こうした家畜の価値を考慮すると、仮に一時的には純粋に損だとしても、家畜を手放すことは極力避けたいというのが牧民の本音に近いと思われる。実際、彼らと話をすると、往々にして「我々は家畜と離れては生きられない」(例：SU12)

125　四子王旗中心地と西スニト旗中心地を結ぶ道（省道S101号線）が、演習場を北に迂回するため2012年につけ替えられ、その結果SS22やSS23の自宅近くに新しい道が作られた。

という趣旨の発言を耳にする。またそれゆえ、第8章で触れるように解放軍の土地収用などに起因して牧畜セクターから退出せざるをえないような事態が発生すれば、彼らは頑なに抵抗するのであろう。

そのため、それでも牧畜セクターから積極的に退出する牧民は多くはなく、なるべく牧民であり続けようと努力するであろうことは想像される。一方でSS22が「ここでは人が来ないのでツーリストキャンプもできない」と述べているように、彼らは現状の内モンゴルの郊外で行われているのとは違った形で収入の確保を図らなくてはならないだろう。その意味で、2013年・2014年の調査事例はいかに牧地が狭く、家畜数が少なくとも、基本的にすべて遠隔地に属すると言えよう。

禁牧などの制度的な圧力および飼料購入の負担から、大規模な牧地を持つ層といえども、1990年代と比べれば総じて生活に余裕がなくなりつつあると思われる。ただし、その中でも大家畜に特化するなどして大きな収益を上げる可能性があるのは、やはり大規模な牧地を擁する層であり、収支計算で小規模な畜群から大きな収益を上げている事例は、なんらかの理由で飼料代を圧縮できているケースに限られるようである。

禁牧の補助金は、禁牧の実施による家畜頭数の減少に対して完全な穴埋めとはなっていないようである。2011年の禁牧実施前の家畜データがあるSU11（牧地面積1万3000ムー）とSU12（牧地面積2万5000ムー）で、家畜頭数を過去の頭数とし、補助金をゼロとして収支計算のシミュレーションを行うと、禁牧前の方がSU11の場合は1％、SU12の場合は71.9％多いという結果になった。これらの事例は牧地面積が広く、しかも牧地面積に応じて補助金の出る四子王旗の事例であることを勘案すれば、このシミュレーションが飼料代の変化を無視しているという点を差し引いても、禁牧は現地の牧民にとっては彼らの経営を圧迫する制度的圧力と解釈されるであろう。こうした裁量可能な範囲の減少を実感しつつ、郊外的な経営にシフトすることもかなわず、遠隔地的な経営を行う牧民であり続けているというのが、内モンゴルの遠隔地に居住する牧民の現状である。

また、こうした現実の郊外的経営へのシフトの難しさを考慮すれば、制度的な圧力が郊外化を促す方向でかかっているにもかかわらず、現実の郊外はいくつかの都市的空間（シリンホトや旗中心地）の周辺に点在する形でしか存在しえないと結論づけられるだろう。つまり郊外が貧困層の緩衝地帯として存在しているモンゴル国遠隔地とは異なり、内モンゴル遠隔地の貧困層は牧畜セクターから速やかに退出せざるをえないのが現実なのである。

第8章　結論

本章では、これまでの各章で明らかにした点を再度確認するとともに、現在、モンゴル国と内モンゴルの郊外および遠隔地で生活している牧民の、牧畜戦略の将来像について展望することで締めくくりとしたい。

第1章では、本書のねらいと視野について明らかにした。第1節では、モンゴル高原と牧畜をめぐる基本条件を論じ、モンゴル高原が牧畜という生業に適した空間であること、一方で牧畜は交易を通じて他の生業と関係を持つことが常態であること、そして1990年代にモンゴル国と内モンゴルで大きな景観上の差異をもたらす原因となったのが、両地域における土地制度の差異であることを述べた。内モンゴルにおける実質的な牧地の私有化が、季節移動を伴う移動牧畜、つまり遊牧的な生業のあり方に一定の影響を与えた可能性を示唆した。

第2節では、社会主義と民主化がモンゴル国、つまりモンゴル高原北部の牧畜社会に与えた影響を概観した。モンゴル高原においては、前近代より牧民は自給自足的な生活を送っていたわけではなかった。モンゴル高原北部では1921年に社会主義革命が起こったが、それはスニースの言葉を借りれば、利益中心的（あるいは専門家的）モードと生業的モードを両極とする、幅のある牧民の生産活動像の重心が動いたに過ぎない。1950年代後半からのネグデル期は、利益中心的モードの極大期であり、これが、社会主義体制崩壊後つまり1990年代以降の家畜の激増やモンゴルが鉱山立国化していく条件を準備したと理解できる。

第3節では、本書の重要な概念である牧畜戦略と郊外化について検討した。牧畜戦略とは、牧畜でどのような生活を実現しようとするのか、というモデルのことであり、筆者は現在のモンゴル高原において共時的に複数の牧畜戦略が存在するという複数モデルを想定している。そして牧畜戦略に大きな影響を与える要素として、筆者が着目するのは民俗知識、制度、個人の置かれた諸条件である。これらの3要素が組み合わさって、個人の牧畜戦略が選び取られることになる。本書は1990年代以降の牧畜戦略について論じるものであるが、従来の研究では社会主義から市場主義体制への移行後を一律に「ポスト社会主義」

と括る傾向が強かった。しかし、2000年代以降の大量の資本投下に起因するインフラ整備は、結果として1990年代とは異なった牧畜戦略のあり方を現地にもたらしていることを示し、1990年代を移行期、2000年以降をグローバル資本投下期と呼ぶことの妥当性を論じた。

そして、グローバル資本投下期のモンゴル国において牧畜戦略面で最も象徴的な現象が「郊外化現象」である。これは、都市周辺や幹線道路沿いなど、舗装道路があり都市部へのアクセスがよく、携帯電話などのコミュニケーション手段が整備された場所、すなわち筆者の呼ぶところの「郊外」に牧民が集中していく現象であり、そこには少ない家畜で、より多様な収入源の確保をめざす牧畜戦略の牧民が高密度で居住する。そして「郊外」以外の場所である「遠隔地」では、むしろ家畜数に依存した牧畜戦略の牧民が低密度で居住し、牧畜を行っているという構図が出現している。

第4節では、本書のもくろみと学問的意義について述べた。本書では、上述の「郊外」と「遠隔地」が発生していくプロセスを、モンゴル国に関して1990年代から実証的に検証するとともに、内モンゴルに関しても同様な牧畜戦略の空間配置の存在を明らかにし、そこへ至るストーリーを検証することを目的とした。両者は、ゾドを契機とする牧畜戦略への影響、グローバル化された市場経済の牧畜社会への浸透など、従来考えられていた以上に類似点が存在する。

本書の意義は第1に、郊外化というアイディアで、モンゴル高原における現在の牧畜戦略の多様性とその空間的分布状況を説明したことにある。さらに地域研究の文脈では、牧畜戦略という視点から国家の枠組みを超えた比較可能性を提示した。また、人類学の文脈においては、すでに生業的とは言い難い現在のモンゴル牧畜、および脱生業化の度合いが郊外と遠隔地という空間の違いに対応して異なっており、従来アフリカの牧畜社会などに関して言われていた「生業牧畜」「商業牧畜」というような民族別の分類に対する空間面での分類可能性、また二重経済論で言われていた生業経済と市場経済の併存がより困難になっているグローバル資本投下期の現状を指摘した点に意義があると言えるだろう。

第2章では、2000年以降「遠隔地」となっていくモンゴル国スフバートル県の調査事例を題材として、主に21世紀初頭までの本地域の立地の特徴、牧畜ユニット（ホトアイル）の構成や季節移動などの変動について論じた。第1節ではモンゴル国南東部、モンゴル国スフバートル県オンゴン郡における牧畜ユニットを検討し、1991年の家畜私有化に伴うホトアイルの構造上の変化として最も顕著な点は、親族中心の構成原理によるホトアイルの再編成と、構成世帯数の増加であった点を明らかにした。また地域社会の分析単位として郡が意味ある単位であることを、牧民と定住民との社会的関係から指摘した。

第2節では、モンゴル牧民の季節移動のルートが、年によってどの程度変動するかを、モンゴル国スフバートル県オンゴン郡における夏営地を例として、GPSデータ、旧ソ連製20万分の1地形図の地名データ、Google Earth™の衛星写真を利用して実証的に検討した。その結果、営地固定論はオンゴン郡の牧民にとって、理想レベルに属する営地論である一方、現実には干ばつ年が多いので、他の牧民と距離を置くという別種の民俗知識が発動される機会が多いことが明らかになった。

第3節では、主としてバグごとの四季の季節移動に関するパターンを分析した。季節移動に関する限りオンゴン郡には近代国家の介入を前提とするネグデル期の影響が強く残っており、その意味でグローバル資本投下期における遠隔地の季節移動パターンは、ネグデル期の連続として理解すべきであることが明らかになった。

以上のように第2章では、2000年以降に遠隔地となるモンゴル国スフバートル県の事例研究を通じて、当地での牧畜戦略のベースを形作る民俗知識と、社会主義体制崩壊という制度変更が家畜私有化などの形で個人の置かれた条件に影響を与えた結果としての、1990年代の牧畜のあり方を明らかにした。そこでは、私有化された家畜を増殖させる技術として社会主義時代以来の方法を援用する一方、売り先や買う物がないために家畜数が増大していく当時の遠隔地の牧畜の実態が浮き彫りになった。

第3章では、内モンゴル自治区シリンゴル盟の調査事例を題材として、主に1990年代後半に進行していた牧地の分割および定住化、それに対応した牧畜ユニットの編成、そして家畜の季節的流動性の保持などについて検討した後、第2章で述べたモンゴル国の1990年代末期の状況との比較を行った。第1節では、1977/78年のゾドがシリンゴル盟における牧地の分割や定住化に間接的に及ぼした影響について検討した。その結果、ゾドが移動性低下の契機として機能したことは事実であり、さらに世帯への家畜および牧地の分配が移動性の低い牧畜を固定化し、牧地が囲いこまれ、また家畜数の増加につれて牧畜ユニットの世帯単位への細分化が発生したことが明らかになった。

第2節では、事例データに基づいて固定家屋への居住傾向および当時の家畜数および家畜の移動性などについて確認した後、牧地の囲い込み事例やオトル、牧畜労働者の雇用といった経済および環境面に関わる諸問題について検討した。

その結果、牧地面積のサイズから固定家屋化は必然的な傾向であり、牧畜労働者などを利用して人（家畜所有者）の移動と家畜の異動が分離していること、また畜群構成面では、収益性のより高い家畜に特化していく傾向が見出された。一方で牧地の荒廃が一部では認識されており、当時は牧地の賃借によって解決されていたが、牧民は現在の生活レベルの維持を前提としつつ可能な対策を講じている点を指摘した。

第3節では、内モンゴルとモンゴル国において郊外と遠隔地の発生する直前であった1990年代末期の状況を比較し、両者の類似と相違について検討した。比較は牧畜に関わる要素としての1）住居、2）所有家畜、3）家畜の密度と緩和方法、4）牧畜用インフラ、5）牧畜労働の組織方法、6）家畜の利用・売却、7）情報へのアクセスについて行った。

その中で注目すべき情報は、内モンゴルにおいては小家畜つまりMSU450頭がおよその生活最低ラインであったのに対し、モンゴル国でも小家畜200～300頭、その他の家畜も含めてMSU換算で650頭程度と顕著な差異はなく、後者が多少大きな値を示すのは大家畜の多さに起因していたと推測された。一方、当時の両者の家畜密度には大きな差が見いだされ、内モンゴルにおける家畜密度の高さは飼料の利用や牧地の賃借で対応していたと理解される。その他の要素も含め、当時の内モンゴルの牧畜は、モンゴル国と比較して高収入であった一方で、高支出であったことが明らかになった。こうした内モンゴル牧畜の収益性は、来るべき更なる類似点の増加の予兆であったとみなすことも可能である。

第4章では郊外化の実態について、いかなる原因でどういう移住現象が発生し、そこでいかなる牧畜戦略が実践されるようになったかを検討した。本章で利用した調査事例データは、ネグデル期より1万人を超える人口を保持していたボルガン県中心地、移行期になって人口規模が拡大し、1万人近い人口規模へと拡大した鉱山都市のヘンティ県ボルウンドゥル、そしてネグデル期より5000人程度の人口規模で推移している鉱山都市のヘンティ県ベルフの3カ所であり、第1節ではボルガン県中心地について検討した。現地は季節移動距離の短い牧畜を行う外来者が河谷平原内で牧畜を行う社会圏を形成しており、牧畜による収入と都市空間の各種利便性の双方に目配りをしながら生活していることが明らかになった。郊外は経済的な魅力と過度の利用による牧地荒廃の懸念というジレンマを抱えつつ、なおかつ誰もがかなり自由にそこを利用できるという制度的状況下において、彼らは郊外への居住を継続し続けるという牧畜戦略を導き出しているのである。

第2節では、ヘンティ県南部の鉱山町およびその周辺の牧地を事例として、人口増加を続ける蛍石鉱山町の内部とその周辺地域に集まる遠隔地の牧民に焦点を当てて検討した。その結果、郊外の牧地への移住を引き起こしたプル要因としては牧地の良さ・市場へのアクセスの良さ・入り込みやすさが、プッシュ要因としては社会インフラの悪さと自然災害が主要なものであることが明らかになった。また都市空間への移住については学校などインフラの良さがプル要因として挙げられるものの、プッシュ要因は不明確であった。そして家畜を所有する都市居住者は、ここでも郊外の牧地で牧畜の継続を選択することから、都市空間への移住と郊外牧地への移住は二律背反的な現象ではなく、一定の関連性を有することが明らかになった。

第3節では、ヘンティ県東部に位置する鉱山町ベルフでの調査データを用い、郊外に居住する牧民の現住地と来歴、郊外と遠隔地の空間的境界、そして郊外の牧畜戦略が自然災害に対して顕著に脆弱なのか、などの点について検討した。同地は2008年5月の吹雪で牧民が甚大な被害を被った地域である。前2節の都市空間と比較して人口規模の小さいベルフであるが、社会主義時代には存在しなかったほどの牧民と家畜で満たされているという状況に大差は見いだせず、郊外化が進行した地域であることが確認できた。ただし、ベルフはボルガンと比較して都市空間のサイズが小さいため、「遠隔地型」と呼びうる、従来型の牧民が都市空間の近くまで分布する傾向が認められた。また自然災害への脆弱性については、郊外の牧民が有意に自然災害に対して脆弱であるとは断言できないという結果が得られた。

第5章では、牧畜戦略の転換点たりうるゾド（寒雪害）が牧民社会、特に牧畜ユニットや地域社会などの末端レベルに及ぼす影響を検討した。第1節ではモンゴル国で2000/01年に発生したゾドについて、スフバートル県の2001年の調査データを使って牧畜ユニット単位での検証を行った。主たる着目点は、牧畜ユニットのレベルでの2000/01年冬季における被害状況、牧畜ユニットの変動および現状、自然災害に対応する牧民の技術と牧畜戦略であった。その結果ゾドは、バグごとに被害の地域差が存在するだけでなく、個人的経験と呼びうるほどに牧畜ユニットごとの偏差が大きく、それゆえに多様な形で個人の置かれた諸条件を変化させる（あるいはさせない）ことで牧畜戦略に影響を与えることを示した。

第1節では、ゾドと総称される事象が経験主体の差によって多様な様相を示しうるという作業仮説が、少なくとも国家と個人のレベルにおいては正しいという結論が導きだされた。引き続いて、第2節では、国家と個人の間に、そうした経験主体としてどのようなレベルを設定しうるのかを検討した。ここでは2009/10年冬のゾドを題材とし、ボルガン県、ボルガン郡、およびボルガン郡の1インフォーマントの各レベルにおけるゾドの総括を行った結果、ボルガン郡では県平均と比べてウシの被害率が高く、牧民にとっては乳も肉も売れる主力産品であるウシが大きく被害を受けたことが、数字以上に大きな損害として自覚されている点が明らかとなった。この分析結果より、郊外の自然災害に対する評価については、遠隔地とは異なったリテラシーを要求するということが示唆された。

第3節では、モンゴル国の2009/10年のゾドによって家畜を大量に失った牧民が、生計を営む手段として鉱山での個人採掘を選択したドンドゴビ県ホルド郡の事例について検討した。鉱山で個人採掘を行うことは、2000年代後半には鉱物資源価格が高騰しており、鉱業が手軽な産業としてモンゴル国牧民に広く認知されたがゆえに発生したと考えられる普遍的現象である一方、ホルド郡の事例は郡政府が鉱山採掘に緊密に関わっており、その意味では特殊性も備えている。彼らの労働形態や収益性を試算した結果、遠隔地の牧民にとっての鉱山労働は牧畜に取って代わる収入源ではなく、ゾドなどの自然災害に見舞われて苦しいときの牧畜を補完してくれる、副業的な位置づけであるという結論が得られた。ただし今後、この蛍石鉱山が小規模な鉱山町として定住化のコアとなり、その周囲に郊外化した牧民が住み着くことも予想される。仮にそうなると、本地域は遠隔地ではなく郊外へと変質していくものと思われる。つまり鉱山は小規模でも郊外拡大の1要因となりうるわけである。

第6章では、内モンゴルにおける郊外成立の要因として、西部大開発に伴う諸政策、草畜平衡の規定と実態、そして郊外化の事例をウランチャブ市とシリンゴル盟を例に検討した。第1節では、内モンゴルで2000年以降実施された西部大開発が、グローバル資本投下期の特徴であるインフラ整備と市場経済の浸透をもたらした経緯を確認した。第5章で議論したように、モンゴル国では1999/2000年のゾドが牧畜戦略の在り方に直接的な影響を与えるインパクトとなったが、1977/78年のゾドを経験した内モンゴルでは、結果的に大規模なゾドを回避することができた。ただし、同時期に北京を襲った黄砂が中央政府に「西部大開発」という開発キャンペーンを開始させる動機の1つとして機能した。この少数民族地域の環境問題の解決と、開発による経済的利益の分配を名目とした政策は、市場経済の一層の浸透や各種の牧畜介入政策をもたらし、その結果、内モンゴル牧民の牧畜戦略に重大な影響を与えたことを明らかにした。

第1節では牧畜介入政策の1例として最も極端な事例である生態移民を検討したが、第2節では引き続き、より広範囲に影響を及ぼしうる事例として禁牧と草畜平衡を取り上げ、これらの政策と地方政府との関係性について、ウランチャブ市と四子王旗というレベルの異なる地方政府が定めた規則を参照しつつ検討した。その結果、地方政府は必ずしも中央政府の意図通りに政策を実施するわけではなく、独自の目的を持った主体として立ち回ることが明らかとなり、地方政府と牧民の相互関係が地域ごとの牧畜実践の多様性をもたらす可能性が示唆された。

第3節ではウランチャブ市における郊外化の事例を検討した。四子王旗チャガーンボラグ郡には大規模なツーリストキャンプが存在し、近傍の牧民は観光対策として夏季の禁牧を迫られ、また兄弟間での分割相続などで牧地が狭小化している現状で、自らもツーリストキャンプを経営するなど、観光業と関連する収入を得ることで牧畜を継続している。彼らは現金収入を牧地の賃借や飼料確保などに投下し、冬季の禁牧政策については事実上無視して牧畜を行っていた。一方で自立した牧民として生活できない人々は、他所へ移住して牧畜労働者となっているか、あるいは都市へ出稼ぎに出ていることも示唆された。また牧畜の継続可能性に関しては、補助金が一定の役割を果たしていることが明らかとなり、この点については第7章で詳細に検討した。

第4節では、シリンゴル盟シリンホト市およびアバガ旗で馬乳酒を生産している牧民を対象に、内モンゴルの郊外を特徴づけると考えられる収入源の多角化について検討した。内モンゴルにおいて馬乳酒は生産地域が限定され、元来シリンホト市（旧アバハナル旗）とアバガ旗でのみ生産されていた。その生産の空間分布は現在でも変わらないのだが、近年、かつては商品として売買されなかった馬乳酒が流通するようになっている。ただし、2015年現在で馬乳酒販売に着手しているのは数少ない生産者のうちでも都市空間に近い牧民のみであり、彼らが大々的に販売を開始したのは過去10年前後であることが明らかになった。

彼らは近年、馬乳酒製造の機械化と牧畜労働者のモンゴル国からの招へいを行っているが、これは馬乳酒販売がそれを可能にするだけの収入をもたらしていることを示唆している。馬乳酒販売は買い手の確保などが必要で、誰もが参入できるわけではなく、結果として生産者は少数に限られるのが現状であるが、参入できる層に限れば、馬乳酒販売は郊外でのみ成立する収入源であり、コスト面で立地が重要となることが明らかになった。

このように、内モンゴルの郊外ではなんらかの形でマーケットの近さを利用した現金収入源と結びついていれば、牧民としての持続可能性を高めることが可能である。逆に、そうした収入源を持たない牧民にとっては、牧地面積が牧畜戦略を大きく規定し、現金収入源の選択肢の多寡が内モンゴルにおける郊外と遠隔地を分けていることが示唆された。

第7章では、モンゴル国および内モンゴルの遠隔地における牧畜戦略の実践について検討した。第1節ではスフバートル県オンゴン郡の事例を取り上げ、移行期（1990年代）とグローバル資本投下期（2000年以降）の比較を行った。その結果、郡中心地の定住人口や元定住民の牧民に流出がみられる一方で、ネグデル期以来の牧民の家系においては比較的順調に牧畜を継続していることが明らかになった。その背景として、市場経済の浸透に伴って現金の必要性が増し、現地で自立した牧民として牧畜を行いうる最低限必要な家畜頭数が増加した点が挙げられる。遠隔地の牧民の現金収入源は家畜生体とカシミアの売却に限られるので、牧畜の経営規模が郊外と比較して大規模であることが明らかになった。つまり彼らは遠隔地に豊富にある空間を活用した牧畜を展開しているのである。

第2節では、モンゴル国遠隔地におけるウマの社会的機能について、前半はナーダムの競馬を例として、後半は馬乳酒を例として考察した。ウマは郊外で飼養すれば馬乳酒を販売して現金収入源とすることができるが、遠隔地でウマを飼養しても日常的な乗用を除けば用途は少なく、少なくとも経済的な側面から見れば積極的に数を増やす動機に乏しい家畜である。しかし第1節のオンゴン郡のように競馬の盛んな東部地域においては、ゾドで大型家畜が減少した後にウシの頭数回復が非常に緩慢であったのに対し、ウマの回復速度は相対的に速やかであった。その背景として存在するのがウマの威信財としての機能であり、ウマの威信財としての効果が発揮される機会であるナーダムは郡などの地方社会を可視化する機能も果たしていることを指摘した。

一方、馬乳酒の生産が盛んな遠隔地としてはモンゴル国中部のハンガイ（森林ステップ）地域が挙げられる。当地域は一部がウランバートルなど大都市の郊外と重なるが、遠隔地においてはネグデル期には大量に馬乳酒が出荷されたにもかかわらず、現状では基本的に馬乳酒の販売には熱心ではない。これは純粋に、多くの家畜を有する遠隔地の牧民にとっては、馬乳酒の収益より家畜生体販売の収益が圧倒的に大きいためであるが、競馬にせよ馬乳酒にせよ、遠隔地ではウマが専ら現金収入という経済目的以外のために飼養される一方で、ウマを飼養するために遠隔地で牧民を続ける人々が一定数存在し、それがモンゴル国遠隔地の人口移動を抑制する効果がありうることが示唆された。

第3節では、内モンゴルにおける遠隔地の牧民の牧畜戦略について検討した。シリンゴル盟の牧民に関する通時的な比較からは、2010年現在の彼らの牧畜が、1999年時点と比較して経済的（家畜頭数）にも、おそらく環境的（家畜密度）にも、余裕の少ない形態であることが示唆された。彼らは余裕の減少を家畜の回転率の向上で補い、生活レベルの可能な限りの維持を図ってきたのだと理解できる。

引き続き、本節では筆者が2013年と2014年に四子王旗と西スニト旗、エレンホト市で現地調査を行った事例データを参照し、内モンゴルにおける遠隔地と郊外の境界に関する検討を行った。事例データの牧民の収入源は、補助金・補償金を除けば家畜生体（肉）や毛（カシミア）のみである。事例分析からは、彼らの家畜密度は押しなべて低いものの、遠隔地の禁牧実施地域では特に家畜密度が低く、草畜平衡が厳密に実施されているのは当地域のみであることが示唆された。また地域差はあるものの、牧地面積が小さい地域を中心に都市部への移住が発生しており、また牧畜労働者の雇用事例もないなど、全般に牧民の生活に経済的余裕が少なくなっている傾向がうかがわれた。彼らの収支構造を分析した結果、都市流出への閾値となる年間純収入を下回っていると思われる牧民も存在し、飼料にかけるコストにもよるが小家畜300頭以下の規模では十分な収入を得られないケースが散見されることが明らかになった。

また各種補助金の存在は収入源として無視できないものの、金額が最も高い一方、厳しく草畜平衡の順守が求められると思われる禁牧の補助金が、禁牧の実施による家畜頭数の減少に対して完全な穴埋めとはなっていないことが示唆された。なお禁牧の補助金は地域によって支給方法が異なるが、1人あたりの支給を行っているシリンゴル盟においても、ベースとなる金額の算定は郡（あるいは旧郡）を単位とする行政単位の牧地面積が関係しており、基本的には牧地の広い地域が有利であることには違いはない。

さらに干ばつや家畜売却額の低迷などのシミュレーションも行った結果、家畜価格が30％下落すると現在牧民として生活しえている層にも深刻な影響がある可能性が明らかになった。それでも彼らは牧畜セクターから積極的に退出しようとはせず、牧民であり続けようと努力するであろうことが想像される一方、現状の内モンゴルの郊外で行われているのとは違った形で収入の確保を図らなくてはならないと思われる。その意味で、2013年・2014年の調査事例はいかに牧地が狭く、家畜数が少なくとも、基本的にすべて遠隔地に属すると言える。

すなわち、内モンゴルにおいては制度的な圧力が郊外化を促す方向でかかっているにもかかわらず、現実の郊外はいくつかの都市的空間（シリンホト市や旗中心地）の周辺に点在する形でしか存在しえないと結論づけられるだろう。モンゴル国における郊外のエリアも、基本的には郡中心地程度の人口規模では発生しえないと思われるが、内モンゴルの場合、大都市近郊はそもそも牧地でないケースが多く、また制度的に郊外の人口密度増加は土地の分割相続など限られた機会でしか起こらないので、現状では内モンゴルの郊外は狭い上に、そこに収容される人数も少ないものと推測される。

以上が第1章から第7章までの議論のまとめであるが、本書の最後に、2つの問題を考えたい。1つは郊外と遠隔地の空間分布をどのように表現可能であるかという問題と、1つは現在の郊外や遠隔地の牧畜戦略が将来的に持続的であるかという問題である。

まずモンゴル国に関しては、郊外化を考える際のユニットとして現状で最も妥当だと思われるのは、郡である。モンゴル国の場合、県中心地は独立した郡[126]を構成しているため、当該郡に所属する牧民はほぼ全てが郊外居住であると判断できる。一方、第4章で取り上げたベルフやボルウンドゥルのように、バグ相当の行政単位となっている小規模な鉱山都市もモンゴル国には存在するが、そうしたケースでは、郊外に居住する牧民が他バグのことも稀ではない。

もちろん、ベルフのケースで指摘したとおり、ベルフを含むバトノロブ郡には、郊外的な牧民ばかりではなく、遠隔地的な牧畜戦略を取る人々も含まれているので、郡という空間スケールはやや大きすぎ、必要十分なサイズであるとは言えないことも事実である。ただし、モンゴル国全土など広域的な分布状況を調査するというようなケースにおいて、すべての郡で文化人類学的な質的社会調査を実施するのは現実的ではなく、統計などアクセスの容易な資料が活用できる空間スケールであることが実用面から考えれば望ましいことである。暫定的な結論ではあるが、県中心地などの都市空間で構成される郡（および区）、空間的に先述の都市空間の郡（および区）を包摂する郡[127]、モンゴル国の3大都市ウランバートル・ダルハン・エルデネトを結ぶ道路を含む郡、そしてボルウンドゥルのような鉱山町などの小規模な都市空間[128]を含む郡を、郊外の牧畜戦略が卓越

126 ウランバートル特別市の場合は区（ドゥーレグ）と呼ばれているが、基本的には郡と同格の行政単位である。例えば、バガノール地区は1つの区を構成している。

127 こうした郡がウブルハンガイ県などいくつかの県に存在する。

128 これには鉱山町のほか、ザミンウードなどの国境町が含まれる。

する郡として挙げることができるだろう。

逆にこうした都市空間を持たない一般の郡中心地は、郊外を発生させる機能を有していないと考えられる。第2章で取り上げたオンゴン郡しかり、第5章で取り上げたホルド郡しかりである。ただし、後者に関しては、今後の鉱山の拡大と鉱山町の形成によって、小規模な都市空間を含む郡として郊外に転じていく可能性は否定できない。筆者の概算では[129]、現状では遠隔地が国土総面積の90%強を占めていると思われる。

一方、内モンゴルにおいては郊外の面積がより狭いことが予測される。筆者が本書で調査対象とした7旗市（西ウジュムチン旗、シリンホト市、アバガ旗、東スニト旗、西スニト旗、エレンホト市、四子王旗）のうち、郊外化が確認できているのは、シリンホト市（バヤンシル牧場）、アバガ旗（旧バヤンチャガーン郡、旧ボグドオーラ郡、旧エルデネゴビ郡）、四子王旗（旧チャガーンボラグ郡）のみである。行政区画的には、バヤンシル牧場はシリンホト市の20％［錫林浩特市誌編纂委員会編 1999: 43, 50］、旧バヤンチャガーン郡、旧ボグドオーラ郡、旧エルデネゴビ郡はそれぞれアバガ旗の11％、11％、8％［呉楚克・趙巧娥 2006: 14-16］、チャガーンボラグ郡は四子王旗の5％［四子王旗地方誌編纂委員会編 2005: 84］を占めているものの、四子王旗のツーリストキャンプでもガチャのレベルを超える空間サイズは占めておらず、馬乳酒の生産事例においてはいずれも個別世帯レベルでの生産で、周囲にも非生産世帯つまり遠隔地的な牧畜を行う世帯が多数存在することが容易に推測される。ただし、内モンゴルにおいてはガチャのレベルでは統計類へのアクセスは容易ではなく、ガチャ単位での面積すら広範囲で把握するのは難しい。それゆえ、本書においては、旧郡レベルで郊外化の可能性のある面積を概算する。

残り4旗市においては、エレンホト市ゲレルトオド郡の生態移民村に住むSS19がかつて乳の販売を行っており、オヤーチのSS20やSS23がナーダム競馬での収入があったものの、前者はすでに過去のこととなりつつあり、また後者も個別事例的であることや出走地が広範囲に広がっていることから[130]、第7章では彼らの牧畜実践を牧地の空間的特性を活かした郊外的な牧畜とは形容し難いと判断し、遠隔地の事例として扱った。ただし、SS20やSS23の住地は幹線道

129　郡の大小を勘案せず、郊外を含む郡・区を全347郡・区の約10％（35程度）と見積もった。ただし、総じて都市空間で構成される郡・区は面積が小さいので、郊外を含む郡の総面積は国土総面積の10％には満たないと判断した。

130　SS20によれば、2014年は内モンゴル西部バヤンノール盟オラド中旗の国境町ガンツモドや、シリンゴル盟西ウジュムチン旗中心地など各地のナーダムに参加したという。

路[131]にほぼ接しており、それがナーダムへのアクセスを考慮した結果だとすれば、彼らの居住するエレンホト市ゲレルトオド郡や西スニト旗旧ドホム郡なども郊外のポテンシャルを有していると考えることは可能である。

そこで2通りの概算を試み、ゲレルトオド郡と旧ドホム郡を除外して郊外を含むとみなしうるエリアの7旗市総面積（14万4853 km^2）に対する比率を計算すると8％、ゲレルトオド郡と旧ドホム郡を加えた場合には11％となる。これらはモンゴル国のケースと比べ、この面積の中に含まれる郊外事例の比率は相対的に低いと思われるが、いずれも現状では計算対象とした総面積の10％程度が郊外の含まれるエリアであるということになる。

さて、次はモンゴル国と内モンゴルにおける、郊外および遠隔地の牧畜戦略の持続性に関する見通しについて考えたい。

モンゴル国の家畜頭数は1990年代以降、増加とゾドによる極端な減少を2回繰り返し、現状としては3度目のピークを迎えている。2013年末の総家畜頭数は4000万頭を突破し、その後も史上最高値を更新している。第5章で触れたとおり、1999/2000年以降の家畜頭数増加は小家畜の割合が増えたことは事実であるが、2013年末のMSU換算頭数は7477万1540頭であり、1999年末のMSU換算頭数7265万3137頭を凌駕している。

その結果、すでに2014年ころより、再びゾドが発生するのではないかと危惧されている。2015年11月には、地図8-1のように2015/16年のゾドに関するハザードが出されたが、少なくとも国全体で見る限り大規模なゾドになったという報道はない。

この地図によると、リスクが非常に高いと判断されたのは、ウランバートルから西のハンガイ地域で郊外を多く含むと思われるエリアと、1999/2000年のゾドで大きな被害を受け、その後の人口流出が著しかった西部オブス県周辺などである。こうしたリスク情報は夏季の草生量と降雪や低温に関する長期予報などから計算されるので[132]、長期予報が外れればゾドは回避されてしまうのだが、家畜頭数が年々増加する趨勢下では遅かれ早かれゾドが発生することは避けられないだろう。なお、2013年末のモンゴル国全体のhaあたりMSUは0.65、1999年末のそれは0.63であった。これらの値を表7-13で示した内モンゴルの値

131 SS20は中国とモンゴル国を結ぶ国道G208号線、SS23はフフホトから四子王旗を経由して西スニト旗、シリンホト市を結ぶ省道S101号線の新道（演習地を迂回してつけ替えられた道）から至近距離に居住している。

132 モンゴル気象水文局エルベグジャルガル博士の個人的教示による。

地図 8-1　ゾドのリスク予想図（2015 年 11 月 20 日現在）

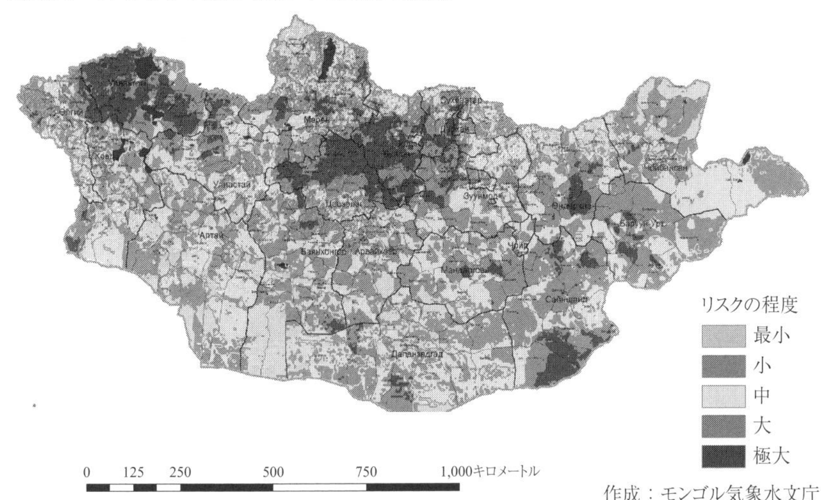

作成：モンゴル気象水文庁

と比較すると、禁牧を実施した事例よりは大きくなっている。

つまり、仮に内モンゴルで示されている牧養力という概念が適切であり、かつモンゴル国にも同様の値が適用できるとするならば、モンゴル国の平均値はすでに牧養力を越えていることになる。むろん、牧養力という概念自体が適切でない可能性もあるのだが、それでも無限に家畜を飼養できるわけではないのは自明である。少なくとも、家畜密度で内モンゴルと比較可能なレベルの数値に達しているという事実は、内モンゴルと異なり、越冬用の飼料（乾草や青刈りトウモロコシなど）へのアクセスが良好ではないモンゴル国遠隔地の一般的状況を考慮すれば、事態は憂慮すべきレベルであると言えるだろう。

仮にこうした状況で全国レベルのゾドがモンゴル国で発生した場合、どうなるだろう。鉱山立国化した現在のモンゴル国が、1999/2000 年のゾドで得られたような国際社会からの援助が期待薄であることは、すでに 2009/10 年のゾドへの反応で経験済みである［Sternberg 2010: 78, 83-84］。ゾドは家畜数の突発的な減少をもたらし、遠隔地で生活困難となった牧民は郊外へ移住することで牧畜を継続するが、郊外で生活困難となった牧民は牧畜セクターからの退出を余儀なくされるか、近年の傾向として見られる内モンゴルへ牧畜労働者として出稼ぎに行くしかない。郊外は人口流出と人口流入の２つの動きがあるので、全体としてはバランスを保ちながら現状で存続することが可能かと思われる。

ただし家畜密度が過大になれば、牧地の荒廃は避けられない。そのためにはなんらかの形で家畜密度をコントロールする仕組みが必要になるだろう。現にハンガイ地域のリスクの高さは、郊外化による牧地の荒廃を反映している可能性もあろう。もちろん、家畜の密度が高いと判断すれば、別の場所へ移動するという牧民の民俗知は存在する。ただし、そのためには現在の郊外と条件的に近いエリアの拡大が必要になるのではなかろうか。

一方、遠隔地では人口流出が続き、家畜仲買人が訪問しなくなったなどの理由から家畜輸送などのインフラを自力で確保する必要が生じた場合、現在以上に最低限必要な家畜頭数が上昇する可能性が生じ、人口流出を加速させる懸念がある。

ただし、現状として家畜頭数は増え続けている。個別の牧民世帯においては、来るべき必要のため、あるいはゾドの保険として、1種の通貨として家畜を増加させていると思われるが、皮肉なことに、全体のシステムとしては、それがゾドのリスクを高めてしまうのである。これを解決する根本的な方法は、家畜を別の財へ転換することを促進する、つまりネグデル期のようにモンゴル国内で食べきれない肉を国外に売って、代わりに社会資本や現金化（ないし家畜化）しやすいその他の財に転換するしかないであろう。すでに述べた通り、モンゴル国は口蹄疫の常在国であるため、偶蹄目（ウシ、ヒツジなど）の生肉の輸出は容易ではないが、2015年から中国へ加熱肉を輸出できるようになったことが、今後のモンゴル国の家畜頭数をどのように変化させるか、注目すべきであろう。

一方、モンゴル国から中国への加熱肉の輸出や牧畜労働者の流入は、内モンゴルの牧畜にも一定の影響を与える可能性がある。後者については、人の往来により内モンゴル側とモンゴル国側の牧畜技術の類似化が進行する可能性がある。これには顕著に否定的な側面は見込まれないが、前者については7章で検討したように、中国の補助金行政次第では肉の価格下落を招く懸念がある。内モンゴルの場合、土地の狭小化と相まって郊外を拡大させる圧力は強い。ただし、実際に郊外的な収入源の増加は一部地域の一部階層でしか実現されていないのは第6章および第7章で検討したとおりである。

内モンゴルの郊外拡大のネックとなっているのは、収入源の多様化である。現状では、補助金額の上昇と項目増加以外に手立てがないように思われる。内モンゴルは中国の内部にあり、都市への出稼ぎなどがモンゴル国よりも容易に行いうるので、かえって、狭い牧地と少ない家畜頭数で牧民が存在しうる手段の模索は進まないようである。

一方、遠隔地を含めて課題となるのは、肉など畜産品の価格の上昇および牧地の狭小化回避である。ただし前者は、モンゴル国からの生肉輸入が実現されるとなんらかの差別化を図らない限り、低価格化が避けられないだろう。牧地の狭小化については第7章で言及したように、遠隔地でも牧地の狭い牧民にとって最大のリスクは土地収用などに伴う牧地の喪失である。

四子王旗における演習場の拡張に伴う土地収用では、移住対象となったのは470世帯（1767人）であった。彼らは、郡政府が効力の不確かな文書によって牧民の立ち退きを迫るという交渉の枠組みそのものに対する不満と、牧地やそこに建てられている家屋などに対して提示されている補償金が安すぎるので、牧民以外の生活経験のない人々にとって将来の生活像が描けないという不満が融合し、北京へ陳情活動を行った。最終的に彼らは補償金の多少の上積みを得て、四子王旗中心地に建設されたアパートへと移転を余儀なくされるが、都市で働くスキルを持たない元牧民の唯一の収入源は月に1人440元の生活保護のみであり、補償金を巡っては移転後数カ月を経過しても交渉中という事例も存在した［尾崎 2014: 6, 10］。現在の内モンゴル牧民にとって牧地が資産であることは言うまでもないが、それ以上に、牧畜以外の生活ができない、あるいは想像できないという意味で、牧畜への愛着が強い人々が少なからず存在する。

一方、広大な牧地を持つ国境地域の遠隔地も初期値が大きいだけ、という可能性も否めない。ただし、彼らが分割相続を繰り返して牧地が狭小化する前に、30年間などに設定された牧地の占有期間が終了する可能性が高い。中国の地方政府も常に牧民の土地を収用すべく狙っているわけではないので、牧民たちが懸念するように一律に牧地の占有期間の更新が拒否されることもないだろうが、土地収用などの事例と同様、そこで地方幹部に名目の不明確な「手数料」を払う必要が生じるなど、なんらかのネゴシエーションの余地が生じる可能性は否定できない［尾崎 2012: 30］。いずれにせよ、遠隔地の牧民にとっては大面積の利益をいかに保持していくかが課題となるだろう。

本書の締めくくりとして、グローバル資本投下期における郊外と遠隔地に牧畜戦略が2分化したモンゴル高原の現状を、再度簡潔にまとめておきたい。ポイントは、グローバル資本投下期における牧畜社会のグローバライゼーションが、牧畜とは離れた文脈で発生したことである。携帯電話や舗装道路、電力といったインフラは牧畜にも使える。が、牧畜のために設置されたものではない。カシミアは移行期からすでにグローバルな商品であった。一方でモンゴル国における肉は同国の輸出入品目の中ではマイナーな商品であり、大きなプレゼンスを占めているのは移行期から鉱産物であった。内モンゴルにおける肉も輸出はされるものの、現状では国内で消費される商品であり、資本のグローバルな移動と比べれば圧倒的にドメスティックである。

このようなモノや人、情報の移動を活発化させるインフラの整備が郊外的な牧畜戦略を生み出した。郊外では、今まで牧民が販売してこなかった、つまり収入源ではなかった諸物品を商品として売りさばくことに成功し、結果として少ない家畜、狭い牧地で牧畜を継続する道を開いた。遠隔地においては、増加する一方の必需品を購入するために、牧民が家畜数の規模を維持することで牧畜を継続している。だが家畜数の増加は、広域的な視点から見れば牧地の環境への負荷として機能し、モンゴル国においてはゾドのリスクを増大させ、内モンゴルではすでに禁牧や草畜平衡といった規制を通じて家畜頭数の圧縮が図られている。

こうした傾向に対応し、家畜を効率的に商品として出荷するため、モンゴル高原の牧民は例えばメス畜の比率を上げ、内モンゴルの牧民においては多くが搾乳も止めている。こうした傾向は一般に郊外において顕著ではあるが、遠隔地においても例外ではない。モンゴル族は、一般に仔畜を食べることを嫌ってきた。食べる対象としての家畜は、群れの再生産に寄与しない去勢オス、しかも大きく育った成畜であった。メス畜の比率が増えるということは、仔畜（特にオス）を速やかに売却し、彼らの好物である去勢オスを手元に残さないことを意味している。こうしたほうが、家畜の回転率は上がる。

また搾乳に関しては、小家畜に関しては仔畜を速やかに育てるために搾乳を止め、ウシに関しては禁牧などに対応するために売却し搾乳を止めている。彼らの食生活は、冬に肉を食べ、夏に乳製品を食べるという季節性が存在したが、これはもはや望むべくもない。それどころか、乳茶に入れる牛乳もないので、粉乳を購入して茶に入れるのが現状である。

そこには二重経済論で想定されたような、生業経済を保持する余地はきわめて小さい。むろん、モンゴル国の遠隔地において生業性の残存は最大であり、内モンゴルの郊外において最小であるという差異は見いだせる。また、ウマの使い方などにモンゴルの独自性を見出すことも可能ではある。しかし、生業の論理と市場経済の論理が並立するような状況がグローバル資本投下期の現在も継続しているかと問われると、すでに後者がモンゴルの牧民生活においては圧倒的に重要な地位を占めているように思われる。また、日本の農業の現状を見ても、微細な生業性というものはなかなかゼロにはならないが、そのような微細な残存をもって二重経済を称するのは本来の定義から逸脱するものになろう。その意味で、モンゴルにおいても移行期には二重経済的な状況は存在したと思われるが、移行期の終了をもってその状況は質的に変化したと理解すべきであろう。

おわりに

本書は、筆者が2017年に東北大学環境科学研究科に提出した博士論文『モンゴル牧畜社会における牧畜戦略の多様性と変化に関する研究』を大幅に加筆修正したものである。これは近年めっきり珍しくなった論文博士の学位取得のため執筆したものなので、時間をかけてデータを収集・分析できるというメリットがあった。

本書はデータ収集に20年のタイムスパンをかけており、また調査地も広範囲にわたっている。オンゴン郡とボガト郡では同じモンゴル国内とはいえ800 km以上離れており、むしろオンゴン郡と内モンゴルのアバガ旗の方が100 km少々しか離れていないが、両地域の最短ルート上には国籍を問わず合法的に越境できるポイントは存在せず、実際に移動しようとすれば相当な迂回を強いられる。

なお、上記の最短ルートはモンゴル人民革命以前には交易路が存在した。オンゴン郡の人たちは冗談交じりに、「あの道を通った最後の車は、1945年8月に内モンゴルへ進軍した旧ソ連軍の戦車だ」と言う。実はこの両地域の物理的な近さと社会的な遠さが、筆者の研究の出発点に存在した。

筆者は大学院時代の1995年から1997年の間、モンゴル国立大学の研究生としてウランバートルに留学していた。その間の1996年夏に、民族学振興会助成プロジェクト「環境と人口」の内モンゴル研究班のメンバーとして、短期調査でアバガ旗を訪問する機会を得た。その際は北京から列車で内モンゴル東部の赤峰へ移動し、そこから日本製の四輪駆動車でシリンホトへ入り、アバガへ旗と到達した。私自身にとって、初めてのモンゴル高原での現地調査体験だった。また帰路は、現地調査責任者だった北京日本学研究センター派遣教授の稲村哲也先生の英断により、タクシー（車種はシャレード）をチャーターしてシリンホトから1日がかりで北京まで戻ったことも印象に残っている。

そして翌1997年の春、今度はオンゴン郡で現地調査を行った。昨年見たアバガ旗は国境に近いため、立ち入り困難という意味で遠い場所だったが、オンゴン郡は純粋にウランバートルからのアクセスが不便という意味で遠い場所だった。最初の調査ではウランバートルからスフバートル県中心地バローンオルトまで飛行機で向かい、その後は知人の紹介でロシア製ジープに便乗させてもらい、わずか 150 km 弱の道のりを泥道にスタックしつつ 2 泊かけてようやく現地へと到達した。

このように、筆者にとってのアバガ旗とオンゴン郡はまずアプローチの難易度から異なっていたが、そこで見た風景や牧畜実践も大きく異なるという印象を受けた。1990 年代後半のシリンゴルは、牧地を有刺鉄線で囲いこむことによって牧地私有が実質化（かつ可視化）されるという現象が現在進行形で目撃できた。一方、オンゴン郡は社会主義崩壊の影響で元定住民の牧民化は認識できたものの、季節移動など面ではむしろネグデル期以来の継続性が強く感じられた。当地ではホトアイルも、ネグデル期の名称である「ソーリ」と言わなければ理解してもらえなかった。

当時の筆者が漠然と考えていたストーリーは、以下のようなものであった。すなわち、地理的隣接性や環境面での類似性から両地域の牧畜実践は元来類似していたが、辛亥革命以降の数 10 年間、別の国家に所属していたがゆえに別の政策が両地域で実行され、それとのインタラクションで現在（1990 年代末）のような差異が生じた。

しかし、このストーリーを証明するにはいくつかの問題が存在した。まず、清朝時代に両地域の牧畜実践が類似していたか、という出発点の問題である。清朝時代の制度面でいえば、オンゴン郡は旧帝室牧場であり代官にあたる総監が派遣されて統治する地域、アバガ旗は世襲の王侯が代々統治する地域である。近代国家の制度が現状に大きな影響を与えると措定する一方で、それ以前の帝国の制度が与えた影響をゼロと見積もるわけにはいかない。ただし、清朝時代の現地における牧畜実践を垣間見られるような民族誌的資料は存在しない。

では、聞き取り調査のデータでそこを克服できるかと言えば、それも無理であった。1990 年代末に古老からの聞き取りを行っても、自身の経験として過去の牧畜実践を語ってもらえるのは 1940 年代、つまり約 50 年前が限界であった。その先の 30 年ほどは、当時の聞き取り調査ではすでにフォローできない領域となっていた。

今から思えば、1940 年代を共通の出発点として想定し、そこからの変化プロセスを描けば良かったのかもしれないと思う。1940 年代前半のシリンゴルには西北研究所などの研究機関から日本人調査者が派遣され、少なからぬ民族誌的資料を残している。またモンゴル国は1945年に大規模なゾドを経験しており、第2次世界大戦の終結と同様に大きな影響を及ぼしたと想像される。だが当時の筆者としては、直面した問題に対してどのように枠組みを修正すればよいかというアイディアは容易に浮かばなかった。

また問題は他にも存在した。彼らの営地をどう地図上にプロットするか、という技術である。1990年代の調査中、筆者はハンディGPSを持たずに現地調査を行っていた。調査時に訪問した彼らの営地に関しては細心の注意を払って記録し、また他の季節の営地については地名、訪問した営地からの距離や方角はメモしていた。彼ら自身、他の季節の営地に関する距離に関しては比較的正確な知識を持っていたものの、方角については8方位で表現され、また彼らの民俗方位の影響を受けて南東を「南」と表現する事例も存在した。むろん、この事実ははるか後、衛星写真などとの照合によって明らかになるのだが。

21世紀に入ると、旧ソ連製20万分の1の地図の存在を知り、ハンディGPSを利用することで調査地のプロットに関する精度は向上したが、国境地帯ゆえに内モンゴルはもちろん、モンゴル国においても立ち入りが困難な場所も存在した。オンゴン郡第1バグや第3バグに属する冬営地・春営地は国境に近いため、ときに国境警備隊のスタッフに知己を得て訪問することも可能であったが、郡中心地では現地調査のたびに公安担当の警察官に尋問を受けており、立ち入りを自粛せざるを得ない地域も少なくなかった。

また旧ソ連製20万分の1の地図は本来軍事目的で製作されているため、地形に関する情報は正確であった一方、地名に関する情報は粗く、また現地の人々の民俗語彙と一致しないことも多々存在した。内モンゴルに関しても旧ソ連製20万分の1の地図は作成されているのだが、こちらの地名として多く言及されているチベット仏教寺院は、中華人民共和国成立後の歴史的プロセスの中で多くが破壊されるなどして、1990年代末当時すでに活用が困難となっていた。

こうした各種の困難は、時間を経ることによって徐々に解決していった。解決の大きな糸口は調査地の面的拡大と、郊外の発見であった。このきっかけは、すでに旧知の間柄だった明治大学教授の森永由紀先生に、「先般のゾドで家畜を減らさなかった牧民の家にインタビューに行きませんか」と誘われたことであった。2007年春、ボルガン県ボガト郡で見た光景は、それまで見知ってきた牧畜戦略とは質的に異なるものであると感じられた。実際には本書で取り上げたように、2003年にはすでにヘンティ県で郊外化の端緒と思われる事例を目撃していたのだが、その当時は単なる都市への人口流動の一環としてしか捉えておらず、郊外というアイディアを掴んだのはボルガン県であった。

そして、郊外の対概念となる遠隔地というアイディアを掴んだのは、翌2008年に7年ぶりにオンゴン郡を調査した際であった。1999年のゾドからしばしの時間を置いて再訪したオンゴン郡では、いくつかの変化が起きていた。その詳細はすでに述べたとおりであるが、もう一つ筆者としては無視できない、そして悲しい発見があった。1990年代の調査で、牧畜の現実など全く知らない筆者に対し、おそらく彼らにとっては常識以前と感じられることから逐一教えてくれた古老の何人かが、すでに存命していないことであった。

当時、すでに博士課程満期退学者が課程博士を申請するために論文を提出できる期限はとうに過ぎており、「書かなくては」という漠然とした気持ちはあったものの、具体的な執筆計画は存在しなかった。だが、恩人はいつまでも存命ではないという冷徹な事実が、「供養のために書き始めよう」という決心をつける契機となった。筆者は2009年春に四子王旗を初めて調査し、そこでツーリストキャンプ経営をベースにした郊外の存在を見出し、郊外と遠隔地という対比が、内モンゴルにも適応可能ではないかというアイディアに到達した。

そうなると、次に気になるのは旧知のシリンゴルである。2010年の春、久々にシリンゴルを再訪したところ、やはり1990年代末とは大きな変化が見られた。当地は1999年にゾドこそ経験しなかったものの、中央政府の主導する環境政策の一環で、多くの世帯が経営規模の縮小を余儀なくされていた。

一方、同年はモンゴル国でほぼ10年ぶりに大規模なゾドとなり、経済的打撃を克服するために鉱業に依存する牧民の事例が見いだされた。鉱山はモンゴル国のみならず、シリンゴルでも大きな存在であった。例えばシリンホト郊外に点在していたツーリストキャンプは、2010年には軒並み露天掘りの炭鉱に変貌していた。1990年代末には両地域の差異が目立って感じられたが、この時にはむしろ「実は似ているではないか」という感想を禁じ得なかった。いや、正確には1990年代末は相違の大きい時代だったが、それが2000年以降の社会的条件の変化により、両地域が類似化する方向へ変化したのである。

この時点ですでに15年の調査歴を有していた筆者にとっては、変化は主として自らの収集した調査データを根拠に語れるだけの蓄積を有していた。論述の枠組みは変化したが、いずれにせよ、かつて直面した通時的変化を語るためのデータ不足は解消できた。また、この間、2000年に総合地球環境学研究所の研究プロジェクトに参加したことを契機として、気象・水文・土壌・生態といった自然科学系の研究者と交流し、研究の視野を広げることができた。こうした経験によって、モンゴル高原における牧畜戦略を変化させる動因としては国家政策などの社会的要素とともに、ゾドなどの自然災害が重要な役割を果たしていることを認識することができた。

ところで「違う」と「似ている」は反対語のように感じられるかもしれないが、筆者は両者の間に大きな隔絶を認識している。すべての事例は、細かく見ればどこか必ず違いがある。同一事例でも、通時的に見れば常に変化しており、違いを見出すことは可能である。一方、類似点を見出すという行為は、ある着目点に何らかの基準を設定したうえで事例を分類しなければならない。つまり類別が不可欠なのである。これは単に相違を見出すのと比較して、圧倒的に複雑な作業である。筆者の場合、牧畜戦略を対象に郊外と遠隔地という分類を設定しえたことで、ようやくそのレベルに達することができた。

また幸いであったのは、この頃より Google Earth™ を通じて、調査地の高解像度衛星画像が地点名などの地理情報つきで提供され始めたことであった。地域にもよるが、現在オンゴン郡やアバガ旗の多くのエリアで、ゲルや家畜囲いが確認できるほどの解像度の画像が提供されており、それによって 1990 年代末の、現地へのアプローチが困難などの理由で場所の特定が困難だった季節営地などの地点が特定しえたことは、研究遂行上大いに役立った。本書の原稿執筆が 2017 年までかかった原因は、一つには内モンゴルで追加データ収集のため調査を実施したことがあるが、もう一つには衛星画像の目視による判読に思いがけない時間を要した点も挙げられる。

本論で使用したデータおよび議論の初出については、以下の通りである。ただし、本書を執筆するにあたり大幅に構成を見直しており、1 つの論考で使用したデータや議論を本書の複数の章に分割して掲載したことも多い。またごく一部のデータや議論のみを使用した論考については、引用注を付ける代わりにここでは言及していない。そのため、本書の章との対応関係は一応の目安としてご理解いただきたい。

第 1 章

「黄砂発生域での人々の暮らしと砂漠化」黒崎泰典・黒沢洋一・篠田雅人・山中典和編著『黄砂――健康・生活環境への影響と対策』丸善、2016 年

「社会主義から民主化へ」白石典之編著『チンギス・カンの戒め――モンゴル

草原と地球環境問題』同成社、2010年
「自然環境利用としての土地制度に起因する牧畜戦略の多様性」『沙漠研究』23(3)、2013年

第2章

「世帯・親族と地域社会」島崎美代子・長沢孝司編著『モンゴルの家族とコミュニティ開発』、日本経済評論社、1999年
「モンゴル国における移動・牧畜・近代国家——オンゴン・ソムの事例」岡洋樹・高倉浩樹・上野稔弘編『東北アジアにおける民族と政治』東北大学東北アジア研究センター、2003年
「モンゴル牧民の移動ルート選定の安定性——モンゴル国スフバートル県の事例」『鹿大史学』48、2001年

第3章

「現代におけるホトアイルの動態」『日本モンゴル学会紀要』28、1998年
「牧地の分割と定住化——南モンゴル、シリンゴル盟の事例」『鹿大史学』47、2000年
「南モンゴルにおける人口流動と家畜流動——シリンゴル盟の事例」『人文学科論集』54、2001年
「遊牧民の牧畜経営の実態：モンゴル国南東部の事例より——文化人類学からみたモンゴル高原」『科学』73（5)、2003年

第4章

「モンゴル牧民社会における郊外化現象——ポスト「ポスト社会主義」的牧民の出現に関する試論」高倉浩樹・佐々木史郎編著『ポスト社会主義人類学の射程』、国立民族学博物館、2008年
「モンゴル国東部牧畜地域における開発と移住」伊藤亜人先生退職記念論文集編集委員会編『東アジアからの人類学——国家・開発・市民』風響社、2006年
「モンゴル牧畜の郊外化における牧民の原住地に関する分析」『人文学科論集』72、2010年

第5章

「個人的経験としての自然災害——モンゴル牧民社会の事例」『人文学科論集』57、2003年
「ゾド（寒雪害）とモンゴル地方社会——2009／2010年冬のボルガン県の事例」『鹿大史学』58、2011年

「モンゴル国牧民における副業としての鉱業――ドンドゴビ県の事例より」『人文学科論集』77、2013年

第6章

「内モンゴル地方政府による放牧介入政策の一事例」『人文学科論集』82、2015年

「内モンゴル牧畜における土地利用の現状――四子王旗、農牧境界地域の事例」『人文学科論集』73、2011年

「内モンゴルおよびモンゴル国における乳酒をめぐる生産・流通・消費」風戸真理・尾崎孝宏・高倉浩樹編著『モンゴル牧畜社会をめぐるモノの生産・流通・消費』東北大学東北アジア研究センター、2016年

第7章

「モンゴル国遠隔地草原におけるポスト・ポスト社会主義的牧畜」佐々木史郎・渡邊日々編著『ポスト社会主義以降のスラヴ・ユーラシア世界――比較民族誌的研究』風響社、2016年

「ナーダムの社会的機能について――スフバートル県の2事例より」『人文学科論集』55、2002年

「内モンゴル遠隔地草原における牧畜戦略」『文化人類学』82（1）、2017年

本書を執筆するにあたって得た現地調査データは、以下の研究助成金によって収集が可能となった。ここに改めて謝意を表したい。なお、本書では助成金を通時的に配列し、助成年度の表記は西暦に統一した、

・松下国際財団「現代モンゴル牧民社会の基層的単位に関する研究――スフバートル県オンゴン郡の事例」(代表研究者：尾崎孝宏)、1997年度後期

・日本科学協会「南北モンゴルの近代化プロセスに関する比較研究――ダリガンガおよび北部シリンゴルの事例」(研究代表者：尾崎孝宏)、1999年度

・稲盛財団「モンゴル牧民の脱移動民化に伴う社会文化的変容に関する比較研究」(研究代表者：尾崎孝宏)、2001年度

・アサヒビール学術振興財団「モンゴルにおける自然災害がもたらす食生活変化に関する研究」(研究代表者：尾崎孝宏)、2003年度

・科学研究費若手研究B「移動および移動民をめぐる概念整備に関する研究――特に牧畜社会を中心として」(研究代表者：尾崎孝宏)、2003-2004年度

・科学研究費基盤C（一般)「モンゴル国における遊牧の気象学的・生態学的検

証」(研究代表者：森永由紀)、2008-2010 年度
・アサヒビール学術振興財団「モンゴルの遊牧と自然環境」(研究代表者：森永由紀)、2008 年度
・科学研究費基盤 B（一般)「モンゴルにおける砂塵嵐の遊牧に対する影響評価」(研究代表者：篠田雅人)、2009-2013 年度
・鳥取大学乾燥地研究センター共同利用研究「モンゴルにおける砂塵嵐の遊牧に対する社会経済的影響評価」(研究代表者：尾崎孝宏)、2009 年度
・科学研究費基盤 C（一般)「モンゴル高原における土地制度と移動牧畜の実践をめぐる実証的研究」(研究代表者：尾崎孝宏)、2010-2012 年度
・科学研究費基盤 B（一般)「モンゴルの「遊牧知」の検証と気象災害対策への活用」(研究代表者：森永由紀)、2011-2015 年度
・科学研究費基盤 S「乾燥地災害学の体系化研究」(研究代表者：篠田雅人)、2013-2017 年度
・科学研究費基盤B(一般)「モンゴルのアイラグ（発酵馬乳)の製造法の地理学的・生態学的検証」(代表：森永由紀) 2015-2018 年度

筆者が 1995 年 10 月から 1997 年 8 月までモンゴル国に留学できたのはモンゴル国国費留学生制度、2003 年 5 月から同年 11 月までモンゴル国に滞在できたのは文部科学省在外研究員制度、2004 年 4 月から 2005 年 3 月まで北京に滞在できたのは北京日本学研究センターの派遣教授制度による。これらの機会はフィールドに近い場所に長期滞在して、さまざまな人との出会いや思考の時間を提供してくれた。関係の皆様には深くお礼を申し上げたい。

本書の最後に、個人的な謝辞を申し上げたい。筆者にモンゴル研究を勧めてくださった東京大学名誉教授の伊藤亜人先生、総合地球環境学研究所の研究プロジェクトに誘ってくださり、筆者の研究の幅を広げてくれた国立民族学博物館教授の小長谷有紀先生には、長期間にわたって各方面でお世話になった。本書の元となった博士論文の主査を務めていただいた東北大学教授の瀬川昌久先生には、分量オーバー気味の論文原稿に丹念に目を通していただき、有益なアドバイスをいただいた。筆者のゾドに関する研究に興味を持っていただき、共同研究を続けていただいている森永由紀先生および名古屋大学教授の篠田雅人先生のご夫妻にも、多様な発表の場をご用意いただくなどお世話になっている。他にも数多くの先生方、先輩方、研究仲間の皆様のおかげで本書が完成できたことは言うまでもないが、紙幅の都合により全員のお名前を挙げることができ

ないのが残念である。

また現地調査でも20年の間、多くの方々にお世話になった。貴重な情報を教えてくださった牧民の皆様、運転手や案内人を務めてくださった方々、そしてこうした人々との橋渡しを務めてくださった友人の皆様のおかげで、今までトラブルもなく現地調査を続けてくることができた。今回こうして、日本語の書籍ではあるが、まとまった形に残すことができて少し肩の荷が下りた気分がしている。ただし、ゾドをめぐるモンゴル国の状況、内モンゴルにおける零細な遠隔地牧民の状況は懸念を禁じ得ない。皆さんの大切にしている故郷で、牧畜を続けられる環境が持続するように願ってやまない。

そして本書は、家族にも支えられて完成することができた。妻の由美子には、子供がまだ赤ん坊で多忙な時期に幾度と現地調査に出かけ、大変な負担をかけたことをお詫びしたい。また双子の娘たちは、「おわりに」で触れた「違う」と「似ている」について考えるのに有益な実例を日常的に与えてくれた。双子の親にならなければ、そこまで深く考えることはなかっただろう。どうもありがとう。

本書は2018年度科学研究費助成事業（研究成果公開促進費）の補助を得て出版することができた（課題番号18HP5116）。本書の出版にあたり、風響社の石井雅さんには出版計画の段階から有益なアドバイスをいただいた上、丁寧な校閲で粗雑な原稿をレベルアップしていただいた。本書が日の目を見るのは、ひとえに石井さんのおかげである。

参考文献

〈和文〉
阿古智子
　2009　『貧者を喰らう国――中国格差社会からの警告』東京：新潮社。
アラタ
　2005　「『生態移民』における住民の文化的変容」小長谷有紀・シンジルト・中尾正義編著『中国の環境政策中国の環境政策　生態移民』京都：昭和堂、pp.221-245。
阿拉騰
　1998　「内モンゴルにおける遊牧と定住化――アダリガ・ホトの事例から」『北方学会報』6：9-21。
アラムス
　2013　「モンゴル人箭丁の農地に対する諸権利の喪失課程――清代の帰化城トゥメト旗における戸口地問題」『中国研究月報』67（2）：1-14。
池谷和信
　2006　『現代の牧畜民――乾燥地域の暮らし』東京：古今書院。
石井智美
　2010　「モンゴル遊牧民の職の変容――1家庭の事例から」『沙漠研究』19（4）：537-543。
　2011　「内陸アジアの遊牧民の動物性食品と植物性食品の利用」『酪農学園大学紀要　自然科学編』35（2）：17-31。
石毛直道
　1997　「モンゴル高原に白いご馳走を訪ねて」石毛直道編著『モンゴルの白いご馳走』東京：チクマ秀版社、pp.17-52。
稲村哲也・尾崎孝宏
　1996　「『中国内蒙古自治区における環境と人口』調査報告」『リトルワールド研究報告』13：57-99。
井上邦子
　1998　「儀礼における『歴史の始点』――モンゴル国ナーダム祭の変容と現在」『椙山女学園大学研究論集』29号（社会科学篇）：227-234。
今岡良子

1995 「1995年、市場経済移行後の『ウーリン・トヤー』協同組合――バヤンホンゴル県東ボグド山ツェルゲルにおける調査報告」『モンゴル研究』16：22-37。

今西錦司

1993（1948）「遊牧論そのほか」『増補版 今西錦司全集　第2巻　草原行・遊牧論そのほか』東京：講談社、pp.181-384（初出『遊牧論そのほか』秋田屋）。

梅棹忠夫

1990a「回想のモンゴル」梅棹忠夫『梅棹忠夫著作集　第2巻　モンゴル研究』東京：中央公論社、pp.1-86.

1990b「西北研究所内蒙古調査隊報告」梅棹忠夫『梅棹忠夫著作集　第2巻　モンゴル研究』東京：中央公論社、pp.127-156。

1990c「内蒙古牧畜調査批判」『梅棹忠夫著作集 第2巻　モンゴル研究』東京：中央公論社、pp.157-180。

1990d（1950）「乳をめぐるモンゴルの生態 I」『梅棹忠夫著作集 第2巻』中央公論社、pp.181-211。（初出：『自然と文化』1：187-214）

1990e（1952）「モンゴルの飲みものについて」『梅棹忠夫著作集　第2巻　モンゴル研究』東京：中央公論社、pp.353-379（初出：ユーラシア学会編『遊牧民族の社会と文化――ユーラシア学会研究報告』pp.177-200）

1990f（1955）「草刈るモンゴル」『梅棹忠夫著作集　第2巻　モンゴル研究』東京：中央公論社、pp.411-511（初出：ユーラシア学会編『遊牧民族の社会と文化――ユーラシア学会研究報告』pp.13-99）

大西康雄

2004 「中国西部大開発の評価と展望」『中国21』18：41-56。

岡洋樹

2002 「モンゴルにおける地方社会の伝統的構成単位オトグ・バグについて――モンゴル国ヘンティ・アイマグ、ガルシャル・ソム調査報告」『モンゴル研究論集　東北大学東北アジア研究センター・モンゴル研究成果報告 I』pp.209-233。

尾崎孝宏

1997 「現代におけるホトアイルの動態」『日本モンゴル学会紀要』28：83-98。

2010 「モンゴル国の自然災害に関する報告書の分析――2008年5月の「ショールガ」を例に」『鹿大史学』57：9-23。

2012 「牧地争いをめぐる語りと実践――中国内モンゴル自治区の1事例より」『人文学科論集』76：19-34。

2014 「牧地争いをめぐる2つの文書――中国内モンゴル自治区の1事例より」『鹿大史学』61：1-13。

小貫雅夫

1985 『遊牧社会の現代』東京：青木書店。

カザケーヴィチ

1939 「ダリガンガ紀行」播磨楢吉訳『善隣協会調査月報』81：103-130。

風戸真理

2009　『現代モンゴル遊牧民の民族誌——ポスト社会主義を生きる』京都：世界思想社。

2016　「モンゴル国における住居フェルト生産の変遷——工業製品と手作業の製品」風戸真理・尾崎孝宏・高倉浩樹編著『モンゴル牧畜社会をめぐるモノの生産・流通・消費』東北アジア研究センター、pp.5-27。

柏原孝久・浜田純一

1919　『蒙古地誌　下巻』東京：冨山房。

金岡秀郎

2000　『モンゴルを知るための 60 章』東京：明石書店。

上村明

2002　「馬の搾乳儀礼『グーニー・ウルス・ガルガハ・ヨス』再考——儀礼の政治性と身体性をめぐって」小長谷有紀編著『北アジアにおける人と動物のあいだ』東京：東方書店、pp.285-325。

2013　「背景をとらえる」藤田昇・加藤聡史・草野栄一・幸田良介編著『モンゴル——生態系ネットワークの崩壊と再生』京都：京都大学学術出版会、pp.591-613

辛嶋博善

2010　「機会費用の引き下げ方——モンゴル遊牧民と市場」中野麻衣子・深田淳太郎編著『人＝間の人類学——内的な関心の発展と誤読』東京：はる書房、pp.191-209

関東都督府陸軍部

1915　『東蒙古』東京：宮本武林堂。

草野栄一・朝克図

2007　「中国内蒙古自治区における草原環境保全政策と牧畜経営——オルドス市における禁牧農村の事例分析」『開発学研究』17（3）：17-24。

黒崎泰典・恒川篤史

2016　「世界で発生するダストと黄砂」黒崎泰典・黒沢洋一・篠田雅人・山中典和編著『黄砂——健康・生活環境への影響と対策』東京：丸善、pp.1-10。

高明潔

1996　「内蒙古遊牧地域における妻方居住婚——双系制社会の一面」『民族学研究』60（4）：295-329。

小金澤孝昭・ジャンチブ エルデネ ブルガン・佐々木達

2006　「モンゴル・ウランバートル市のゲル集落の拡大」『宮城教育大学環境教育研究紀要』9：87-93。

児玉香菜子

2000　「現代都市モンゴル族の文化変容と社会経済的動態——中国内モンゴルにおけるある都市民モンゴル家族の暮らしから」『沙漠研究』10（4）：287-300。

2003　「中国社会主義市場経済下におけるモンゴル族牧畜民の社会経済的動態——中国内モンゴル中部の季節移動型牧畜民家族の事例から」『沙漠研究』13（1）：69-80。

2013 「定住モンゴル牧畜民の現在——過放牧論の解体」藤田昇・加藤聡史・草野栄一・幸田良介編著『モンゴル——生態系ネットワークの崩壊と再生』京都：京都大学学術出版会、pp.353-393。

後藤冨男（十三雄）

1942 『蒙古の遊牧社会』東京：生活社。

1956 「モンゴル族に於けるオボの崇拝」『民族学研究』19（3-4）：47-71。

1968 『内陸アジア遊牧民社会の研究』東京：吉川弘文館。

湖中真哉

2006 『牧畜二重経済の人類学——ケニア・サンブルの民族誌的研究』京都：世界思想社。

小長谷有紀

1991 『モンゴルの春』東京：河出書房新社。

1992 『モンゴル万華鏡　草原の生活文化』東京：角川書店。

1994 「モンゴル遊牧社会における経済格差」『農耕の技術と文化』17：73-103。

1996 『モンゴル草原の生活世界』東京：朝日新聞社。

2001 「中国内蒙古自治区におけるモンゴル族の牧畜経営の多様化——牧地分配後の経営戦略」横山廣子編著『中国における民族文化の動態と国家をめぐる人類学的研究』国立民族学博物館、pp.15-43。

2003 「中国内蒙古自治区におけるモンゴル族の季節移動の変遷」塚田誠之編著『民族の移動と文化の動態——中国周縁地域の歴史と現在』東京：風響社、pp.69-106。

2010 「モンゴルにおける農業開発史——開発と保全の均衡を求めて」『国立民族学博物館研究報告』35（1）：9-138。

2013 「モンゴルにおける遊牧」佐藤洋一郎・谷口真人編著『イエローベルトの環境史』東京：弘文堂、pp.88-97。

小長谷有紀・シンジルト・中尾正義編著

2005 『中国の環境政策——生態移民』京都：昭和堂。

小林熙直

2004 「中国農村の税費改革」『アジア研究所紀要』31：207-230。

小宮山博

2003 「モンゴル国畜産業の構造変化と開発戦略」『経済研究』6：1-19。

2005 「モンゴル国畜産業が蒙った2000～2002年ゾド（寒雪害）の実態」『日本モンゴル学会紀要』35：73-85。

小宮山博・ラブダンスレン、チャンツァルドゥラム

2011 「モンゴル国農牧業の過去半世紀の変動とその将来展望」『沙漠研究』21（1）：37-43。

賽西雅拉図・酒井啓・小泉武栄

2007 「中国・内モンゴルのアバガーホシュー草原における飼育家畜の密度と草原荒廃の関係」『東京学芸大学紀要人文社会科学系II』58：21-35。

佐々木史郎
1998 「ポスト・ソ連時代におけるシベリア先住民の狩猟」『民族學研究』63（1）：3-18。
2009 「極東ロシア南部における森林開発と先住民族――沿海地方のウデへの事例から」岸上伸啓編『開発と先住民』東京：明石書店、pp.87-114。
佐藤俊
2002 「序――東アフリカ遊牧民の現況」佐藤俊編『遊牧民の世界　講座生態人類学4』京都：京都大学学術出版会、pp.3-16。
佐原徹哉
2004 「ポスト『ポスト社会主義』への視座――南東欧地域研究の立場から」21世紀COE史資料ハブ地域文化研究拠点・史資料総括班＋多言語社会研究会編『脱帝国と多言語化社会のゆくえ』東京外国語大学大学院地域文化研究科21世紀COE「史資料ハブ地域文化研究拠点」本部、pp. 18-22。
篠田雅人・森永由紀
2005 「モンゴル国における気象災害の早期警戒システムの構築に向けて」『地理学評論』78（13）：928-950
島崎美代子・長沢孝司
1999 「モンゴルの自然・家族・コミュニティ」島崎美代子・長沢孝司編著『モンゴルの家族とコミュニティ開発』』東京：日本経済評論社、pp.3-19。
シンジルト
2005 「中国西部辺境と『生態移民』」小長谷有紀・シンジルト・中尾正義編著『中国の環境政策　生態移民』京都：昭和堂、pp.1-32。
鈴木由紀夫
2008 「モンゴルの遊牧と鉱物資源開発」『日本とモンゴル』42（2）：57-65。
石敏俊・張巧雲
2004 「ホルチン地域における沙漠化防止のための環境政策と技術選択――中国内蒙古自治区奈曼旗の事例を中心に」『開発学研究』15（1）：58-68。
蘇徳斯琴・小金澤孝昭・関根良平・佐々木達
2005 「砂漠化地域における農牧業の変容と農地・草地利用――内モンゴル自治区四子王旗を事例にして」『宮城教育大学環境教育研究紀要』8：79-88。
高倉浩樹
2008 「序　ポスト社会主義人類学の射程と役割」高倉浩樹・佐々木史郎編著『ポスト社会主義人類学の射程』（国立民族学博物館調査報告No.78）、pp.1-28。
2012 『極北の牧畜民サハ――進化とミクロ適応をめぐるシベリア民族誌』京都：昭和堂。
滝澤克彦
2006 「『宗教』のポスト社会主義」『文化』69（3, 4）：289-277。
竹村茂昭
1940 「蒙地の話」『蒙古研究』2（4）：1-33。

張承志
1986 『モンゴル大草原遊牧誌』梅村担編訳、東京：朝日新聞社。
津上俊哉
2015 『巨龍の苦闘——中国、GDP 世界一位の幻想』東京：KADOKAWA。
寺尾萌
2016 「運転手からみた自動車輸送」風戸真理・尾崎孝宏・高倉浩樹編著『モンゴル牧畜社会をめぐるモノの生産・流通・消費』東北アジア研究センター、pp.99-130。
利光有紀
1986 「モンゴルにおける家畜預託の慣行」『史林』69（5）：140-164。
富窪高志
2008 「中国の信訪制度について」『レファレンス』688：49-65。
冨田敬大
2012 「体制転換期モンゴルの家畜生産をめぐる変化と持続——都市周辺地域における牧畜定着化と農牧業政策の関係を中心に」角崎洋平・松田有紀子編著『歴史から現在への学際的アプローチ』（生存学研究センター報告 17）、pp.372-407。
中尾正義
2005 「地球環境問題と『生態移民』」小長谷有紀・シンジルト・中尾正義編著『中国の環境政策　生態移民』京都：昭和堂、pp.289-308。
中村知子
2005 「『生態移民政策』にかかわる当事者の認識差異」小長谷有紀・シンジルト・中尾正義編著『中国の環境政策——生態移民』京都：昭和堂、pp.270-287。
中村知子・尾崎孝宏
2004 「生態移民に対する国家の視線と現地住民の視線——甘粛省粛南裕固族自治県祁豊区祁青蔵族自治郷を例に」中国社会科学院民族学人類学研究所・総合地球環境学研究所共催『国際シンポジウム「生態移民——実践と経験」予稿集』pp.119-122。
西垣有
2005 「ウランバートル市の『起源』——モンゴルにおける社会主義／ポスト社会主義の歴史叙述」『年報人間科学』26：237-258。
ネメフジャルガル
2006 「内モンゴル自治区における「禁牧」政策に関する一考察」『亜細亜大学大学院経済学研究論集』30：23-48。
野沢延行
1991 『モンゴルの馬と遊牧民』東京：原書房。
蓮見治雄
1993 「文化・芸術・風俗」日本・モンゴル友好協会編『モンゴル入門』東京：三省堂、pp.110-151。

巴図・小長谷有紀

2012 「中国における生態移民政策の執行と課題——内モンゴル自治区を中心に」『人文地理』64（1）：41-54。

バトボルド、ボロル　ソフタ

2016 「モンゴルの公的年金制度の将来財政収支の推計と改善に向けた対応」『保健学雑誌』632：169-184。

日野千草

2001 「モンゴル遊牧地域における宿営地集団——モンゴル国中央県ブレン郡における事例から」『リトルワールド研究報告』17：89-125。

平田昌弘

2013 『ユーラシア乳文化論』東京：岩波書店。

平田幹朗

1996 『最新中国データブック』東京：古今書院。

広川佐保

2005 「満州国における土地所有権一元化の試み——錦熱蒙地処理を中心に」『社會經濟史學』71（4）：371-392。

ブレマー、イアン

2011 『自由市場——国家資本主義とどう闘うか』有賀裕子訳、東京：日本経済新聞出版社。

ブレンサイン

2003 『近現代におけるモンゴル人農耕村落社会の形成』東京：風間書房。

堀田あゆみ

2016 「モノの流通と消費にみるモンゴル遊牧民の生存戦略風戸真理・尾崎孝宏・高倉浩樹編『モンゴル牧畜社会をめぐるモノの生産・流通・消費』東北アジア研究センター、pp.129-157。

ボルドー

1998 「ブフ（モンゴル相撲）からみるエスニシティーの一考察」『体育の科学』48（3）：207-212。

マイダル

1988 『草原の国モンゴル』加藤九祚訳、東京：新潮社。

槇篤二

1941 「イホオーラの祭りとスルグ牛」『蒙古研究』3（3）：43-46。

松井健

2001 『遊牧という文化』東京：吉川弘文館。

2011 「フィールドワーク、〈生きる世界〉、グローバリゼーション」松井健・名和克郎・野林厚志編著『グローバリゼーションと〈生きる世界〉——生業からみた人類学的現在』京都：昭和堂、pp.1-20。

松久保博章

2001 「五保制度——中国農村における公的扶助制度」『海外社会保障研究』134：

87-92。
満鉄北支経済調査所
1940 『蒙疆牧野調査報告』北京：満鉄北支経済調査所。
満鉄鉄道総局
1938 『呼倫貝爾畜産事情』大連：満鉄鉄道総局。
三秋尚
1993 「牧畜と食生活」日本・モンゴル友好協会編『モンゴル入門』東京：三省堂、pp.53-108。
水谷潤
1997 「内モンゴル紀行一次調査」石毛直道編著『モンゴルの白いご馳走』東京：チクマ秀版社、pp.53-72
水野清一
1932 「蒙古遊牧民の生活（2）」『民俗学』4（4）：74-90。
森永由紀・尾崎孝宏・柿沼薫
2010 「モンゴルの遊牧と自然環境」『食生活科学・文化及び地球環境科学に関する研究助成』23：159-171。
モンゴル科学アカデミー歴史研究所編著
1988a『モンゴル史　1』二木博史・今泉博・岡田和幸訳、東京：恒文社。
1988b『モンゴル史　2』二木博史・今泉博・岡田和幸訳、東京：恒文社。
安田靖
1996 『モンゴル経済入門』東京：日本評論社。
楊海英
1991 「家畜と土地をめぐるモンゴル族と漢族の関係――オルドスの事例から」『民族学研究』55（4）：455-468。
ロッサビ、モリス
2007 『現代モンゴル――迷走するグローバリゼーション』小長谷有紀訳、東京：明石書店。
渡部裕
2005 「ポスト社会主義経済下のトナカイ飼育産業――カムチャツカの現状と将来」『北海道立北方民族博物館研究紀要』14：9-28。

〈英語〉
Bedunah, D. and Schmidt, S.
2000 "Rangelands of Gobi Gurvan Saikhan National Conservation Park, Mongolia", *Rangelands*, 22(4): 18–24.
Batoyun, T., D. Erdenetsetseg, M. Shinoda, T.Ozaki and Y. Morinaga
2015 "Who is making airag (Fermented Mare's Milk)?: A nationwide survey on traditional food in Mongolia", *Nomadic Peoples*, 19(1):7-29.
Fernandez-Gimenez, M.E.

1999a “Sustaining the steppes: a geographical history of pastoral land use in Mongolia”. *The Geographical Review*, 89(3): 315-342.

1999b “Reconsidering the Role of Absentee Herd Owners: A View from Mongolia”. *Human Ecology*, 27(1):1-27.

Gombojab, Hangin

1986 *A modern Mongolian-English dictionary*. Research Institute for Inner Asian Studies, Bloomington: Indiana University

Humphrey, C. and Sneath, D.

1999 *The End of Nomadism? Society, State and the Environment in Inner Asia*. Durham: Duke University Press.

Jigjidsuren, Sodnomdarjaa & Johnson, Douglas

2003 *Forage Plants in Mongolia*, Ulaanbaatar: ADMON.

Kamimura Akira

2012 “Pastoral Mobility and Pastureland Possession in Mongolia”, in N. Yamamura, N. Fujita, and A. Maekawa (eds.), *The Mongolian Ecosystem Network: Environmental Issues in Mongolian Ecosystem Network under Climate and Social Changes*, Springer Japan, pp.187-203.

Li,Ou, Rong Ma and James R. Simpson

1993 “Changes in the nomadic pattern and its impact on the Inner Mongolian steppe grassland ecosystem” *Nomadic Peoples,* 33: 63-72.

National Statistical Office of Mongolia (NSOM)

1998 *Mongolian Statistical Yearbook 1997*. Ulaanbaatar: NSOM.

2003 *Mongolian Statistical Yearbook 2002*. Ulaanbaatar: NSOM.

2005 *Mongolian Statistical Yearbook 2004*. Ulaanbaatar: NSOM.

2009 *Mongolian Statistical Yearbook 2008*. Ulaanbaatar: NSOM.

2011 *Mongolian Statistical Yearbook 2010*. Ulaanbaatar: NSOM.

2012 *Mongolian Statistical Yearbook 2011*. Ulaanbaatar: NSOM.

Natsagdorj, Battsengel

2016 *The Northern Frontier of Mongolia in the 17th Century.* 2015 年度早稲田大学提出博士論文（http://hdl.handle.net/2065/51082）

Sneath, David

2000 *Changing Inner Mongolia: Pastoral Mongolian Society and the Chinese State*. Oxford: Oxford University Press

State Statistical Office of Mongolia（SSOM）

1996 *Agriculture in Mongolia 1971-1995*. Ulaanbaatar: SSOM.

Sternberg, Troy

2010 “Unravelling Mongolia’s extreme winter disaster of 2010”, *Nomadic Peoples* 14(1):72-86.

United Nations Office for the Coordination of Humanitarian Affairs (OCHA)

2010 *Mongolia Dzud Appeal.* New York: United Nations.
Vreeland, H. H.
1953 *Mongol Community and Kinship Structure*. New Haven: HRAF.
Williams, Dee Mack
1996a "The Barbed Walls of China: a Contemporary Grassland Drama." *The Journal of Asian Studies*, 55(3):665-691.
1996b "Grassland Enclosures: Catalyst of Land Degradation in Inner Mongolia." *Human Organization,* 55(3):307-313.

〈モンゴル語〉
Бадамхатан, С.
1987 *БНМАУ-ын Угсаатны Зүй 1 Халхын УгсаатныЗүй,*. Улаанбаатар: Шинжлэх Ухааны Академи.
Булган Аймгийн Засаг Даргын Дэргэдэх Статистикийн Хэлтэс
2008 *Булган Аймгийн Статистикийн Эмхтгэл 2007он* , Булган Аймаг: Булган Аймгийн Засаг Даргын Газар.
Жамсран, Л.
1990 *Дариганга.* Улаанбаатар.
Ринчэн, Б.
1979 *Монгол Ард Улсын Угсаатны судлал, Хэлний Шинжилгээний Атлас.* Улаанбаатар: БНМАУ-ын ШУА-ийн Хэл зохиолын хүрээлэн, БНМАУ-ын ШУА-ийн Газар зүй, цэвдэг судлалын хүрээлэн, БНМАУ-ын Сайд нарын Зөвлөлийн Барилга-архитектурын харъяа Улсын гэодези, зураг зүйн газар.
Сономдагва, Ц.
1998 *Монгол Улсын Засаг, Захиргааны Зохион Байгуулалтын Өөрчлөл, Шинэчлэл,* Улаанбаатар: Үндэсний Архивын Газар.
Цэвэгмэд, Г.
2000 *Монгол Адуу.* Улаанбаатар: Интерпресс.
Шимазаки, Миеоко
2005 "Улаанбаатар хотын хүн амын шинжилт хөдөлгөөн болон ядуурлын асуудал", "Эмзэг бүлгийн хүүхдүүдийн гэр бүлийн нөхцөл байдал" СОЕ төслийн баг, *"Эмзэг бүлгийн хүүхдүүдийн гэр бүлийн нөхцөл байдал" СОЕ төслийн судалгааны тайлан*. 9-14.
Эрдэнэсүрэн, Б. ба Бадрах, Ц.
2013 *Монгол Улсын Хүн Ам Зүйн Түүхэн Товчоо.* Улаанбаатар: BCI.

〈中文〉
巴根
1994 「試論家庭畜群小草庫倫建設」『草業科学』11(2)：70-72

陳潮・陳洪玲主編
2003『中華人民共和国行政区画沿革地図集』北京：中国地図出版社。
達爾罕茂明安連合旗誌編纂委員会編
1994『達爾罕茂明安連合旗誌』呼和浩特：内蒙古人民出版社。
昊楚克・趙巧娥
2006『阿巴嘎旗五十年』北京：中央民族大学出版社。
孟琳琳
2011「生態移民中的経済与社会生活変遷——錫林郭勒盟正藍旗敖力克移民村実地研究」包智明・任国英主編『内蒙古生態移民研究』北京：中央民族大学出版社、pp.249-323。
孟淑紅編著
2011『典型草原畜牧業及"三牧"問題研究』呼和浩特：内蒙古教育出版社。
内蒙古測絵局総合隊
n. d.『赤峰市地図』赤峰：赤峰市人民政府（2枚組）。
内蒙古自治区測絵局総合隊
1993『錫林郭勒盟市鎮地名図集』錫林浩特：内蒙古自治区錫林郭勒盟地名委員会。
内蒙古自治区地図制印院
1996『錫林浩特市地名誌』錫林浩特：錫林浩特市地名委員会。
内蒙古自治区統計局
1999『内蒙古統計年鑑　1999』北京：中国統計出版社。
2007『内蒙古統計年鑑　2007』北京：中国統計出版社。
2012『内蒙古統計年鑑　2012』北京：中国統計出版社。
内蒙古自治区畜牧庁修誌編史委員会編
1999『内蒙古自治区誌・畜牧誌』呼和浩特：内蒙古人民出版社。
農業部草原監理中心編
2007『中国草原執法概論』北京：人民出版社。
色音
1998『蒙古游牧社会的変遷』呼和浩特：内蒙古人民出版社。
四子王旗地方誌編纂委員会編
2005『四子王旗誌』海拉爾：内蒙古文化出版社。
翁牛特旗誌編纂委員会編
1993『翁牛特旗誌』呼和浩特：内蒙古人民出版社。
烏蘭察布盟檔案館・烏盟公路交通史編集室編
1983『烏蘭察布盟行政区域沿革』集寧：烏蘭察布盟檔案館・烏盟公路交通史編集室。
錫林浩特市誌編纂委員会編
1999『錫林浩特市誌』呼和浩特：内蒙古人民出版社。
荀麗麗
2011「生態移民過程中的政府・市場与家戸——錫林郭勒盟蘇尼特右旗新宝力嘎移民村実地研究」包智明・任国英主編『内蒙古生態移民研究』北京：中央民族大

学出版社、pp. 99-131。

張家口地区行政公署弁公室・張家口地区行政公署研究室・張家口地区行政公署地方誌弁公室・張家口地区行政公署地名弁公室編

1992 『張家口地区県鎮概要』西安：西安地図出版社。

張立中主編

2004 『中国草原畜牧業発展模式研究』北京：中国農業出版社。

〈ロシア語〉

Симуков, А. Д.

1934 "Монгольские кочевки", *Современная Монголия*, 4(7): 40-47.

1936 "Материалы по кочевому быту населения МНР", *Современная Монголия*, 2(15):49-56

索　引

か

さ

た

な

は

ま

や

ら

わ

写真図表一覧

写真

図

グラフ

地図

表

著者紹介

尾崎孝宏（おざき　たかひろ）

1970年生まれ。

1999年東京大学大学院総合文化研究科博士課程単位取得後退学。博士（学術）
専攻は文化人類学、内陸アジア地域研究
現在、鹿児島大学法文教育学域法文学系教授。
主著書として、『東アジアで学ぶ文化人類学』（昭和堂、2017年、共著）、『モンゴル牧畜社会をめぐるモノの生産・流通・消費』（東北大学東北アジア研究センター、2016年、共著）、『モンゴル遊牧社会と馬文化』（日本経済評論社、2008年、共著）、論文として、「内モンゴル遠隔地草原における牧畜戦略」（『文化人類学』82巻1号、2017年）、「自然環境利用としての土地制度に起因する牧畜戦略の多様性」（『沙漠研究』23巻3号、2013年）など。

現代モンゴルの牧畜戦略　体制変動と自然災害の比較民族誌

2019年2月10日　印刷
2019年2月20日　発行

著　者　尾崎孝宏

発行者　石井　雅

発行所　株式会社　風響社

東京都北区田端4-14-9（〒114-0014）
Tel 03(3828)9249　振替 00110-0-553554
印刷　モリモト印刷

ISBN978- 4-89489- 254-5 C3039